AF340286

NOTIONS
DE SCIENCES PHYSIQUES ET NATURELLES

Rédigées d'après les Programmes officiels de l'Enseignement primaire.

PREMIÈRE PARTIE

PHYSIQUE ET CHIMIE

NOTATION ATOMIQUE

AVEC PLUS DE 300 GRAVURES INTERCALÉES DANS LE TEXTE

A L'USAGE

des Candidats au Brevet élémentaire,
des Cours moyens de l'Enseignement secondaire moderne,
des Cours supérieurs d'Écoles primaires, etc.

Par F. T. D.

ONZIÈME ÉDITION
Revue et augmentée.

LYON

LIBRAIRIE GÉNÉRALE CATHOLIQUE ET CLASSIQUE
EMMANUEL VITTE, DIRECTEUR
Imprimeur-Libraire de l'Archevêché et des Facultés catholiques de Lyon
3, Place Bellecour, 3

1900

PHYSIQUE ET CHIMIE

LYON. — IMP. EMM. VITTE, RUE DE LA QUARANTAINE, 18.

NOTIONS
DE SCIENCES PHYSIQUES ET NATURELLES

Rédigées d'après les Programmes officiels de l'Enseignement primaire.

PREMIÈRE PARTIE

PHYSIQUE ET CHIMIE

NOTATION ATOMIQUE

AVEC PLUS DE 300 GRAVURES INTERCALÉES DANS LE TEXTE

A L'USAGE

des Candidats au Brevet élémentaire,
des Cours moyens de l'Enseignement secondaire moderne,
des Cours supérieurs d'Écoles primaires, etc.

Par F. T. D.

ONZIÈME ÉDITION
Revue et augmentée.

LYON

LIBRAIRIE GÉNÉRALE CATHOLIQUE ET CLASSIQUE

EMMANUEL VITTE, DIRECTEUR

Imprimeur-Libraire de l'Archevêché et des Facultés catholiques de Lyon

3, Place Bellecour, 3

1900

PHYSIQUE

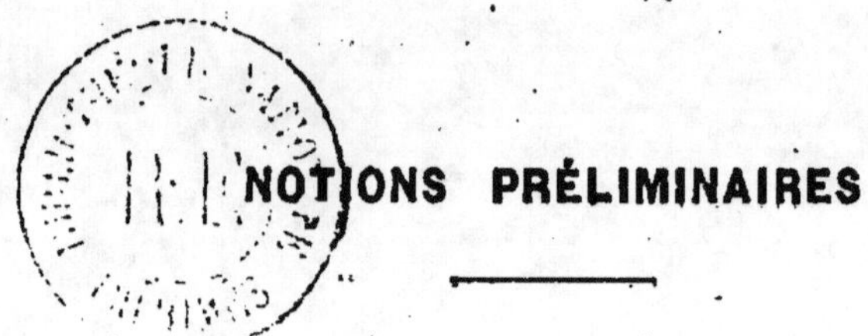

1. Objet de la physique. — La Physique est une science qui a pour objet l'étude des phénomènes qui produisent sur les corps des modifications passagères, sans altérer leur nature intime.

Ainsi, quand on frotte un bâton de verre avec un morceau de drap, ce bâton acquiert la propriété d'attirer les corps légers, comme des barbes de plume, de petits morceaux de papier, etc.; toutefois cette propriété disparaît bientôt : c'est un phénomène physique.

Les principales divisions de la Physique sont la *Pesanteur*, la *Chaleur*, l'*Electricité*, le *Magnétisme*, l'*Acoustique* et l'*Optique*.

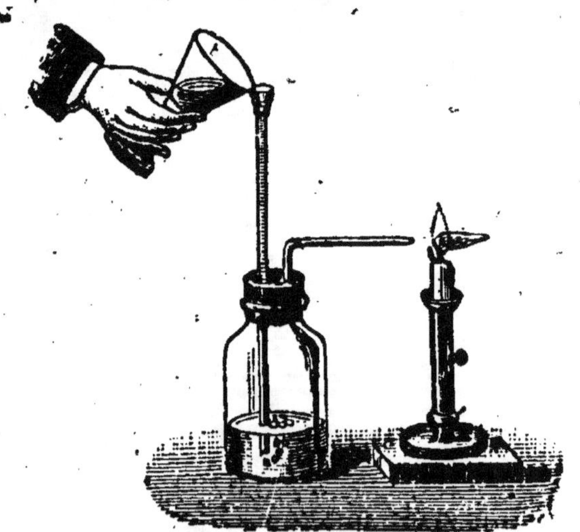

Fig. 1. — *Flamme inclinée par de l'air chassé d'un flacon.*

2. Corps. — On appelle *corps* toute quantité limitée de *matière*. La matière est tout ce qui peut être perçu par un ou plusieurs de nos sens.

L'air, pris en petite quantité, et la plupart des gaz sont des corps invisibles, mais leur présence nous est manifestée par leurs effets. Ainsi, quand on verse de l'eau dans un flacon plein d'air, cet air en est chassé; il peut, à sa sortie du flacon, incliner et même éteindre la flamme d'une bougie.

3. Constitution physique des corps. — Les corps sont considérés comme un assemblage de parties extrêmement petites et indivisibles, nommées *atomes*. On admet que les atomes se groupent entre eux pour former des *molécules*, petites masses de matière que l'on regarde comme ayant la même nature que les corps dont elles font partie. Les molécules qui constituent un même corps sont toutes semblables entre elles, et sont séparées par des intervalles pouvant augmenter ou diminuer sous l'influence des causes extérieures, telles que la chaleur et la pression. Ces *intervalles intermoléculaires* ne doivent pas être confondus avec les *pores* que l'on remarque dans certaines substances, comme les éponges et les pierres filtrantes.

4. Divers états des corps. — Les corps se présentent à nous sous trois états différents : ils sont *solides*, *liquides* ou *gazeux*.

Corps solides. — Les *corps solides ont une forme et un volume déterminés.* Ils offrent une résistance plus ou moins grande à la rupture. La force qui s'oppose à la séparation de leurs molécules s'appelle *cohésion.*

Corps liquides. — Les *corps liquides ont un volume déterminé, mais ils n'ont pas de forme propre;* ils prennent celle des vases qui les renferment. La force de *cohésion* est presque nulle dans les liquides; aussi leurs molécules glissent-elles facilement les unes sur les autres.

Corps gazeux. — Les *corps gazeux n'ont ni forme ni volume déterminés.* Ils prennent la forme des vases qui les renferment. Ils tendent toujours à occuper un volume plus grand, c'est-à-dire qu'une masse gazeuse remplit non seulement le vase, si grand qu'il soit, dans lequel on la renferme, mais elle continue à presser contre les parois de ce vase. Cette pression est désignée sous le nom de *force élastique des gaz.*

Les corps peuvent changer d'état sous l'influence de la chaleur. Ainsi, l'eau et un grand nombre d'autres corps, suivant que leur température est plus ou moins élevée, se présentent à nous sous l'état solide, liquide ou gazeux. Tous les gaz peuvent être liquéfiés par une pression et un refroidissement convenables ; quelques-uns même peuvent être solidifiés.

Un certain nombre de corps passent directement de l'état solide à l'état gazeux, sans devenir liquides, au moins dans les circonstances ordinaires. On dit que ces corps se *subliment.* Ils repassent de même directement de l'état gazeux à l'état solide.

Pour le constater, on prend un ballon de verre dans lequel on met un peu d'iode, et on chauffe légèrement; le ballon se remplit de vapeurs violettes, mais on n'aperçoit aucune trace de liquide. Les vapeurs se solidifient par le refroidissement et se déposent sur les parois du ballon en petits cristaux d'iode.

5. Propriétés générales des corps. — Tous les corps, quel que soit leur état, possèdent des propriétés qui leur sont communes et qu'on nomme pour ce motif *propriétés générales.* Ces propriétés sont : l'*étendue*, l'*impénétrabilité*, la *divisibilité*, la *porosité*, la *compressibilité*, l'*élasticité*, la *mobilité* et l'*inertie*.

L'*étendue* est la propriété qu'ont les corps d'occuper une certaine portion de l'espace. Tous les corps, même les atomes, ont une étendue.

L'*impénétrabilité* est une propriété en vertu de laquelle deux corps ne peuvent occuper en même temps un même lieu dans l'espace; ainsi, quand on enfonce un clou dans une planche, le bois et le clou n'occupent pas à la fois la même partie de l'espace, le bois fait place au clou.

La *divisibilité* est la propriété qu'ont tous les corps de pouvoir être partagés en parties de plus en plus petites. Comme exemples de divisibilité, on cite l'or, qui, par le battage, peut se réduire en feuilles si minces qu'il en faut *10.000* pour faire l'épaisseur d'*un millimètre;* les globules du sang, qui sont si petits que *5.000.000* d'entre eux forment à peine le volume d'*un millimètre cube.*

La *porosité* est la propriété que possèdent tous les corps de renfermer, entre les éléments qui les composent, des espaces nommés *pores intermoléculaires* et *pores sensibles.* Les premiers sont les espaces invisibles que laissent entre elles les molécules en se juxtaposant ; les seconds sont de véritables trous que l'on observe particulièrement dans les éponges, la pierre ponce, les tissus des végétaux et des animaux, etc.

La *compressibilité* est la propriété qu'ont les corps de diminuer de volume sous l'influence d'une pression extérieure. Les gaz sont les corps les plus compressibles, et les liquides sont ceux qui le sont le moins.

L'*élasticité* est la propriété en vertu de laquelle tous les corps tendent à reprendre leur forme et leur volume primitifs, lorsque la cause qui les avait comprimés cesse d'agir. Les gaz et les liquides sont parfaitement élastiques ; les solides le sont généralement peu.

La *mobilité* est la propriété que possèdent tous les corps de pouvoir être mis en mouvement.

L'*inertie* est l'impuissance dans laquelle se trouvent tous les corps de changer par eux-mêmes leur état de repos ou de mouvement. C'est par un effet de l'inertie que les corps célestes conservent, à travers tous les âges, le mouvement dont le Créateur les a animés à l'origine des choses. C'est aussi par un effet de l'inertie que le cavalier est quelquefois précipité en avant de son cheval lorsque celui-ci s'arrête subitement, et que le voyageur qui s'élance hors d'une voiture rapidement entraînée, tombe au moment où il met pied à terre, s'il n'a pas soin d'annuler l'impulsion qui l'anime.

On appelle *propriétés particulières* des corps celles qui n'appartiennent qu'à certains corps, comme la *malléabilité*, la *ténacité*, l'*éclat métallique*, etc.

RÉSUMÉ

La *Physique* a pour objet l'étude des phénomènes qui produisent sur les corps des modifications passagères sans altérer leur nature intime. Les grandes divisions de la Physique sont la *Pesanteur*, la *Chaleur*, l'*Electricité*, le *Magnétisme*, l'*Acoustique* et l'*Optique*.

On appelle *corps* toute quantité limitée de matière. La matière est tout ce qui peut tomber sous nos sens.

Les corps sont formés de *molécules*, et les molécules d'*atomes*. Ils se présentent à nous sous trois états différents, savoir : l'*état solide*, l'*état liquide* et l'*état gazeux*.

Les *corps solides* ont une forme et un volume propres; les *corps liquides* ont un volume déterminé, mais ils n'ont pas de forme propre; les *corps gazeux* n'ont ni forme ni volume propres.

Les corps peuvent changer d'état sous l'influence de la chaleur ou de la pression. Quelques-uns passent directement de l'état solide à l'état gazeux : ils se *subliment*.

Les propriétés générales des corps sont l'*étendue*, l'*impénétrabilité*, la *divisibilité*, la *porosité*, la *compressibilité*, l'*élasticité*, la *mobilité* et l'*inertie*.

Les propriétés particulières des corps sont celles qui n'appartiennent qu'à certains corps, comme la *malléabilité*, la *ténacité*, etc.

QUESTIONNAIRE

Qu'est-ce que la physique? — Qu'est-ce qu'un phénomène physique? — Quelles sont les principales divisions de la physique? — Qu'appelle-t-on corps? — Qu'est-ce que la matière? — Qu'appelle-t-on molécule? — atome? — Quels sont les trois états des corps? — Quels sont les caractères des solides? — des liquides? — des gaz? — Sous l'influence de quels agents les corps changent-ils d'état? — Quelles sont les propriétés générales des corps? — Définissez-les. — Qu'entend-on par propriétés particulières des corps?

CHAPITRE PREMIER

PESANTEUR

6. Définition, intensité, direction de la pesanteur. — La *pesanteur* est la force qui attire tous les corps vers le centre de la terre. Elle est un effet de l'attraction universelle, dont la loi, découverte par Newton, s'énonce ainsi :

La matière attire la matière en raison directe des masses et en raison inverse du carré des distances.

Les corps qui nous entourent *pèsent*, parce que leurs molécules sont attirées par la terre, et ils sont d'autant plus lourds qu'ils renferment une plus grande quantité de ces molécules, ou, en d'autres termes, qu'ils ont une plus grande masse. Chaque molécule du globe terrestre attire les corps qui sont à sa surface et on démontre, en mécanique, que la somme de ces attractions produit le même effet que si toutes les attractions particulières étaient réunies *au centre de la terre*. Par conséquent, d'après la loi de Newton, un corps qui s'écarterait de la terre pèserait *quatre* ou *neuf fois* moins s'il était *deux* ou *trois fois* plus éloigné de son centre. Le poids d'un même corps est plus faible au sommet qu'au pied d'une montagne, à l'équateur qu'aux pôles, parce que dans ces deux cas le corps est plus éloigné du centre de la terre.

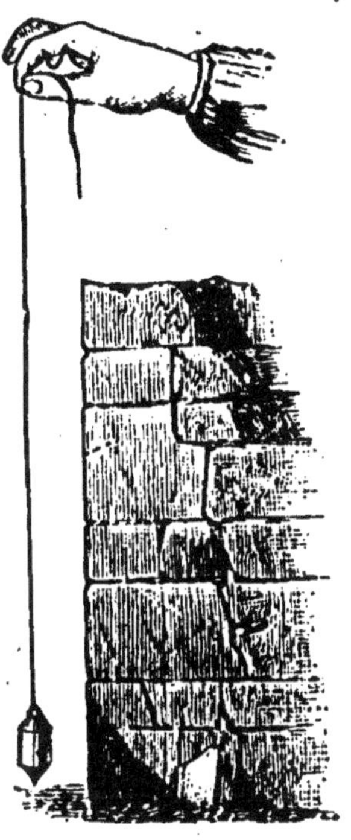

Fig. 2. — *Fil à plomb.*

La direction que suit un corps en tombant s'appelle *verticale ;* elle est donnée par le *fil à plomb.* Le fil à plomb est un fil flexible qui est fixé en un de ses points et qui porte à son extrémité libre une masse pesante. Si la direction du fil à plomb était prolongée, elle pas-
serait par le
centre de la terre.
Les verticales
d'un même lieu
sont considérées
comme parallè-
les, bien qu'elles
convergent toutes
vers le centre de
la terre. Les ver-
ticales passant
par deux points

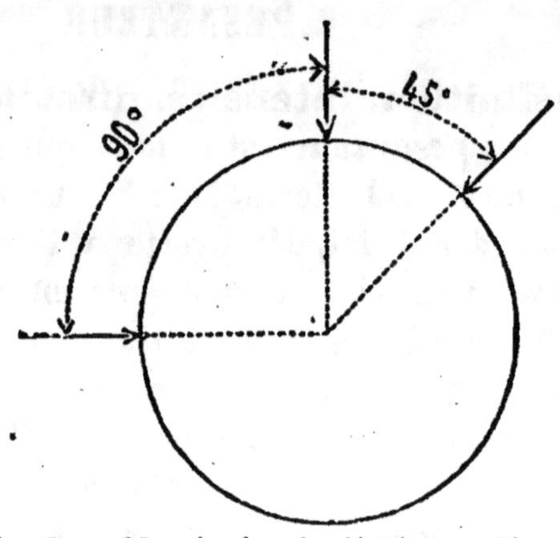

Fig. 3.— *Verticales de différents lieux.*

de la surface du globe distants de *10.000 kilomètres* ont des directions perpendiculaires ; si la distance de ces points n'est que de *5.000 kilomètres,* leurs verticales forment un angle de *45°.*

Une ligne droite et une surface plane de petite étendue sont *horizontales* quand elles sont perpendiculaires à la direction de la verticale.

La surface des eaux tranquilles, considérée sous une petite étendue, est toujours horizontale.

7. Centre de gravité. — Le *centre de gravité* d'un corps est le *point d'application* de la résultante de toutes les actions exercées par la pesanteur sur les molécules de ce corps.

Dans une sphère homogène, le centre de gravité est au centre ; dans un cylindre, au milieu de l'axe ; dans un cube, au point de rencontre des diagonales ; dans un anneau, au centre de cet anneau (il peut donc se trouver en dehors du corps); dans un cône, une pyramide régulière, aux trois quarts de l'axe à partir du sommet. En général, si un corps

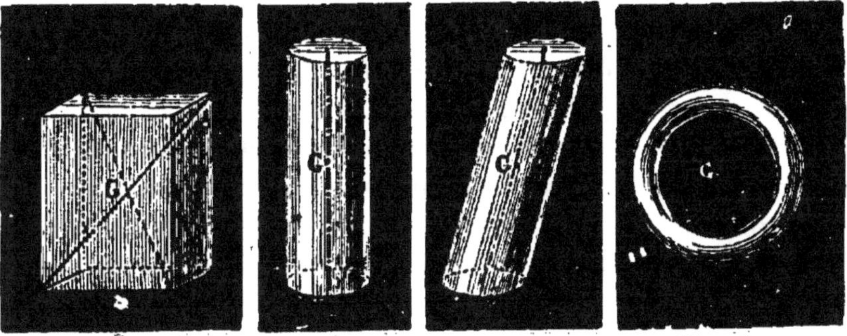

Fig. 4.　　　Fig. 5.　　　Fig. 6 .　　　Fig. 7.

Positions du centre de gravité de différents corps.

homogène a un centre de symétrie, le centre de gravité est en ce point; s'il a un axe de symétrie, le centre de gravité est sur cet axe.

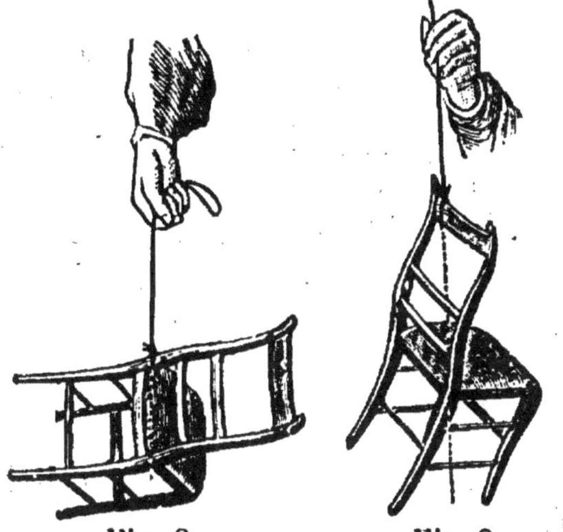

Fig. 8.　　　　　Fig. 9.

Détermination expérimentale du centre de gravité d'un corps.

8. Point d'application de la pesanteur. — La pesanteur, agissant sur chacune des molécules des corps, forme un système de forces parallèles et verticales. Ces forces équivalent à une force unique égale à leur somme, et ayant son point d'application au *centre de gravité* de ce corps.

9. Détermination expérimentale du centre de gravité. — Pour déterminer expérimentalement la position du centre de gravité d'un corps, on le suspend successivement à l'aide d'une corde par deux points. Dans chacune de ces suspensions, lorsque le corps a pris sa position d'équilibre, la verticale passant par le point de suspension contient le centre de gravité du corps; il est donc à l'intersection des deux verticales données par l'expérience.

10. Poids d'un corps. — Le *poids d'un corps* est la somme des actions que la pesanteur exerce sur les molécules de ce corps.

On distingue dans les corps trois espèces de poids : le *poids absolu*, le *poids relatif* et le *poids spécifique*.

Le *poids absolu* d'un corps est représenté par l'effort qu'il faut lui opposer dans le vide pour l'empêcher de tomber.

Le *poids relatif* d'un corps est le rapport de son poids absolu au poids absolu d'un autre corps pris pour unité.

Le *poids spécifique* d'un corps est le rapport du poids relatif de ce corps au poids relatif d'un même volume d'eau distillée prise à son maximum de densité, c'est-à-dire à 4 degrés centigrades.

11. Équilibre des corps. — Un corps est en équilibre lorsque son centre de gravité est soutenu contre l'action de la pesanteur. La chute d'un corps pouvant être considérée comme l'effet d'une force appliquée à son centre de gravité, il suffit donc d'annuler cette force pour que le corps soit en équilibre. On arrive à ce résultat en soutenant le centre de gravité : 1° *par un fil*; 2° *par un axe horizontal*; 3° *par un plan fixe*. Dans ces trois cas, l'effet de la pesanteur est annulé et le corps est en équilibre.

Fig. 10. — *Corps en équilibre.*

1° Lorsqu'un corps est suspendu par un fil, il ne peut être

en équilibre que lorsque le fil est vertical et que le centre de gravité du corps se trouve dans sa direction. De là le procédé que nous avons indiqué au n° 9 pour déterminer expérimentalement la position du centre de gravité d'un corps.

2° Quand un corps est soutenu par un axe horizontal autour duquel il peut tourner librement, l'équilibre ne peut exister que si la verticale du centre de gravité passe par l'axe.

3° Si le corps est placé sur un plan, l'équilibre exige que la verticale abaissée du centre de gravité passe dans la figure formée par la réunion des points d'appui du corps sur ce plan.

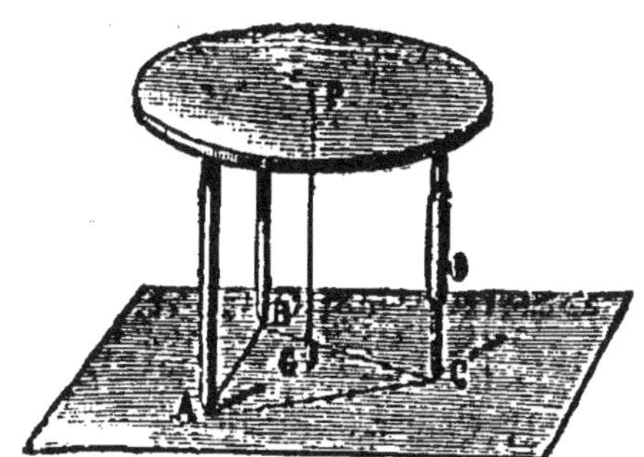

Fig. 11. — *Triangle ABC, base de sustentation de la table.*

Cette figure est appelée *base de sustentation*.

Dans la figure 11, la base de sustentation est le triangle

Fig. 12. — *Voiture en équilibre sur un terrain incliné.*

Fig. 13. — *Position d'équilibre d'un porteur d'eau.*

ABC. Si on allonge le pied C de la table, de manière que

la verticale PG passant par le centre de gravité tombe en dehors du triangle ABC, la table se renversera.

Une voiture passant sur un plan incliné ne versera pas tant que la verticale abaissée de son centre de gravité tombera entre les points d'appui des roues sur ce plan. La difficulté de mettre en équilibre un cône et un œuf sur leur pointe provient de ce que, dans cette position, leur base de sustentation étant très petite, il n'est pas aisé de les placer de manière que la verticale abaissée de leur centre de gravité tombe sur cette base.

Un homme portant un fardeau se penche du côté opposé au fardeau pour ramener le centre de gravité au-dessus de la figure formée par le contour de ses pieds. Le vieillard, pour éviter les chutes, augmente sa base de sustentation en prenant un troisième point d'appui sur le sol à l'aide d'un bâton.

12. Diverses sortes d'équilibre. — Il existe trois sortes d'équilibre : l'équilibre *stable*, l'équilibre *instable* et l'équilibre *indifférent*.

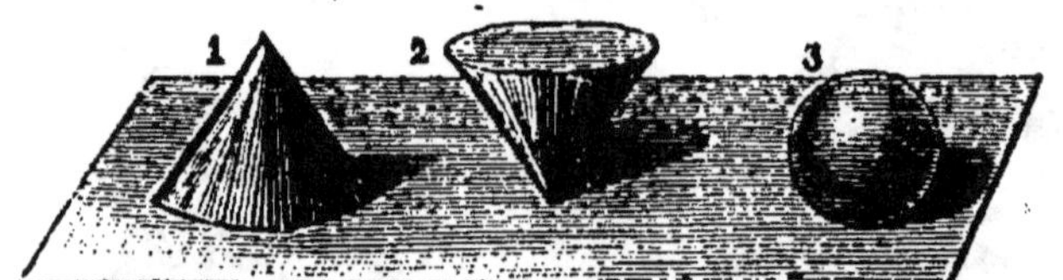

Fig. 14. — *Différentes sortes d'équilibre.*
1. Equilibre stable. — 2. Equilibre Instable. — 3. Equilibre Indifférent.

Un corps est en équilibre *stable* lorsque dérangé de sa position il y revient ; il est en équilibre *instable* lorsque dérangé de sa position il n'y revient pas ; il est en équilibre *indifférent* lorsqu'il se maintient en équilibre dans toutes les positions.

En général, si en dérangeant un corps de sa position d'équilibre on élève son centre de gravité, le corps est en équilibre *stable* ; si ce dérangement abaisse le centre de gravité, l'équilibre est *instable*, et si le centre de gravité ne s'élève ni ne s'abaisse, l'équilibre est *indifférent*.

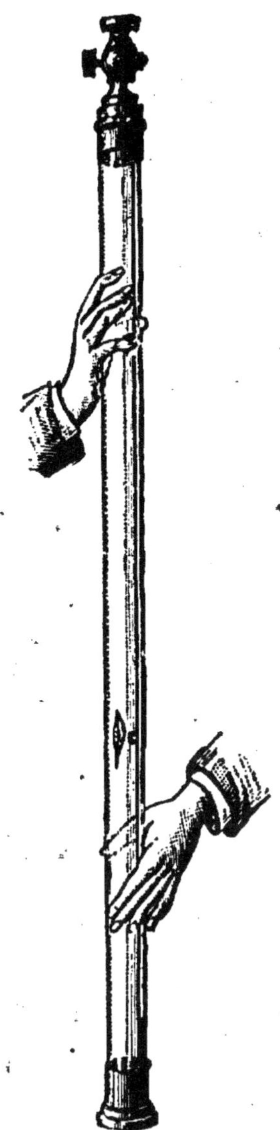

Fig. 15. — *Tube de Newton.*

13. Lois de la chute des corps.

— Les lois de la chute des corps sont au nombre de trois.

PREMIÈRE LOI. — *Dans le vide, tous les corps tombent avec la même vitesse.*

Lorsqu'on laisse tomber dans l'air deux corps de même densité, de même forme et de la même hauteur, on s'aperçoit qu'ils arrivent au sol en même temps. Le résultat n'est pas le même lorsque les corps ont des densités et des formes différentes. En effet, si, par exemple, l'un des corps est une feuille de papier et l'autre une pièce de monnaie, celle-ci arrive au sol bien avant le papier.

Cette différence provient de la résistance de l'air, résistance variable suivant la forme du corps. Un corps très lourd, sous un certain volume, triomphe plus facilement de la résistance de l'air qu'un autre plus léger sous le même volume. Cela est si vrai que si dans l'expérience précédente le papier avait été mis en boule, son retard aurait été diminué, la résistance de l'air étant amoindrie par ce changement de forme ; si on avait supprimé totalement la résistance de l'air, la durée de la chute aurait été la même pour les deux corps. Pour le démontrer, on se sert du *tube de Newton*.

Cet appareil est un tube de verre d'environ deux mètres de longueur ; il est fermé à ses extrémités par des garnitures de cuivre, et l'une d'elles est munie d'un robinet pouvant s'adapter au canal d'aspiration de la machine pneumatique. On introduit dans ce tube des morceaux de plomb, des barbes de plume, des rognures de papier, etc., et on y fait le vide. On retourne alors brusquement ce tube, et on constate que tous les différents corps qu'il renferme tombent avec la même vitesse.

On peut encore démontrer cette loi au moyen d'une pièce de monnaie, sur laquelle on place un disque de papier d'un diamètre un peu plus petit que celui de la pièce. Si on laisse tomber la pièce de monnaie bien horizontalement avec le disque qui la recouvre, celui-ci, soustrait à la résistance de l'air, arrive à terre en même temps que la pièce métallique.

14. DEUXIÈME LOI. — *Les espaces parcourus par un corps qui tombe sont proportionnels aux carrés des temps employés à les parcourir.*

On vérifie cette loi à l'aide de la *machine d'Atwood* (fig. 16). Le principal organe de cet appareil consiste en une poulie à gorge, très mobile, sur laquelle s'enroule un fil de soie très fin. Aux deux extrémités de ce fil sont suspendus deux poids parfaitement égaux et par conséquent se faisant équilibre dans toutes les positions. Si sur l'un des poids on place une petite masse additionnelle, l'équilibre sera rompu et les deux poids seront mis en mouvement : celui qui porte la masse descendra et l'autre montera. Le mouvement sera d'autant plus lent que la masse ajoutée sera plus petite par rapport aux poids qu'elle entraîne ; on peut donc ralentir de manière à pouvoir mesurer facilement l'espace parcouru pendant un temps donné.

On mesure cet espace au moyen d'une règle graduée, le long de laquelle glisse le poids descendant. Sur cette règle se trouve un curseur plein que l'on peut placer de manière à arrêter le corps tombant après une, deux, trois, etc., secondes de chute.

Or, si l'on règle l'ensemble des poids de manière à leur faire parcourir *1 décimètre*, par exemple, pendant une seconde de chute, on constate que l'espace parcouru pendant *deux* secondes de chute, est de 1×4 ou de $1 \times 2^2 \, dm.$; pendant *trois* secondes de chute, de 1×9 ou de $1 \times 3^2 \, dm.$, et pendant n secondes de chute, $1 \times n^2 \, dm.$ Ce qui vérifie la loi énoncée ci-dessus.

L'observation a appris qu'un corps, qui tombe librement, parcourt à peu près *4 mètres 9 décimètres* pendant la première seconde de sa chute; or, d'après cette deuxième loi, pour trouver l'espace parcouru par un corps tombant pendant un certain temps, *il faut multiplier $4^m,90$ par le carré du nombre de secondes pendant lequel il est tombé.* Si, par exemple, un corps tombe pendant *8 secondes*, durant ce temps, il parcourra un espace égal à $4^m 90 \times 8^2$ ou $313^m,60.$

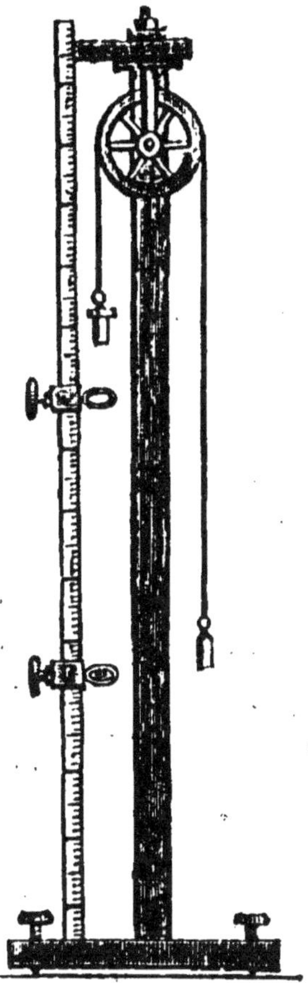

Fig. 16. — *Machine d'Atwood.*

15. TROISIÈME LOI. — *La vitesse acquise par un corps qui tombe est proportionnelle à la durée de la chute.*

On entend par *vitesse* d'un corps, après un certain temps de chute, l'espace qu'il parcourrait, en vertu de la vitesse acquise, pendant la seconde qui suit le moment considéré, si la cause qui le fait tomber cessait subitement d'agir sur lui.

La machine d'Atwood sert encore à vérifier la troisième loi de la chute des corps. Pour cela, on fait usage d'un curseur annulaire, qui permet d'enlever la masse additionnelle, seule cause du mouvement, après un certain temps de chute. On dispose d'abord le curseur annulaire de manière à retenir cette masse après *une seconde* de chute. Les poids, en vertu de la vitesse acquise, continuent leur mouvement avec une vitesse uniforme, et si on les laisse se mouvoir encore pendant *une* seconde, l'espace qu'ils parcourront chacun pendant ce dernier temps représentera leur vitesse après *une* seconde de chute. Si l'on recommence l'expérience en plaçant le curseur annulaire de manière à retenir la masse additionnelle après *deux* secondes de chute, on constatera que la vitesse acquise sera *double* de la précédente ; qu'après *trois* secondes elle sera *triple*, et ainsi de suite. Ce qui prouve que la vitesse acquise par un corps qui tombe *est proportionnelle au temps pendant lequel il est tombé.*

16. Pendule. — On appelle *pendule* tout corps pesant qui oscille autour d'un point de suspension.

Le mouvement d'un pendule est déterminé par son poids. En effet, soit le corps A suspendu à l'extrémité d'un fil OA fixé en O. Le système restera en équilibre tant que le fil sera vertical, car alors l'effet de la pesanteur est détruit par la résistance du fil ; mais si l'on vient à écarter celui-ci de sa position d'équilibre pour l'amener en OB et qu'on l'abandonne ensuite à lui-même, le corps A se mettra en mouvement et décrira un arc de cercle ayant le point O pour centre. Arrivé en A, le corps, en vertu de

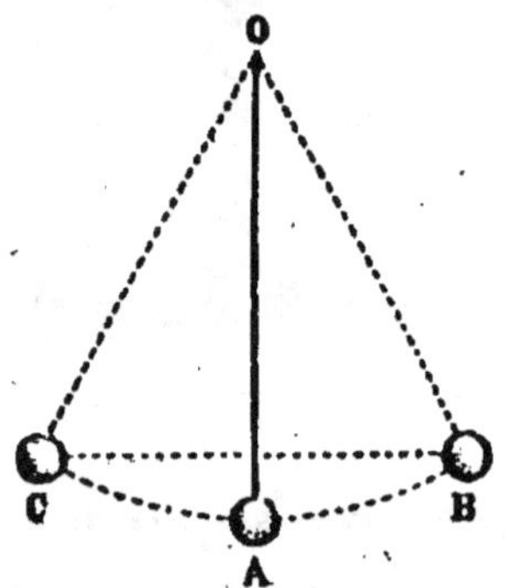

Fig. 17. — *Pendule.*

la vitesse acquise, dépassera la position d'équilibre pour remonter suivant AC jusqu'à ce que la vitesse soit annulée, ce qui arrivera lorsqu'il aura atteint le point C, symétrique du point B. Mais en C le corps A se trouvera dans des conditions identiques à celles où il se trouvait lorsqu'il était en B ; il devra donc redescendre pour remonter en B, et ainsi de suite. C'est du moins ce qui se passerait dans le vide ; dans l'air, la résistance du milieu et aussi le frottement au point de suspension agiraient pour diminuer de plus en plus l'espace parcouru par le mobile qui, au bout d'un certain temps, reviendrait au repos.

On nomme *oscillation* le passage d'une position extrême OB à l'autre OC, et on appelle *amplitude* de l'oscillation l'angle BOC, formé par ces positions extrêmes.

17. Lois du pendule.

— Le mouvement du pendule est soumis à plusieurs lois dues à Galilée, dont les plus importantes sont les suivantes :

PREMIÈRE LOI. — *La durée d'une oscillation d'un même pendule dans un même lieu est indépendante de l'amplitude, pourvu que celle-ci soit petite, c'est-à-dire qu'elle ne dépasse pas 4 ou 5 degrés.*

On vérifie cette loi en comptant le temps T que met un pendule quelconque pour faire n oscillations, puis le temps T' qu'il emploie pour faire un même nombre d'oscillations d'une amplitude différente ; on reconnaît alors que T égale T'. Ces oscillations sont dites *isochrones*, c'est-à-dire de même durée.

DEUXIÈME LOI. — *La durée des oscillations des pendules de même longueur dans un même lieu est la même quelle que soit la substance qui les compose.*

Pour vérifier cette loi, on fait osciller des pendules formés de substances différentes (fer, cuivre, ivoire, etc.), mais de mêmes dimensions géométriques, et on constate que tous s'accompagnent dans leurs oscillations si on les a déplacés d'un même écart quelconque, ou si les amplitudes de leurs oscillations sont petites.

TROISIÈME LOI. — *La durée de l'oscillation d'un pendule en un même lieu et pour les petites amplitudes est proportionnelle à la racine carrée de sa longueur.*

On vérifie cette loi en prenant deux pendules formés d'une

petite sphère métallique et d'un fil très fin. On donne à ces pendules des longueurs proportionnelles aux nombres 1 et 4, et on constate que le premier fait deux oscillations, tandis que le second n'en fait qu'une. A Paris, la longueur du pendule dont l'oscillation dure une seconde est de 0 m. 99392.

18. Application du pendule. — L'isochronisme des petites oscillations du pendule a été appliqué d'une façon

très ingénieuse par Huyghens au réglage du mouvement des horloges, mouvement qui, produit par une force continue, tend toujours à s'accélérer. Voici comment agit le pendule dans les horloges :

Une roue dentée est mise en mouvement par un poids P; le pendule O'L entraîne dans son mouvement, au moyen de la fourchette F soudée à l'axe OO', un arc métallique *aoa'*, nommé *échappement à ancre*, dont les extrémités en crochet viennent à chaque oscillation s'engager dans une dent de la roue dentée. La

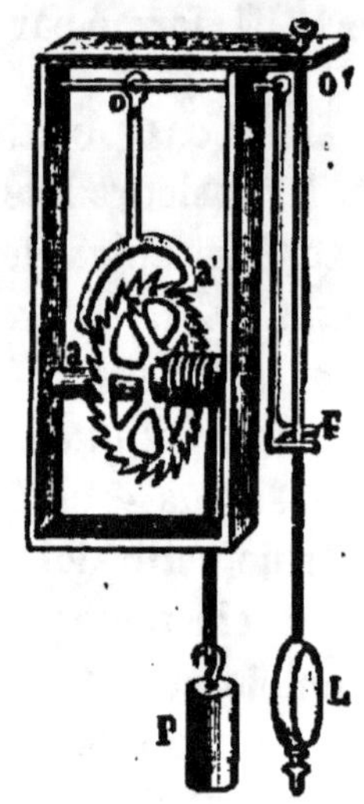

Fig. 18. — *Application du pendule au réglage des horloges.*

roue ainsi arrêtée à chaque oscillation du pendule, c'est-à-dire à des intervalles égaux, est obligée de tourner d'un mouvement uniforme. La pression des dents sur les crochets au moment de leur échappement suffit pour entretenir le mouvement du pendule.

RÉSUMÉ

La *pesanteur* est la force qui attire tous les corps vers le centre de la terre.

La direction que les corps suivent en tombant s'appelle *verticale*; elle est donnée par le *fil à plomb*. Une ligne droite et une surface plane de petite étendue sont *horizontales* lorsqu'elles sont perpendiculaires à la direction de la pesanteur.

Le *centre de gravité* d'un corps est le point d'application de la résultante de toutes les actions exercées par la pesanteur sur les molécules de ce corps.

Le *poids d'un corps* est la somme de toutes les actions que la pesanteur exerce sur les molécules. On distingue trois espèces de poids : le *poids absolu*, le *poids relatif* et le *poids spécifique*.

Un corps est en *équilibre* lorsque son centre de gravité est soutenu contre l'action de la pesanteur. Il y a trois sortes d'équilibre : l'*équilibre stable*, l'*équilibre instable* et l'*équilibre indifférent*.

Les lois de la chute des corps sont les suivantes :

1° *Dans le vide tous les corps tombent avec la même vitesse;*

2° *Les espaces parcourus par un corps qui tombe sont proportionnels aux carrés des temps employés à les parcourir;*

3° *La vitesse acquise par un corps qui tombe est proportionnelle à la durée de la chute.*

On trouve l'espace parcouru par un corps qui tombe pendant un certain nombre de secondes, *en multipliant le carré de ce nombre de secondes par 4ᵐ,90.*

On appelle *pendule* tout corps pesant qui oscille autour d'un point de suspension.

Le mouvement d'un pendule est produit par son poids. On nomme *oscillation* d'un pendule le passage d'une de ses positions extrêmes à l'autre; l'*amplitude* de l'oscillation est l'angle formé par les deux positions extrêmes et le point de suspension du pendule.

Le mouvement du pendule est soumis à plusieurs lois dues à Galilée. Sa principale application est dans le réglage des horloges.

QUESTIONNAIRE

Qu'est-ce que la pesanteur ? — Qu'est-ce qu'un fil à plomb ? — Qu'est-ce qu'une verticale ? — Qu'est-ce que le centre de gravité d'un corps ? — Où est le centre de gravité d'une sphère, d'un cylindre, etc. ? — Comment détermine-t-on expérimentalement la position du centre de gravité d'un corps ? — Qu'entend-on par le poids d'un corps ? — Combien distingue-t-on de sortes de poids ? — Définissez-les. — Quand est-ce qu'un corps est en équilibre ? — Qu'appelle-t-on base de sustentation d'un corps ? — Combien y a-t-il de sortes d'équilibre ? — Quand est-ce qu'un corps est en équilibre stable ? — Instable ? — Indifférent ? — Quelles sont les lois de la chute des corps ? — Comment les vérifie-t-on ? — Quel espace parcourt un corps en 1, 2, 3, secondes de chute libre ? — Qu'appelle-t-on pendule ? — A quelles lois est soumis le mouvement du pendule ? — Comment les vérifie-t-on ? — Quelle est la principale application du pendule ?

CHAPITRE II

LEVIERS. — BALANCES

19. Leviers. — On appelle *levier* toute barre inflexible, droite ou courbe, mobile autour d'un de ses points, appelé *point d'appui*, et sur laquelle agissent deux forces, dont l'une se nomme *puissance* et l'autre *résistance*.

Deux forces agissant sur un levier se font équilibre lorsqu'elles sont en raison inverse de leurs bras de levier.

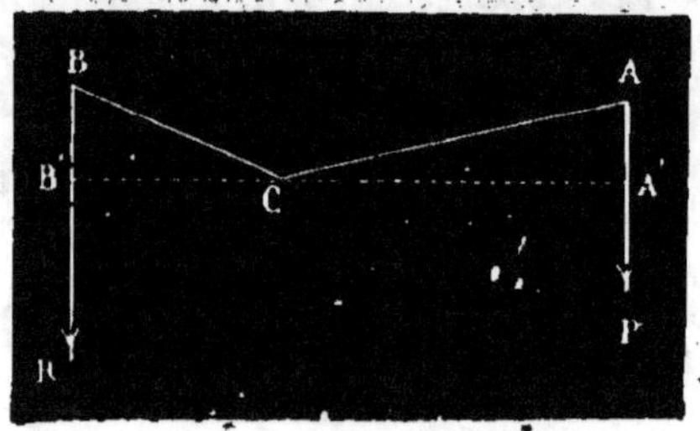

Fig. 19. — *Bras de levier.*
CA', CB', Bras de levier des forces P et R.

On appelle *bras de levier* d'une force, la longueur de la perpendiculaire abaissée du point d'appui sur la direction de cette force.

On démontre expérimentalement la loi énoncée ci-dessus à l'aide de l'appareil représenté par la figure 20. Cet appareil consiste en une barre

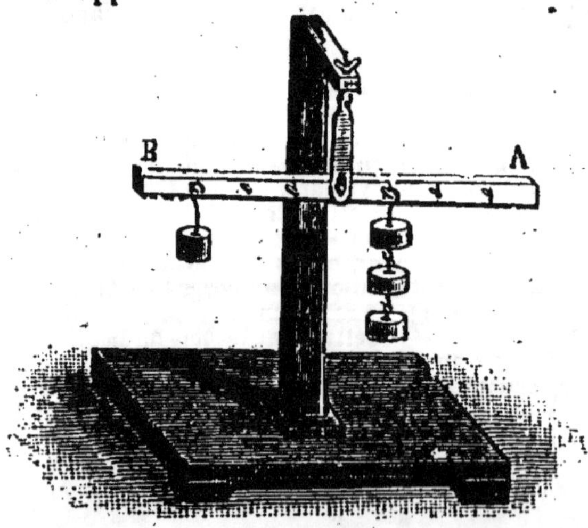

Fig. 20. — *Appareil pour la démonstration expérimentale du principe des leviers.*

AB suspendue en son milieu et mobile autour de son point de suspension. Elle est munie de crochets placés de 5 en 5 centimètres de distance à partir du milieu.

Si l'on suspend deux poids égaux à égale distance du point d'appui, la barre reste en équilibre ; si la distance de l'un des poids au point d'appui n'est que le *tiers* de la distance de l'autre poids à ce même point, il n'y aura équilibre, que si ce premier poids est le *triple* du second.

D'après la disposition relative de la puissance, de la résistance et du point d'appui, on distingue *trois genres* de leviers :

1° Le levier du *premier genre*, dans lequel le *point d'appui* est situé entre la *puissance* et la *résistance*. Ex. : le levier du maçon, le fléau d'une balance ordinaire, la balance

Fig. 21. — *Levier du premier genre.*

omaine, chacune des branches d'une paire de ciseaux, de tenailles, etc.

2° Le levier du *deuxième genre*, dans lequel la *résistance*

Fig. 22. — *Levier du deuxième genre.*

est située entre le *point d'appui* et la *puissance*. Ex. : la brouette, le couteau du boulanger, les avirons d'une barque, chacune des branches d'un casse-noisettes, etc.

3° Le levier du *troisième genre*, dans lequel la *puissance*

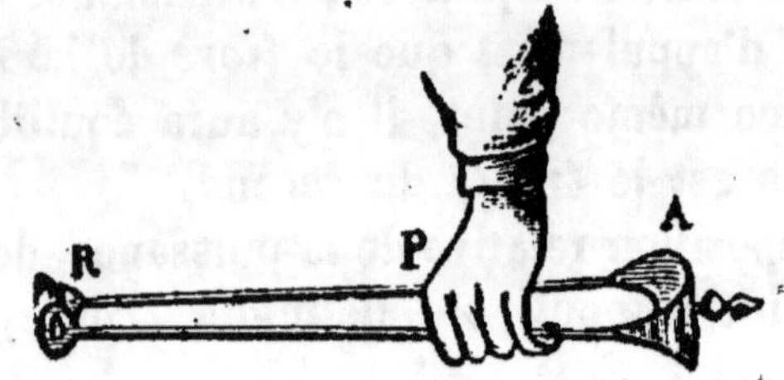

Fig. 23. — *Levier du troisième genre.*

est située entre le *point d'appui* et la *résistance*. Ex. : les pincettes, les pédales d'un tour, d'un harmonium, etc.

On trouve dans le corps humain des exemples des trois genres de leviers. Ainsi, la *tête* est un levier du *premier genre*, le *pied* forme un levier du *second genre* et l'*avant-bras* constitue un levier du *troisième genre*.

1° Dans la *tête*, le *point d'appui* est situé entre la *résis-*

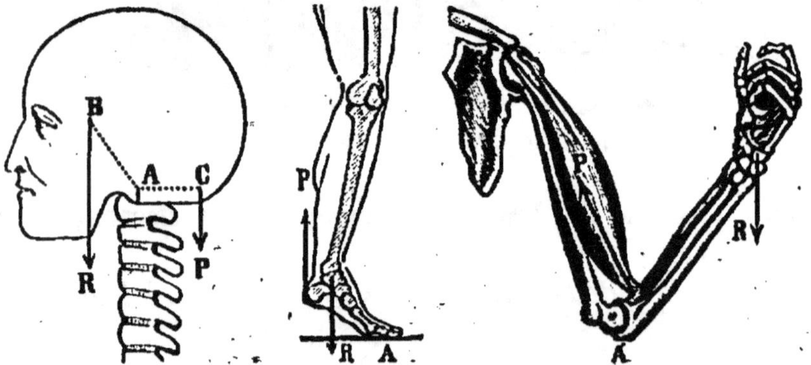

Fig. 24. — *Les trois genres de leviers du corps humain.*

tance, représentée par le poids de la tête, lequel tend à la faire pencher en avant, et la *puissance*, constituée par les muscles de la nuque, qui la ramènent en arrière ;

2° Dans le *pied*, au moment où le corps se soulève, la *résistance*, représentée par le poids du corps, est située entre le point d'appui, placé à l'extrémité des orteils, et la *puissance*, constituée par le muscle du talon nommé *tendon d'Achille* ;

3° Dans l'*avant-bras*, le point d'application de la *puissance*, formée par le muscle biceps, se trouve situé entre la *résistance*, représentée par le poids total de l'avant-bras et de la main, et le *point d'appui*, situé à l'articulation du coude.

BALANCES

Les *balances* sont des appareils destinés à faire connaître le poids relatif des corps. Ces appareils ont reçu des formes variées, suivant les usages auxquels on les destine. Les principales sortes de balances sont la *balance ordinaire*, la *balance de précision*, la *balance de Roberval*, la *romaine*, la *bascule* ou *balance de Quintenz* et le *peson*.

Fig. 25. — *Balance ordinaire.*

20. Balance ordinaire. — La *balance ordinaire* est un levier de premier genre à bras égaux. Son principal organe est une barre rigide, appelée *fléau*, traversée en son milieu par un prisme en acier nommé *couteau* ; ce prisme est triangulaire et repose, par une de ses arêtes, sur deux plans très durs placés à l'extrémité d'une colonne qui sert de point d'appui au fléau.

Aux extrémités de ce dernier sont attachés, à l'aide de

chaînes ou de fils métalliques, deux *plateaux* qui doivent recevoir, l'un le corps à peser, l'autre les poids marqués qui sont destinés à évaluer le poids du corps. Enfin, à la partie supérieure du fléau est fixée une longue aiguille métallique, qui oscille devant un petit cadran, au milieu duquel elle correspond quand le fléau est horizontal.

Une balance, pour être bonne, doit être *juste* et *sensible*.

CONDITIONS DE JUSTESSE. — Une balance est *juste* quand le fléau reste horizontal lorsqu'on met des poids égaux dans les deux plateaux. Pour cela, il faut :

1° *Que les bras du fléau soient parfaitement égaux ;*

2° *Que le centre de gravité du fléau soit sur la verticale passant par son point d'appui.*

On peut constater la justesse d'une balance de la manière suivante. On place dans un des plateaux un objet quelconque, et dans l'autre, des poids de manière à établir l'équilibre. Cela fait, on porte l'objet dans le plateau où sont les poids, et ceux-ci dans le plateau où était l'objet; s'il y a encore équilibre, la balance est juste; dans le cas contraire, elle est fausse.

CONDITIONS DE SENSIBILITÉ. — Une balance est *sensible* lorsque le fléau s'incline pour une très petite différence de poids entre les deux plateaux. Pour qu'une balance soit sensible, il faut :

1° *Que le fléau soit très léger ;*

2° *Qu'il soit le plus long possible ;*

3° *Que le centre de gravité du fléau soit près du couteau.*

MÉTHODE DES DOUBLES PESÉES. — *La méthode des doubles pesées,* due à Borda, donne le moyen de trouver le poids d'un objet, même avec une balance fausse, pourvu qu'elle soit sensible. Elle consiste à placer le corps à peser dans un des plateaux de la balance, et dans l'autre un corps quelconque, de la grenaille de plomb, par exemple, de manière à lui faire équilibre. Puis, retirant du premier plateau l'objet à poser, on met à sa place des poids marqués jusqu'à ce que le fléau redevienne horizontal. Il est évident que le poids du corps est égal à celui des poids qui font, comme lui, équilibre à une même résistance.

21. Balance de précision. — La *balance de précision* est une balance ordinaire construite avec beaucoup de soin.

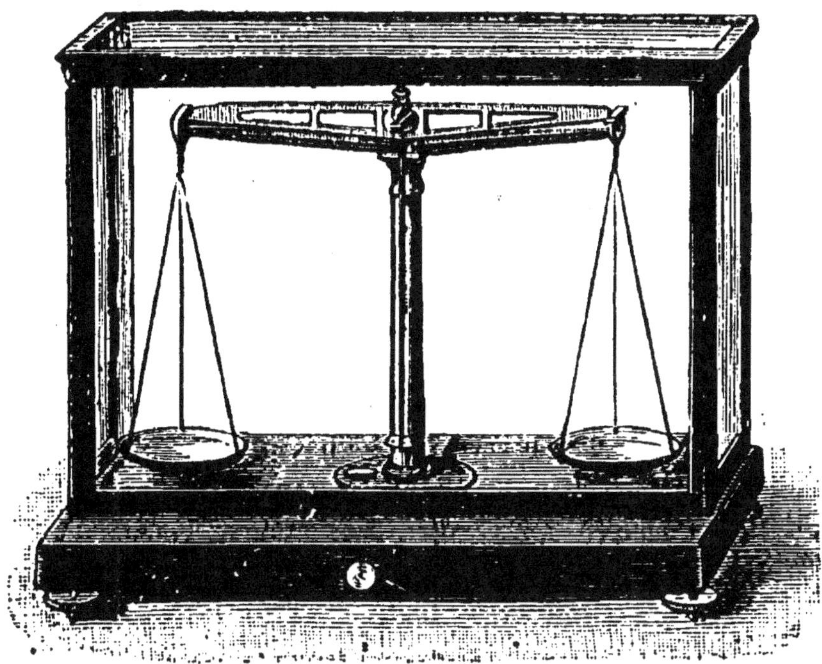

Fig. 26. — *Balance de précision.*

Elle se compose d'une colonne métallique établie sur une caisse que supportent des vis calantes. La colonne porte à sa partie supérieure un support horizontal qui, après avoir traversé une ouverture pratiquée dans le fléau, reçoit le couteau sur un plan d'agate. Le fléau, long et léger, a la forme d'un losange évidé. Il porte à ses deux extrémités des couteaux d'acier trempé, sur lesquels s'appuient des étriers destinés à soutenir les plateaux. On peut à volonté soulever, au moyen d'un mécanisme spécial, le fléau et les deux étriers au-dessus de leurs couteaux, afin d'empêcher ces derniers de s'émousser par le frottement quand la balance ne fonctionne pas. La balance de précision est entourée d'une cage de verre qui la préserve des mouvements produits par l'agitation de l'air.

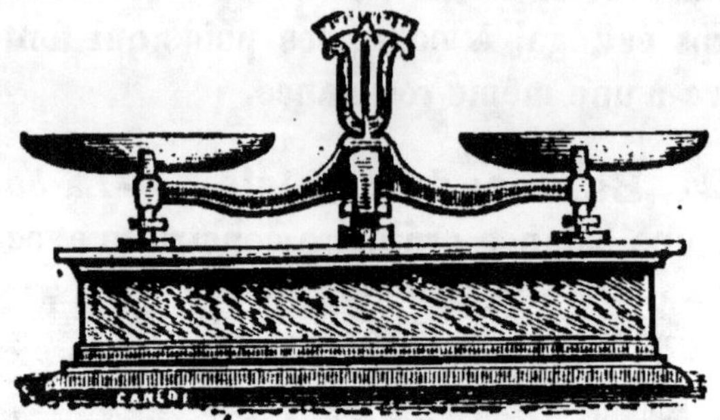

Fig. 27. — *Balance de Roberval.*

22. Balance de Roberval.

— La *balance de Roberval*, aujourd'hui très répandue dans le commerce, repose sur le même principe que la balance ordinaire. La seule modification qui la distingue de cette dernière consiste en ce que les plateaux, au lieu d'être suspendus au-dessous du fléau, sont placés au-dessus. Cette disposition rend la balance de Roberval plus commode que la balance ordinaire.

23. Balance romaine. — La *balance romaine* est un

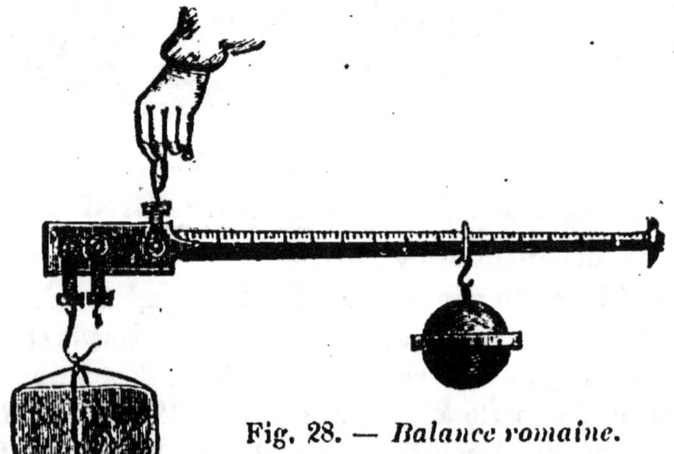

Fig. 28. — *Balance romaine.*

autre levier du premier genre à bras inégaux. A l'extrémité du bras le plus court est suspendu un crochet destiné à recevoir les corps que l'on veut peser; l'autre bras, qui est gradué, supporte un poids mobile appelé *curseur*. Il est évident que plus le poids du corps est considérable, plus il faut éloigner le curseur du point de suspension de la balance pour établir l'équilibre. L'avantage de la romaine est de ne pas exiger une série de poids gradués; une simple lecture fait connaître le poids du corps suspendu au crochet de cet instrument.

24. Basoule ou balance de Quintenz. — La *bascule* ou *balance de Quintenz* est un levier du premier genre à bras inégaux, dont le petit bras est actionné par un

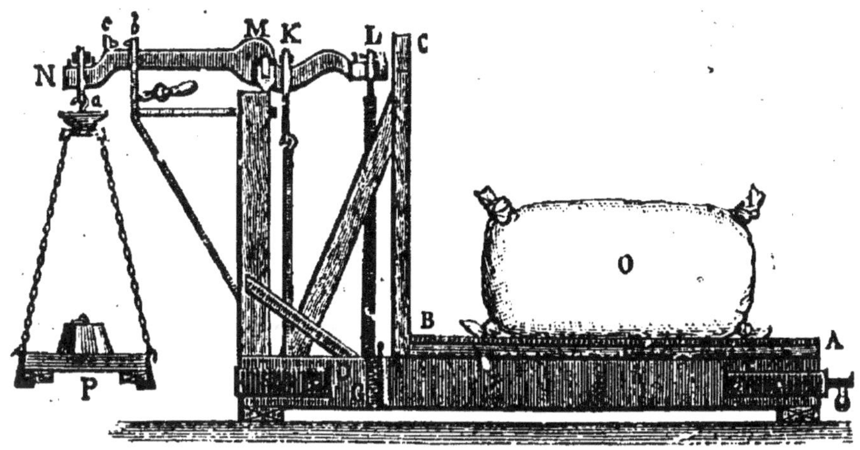

Fig. 29. — *Bascule ou balance de Quintenz.*

levier du troisième genre. Les corps à peser sont placés sur un plateau horizontal AB; la pression qu'ils exercent sur le plateau est transmise sur le petit bras du levier en deux points K et L. Le grand bras du levier soutient un petit plateau sur lequel on met des poids marqués, et l'ensemble de l'appareil est réglé de manière qu'un certain poids P placé sur ce petit plateau fasse équilibre à un poids *dix fois* plus fort placé sur le plateau AB. Pour peser, par exemple, un poids de *50 kg.*, il suffit de mettre sur le plateau un poids de *5 kg.*

25. Peson. — Le *peson* est aussi un levier du premier genre, mais coudé à bras inégaux. L'extrémité A du petit bras AB supporte un plateau E sur lequel on met le corps à peser ; l'extrémité C du grand bras est terminée par une aiguille qui parcourt les divisions d'un arc gradué CD. Le poids du corps mis dans le plateau fait baisser l'extrémité A du levier et monter l'aiguille C. Plus ce poids est considérable plus l'arc parcouru par l'aiguille est grand. On lit sur cet arc le poids du corps.

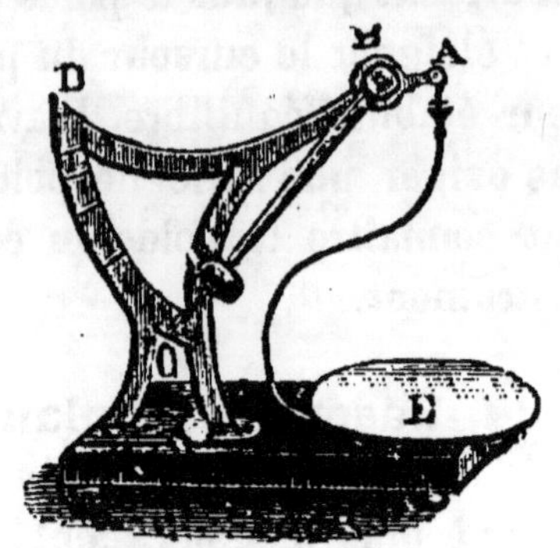

Fig. 30. — *Peson*.

Pour graduer cet instrument, on place successivement une série de poids dans le plateau E, et l'on marque leur valeur aux endroits où s'arrête l'aiguille. Le peson est destiné à de faibles pesées ; il a les mêmes avantages que la balance romaine ; le pèse-lettres a ordinairement la forme d'un peson.

26. Dynamomètre. — Le *dynamomètre* est un instrument qui donne le poids absolu des corps. Il ne repose pas sur les propriétés du levier, mais sur l'élasticité de l'acier. Les dynamomètres ont des formes très variées. Celui que représente la figure 31 est souvent employé sous le nom de *peson à ressort*. Il est formé d'une lame d'acier ACB, recourbée en son milieu et portant à ses deux extrémités deux arcs en fer *ab* et *cd*. L'arc *ab* est soudé, par son extrémité inférieure, à la branche CB, tandis que sa partie supérieure

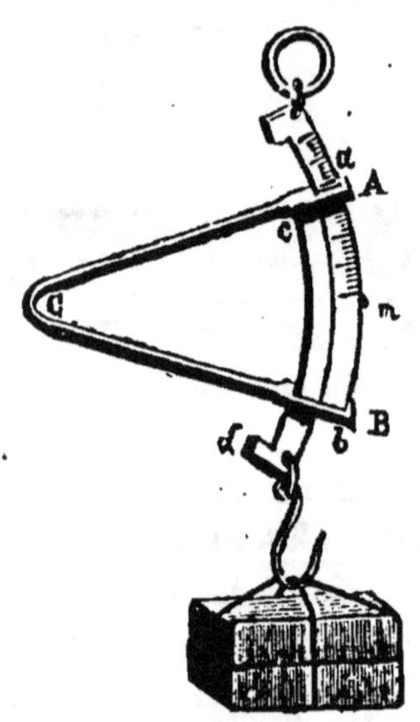

Fig. 31. — *Dynamomètre*.

traverse librement la branche AC, et se termine par un anneau destiné à suspendre l'instrument. L'arc *cd* est fixé, par son extrémité supérieure, à la branche CA; il traverse librement la branche CB et se termine par un crochet auquel on suspend les corps que l'on veut peser. Il est facile de comprendre que si l'on suspend un corps au crochet de cet instrument, le poids de ce corps fera fléchir le ressort et rapprocher ses extrémités. Une graduation déterminée à l'avance à l'aide de poids connus donne immédiatement le poids du corps à peser. Le dynamomètre est le seul instrument de pesage qui donne le poids absolu des corps, les autres ne donnent que le poids relatif.

RÉSUMÉ

Un *levier* est une barre inflexible, droite ou courbe, mobile autour d'un de ses points, nommé *point d'appui*, et sur laquelle agissent deux forces, l'une appelée *puissance*, et l'autre *résistance*.

Deux forces agissant sur un levier se font équilibre lorsqu'elles sont en raison inverse de leurs bras de levier.

D'après la disposition relative de la *puissance*, de la *résistance* et du *point d'appui*, on distingue *trois genres* de leviers.

Les *balances* sont des appareils destinés à faire connaître le poids relatif des corps. Les principales sortes de balances sont la *balance ordinaire*, la *balance de précision*, la *balance de Roberval*, la *balance romaine*, la *balance de Quintenz* ou *bascule*, et le *peson*.

La *balance ordinaire* est un levier du premier genre dont les bras sont égaux.

La *balance de précision* est une balance ordinaire construite avec beaucoup de soin. Les balances de précision sont très sensibles; elles ne doivent servir qu'à de faibles pesées.

La *balance de Roberval* est une balance ordinaire dont les plateaux sont fixés au-dessus du fléau.

La *balance romaine* est aussi un levier du premier genre à bras inégaux. Dans cette balance, un curseur mobile sur le plus grand des bras du levier indique, par sa position, quand l'instrument est en équilibre, le poids du corps que l'on pèse.

La *bascule* ou *balance de Quintenz* est un levier du premier genre à bras inégaux. Elle est construite de manière que pour faire équilibre à un certain corps à peser, il suffise d'un poids *dix fois* moins fort.

Le *peson* est un levier coudé du premier genre à bras inégaux. Dans le peson, les poids des corps sont indiqués par une aiguille qui parcourt un arc gradué.

Le *dynamomètre* est basé sur l'élasticité de l'acier. Il donne le poids absolu des corps. Le plus commun est le *peson à ressort*.

QUESTIONNAIRE

Qu'est-ce qu'un levier ? — Qu'appelle-t-on bras de levier ? — Combien y a-t-il de genres de leviers ? — Décrivez le levier du premier genre. — Du deuxième genre. — Du troisième genre. — Qu'est-ce que la balance ? — Combien y a-t-il de sortes de balances ? — Décrivez la balance ordinaire. — La balance de précision. — La balance de Roberval. — Quelles conditions doit remplir une balance pour être bonne ? — Quelles sont les conditions de justesse ? — De sensibilité ? — En quoi consiste la méthode des doubles pesées ? — Décrivez la balance romaine. — La bascule. — Le peson. — Le dynamomètre.

CHAPITRE III

HYDROSTATIQUE

On désigne sous le nom d'*hydrostatique* la partie de la physique qui a pour objet l'étude des lois de l'équilibre des liquides et des pressions qu'ils exercent sur les parois des vases qui les contiennent. Elle repose presque en entier sur le *principe de Pascal*.

27. Principe de Pascal. — Le principe de Pascal

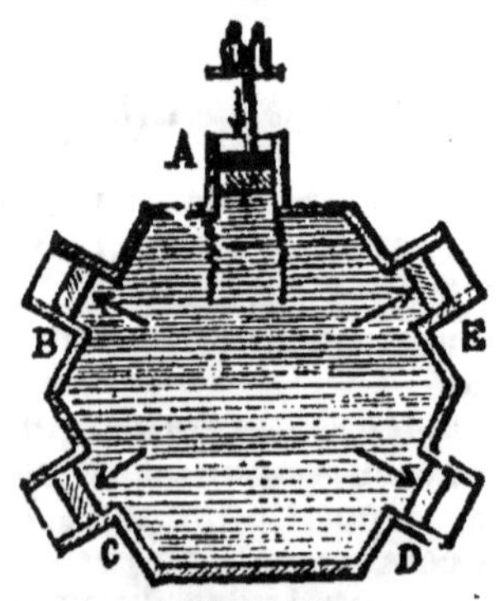

Fig. 32.   Fig. 33.

Appareils pour la démonstration du principe de Pascal.

s'énonce ainsi : *Les liquides transmettent intégralement et dans tous les sens les pressions qu'ils supportent.*

On peut vérifier ce principe par l'expérience suivante. Soit un vase de forme quelconque dont les parois portent des ouvertures égales fermées par des pistons très mobiles. On constate que si l'on exerce une certaine pression sur l'un des pistons, il faut exercer la même pression sur chacun des autres pour qu'ils ne se déplacent pas ; et si l'un des pistons a une surface *double, triple, centuple* de celle des autres, il faut exercer sur ce piston une pression *double, triple, centuple* de la première pour le maintenir en équilibre. Ce qui permet de dire que *les pressions transmises sont proportionnelles à l'étendue des parois qui les reçoivent.* C'est sur ce dernier principe qu'est basée la *presse hydraulique.*

28. Presse hydraulique. — *La presse hydraulique,*

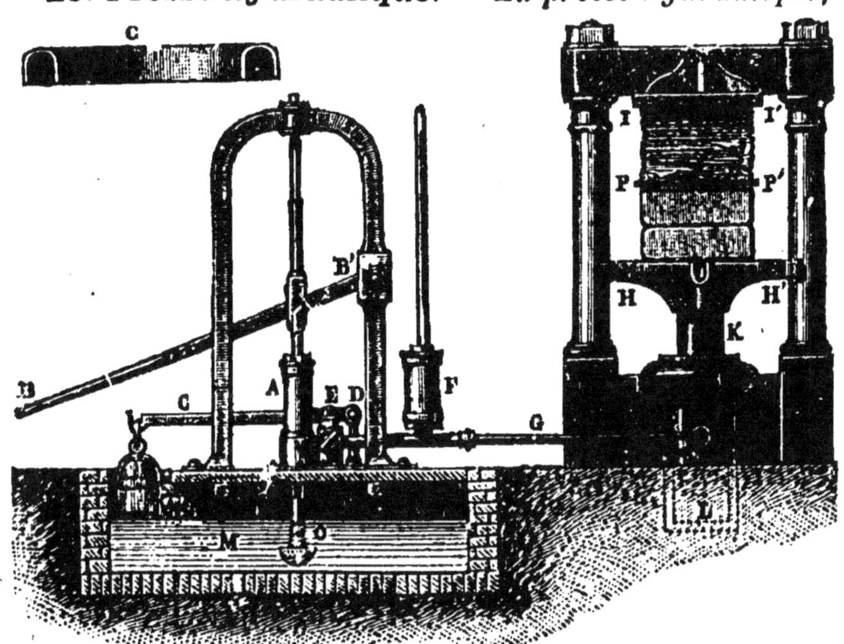

Fig. 34. — *Presse hydraulique.*

C, Cuir embouti. — BB', Levier du petit piston. — CD, Soupape de sûreté. — F, Manomètre. — G, Tube faisant communiquer les deux cylindres. — K, Gros piston surmonté de la plate-forme IIII'.

imaginée par Pascal et réalisée à Londres, en 1796, par Bramah, est l'application la plus intéressante de la transmission des pressions par les liquides. Elle permet, à l'aide d'une force relativement faible, d'exercer des pressions considérables.

La presse hydraulique se compose de deux cylindres A et L communiquant entre eux par un tube G. Dans le grand cylindre L se meut un piston K surmonté d'une plate-forme de fonte HH'. Au-dessus de cette plate-forme s'en trouve une autre maintenue fixe par des supports particuliers. Le petit cylindre A contient également un piston qui est mis en mouvement à l'aide d'un levier BB'. Les deux cylindres et le tube de communication sont remplis d'eau. Lorsqu'on presse sur le petit piston, il descend ; l'eau du petit cylindre passe dans le grand et soulève le piston de ce dernier avec une force d'autant plus considérable que la surface de section de ce piston est plus grande par rapport à celle du petit. Si, par exemple, la surface du grand piston contient *50 fois* celle du petit, les pressions exercées sur ce dernier seront transmises sous le grand piston avec une intensité *50 fois* plus considérable ; une pression de *100 kilogr.* exercée sur le petit piston se transmettra au-dessous du grand piston en une poussée de bas en haut égale à *5.000 kilogr.* Il existe des presses hydrauliques où, avec une force initiale de *20 kilogr.* appliquée à l'extrémité du levier qui surmonte le petit piston, on produit une pression de plus de *50.000 kilogr.*

Une soupape placée à la jonction du tube de communication avec le grand cylindre, s'oppose au retour de l'eau dans le petit cylindre lorsqu'on cesse de presser sur le petit piston. Le petit cylindre communique avec un réservoir d'eau par un tuyau d'aspiration O. Entre ce tuyau d'aspiration et le petit cylindre se trouve une autre soupape qui permet à l'eau du réservoir de monter dans le petit cylindre, lorsqu'on soulève le petit piston, et qui empêche le retour de l'eau dans le réservoir, lorsqu'on presse le petit piston. Un robinet sert à vider le grand cylindre quand on veut faire cesser la pression.

Pour empêcher l'eau de filtrer entre le piston et la paroi du

grand cylindre, Bramah a imaginé de placer dans le renflement de cette paroi un *cuir embouti*, dont la coupe est
représentée dans la partie gauche supérieure de la figure *34*.
Ce cuir ayant la forme d'une rigole renversée, plus la pression est forte, plus l'eau qui remplit cette rigole comprime,
d'un côté, le bord interne du cuir contre le piston, et de
l'autre, le bord externe contre la paroi du cylindre; de sorte
que la moindre filtration est impossible.

La presse hydraulique a de nombreux usages : on s'en sert
pour extraire le suc des betteraves et des cannes à sucre, pour
extraire l'huile des graines oléagineuses, pour séparer l'oléine
de la margarine dans la fabrication des bougies, pour fouler
le drap, pour presser le papier, pour fabriquer les ustensiles en fer battu, pour soulever ou déplacer des masses d'un
grand poids, pour éprouver les canons, pour essayer la résistance des cables à la traction.

On applique également la transmission des pressions par
l'eau pour essayer la force de résistance des parois des chaudières à vapeur. Pour cela, on remplit les chaudières d'eau,
et on les met en communication avec un tube adapté au petit
cylindre d'une presse hydraulique. Ensuite, on comprime l'eau
jusqu'à une pression donnée, laquelle est toujours bien supérieure à celle que la vapeur doit exercer sur les parois de la
chaudière. Cette expérience se fait sans danger, car si les
parois ne peuvent résister, elles se déchirent, mais il n'y a
jamais projection de leurs fragments, comme cela arriverait
si l'on employait un gaz au lieu de l'eau.

29. Conditions d'équilibre des liquides. — Pour
qu'un liquide soit en équilibre, deux conditions sont nécessaires :

1° *La surface libre d'un liquide en équilibre doit être
en chaque point perpendiculaire à la direction de la
pesanteur.*

Pour être perpendiculaire à la direction de la pesanteur, la
surface d'un liquide doit être horizontale ; c'est ce que l'on

remarque pour les liquides dont la surface présente une petite étendue. Mais pour les grandes surfaces, il n'en peut être ainsi ; devant être en chaque lieu perpendiculaires à la verticale, elles doivent prendre une courbure sensiblement sphérique ; c'est pour cette raison que la surface des mers est convexe.

2° *Une molécule quelconque d'une masse liquide en équilibre doit éprouver dans tous les sens des pressions égales et de sens contraires.*

Cette condition est indispensable, car si une molécule éprouvait dans un sens une pression plus forte que dans le sens opposé, il est évident qu'elle obéirait à la plus forte pression et que l'équilibre serait rompu.

30. Pressions exercées sur les liquides. — Les liquides en équilibre exercent, en vertu de la pesanteur, des pressions sur les parois des vases qui les contiennent ou des corps qui y sont plongés. Ces pressions sont de trois sortes.

1° *Des pressions verticales de haut en bas.*

2° *Des pressions verticales de bas en haut.*

3° *Des pressions latérales.*

31. 1° *Pressions verticales de haut en bas.* — La pression qu'exerce un liquide sur le fond du vase qui le contient *est indépendante*

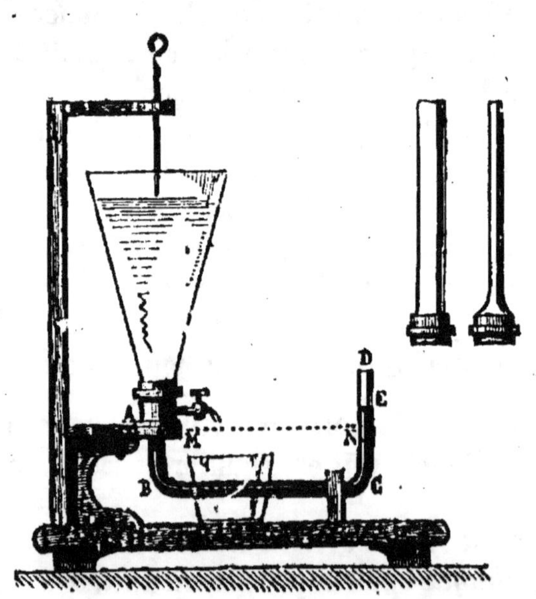

Fig. 35. — *Appareil de Haldat.*

de la forme et de la capacité de ce vase. Elle ne dépend que de l'étendue de la paroi considérée et de la hauteur du niveau de l'eau au-dessus de cette paroi. *Elle est égale au poids d'une colonne de ce liquide ayant pour base le fond du vase, et pour hauteur la distance verticale de ce fond au niveau de la surface libre du liquide.* On vérifie cette loi avec l'*appareil de Haldat.*

L'appareil de Haldat se compose d'un tube deux fois recourbé à angle droit. A l'une de ses extrémités est une garniture de cuivre, qui permet d'y adapter des vases n'ayant pas de fond ; ces vases sont de formes et de capacités différentes.

Après avoir mis du mercure dans le tube recourbé, de manière qu'il s'élève jusqu'à la garniture de cuivre, on adapte successivement à cette garniture les différents vases précédemment indiqués, dans lesquels on verse de l'eau jusqu'à une même hauteur. A chaque expérience, la quantité dont le mercure s'élève dans le tube libre, représente évidemment la pression qu'exerce l'eau sur le mercure qui forme le fond du vase. Or, on constate que, quelle que soit la forme du vase, le mercure monte toujours à la même hauteur.

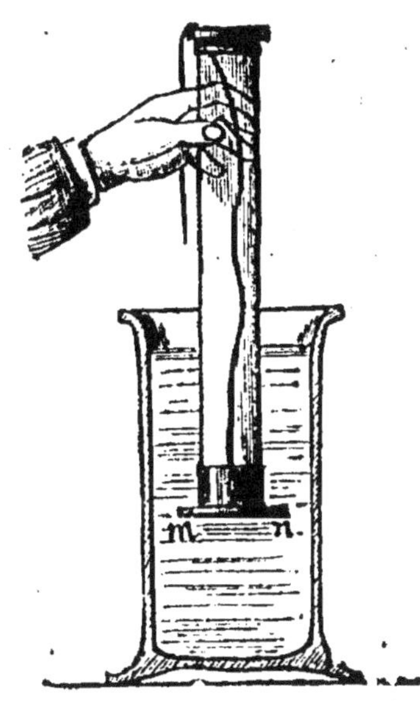

Fig. 36. — *Appareil pour la démonstration des pressions de bas en haut.*

32. 2° *Pressions verticales de bas en haut.* — Les pressions de bas en haut que les liquides exercent sur les corps qui y sont plongés se vérifient par une expérience très simple. Pour cela, on se sert d'un tube de verre ouvert à ses deux extrémités. On ferme l'une des extrémités de ce tube à l'aide d'un petit disque de verre *mn* qui sert d'*obturateur*. On tient cet obturateur en position avec un fil, et on plonge dans l'eau la partie fermée du tube. Après avoir lâché le fil, on constate que l'obturateur ne tombe pas. Si l'on verse ensuite de l'eau dans le tube, ce n'est que lorsque ce liquide a sensiblement atteint le niveau du liquide extérieur que l'obturateur se détache et tombe. La pression de bas en haut était donc égale au poids de l'eau ajoutée. Cette expérience prouve que la pression de bas en haut sur les corps immergés *est égale au poids d'une colonne de liquide ayant pour base la surface pressée, et pour hauteur la distance de cette surface au niveau supérieur du liquide.*

33. 3° *Pressions latérales.* — Les liquides exercent aussi des pressions sur les parois latérales des vases. On sait qu'il suffit de pratiquer une ouverture en un point quelconque d'une paroi latérale d'un vase, pour que le liquide que ce vase contient s'échappe avec une force d'autant plus grande que cette ouverture est plus éloignée du niveau supérieur du liquide.

On démontre l'existence des pressions latérales sur les corps immergés par une expérience analogue à la précédente ; la seule différence consiste à se servir d'un tube recourbé à angle droit. Comme précédemment, on constate que l'obturateur *mn* ne se détache que lorsque le niveau du liquide

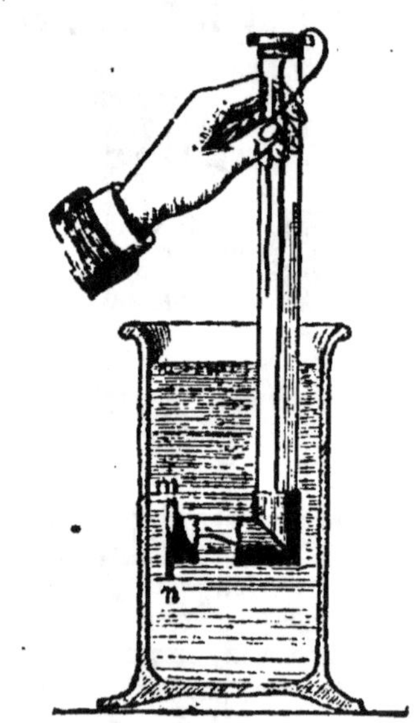

Fig. 37. — *Appareil pour la démonstration des pressions latérales.*

est sensiblement le même dans le vase et dans le tube.

La pression exercée par un liquide sur une portion de la

paroi latérale du vase qui le renferme *est égale au poids d'une colonne de liquide ayant pour base la portion de paroi considérée, et pour hauteur la distance du centre de gravité de cette portion de paroi à la surface libre du liquide.*

34. Vases à réaction. — Le principe des pressions latérales explique le mouvement de recul produit par l'écoulement des liquides dans certains appareils appelés *vases à réaction.* Les principaux de ces appareils sont le *chariot hydraulique* et le *tourniquet hydraulique.*

Chariot hydraulique. — Le *chariot hydraulique* est un vase rectangulaire en laiton, très léger, porté par des roulettes très mobiles. Sa paroi postérieure est munie d'une petite ouverture fermée par un bouchon. Le chariot étant rempli d'un liquide quelconque, si l'on débouche l'ouverture, le liquide coule, et le chariot se meut dans un sens contraire à celui de l'écoulement du liquide. Il est facile de se rendre compte de ce mouvement du chariot. En effet, considérons l'ouverture n et une surface m de même grandeur, prise sur la paroi opposée et sur un même plan horizontal. Tant que l'ouverture n reste fermée, les deux surfaces m et n éprouvent des pressions égales et opposées qui sont détruites par la résistance des parois; mais quand on débouche l'ouverture n, la pression qui s'exerçait sur le bouchon cesse d'exister, et la pression opposée n'étant plus contrebalancée par la première produit tout son effet : elle fait avancer le chariot dans sa direction.

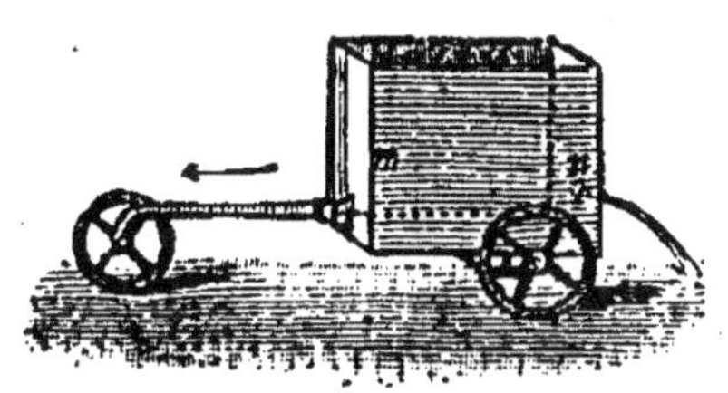

Fig. 38. — *Chariot hydraulique.*

Tourniquet hydraulique. — *Le tourniquet hydraulique* est un autre vase à réaction dont le mouvement repose sur le même principe que celui du chariot hydraulique. Cet instrument se compose d'un vase en cristal rempli d'eau, reposant

sur un pivot qui lui permet de tourner librement autour d'un axe vertical. A sa partie inférieure, il communique avec un tube deux fois recourbé. Les ouvertures de ce tube étant bouchées, l'appareil reste immobile; mais dès qu'on les ouvre, il se met en mouvement dans le sens contraire à celui de l'écoulement.

35. Tonneau de Pascal. — Une expérience imaginée par Pascal donne une idée des pressions considérables aux-

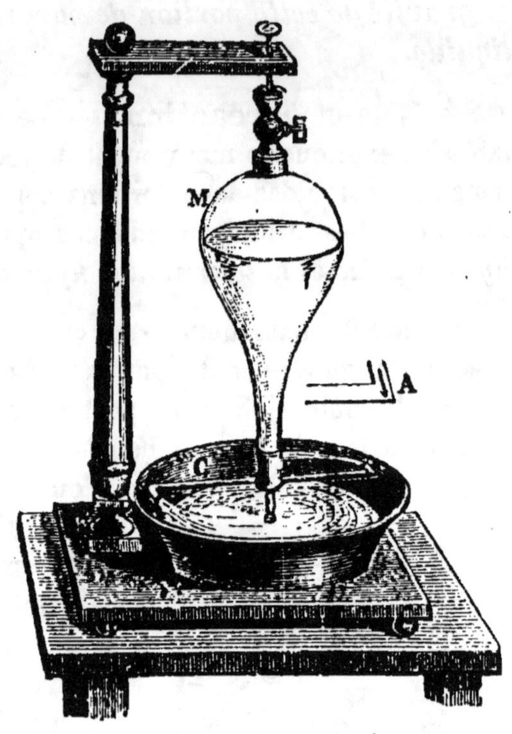

Fig. 39. — *Tourniquet hydraulique.*

quelles sont soumises les parois des vases remplis d'un liquide dont le niveau est très élevé au-dessus d'elles. On adapte à un tonneau plein d'eau un tube étroit et long de plusieurs mètres (Fig. *40*). Cela fait, on verse de l'eau dans le tube, et l'on voit bientôt le tonneau se disloquer et finir par se rompre sous l'influence de la pression intérieure qu'exerce la colonne d'eau contenue dans le tube. *Cette pression est la même que si le tube avait le diamètre du tonneau.*

L'expérience du tonneau de Pascal nous montre le danger que peut offrir une simple fissure faisant communiquer les eaux pluviales avec un réservoir d'eau profondément situé au-dessous du sol. Quelque solides que soient les parois de ce réservoir, elles pourront, si la fissure se remplit, céder sous l'influence de la pression et se disloquer.

36. Liquides superposés.

— Lorsque plusieurs liquides, non miscibles et de densités différentes, sont placés dans un même vase, *ils se superposent par ordre de densités décroissantes de bas en haut ; la surface libre et les surfaces de séparation forment des plans horizontaux.*

Pour vérifier cette loi, on se sert de la *fiole des quatre éléments*. On place dans, cette fiole du mercure, de l'eau, de l'huile et de l'essence de pétrole. Après avoir agité le tout, on laisse reposer, et l'on constate que ces liquides se superposent d'après leurs densités respectives, et que chaque surface de séparation, ainsi que la surface libre, est horizontale.

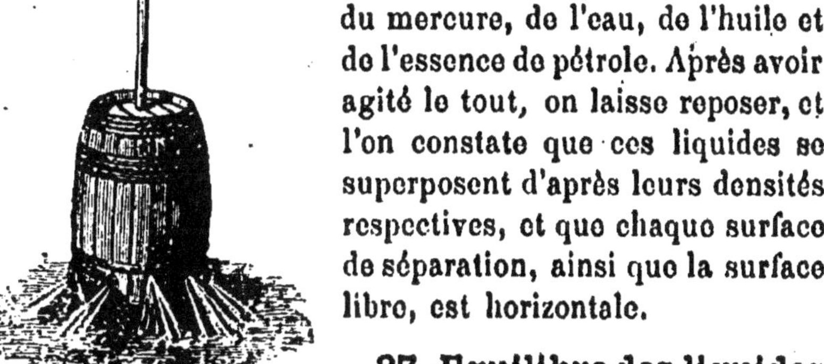

Fig. 40. *Tonneau de Pascal*

37. Equilibre des liquides dans les vases communiquants.

— L'équilibre des liquides dans les vases communiquants offre deux cas à considérer, selon que ces vases ne renferment qu'un liquide ou qu'ils contiennent des liquides de densités différentes.

1º *Lorsqu'un même liquide est contenu dans des vases communiquants, les niveaux de ce liquide, dans les différents vases, sont tous à la même hauteur, c'est-à-dire sur un même plan horizontal.*

Cette loi se vérifie facilement à l'aide de l'appareil représenté par la
figure *41*. Cet
appareil se com-
pose d'un grand
vase que l'on
peut faire com-
muniquer par
sa partie infé-
rieure avec une
série de tubes
de formes di-
verses. On rem-
plit d'eau le
grand vase et
ou ouvre le ro-

Fig. 41. — *Vases communiquants.*

binet qui établit la communication. Aussitôt on voit le liquide
monter dans les différents tubes, et lorsque l'équilibre est
établi, on constate que tous les niveaux de l'eau sont sur un même plan horizontal.

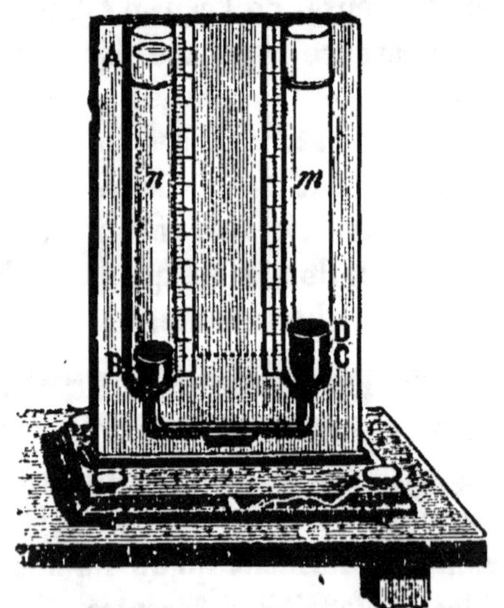

Fig. 42. — *Équilibre des liquides
de densités différentes dans les
vases communiquants.*

*2o Lorsque deux li-
quides de densités dif-
férentes sont contenus
dans deux vases com-
muniquants, les hau-
teurs des colonnes li-
quides qui se font équi-
libre sont en raison
inverse des densités
de ces liquides.*

On démontre expéri-
mentalement cette loi au
moyen d'un tube en forme d'U, renfermant un peu de mer-

cure. On met de l'eau dans l'une des deux branches verticales du tube, et l'on constate qu'une fois l'équilibre établi, la hauteur de l'eau au-dessus de la surface de séparation des deux liquides est égale à celle du mercure multipliée par la densité du mercure, qui est de *13,60*. Ce qui vérifie la loi énoncée ci-dessus.

38. Distribution de l'eau dans les villes. — La distribution de l'eau dans les différents quartiers d'une ville est fondée sur la propriété des vases communiquants. On amène l'eau par un moyen quelconque dans de grands réservoirs placés dans les endroits les plus élevés de la ville. Du fond de ces réservoirs partent des tuyaux sur lesquels sont fixés d'autres tuyaux secondaires, que l'on dirige vers

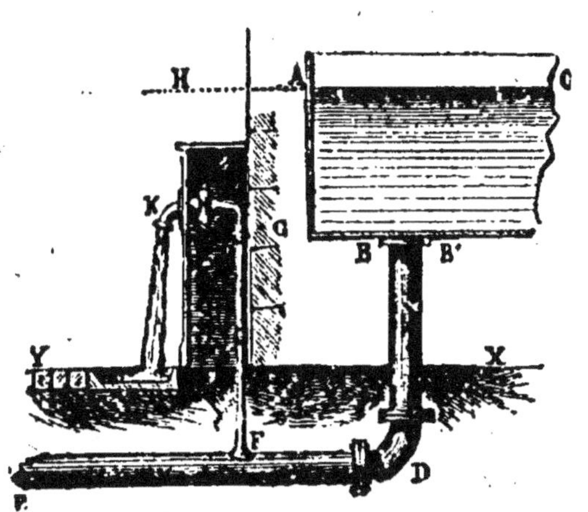

Fig. 43. — *Fontaine artificielle.*

les rues et les places publiques, ainsi que dans les habitations particulières. L'eau tend à s'élever dans ces conduits à la hauteur de son niveau dans les réservoirs. On y adapte des robinets qui sont de véritables fontaines artificielles distribuant l'eau dans toute la ville.

39. Jets d'eau. — Les *jets d'eau* sont aussi une application de la tendance des liquides à se mettre de niveau dans les vases communiquants (fig. 41). L'eau que l'on voit ainsi jaillir vient toujours d'un lieu plus élevé que celui où est le jet. Théoriquement, un jet d'eau devrait s'élever à une hauteur égale à celle du niveau de l'eau dans le réservoir d'où elle s'écoule, mais il n'en est jamais ainsi, parce que le jet a trois sortes de résistances à vaincre : c'est d'abord le frottement de l'eau dans le tube qui la conduit, puis la résistance de l'air, et enfin le choc des gouttelettes liquides qui, en retombant sur le jet, ralentissent son mouvement ascensionnel.

40. Niveau d'eau. — Le *niveau d'eau* est une application du principe des vases communiquants. Il consiste en

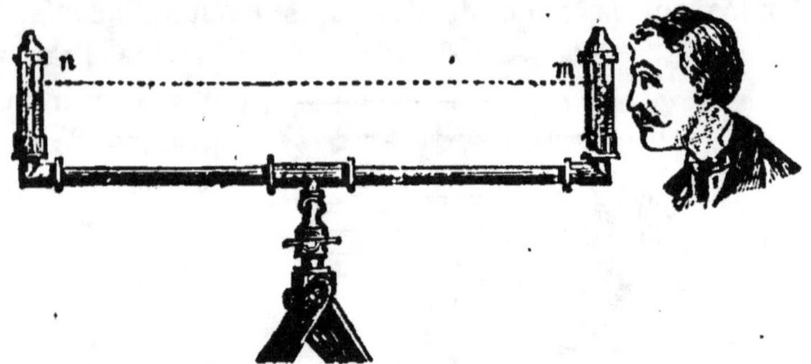

Fig. 44. — *Niveau d'eau.*

un tube métallique recourbé à angle droit à ses deux extrémités, et terminé à chaque bout par une fiole sans fond. L'appareil est posé en son milieu sur un pied à trois branches.

Fig. 45. — *Nivellement simple.*

On met dans le tube un liquide coloré, de manière à le remplir entièrement, ainsi qu'une partie des deux fioles. Le plan qui passe par les deux surfaces libres du liquide est toujours horizontal.

Pour établir la différence de niveau de deux points A et B, on place d'abord en A, puis en B, une règle divisée, appelée *mire*, portant une plaque mobile, nommée *voyant*. On dispose le voyant de la mire de sorte que son milieu se trouve sur la ligne horizontale passant par les niveaux du liquide coloré dans les deux fioles, et la différence des hauteurs du voyant, à chaque station de la mire, donne la différence de niveau cherchée.

41. Niveau à bulle d'air. — Le *niveau à bulle d'air* est un petit instrument qui sert à vérifier l'horizontalité d'un plan de peu d'étendue, ou de l'axe d'une lunette Il se com-

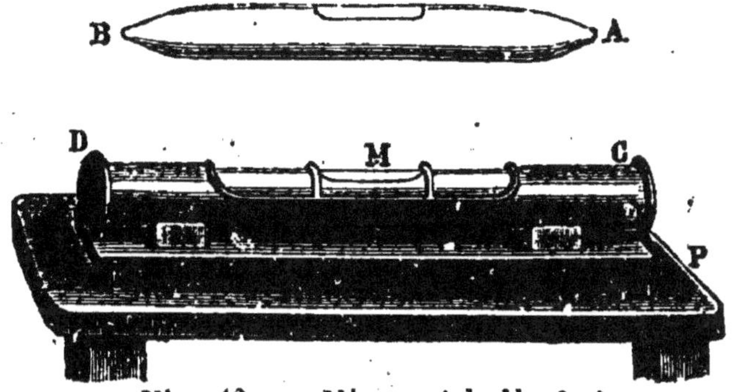

Fig. 46. — *Niveau à bulle d'air.*

pose d'un tube de verre AB légèrement courbé et fermé à ses extrémités. On y introduit de l'eau ou de l'alcool, en n'y laissant qu'un petit espace occupé par une bulle d'air. Ce tube est placé dans une garniture de cuivre de telle sorte que la bulle d'air ne se place au milieu M du tube que lorsque l'instrument est sur un plan horizontal.

42. Capillarité. — Lorsqu'on plonge un tube capillaire, c'est-à-dire d'un très petit diamètre, dans un liquide qui le mouille, on voit ce liquide s'élever dans le tube au-dessus du niveau du liquide extérieur ; la surface terminale du liquide intérieur est *concave*. Si l'on fait plusieurs expériences avec des tubes de différents diamètres, on constate que *l'élévation est en raison inverse du diamètre du tube.*

Lorsque le liquide employé ne mouille pas le tube, on observe une dépression de ce liquide autour du tube, et sa surface terminale est *convexe*. *La dépression est en raison inverse du diamètre du tube.* Ces mêmes phénomènes s'observent encore entre deux lames de verre suffisamment rapprochées, mais l'ascension et la dépression sont la moitié de ce qu'elles seraient dans un tube dont le diamètre égalerait l'écartement des lames.

Ces phénomènes, qui paraissent en contradiction avec les principes d'équilibre des liquides dans les vases communiquants, s'expliquent par les attractions réciproques des liquides et des solides.

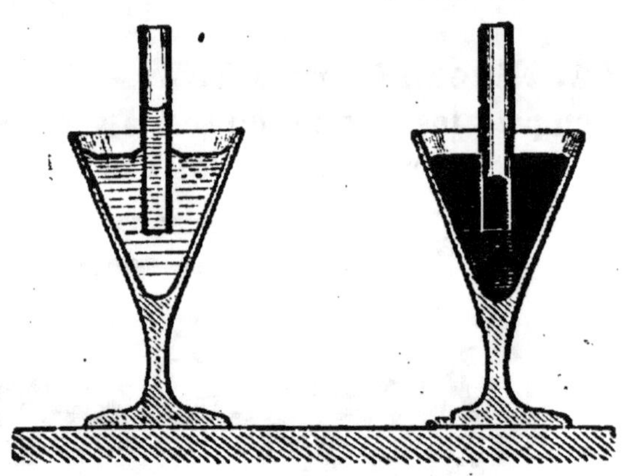

Fig. 47. — *Effets de la capillarité.*

C'est par l'effet de la capillarité que la sève monte dans les plantes, l'huile dans la mèche d'une lampe, le café, dans un morceau de sucre qui le touche par un de ses points ; que le bois, les éponges et en général tous les corps poreux, s'imbibent plus ou moins facilement de liquides.

43. Principe d'Archimède. — Le principe d'Archimède peut s'énoncer ainsi :

Tout corps plongé dans un liquide y subit une poussée verticale de bas en haut égale au poids du liquide qu'il déplace.

On vérifie ce principe à l'aide de la *balance hydrostatique*. Cette balance ne diffère de la balance ordinaire que parce que chaque plateau est muni d'un petit crochet, auquel on peut suspendre les corps à peser. A l'un des plateaux, on suspend un cylindre creux A, en laiton, et au-dessous de celui-ci, un cylindre plein B, ayant un volume égal à la capacité du

Fig. 48. — *Balance hydrostatique.*

cylindre creux ; puis on établit l'équilibre à l'aide d'une tare placée dans l'autre plateau, et on fait ensuite plonger le cylindre plein dans l'eau. L'équilibre est aussitôt détruit, le fléau incline du côté de la tare ; mais on constate que, pour ramener le fléau à l'horizontalité, il suffit de remplir d'eau le cylindre creux. Ce qui montre que le cylindre, en plongeant dans l'eau, *a perdu un poids égal à celui de l'eau qu'il a déplacée.*

44. Conséquences du principe d'Archimède. —
D'après le principe précédent, un corps plongé dans un liquide
est soumis à une poussée qui agit en sens inverse de la
pesanteur. Cette poussée peut être *inférieure*, *égale* ou
supérieure au poids du corps ; de cela, il résulte que trois
phénomènes dif-
férents peuvent se
produire : lorsque
la poussée est in-
férieure au poids
du corps, celui-ci
tombe au fond du
liquide ; quand
elle est égale, il
*reste en équi-
libre* dans son
sein, et lors-
qu'elle est plus
grande, le corps,

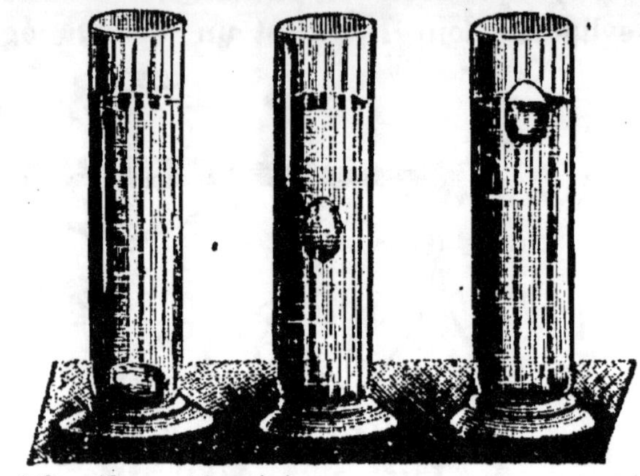

Fig. 49. — *Expérience servant à constater
les trois conditions de la poussée des
liquides.*

sollicité par une force qui tend à le faire mouvoir de bas
en haut, *remonte* à la surface du liquide, où il vient émerger
*en déplaçant un poids de liquide exactement égal au
sien;* on dit alors qu'il *flotte.*

Il est facile, au moyen de l'expérience de l'œuf et de l'eau
salée, de réaliser ces trois conditions de la poussée des liquides.
Un œuf frais s'enfonce dans l'eau ordinaire, mais il flotte sur
l'eau saturée de sel, plus dense que la première. En mélangeant convenablement ces deux liquides, on peut en former
un troisième au milieu duquel l'œuf restera suspendu.

45. Ludion. — Le *ludion* est un instrument de physique au moyen duquel on peut aussi réaliser les conditions
nécessaires à un corps solide pour descendre, monter ou se
maintenir en équilibre au sein d'un liquide. Cet appareil consiste en une éprouvette presque remplie d'eau, dans laquelle
on a introduit une figurine d'émail surmontée d'une boule de

verre. Cette boule est munie à sa partie inférieure d'une très petite ouverture par laquelle l'eau peut pénétrer quand elle est soumise à une certaine pression. La figurine est construite

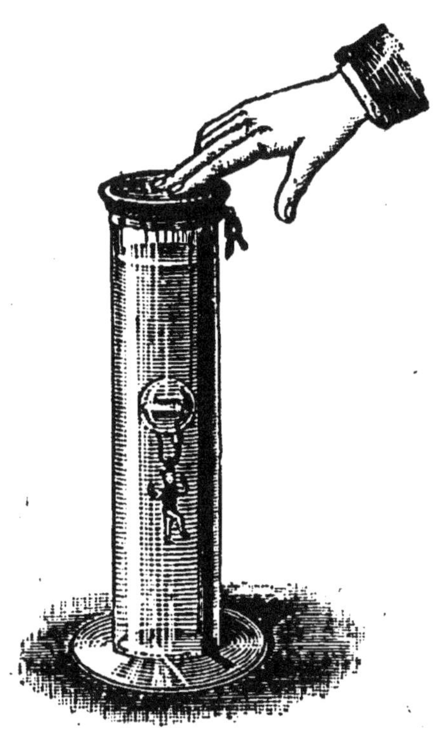

Fig. 50. — *Ludion.*

de manière que la boule étant vide, le système ait un poids total un peu moindre que celui de l'eau déplacée. L'éprouvette est fermée par une membrane élastique. Si l'on comprime l'air de l'appareil en appuyant sur cette membrane, l'air transmet à l'eau la pression qu'il reçoit, et une certaine quantité d'eau entre dans la petite boule en comprimant l'air qu'elle renferme. La boule devient ainsi plus lourde et la figurine descend. Lorsqu'on cesse de presser sur la membrane, l'élasticité de l'air comprimé de la boule refoule l'eau qui y avait pénétré, et la figurine remonte. On peut, par une pression convenable, la faire rester immobile au sein de l'eau à différentes hauteurs.

46. Vessie natatoire des poissons. — On trouve chez un grand nombre de poissons une vessie pleine d'air, qu'on nomme *vessie natatoire.* Cette vessie est placée dans l'abdomen, au-dessous de l'épine dorsale. Au moyen de leur vessie natatoire, les poissons peuvent à leur gré s'élever, s'abaisser ou se maintenir immobiles au sein des eaux. Veulent-ils descendre, ils la compriment par un effort musculaire; alors ils diminuent de volume, et, déplaçant moins d'eau, leur poids l'emporte sur celui du liquide qu'ils déplacent; ce qui les fait descendre. Au contraire, s'ils veulent s'élever, ils relâchent les muscles qui compriment leur vessie natatoire; celle-ci se dilate aussitôt, et les poissons, augmentant de volume sans augmenter de poids, sont alors soulevés par la poussée du liquide, qui les fait remonter.

47. Remarque. — Tous les corps, quelle que soit leur densité, peuvent flotter sur l'eau lorsqu'on leur donne une forme convenable. Le fer en bloc ne peut flotter, car, en cet état, il ne déplace pas un volume suffisant de liquide pour que la poussée de bas en haut annule son poids; mais, si on le réduit en feuilles et si avec ces feuilles on construit un bateau suffisamment grand, ce bateau surnagera. Supposons, en effet, que le poids du bloc de fer soit de 10.000 kilos et le volume extérieur du bateau construit de 100 mètres cubes. Pour enfoncer, ce bateau devrait déplacer 100 mètres cubes d'eau, ce qui lui ferait éprouver une poussée de bas en haut de 100.000 kilos; or, comme il ne pèse que 10.000 kilos, son poids est insuffisant pour combattre la poussée du liquide. Il en résulte que le bateau flottera et que, pour enfoncer, il devra être chargé d'un poids supérieur à 100.000 — 10.000 ou à 90.000 kilos. C'est sur ce principe que repose la construction des navires dont la coque est toute en fer ou en acier; ces navires tendent de plus en plus à remplacer les anciens vaisseaux, soit pour la marine marchande, soit pour la marine de guerre.

48. Condition de stabilité d'un corps flottant. — Pour qu'un corps flottant soit en équilibre stable, il faut que son centre de gravité soit le *plus bas possible, par rapport au centre de gravité de l'eau qu'il déplace.* C'est pour cette raison que, dans l'arrimage des vaisseaux, on place toujours les corps lourds dans la cale; c'est ce qu'on appelle *lester* les vaisseaux. Un cylindre de bois d'une certaine longueur flotte toujours dans la position horizontale ; il est impossible de le faire flotter dans la position verticale, si calme que soit l'eau ; car dans cette position son centre de gravité est bien au-dessus de celui de l'eau qu'il déplace. Mais, si à une des extrémités du cylindre on attache un morceau de plomb d'un certain poids, le centre de gravité de tout l'appareil se trouvera dans le plomb, ou très près du plomb, et il sera impossible de faire flotter le cylindre autrement que dans la position verticale ; dans cette position, le centre de gravité se trouvera le plus bas possible, et l'équilibre sera stable.

49. Natation. — Le corps humain est un peu moins lourd dans son ensemble que le volume d'eau qu'il peut déplacer. Le corps humain surnage donc de lui-même, et d'autant plus facilement qu'il est plus volumineux. Cependant, la natation n'est pas naturelle à l'homme ; pour y réussir, il lui faut des exercices. Cela tient à ce que le poids de son corps n'est pas réparti d'une manière uniforme : la moitié antérieure pèse plus que la moitié postérieure. Ainsi, couché sur l'eau, le nageur incline un peu du côté d'avant ; la tête enfonce et les pieds se relèvent. Mais pour respirer, il faut qu'il ait la tête hors de l'eau, il est donc obligé de faire certains mouvements qui tendent à ce but. La position la plus favorable à la natation est évidemment celle où le nageur déplace le plus d'eau. La densité du liquide influe aussi sur la facilité de la natation ; ainsi, dans l'eau de mer, on nage plus aisément que dans l'eau douce, car le premier liquide étant plus dense que le second, le nageur doit moins en déplacer pour perdre un poids égal au sien.

RÉSUMÉ

L'hydrostatique est la partie de la physique qui traite des conditions d'équilibre des liquides et des pressions qu'ils exercent sur les vases qui les contiennent.

Le principe de Pascal peut s'énoncer ainsi : *Les liquides transmettent intégralement et dans tous les sens les pressions qu'ils supportent.*

La *presse hydraulique* est une heureuse application de ce principe. Elle est destinée à exercer les fortes pressions.

Pour qu'un liquide soit en équilibre, il faut : 1° *que sa surface libre soit perpendiculaire à la direction de la pesanteur ; 2° qu'une molécule quelconque du liquide éprouve dans tous les sens des pressions égales et de sens contraire.*

Les pressions que les liquides exercent sur les parois des vases qui les contiennent, ou sur les corps qui y sont plongés, sont de trois sortes, savoir : 1° *des pressions verticales de haut en bas ; 2° des pressions verticales de bas en haut ; 3° des pressions latérales.*

La pression qu'un liquide en équilibre exerce sur le fond du vase qui le contient *est indépendante de la forme et de la capacité de ce vase ; elle est égale au poids d'une colonne verticale de ce liquide ayant pour base le fond du vase, et pour hauteur la distance de ce fond à la surface libre du liquide.* On vérifie cette loi à l'aide de l'appareil de *Haldat.*

La pression verticale de bas en haut exercée par un liquide sur un corps solide qui y est plongé *est égale au poids d'une colonne de ce liquide ayant pour base la surface pressée, et pour hauteur celle du liquide au-dessus de cette surface.*

La pression latérale qu'exerce un liquide sur les parois du vase qui le contient *est égale au poids d'une colonne de ce liquide ayant pour base la portion de paroi considérée, et pour hauteur la distance du centre de gravité de cette portion de paroi à la surface libre du liquide.*

Le *chariot hydraulique,* le *tourniquet hydraulique* et le *tonneau de Pascal* sont des appareils qui servent à démontrer l'existence des pressions latérales.

Lorsque plusieurs liquides, non miscibles et de densités différentes, sont contenus dans un même vase, *ils se superposent de bas en haut dans l'ordre de leurs densités décroissantes ; la surface libre et les surfaces de séparation sont planes et horizontales.*

Lorsqu'un même liquide est contenu dans des vases communiquants, *les niveaux de ce liquide dans les différents vases sont tous à la même hauteur, c'est-à-dire sur un même plan horizontal.*

Lorsque deux liquides de densités différentes, sont contenus dans deux vases communiquants, *les hauteurs des colonnes liquides qui se font équilibre sont en raison inverse des densités de ces liquides.*

La théorie des puits artésiens, du jet d'eau, de la distribution de l'eau dans les villes, du niveau d'eau, est basée sur le premier principe des vases communiquants.

On désigne sous le nom de *phénomènes capillaires* des ascensions et des dépressions que l'on observe particulièrement dans les tubes de diamètre très petit.

Le principe d'Archimède peut s'énoncer ainsi : *Tout corps plongé dans un liquide perd une partie de son poids égale au poids du liquide qu'il déplace.* On vérifie ce principe à l'aide de la *balance hydrostatique.*

D'après le principe d'Archimède, un corps plongé dans un liquide est soumis à une poussée qui agit en sens inverse à la pesanteur. Cette poussée peut être *inférieure, égale* ou *supérieure* au poids du corps. On le vérifie par l'expérience de l'*œuf et de l'eau salée*, et aussi à l'aide du *ludion*.

La théorie des *corps flottants* et celle de la *natation* reposent sur le principe d'Archimède.

Tout corps flottant en équilibre déplace un volume de liquide dont le poids est égal au sien.

Un corps flottant est en équilibre stable lorsque son centre de gravité est *le plus bas possible.*

QUESTIONNAIRE

Qu'est-ce que l'hydrostatique? — Enoncez le principe de Pascal. — Décrivez la presse hydraulique. — Quelles sont les conditions d'équilibre des liquides? — A quoi est égale la pression qu'un liquide exerce sur le fond du vase qui le contient? — Sur les parois latérales? — Sur les faces d'un corps immergé? Comment vérifie-t-on ces pressions? — Décrivez le chariot et le tourniquet hydrauliques. — Expliquez leur mouvement. — Quelles sont les conditions d'équilibre de plusieurs liquides de densités différentes placés dans un même vase? — Indiquez les conditions d'équilibre des liquides dans les vases communiquants. — Enoncez le principe d'Archimède. — Comment le vérifie-t-on? — Quelles sont les principales applications du principe d'Archimède? — Quelle condition faut-il pour qu'un corps puisse flotter? — Pour qu'un corps flottant soit en équilibre stable? — Sur quel principe repose la natation? — Pourquoi les poissons peuvent-ils, à leur gré, monter, descendre et se tenir en équilibre dans l'eau? — Décrivez le ludion.

CHAPITRE IV

POIDS SPÉCIFIQUES. — ARÉOMÈTRES

50. Définition du poids spécifique. — Les corps, sous le même volume, n'ont pas tous le même poids ; ainsi un décimètre cube de fer pèse plus qu'un décimètre cube de bois ; un litre d'eau, qu'un litre d'huile, etc. Si l'on divise le poids d'un volume quelconque des divers corps par le poids du même volume d'un autre corps pris pour unité, on trouve des résultats presque tous différents ; ces résultats sont les *poids spécifiques* ou les *densités relatives* des corps.

Le poids spécifique d'un corps est donc le quotient du poids de ce corps par le poids d'un égal volume d'un autre corps pris pour unité.

L'eau pure à 4° est l'unité qui a été adoptée pour les solides et les liquides, et l'air à 0°, sous la pression de $0^m,760$, celle qui a été prise pour les gaz et les vapeurs.

Mais, pour les corps solides et les liquides, si au lieu de prendre un volume d'eau quelconque, on prend l'unité de volume, on pourra dire que *le poids spécifique d'un corps est égal à celui de son unité de volume;* car le poids de l'unité de volume de l'eau égale l'unité de poids. Ainsi, l'or, dont le centimètre cube pèse *19 grammes,* tandis que le même volume d'eau ne pèse que *1 gramme,* a pour poids spécifique *19.*

En représentant le volume d'un corps par V, son poids spécifique par D, on pourra écrire, d'après la définition précédente :

$$D = \frac{P}{V}$$

Ce qui permet encore de dire *que le poids spécifique d'un corps est égal au quotient de son poids par son volume.*

Par suite, pour obtenir le poids spécifique d'un corps, il suffit de chercher exactement son poids et son volume, et de trouver le quotient de la première de ces deux quantités par la seconde. Ainsi, un corps qui pèserait *40 kg. 77* et qui aurait un volume de *3 décimètres cubes* aurait pour poids spécifique :

$$\frac{40,77}{3} \text{ ou } 13,59,$$

Lorsque le corps dont il s'agit de déterminer la densité est un solide géométrique régulier, on obtient assez facilement son volume par le calcul ; mais quand il est irrégulier, comme cela arrive dans le plus grand nombre de cas, on est obligé d'employer des moyens spéciaux, qui reposent sur la première des définitions données précédemment.

51. Détermination du poids spécifique des solides.

— On détermine le poids spécifique des corps solides au moyen de la *balance hydrostatique*, du *flacon à densité*, de *l'éprouvette graduée* et de *l'aréomètre de Nicholson*.

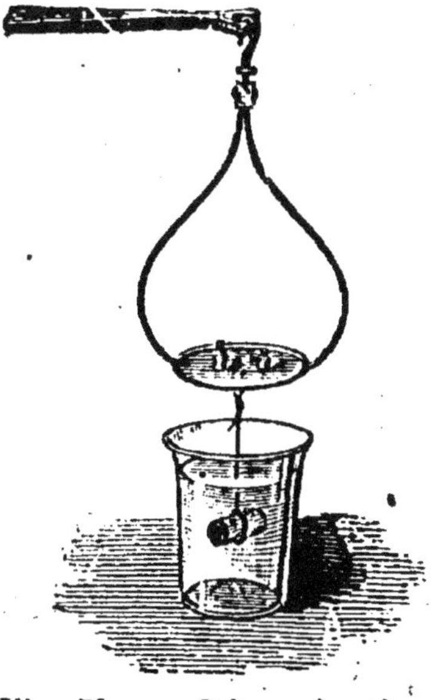

1° *Méthode de la balance hydrostatique.* — Pour déterminer le poids spécifique d'un corps à l'aide de la balance hydrostatique, on le suspend d'abord au-dessous d'un des plateaux de la balance au moyen d'un fil très fin. On pèse ensuite ce corps ainsi suspendu, d'abord dans l'air, puis immergé dans l'eau. En vertu du principe d'Archimède, la différence des poids obtenus ou bien le poids qu'il faut mettre, pour rétablir l'équilibre, dans le plateau qui surmonte le corps immergé, représente le poids du volume d'eau déplacé par ce corps. Or, d'après la première des définitions que nous avons données du poids spécifique, il suffit, pour obtenir ce dernier, de diviser le poids du corps dans l'air par celui de l'eau qu'il déplace. Soit, par exemple, un corps qui pèse *60 grammes* dans l'air et *52 grammes* dans l'eau. La différence des deux poids, *60 — 52*, c'est-à-dire *8 grammes*, exprime le poids d'un volume d'eau égal à celui du corps, et si l'on désigne par *D* le poids spécifique cherché, on aura :

$$D = \frac{60}{8} = 7{,}5.$$

Fig. 51. — *Détermination de la densité d'un corps solide.*

2° *Méthode du flacon.* — Le flacon dont on se sert pour déterminer le poids spécifique des solides a la forme représentée par la figure 52. Son bouchon, usé à l'émeri, a une partie effilée et se termine ordinairement par un petit entonnoir.

Pour faire usage de ce flacon, on commence par le remplir d'eau distillée, de manière que ce liquide s'élève exactement jusqu'à un trait t marqué sur la partie effilée du bouchon. On met ensuite le flacon sur le plateau d'une balance, et à côté de lui le corps dont on veut déterminer le poids spécifique; puis on établit l'équilibre en mettant dans l'autre plateau une tare quelconque. Cela fait, on enlève le corps et on le remplace par des poids marqués, de manière à rétablir l'équilibre; ces poids représentent le poids du corps. Après cela, on introduit le corps dans le

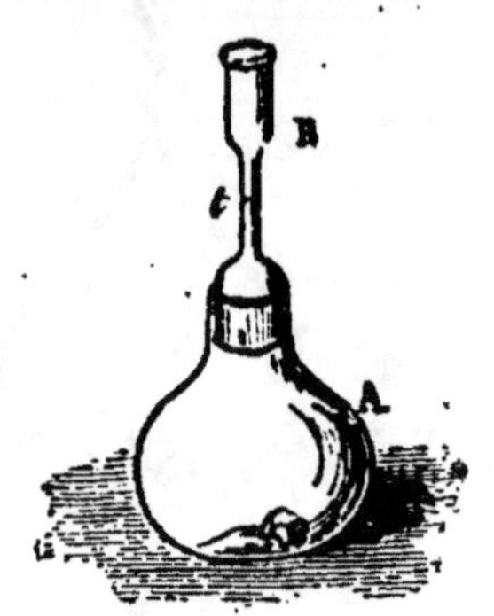

Fig. 52. — *Flacon à densité pour les solides.*

flacon ; il s'écoule un peu d'eau. Le bouchon est ensuite mis en position, de manière que l'eau s'élève à la même hauteur que précédemment. Le flacon, bien séché, est placé de nouveau sur le plateau de la balance. L'équilibre n'existe plus, car il s'est écoulé un volume d'eau égal à celui du corps introduit. Les poids marqués qu'il faut mettre à côté du flacon pour rétablir l'équilibre représentent le poids de l'eau écoulée. Le poids du corps divisé par celui de l'eau déplacée donne le poids spécifique cherché.

3° *Méthode de l'éprouvette graduée.* — Cette méthode consiste à introduire un corps, dont on connaît exactement le poids, dans une éprouvette graduée renfermant une quantité d'eau capable de le submerger. Après l'immersion du corps, l'eau occupe une plus grande partie de la capacité de l'éprouvette, et cette augmentation indique le volume du corps introduit. En divisant le poids de ce dernier par son volume, on a sa densité.

52. Détermination du poids spécifique des liquides.

— Pour déterminer le poids spécifique des liquides, on emploie principalement la *balance hydrostatique*, le *flacon à densité* et l'*aréomètre de Fahrenheit*.

1° *Méthode de la balance hydrostatique.* — On détermine le poids spécifique d'un liquide, à l'aide de la balance hydrostatique, en suspendant d'abord à l'un des plateaux de cette balance, à l'aide d'un fil très fin, un corps solide non soluble dans le liquide, une boule de verre, par exemple ; on établit ensuite l'équilibre avec une tare. Après cela, on fait plonger la boule dans le liquide dont on cherche le poids spécifique, et on rétablit l'équilibre en mettant des poids marqués dans le plateau qui surmonte la boule ; ces poids indiquent celui du volume du liquide déplacé par la boule. En répétant la même opération avec de l'eau pure, on a le poids d'un même volume d'eau. Le quotient de la première quantité par la seconde donne le poids spécifique du premier liquide.

2° *Méthode du flacon.* — Le flacon dont on se sert pour déterminer le poids spécifique des liquides a généralement la forme d'un petit réservoir cylindrique surmonté d'un tube capillaire terminé par un tube plus gros servant d'entonnoir ; ce dernier tube est bouché à l'émeri pour empêcher l'évaporation des liquides très volatils.

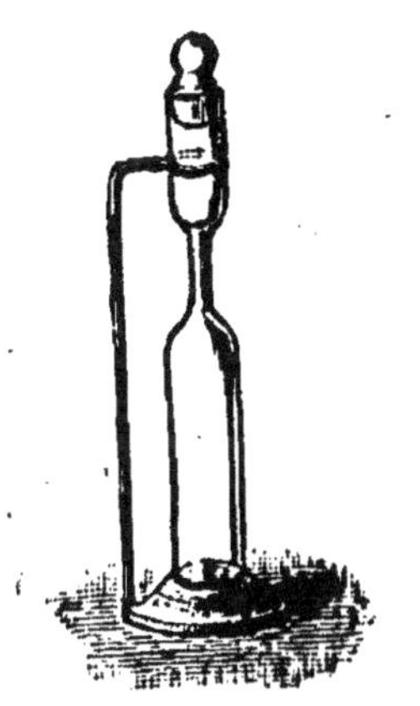

Fig. 53. — *Flacon à densité pour les liquides.*

Pour se servir de ce flacon, on commence par le placer, vide et bien sec, sur le plateau d'une balance, et on lui fait équilibre avec une tare quelconque. Ensuite, on le remplit du liquide dont on veut trouver le poids spécifique. L'augmentation de poids du flacon donne le poids de ce liquide. On répète la même opération avec de l'eau pure, et on a le poids d'un même volume d'eau.

Le quotient du poids du liquide par celui de l'eau donne le poids spécifique cherché.

ARÉOMÈTRES

53. Les *aréomètres* sont des appareils flottants destinés à faire connaître les poids spécifiques des corps solides ou liquides, ou à indiquer le degré de concentration des acides et des dissolutions salines ou alcooliques. Comme tous les corps flottants, les *aréomètres déplacent toujours un poids de liquide égal au leur*, d'où il résulte qu'un aréomètre plongé dans un liquide s'enfonce d'autant plus que ce liquide est moins dense.

On distingue deux sortes d'aréomètres : les *aréomètres à volume constant* et les *aréomètres à poids constant*.

54. Aréomètres à volume constant. — Les aréomètres à volume constant sont au nombre de deux : celui de *Nicholson*, employé pour la détermination du poids spécifique des solides, et celui de *Fahrenheit*, qui sert pour les liquides.

Aréomètre de Nicholson. — L'aréomètre de Nicholson se compose d'un cylindre creux en métal, terminé par deux cônes. Le cône supérieur est muni à son sommet d'une tige surmontée d'un plateau. Le cône inférieur soutient une petite corbeille lestée, destinée à recevoir les corps dont on veut déterminer la densité. Sur la tige qui supporte le plateau est marqué un point *c* nommé *point d'affleurement* : on l'appelle ainsi parce que dans toutes les expériences l'instrument doit être enfoncé dans l'eau jusqu'à ce point, afin de déplacer toujours un *volume constant de liquide*.

Pour obtenir le poids spécifique d'un corps solide, avec l'aréomètre de Nicholson, on place cet instrument d'abord dans l'eau pure ; on met ensuite sur le plateau le corps dont on veut déterminer la densité, et la tare nécessaire pour que l'affleurement ait lieu au point marqué sur la tige. Après cela,

on enlève le corps et on le remplace par des poids marqués,
de manière à déterminer de nouveau l'affleurement ; ces poids

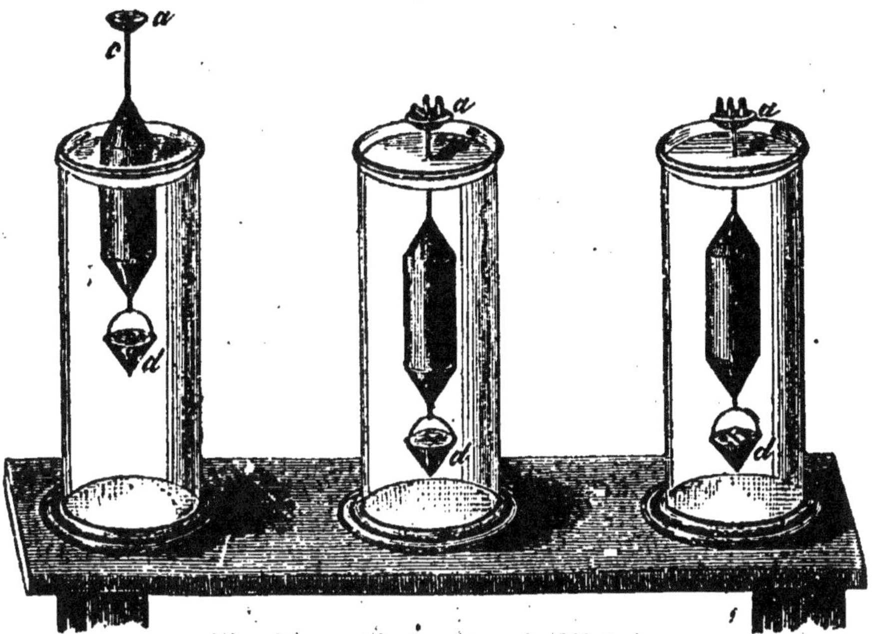

Fig. 54. — *Aréomètre de Nicholson.*

représentent le poids P du corps. Cela fait, on retire les poids
et on place le corps dans la corbeille d. Ce corps perd de son
poids, le poids du liquide qu'il déplace. Les poids p qu'il est
nécessaire d'ajouter sur le plateau pour que l'affleurement ait
lieu de nouveau au même point, représentent le poids d'un
volume d'eau égal au volume du corps immergé. On aura
donc :

$$D = \frac{P}{p}$$

Aréomètre de Fahrenheit. — L'aréomètre de Fahrenheit
consiste en un cylindre de verre terminé à sa partie inférieure
par une ampoule lestée, et à sa partie supérieure par une
tige surmontée d'une petite capsule destinée à recevoir des
poids.

Pour se servir de cet instrument, on détermine d'abord son

poids P à l'aide d'une balance. On le plonge ensuite successivement dans le liquide dont on
veut connaître le poids spécifique
et dans l'eau pure, en mettant
chaque fois dans la capsule les
poids nécessaires pour faire
affleurer l'aréomètre à un certain
point marqué sur sa tige. Soient p
le poids qu'il a fallu pour obtenir
l'affleurement dans le liquide considéré, et p' celui qui a été nécessaire pour déterminer le même
affleurement dans l'eau distillée, le
poids du liquide déplacé est évidemment $P+p$, et celui de l'eau
$P+p'$. Comme les volumes de
ces liquides sont égaux, le poids

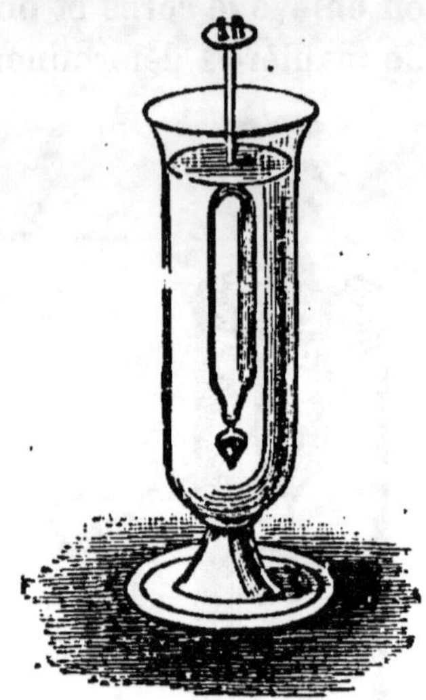

Fig. 55. — *Aréomètre de Fahrenheit.*

spécifique cherché, ou D, est donné par la formule suivante :

$$D = \frac{P+p}{P+p'}$$

55. Aréomètres à poids constant. — Les aréomètres à poids constant ne sont pas destinés à déterminer les
poids spécifiques des corps, mais à indiquer seulement si les
dissolutions salines sont plus ou moins saturées, si les liqueurs, les alcools et les acides sont plus ou moins concen-
trés. Ces instruments se composent tous d'un cylindre creux,
en verre, surmonté d'une tige très régulière. Ils sont lestés à
leur partie inférieure par un renflement contenant du mercure
ou de la grenaille de plomb. Plongés dans un liquide, les
aréomètres à poids constant s'y enfoncent d'autant moins que
ce liquide est plus dense. Il est donc facile, à l'aide d'une
simple graduation sur la tige, d'évaluer le degré de concentration d'une dissolution quelconque.

Les aréomètres à poids constant les plus employés sont

les *aréomètres de Baumé* et l'*alcoomètre centésimal de Gay-Lussac.*

1o Aréomètres de Baumé. — Les aréomètres de Baumé portent les noms de *pèse-sels,* de *pèse-acides,* de *pèse-liqueurs,* selon leur graduation.

Pour graduer un aréomètre de Baumé destiné aux liquides

Fig. 56. — *Aréomètre de Baumé.*

plus denses que l'eau, on règle d'abord son lest de manière que, plongé dans l'eau pure, cet instrument s'enfonce jusqu'à la partie supérieure de la tige, où l'on marque *zéro.* On plonge ensuite l'aréomètre dans une dissolution composée de *15* parties de sel marin et de *85* d'eau, et l'on marque *15* au point d'affleurement. On divise l'intervalle compris entre *0* et *15* en *15* parties égales ou degrés, et on prolonge la division jusqu'au bas de la tige.

Si l'aréomètre de Baumé est destiné aux liquides moins denses que l'eau, on dispose son lest de manière que, plongé dans une dissolution contenant *10* parties de sel marin et *90* parties d'eau, cet instrument s'enfonce jusqu'à la naissance de la tige, où l'on marque *zéro.* On le plonge ensuite dans l'eau pure, et au point d'affleurement, on marque *10;* on divise ensuite l'intervalle compris entre ces deux points en *10* parties égales ou degrés, et on continue la division jusqu'au sommet de la tige.

2o Alcoomètre centésimal de Gay-Lussac. — L'alcoomètre centésimal de Gay-Lussac est destiné à faire connaître la quantité d'alcool pur que contiennent les alcools du commerce ou les mélanges d'eau et d'alcool.

Pour graduer cet instrument, on le leste de manière que plongé dans l'alcool pur, l'affleurement se fasse à l'extrémité supérieure de la tige, où l'on marque *100*, puis on met *zéro* à l'endroit où l'instrument affleure dans l'eau pure. Pour obtenir les degrés intermédiaires, on plonge successivement l'alcoomètre dans des mélanges qui, en volume, renferment *95, 90, 85, 80,* etc., parties d'alcool pur, et *5, 10, 15, 20,* etc., parties d'eau ; on marque les nombres *95, 90, 85, 80,* etc., aux points respectifs d'affleurement, et on divise en *5* parties égales les intervalles compris entre ces nombres.

Plongé dans un mélange ne contenant que de l'eau et de l'alcool, cet instrument donne, par une simple lecture, le degré alcoolique de la liqueur. Ainsi, lorsque l'alcoomètre plongé dans de l'esprit de vin marque 58°, il indique que ce liquide contient 58 pour *100* d'alcool

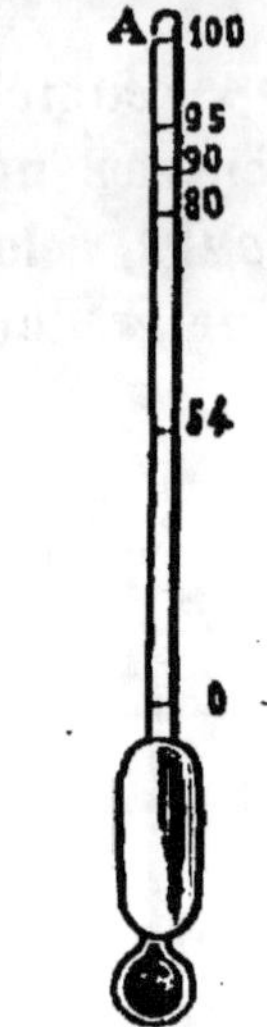

Fig. 57. — *Alcoomètre de Gay-Lussac.*

pur. Toutefois sa graduation n'est parfaitement exacte que pour les points qui ont été déterminés par l'expérience. Si le liquide contient autre chose que de l'eau et de l'alcool, il faut le distiller avant d'y introduire l'alcoomètre.

RÉSUMÉ

Le poids spécifique d'un corps est le *poids de l'unité de volume de ce corps*, ou mieux encore, *le quotient du poids d'un certain volume de ce corps par le poids du même volume d'eau pure.*

D'après cette dernière définition, pour obtenir le poids spécifique d'un corps, on détermine d'abord son poids, puis celui d'un même volume d'eau pure, et on divise la première quantité par la seconde.

On obtient le poids spécifique des corps solides au moyen de la *balance hydrostatique*, du *flacon à densité*, de l'*éprouvette graduée* et de l'*aréomètre de Nicholson*.

On détermine le poids spécifique des liquides à l'aide de la *balance hydrostatique*, du *flacon à densité* et de l'*aréomètre de Fahrenheit*.

Les *aréomètres* sont des appareils flottants destinés à faire connaître les poids spécifiques des corps solides ou liquides ; ils servent encore à indiquer le degré de concentration des acides et des dissolutions salines ou alcooliques.

On distingue deux espèces d'aréomètres : les *aréomètres à volume constant* et les *aréomètres à poids constant.*

Les aréomètres à volume constant sont au nombre de deux : *l'aréomètre de Nicholson,* destiné à déterminer les poids spécifiques des solides, et *l'aréomètre de Fahrenheit,* qui sert pour les liquides.

Les aréomètres à poids constant les plus employés sont les *aréomètres de Baumé* et *l'alcoomètre centésimal de Gay-Lussac.*

QUESTIONNAIRE

Qu'appelle-t-on poids spécifique d'un corps ? — Comment détermine-t-on d'une manière générale le poids spécifique d'un corps ? — Indiquez la marche à suivre pour obtenir le poids spécifique d'un corps solide par la méthode de la balance hydrostatique. — Par la méthode du flacon. — Par la méthode de l'éprouvette graduée. Comment détermine-t-on le poids spécifique d'un liquide à l'aide de la balance hydrostatique ? — A l'aide du flacon ? — Définissez les aréomètres. — Combien y a-t-il de sortes d'aréomètres ? — Quels sont les aréomètres à volume constant ? — A quoi servent-ils ? — Décrivez l'aréomètre de Nicholson et indiquez la manière de s'en servir. — Décrivez l'aréomètre de Fahrenheit. — Comment s'en sert-on ? — Quels sont les principaux aréomètres à poids constant ? — Comment les gradue-t-on ? — Quels sont leurs usages ?

CHAPITRE V

PRESSION ATMOSPHÉRIQUE. — BAROMÈTRES

56. Expansibilité des gaz. — Les gaz diffèrent des liquides en ce qu'ils n'ont pas de volume fixe et qu'ils remplissent toujours tout l'espace qui leur est offert ; ils augmentent indéfiniment de volume quand on leur donne un espace de plus en plus grand. Cette propriété, particulière aux gaz, est appelée *expansibilité.*

On démontre l'expansibilité des gaz par l'expérience suivante. Sous la cloche d'une machine pneumatique, on introduit une vessie fermée par un robinet. Cette vessie renferme un peu d'air et a été assouplie par une immersion de quelques minutes dans l'eau. Il y a d'abord équilibre entre la force expansive de l'air qui est sous la cloche de la machine pneumatique et celle de l'air renfermé dans la vessie ; mais

Fig. 58.

Fig. 59.

Démonstration expérimentale de la force expansive des gaz.

aussitôt que l'on commence à faire le vide, la pression qui s'exerçait sur la vessie s'affaiblit, et l'on voit cette dernière, sous l'influence de la force expansive de l'air qu'elle contient, se gonfler de plus en plus. Si l'on fait ensuite rentrer de l'air extérieur sous la cloche, la vessie, comprimée de nouveau par le gaz rentrant, reprend son volume primitif.

57. Pesanteur de l'air. — Les gaz sont pesants. Pour le montrer, on suspend à l'un des plateaux d'une bonne balance un grand ballon muni d'un robinet. On fait la tare dans l'autre plateau, et lorsque

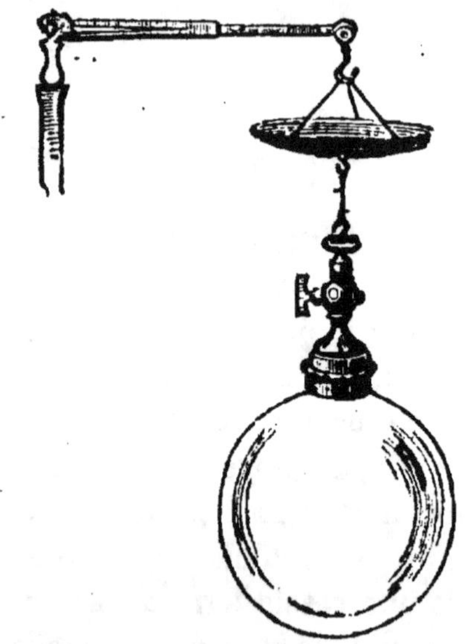

Fig. 60. — *Ballon servant à déterminer le poids des gaz.*

l'équilibre est établi, on enlève

le ballon pour y faire le vide à l'aide d'une machine pneumatique. On remet ensuite le ballon en place, au-dessous du plateau de la balance; le fléau ne redevient pas horizontal : il penche du côté de la tare. Le ballon vide pèse donc moins que le ballon plein d'air. Pour rétablir l'équilibre, il suffit d'ouvrir le robinet; l'air rentre dans le ballon et le fléau reprend la position horizontale.

Un litre d'air sec, à la température de 0° et sous la pression de 0ᵐ, 760, pèse *1 gr. 293*.

58. Pression atmosphérique. — La *pression atmosphérique* est la conséquence de la pesanteur de l'air. Elle n'est autre chose que le poids même de la couche d'air qui enveloppe la terre. Cette pression décroît nécessairement à mesure que l'on s'élève dans l'atmosphère; car, à mesure que l'on monte, on a moins d'air au-dessus de soi. La densité de l'air n'est pas uniforme; en effet, si l'on suppose l'atmosphère partagée en couches horizontales superposées, il est évident que les couches inférieures, supportant le poids de toute l'atmosphère, sont les plus comprimées et, par conséquent, les plus denses, tandis que les couches supérieures sont de moins en moins comprimées et, par suite, de moins en moins denses. L'atmosphère est de plus en plus raréfiée à mesure que l'on s'élève, mais sa hauteur est limitée. On croit généralement que son épaisseur est d'environ *70 kilomètres*.

59. Expériences démontrant la pression atmosphérique. — Parmi les nombreuses expériences que l'on peut faire pour démontrer la pression atmosphérique, nous citerons : 1° celle du *crève-vessie* ; 2° celle des *hémisphères de Magdebourg;* 3° quelques autres que l'on peut faire sans appareils spéciaux.

1° *Crève-vessie.* — Le *crève-vessie* est un fort manchon de verre dont la partie supérieure est fermée hermétiquement par une membrane de baudruche bien tendue. On place ce man-

chon sur le plateau d'une machine pneumatique, et dès que
l'on commence à faire le vide, on voit la membrane se dé-
primer sous la pression atmosphérique qu'elle supporte; à un

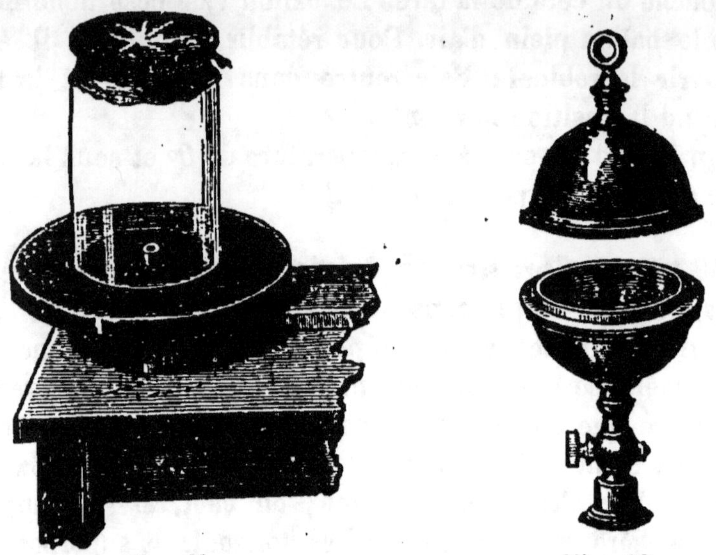

Fig. 61.

Fig. 62.

Expérience du crève-vessie.   *Hémisphères de Magdebourg.*

moment donné, elle se déchire violemment avec une détonation produite par la rentrée subite de l'air dans le manchon.
Au commencement de l'expérience, la membrane était plane,
parce qu'elle était également pressée sur ses deux faces, mais
à mesure qu'on fait le vide dans le manchon, la pression
supérieure est devenue prédominante et a fini par produire le
phénomène observé.

2º *Hémisphères de Magdebourg.* — Les *hémisphères
de Magdebourg* servent à démontrer que la pression atmosphérique s'exerce dans tous les sens. Cet appareil consiste en
deux hémisphères creux en laiton de *10 à 15 centimètres* de
diamètre, s'adaptant exactement par leurs bords bien dressés.
L'un des hémisphères porte un robinet pouvant se visser au
canal d'aspiration de la machine pneumatique, et l'autre se
termine par un anneau. Tant que ces hémisphères sont pleins

d'air, on peut facilement les séparer; mais si l'on fait le vide dans leur intérieur, il faut, pour les désunir, un effort puissant, et toujours le même quelle que soit la position dans laquelle on dispose l'appareil.

3° *Expériences que l'on peut réaliser sans instruments spéciaux.* — Pour une première expérience, on projette un papier enflammé dans une carafe ; on laisse ce papier brûler pendant quelques instants, puis on bouche l'ouverture de la carafe avec un œuf cuit dur et dépouillé de sa coquille. Le papier enflammé s'éteint, l'œuf pénètre peu à

Fig. 63. — *Expérience de l'œuf rentrant dans la carafe.*

peu dans le goulot et finit par se précipiter au fond de la carafe. Voici ce qui se passe : l'air de la carafe, échauffé par la flamme du papier, se dilate et une partie de cet air est chassée au dehors ; lorsque le papier s'éteint, l'air se refroidit ; alors la pression atmosphérique, n'étant plus contrebalancée par la pression intérieure, fait pénétrer l'œuf dans la carafe.

Une deuxième expérience consiste à remplir exactement un verre ordinaire avec de l'eau, à faire glisser une feuille de papier sur l'ouverture du verre; puis, mettant un livre sur la feuille de papier pour l'empêcher de tomber, à retourner le verre sens dessus

Fig. 64. — *Eau soutenue par la pression atmosphérique.*

dessous. On constate alors, qu'après avoir retiré le livre, l'eau et la feuille de papier restent en place; c'est la pression atmosphérique qui les empêche de tomber.

Pour une troisième expérience, on prend une cloche ou un simple verre, on jette un papier enflammé dans cette cloche, puis on l'abouche sur l'eau contenue dans une cuvette quelconque. Le papier conti-nue à brûler pendant quelques instants, puis il finit par s'éteindre. On voit alors l'eau de la cuvette monter peu à peu dans la cloche et s'arrêter lors-qu'elle occupe environ le cin-quième de son volume. Cette ascension de liquide a lieu

Fig. 65. — *Eau soulevée par la pression atmosphérique.*

parce que la combustion du papier, en absorbant l'oxygène de l'air, produit un vide dans la cloche; alors la pression atmosphérique, n'étant plus contrebalancée par l'air de l'intérieur, fait pénétrer de l'eau dans la cloche de manière à combler ce vide.

60. Expériences de Torricelli et de Pascal. —

Galilée reconnut le premier la pesanteur de l'air. Les anciens physiciens avaient bien remarqué que l'eau montait d'elle-même dans un tube privé d'air, mais ils croyaient se rendre raison de ce phénomène en disant que *la nature avait hor-reur du vide;* cependant, ils ne pouvaient s'expliquer pour-quoi, dans ces tubes, l'eau ne s'élevait jamais au-dessus de 10^m33. Galilée soupçonna que la pression atmosphérique était la cause de l'ascension du liquide dans le tube où l'on avait fait le vide; mais ce fut Torricelli, son disciple, qui le démontra par sa célèbre expérience de 1643. Pour s'assurer que c'était bien la pression atmosphérique qui faisait monter l'eau dans le vide jusqu'à $10^m,33$, Torricelli essaya quel effet produirait une même cause sur un liquide d'une densité diffé-rente de celle de l'eau.

« S'il est vrai, disait-il, que la pression de l'air est la cause de l'ascension de l'eau dans le vide jusqu'à une certaine hauteur, le mercure, dont la densité égale environ *13 fois 1/2* celle de l'eau, ne doit s'élever dans le vide, par l'effet de cette pression qu'à une hauteur *13 fois 1/2* moindre. »

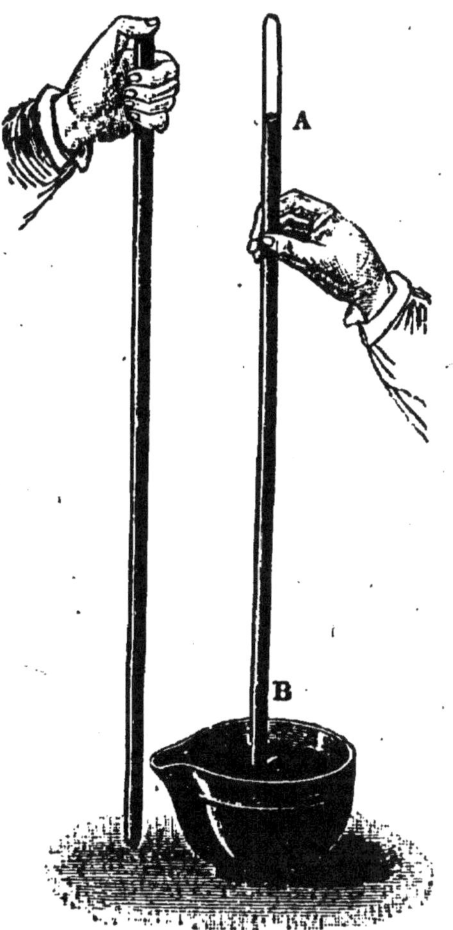

Fig. 66. — *Expérience de Torricelli.*

Les résultats obtenus confirmèrent pleinement cette prévision. Il prit un tube de verre d'un mètre de longueur et fermé à l'une de ses extrémités; il le remplit de mercure et le renversa sur une cuvette contenant également du mercure. Le liquide baissa dans le tube, puis se maintint à 0^m76 de hauteur. Or, *0,76* égale *10,33* divisé par *13,5.* L'expérience était donc concluante.

Quelques années plus tard, en 1648, Pascal fit à Rouen, avec de l'eau, une expérience analogue à celle de Torricelli. Il prit un tube de fer-blanc de *11 mètres* de longueur, et, l'ayant rempli d'eau, le renversa sur un vase contenant de ce même liquide. La colonne d'eau se maintint à une hauteur de $10^m,33$.

La pression atmosphérique peut donc soutenir une colonne de mercure de $0^m,76$ ou une colonne d'eau de $10^m,33$. Ces deux colonnes ont d'ailleurs le même poids; en effet, si l'on suppose une égale section aux colonnes d'eau et de mercure, *un centimètre carré*, par exemple, le volume de la colonne de mercure égalera *1 × 76* ou *76 centimètres cubes*, et son poids, *76 × 13,5* ou *1.033 grammes ;* le volume de la colonne d'eau sera de *1 × 1.033* ou de *1.033 centimètres cubes*, et son poids, de *1.033 × 1* ou *1.033 grammes.* Les deux colonnes ont donc des poids égaux.

De ce qui précède, il résulte que la pression atmosphérique, sur un *centimètre carré*, est de *1.033 grammes*, ou, en nombre rond, de *1 kilogramme.* Ce nombre est ordinairement pris pour unité de pression et s'appelle *une atmosphère.* Lorsque dans une chaudière à vapeur la pression est de *2*, de *3*, de *4* atmosphères, cela veut dire que la pression de la vapeur est d'environ *2, 3, 4 kg.* par centimètre carré.

BAROMÈTRES

61. — Le *baromètre* est un instrument destiné à mesurer la pression atmosphérique et à indiquer les variations du temps. Les baromètres principalement employés sont le *baromètre à cuvette*, le *baromètre de Fortin*, le *baromètre à cadran* et le *baromètre de Bourdon*.

62. Baromètre à cuvette. — Le *baromètre à cuvette*, ou *baromètre normal*, a été inventé par Torricelli. Pour construire ce baromètre, on prend un tube de verre d'environ *90 centimètres* de longueur, fermé à l'une de ses extrémités ; on le remplit très exacte-

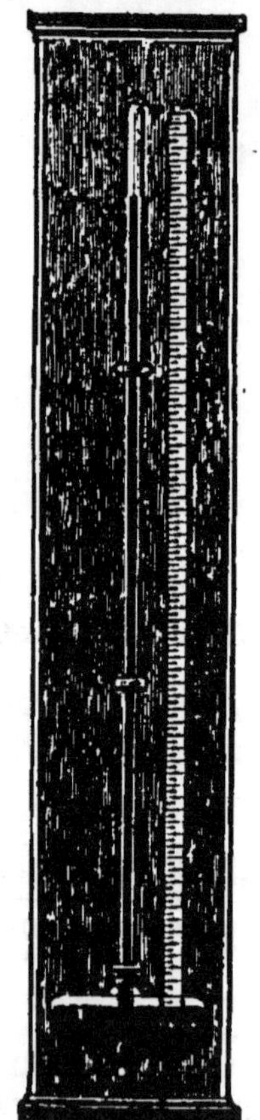

Fig. 67. — *Baromètre à cuvette.*

ment de mercure pur et sec ; puis, en appliquant le doigt sur l'extrémité ouverte, on le retourne et on le plonge dans une cuvette contenant aussi du mercure. Au moment où l'on ôte le doigt, le mercure qui remplissait le tube descend de quelques centimètres, et s'arrête à une hauteur d'environ *76 centimètres* au-dessus du niveau de la cuvette. Une échelle divisée, dont le zéro correspond au niveau du mercure dans la cuvette, est adaptée à la planchette qui supporte le tube. Cette échelle permet de lire facilement la hauteur barométrique à chaque observation.

63. Baromètre de Fortin. — Le *baromètre de Fortin* joint à une grande précision l'avantage d'être trans-

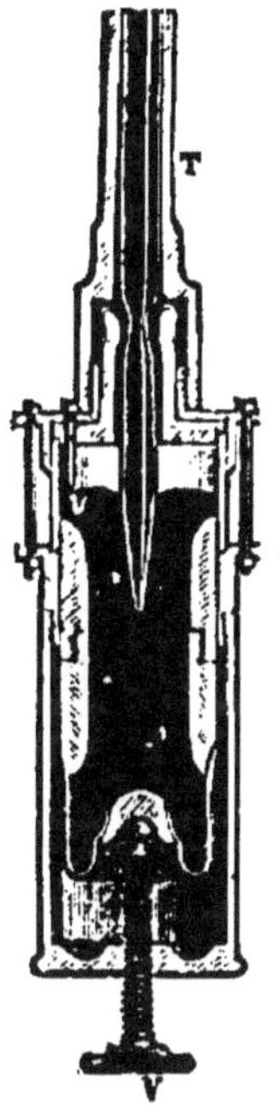

Fig. 68.

Cuvette du baromètre Fortin.

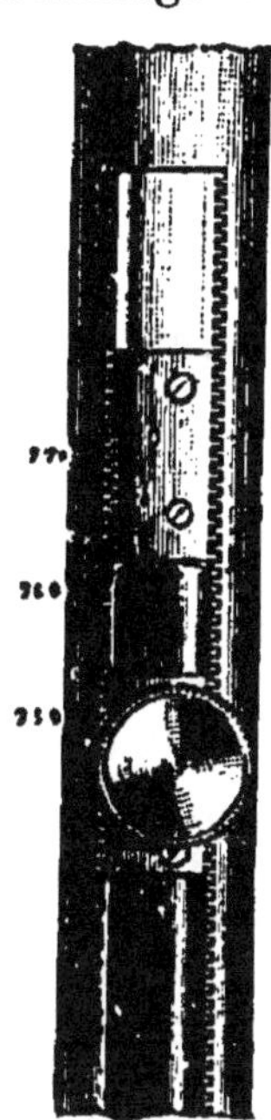

Fig. 69.

Curseur du baromètre Fortin.

portable. Il se compose d'un tube de verre plongé dans une *cuvette à fond mobile.*

La cuvette est un vase cylindrique de verre dont le fond est un sac en peau de chamois, supporté en son milieu par l'extrémité d'un vis V. Cette vis traverse un manchon métallique destiné à protéger la partie inférieure de la cuvette et relié par de minces tiges au cylindre protecteur du tube barométrique T. En soulevant ou en abaissant avec la vis le fond de la cuvette, on amène la surface du mercure en contact avec une pointe en ivoire *v* fixée au couvercle de la cuvette. L'étui métallique qui protège le tube barométrique porte deux fentes opposées, à travers lesquelles on peut voir le niveau de la colonne mercurielle ; le bord de l'une de ces fentes est muni d'une graduation métrique dont le zéro correspond au sommet de la pointe d'ivoire ; un *curseur* se déplace le long de cette graduation.

Pour faire une observation, on soulève d'abord le fond mobile de la cuvette jusqu'à ce que le mercure soit en contact avec la pointe d'ivoire, puis on place le curseur de manière que le bord supérieur de son échancrure soit sur le même plan que le sommet du mercure dans le tube barométrique, et on lit sur l'échelle la hauteur corresponpant à ce niveau. Il faut qu'au moment de l'observation l'appareil soit dans une position bien verticale, ce que l'on obtient en le suspendant par l'extrémité de sa tige.

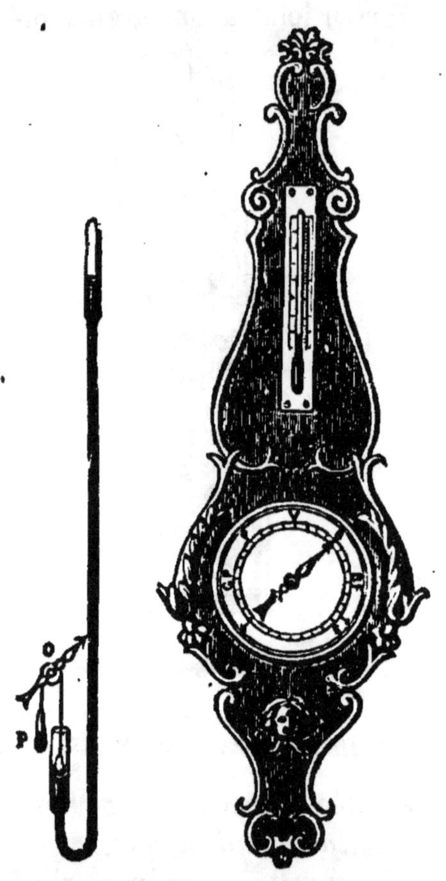

Fig. 70. — *Baromètre à cadran.*

64. Baromètre à cadran. — On donne quelquefois au tube barométrique la forme d'un siphon dans lequel les variations des pressions atmosphériques sont indiquées par une aiguille qui se meut sur un cadran gradué. L'axe de l'aiguille porte une poulie sur laquelle s'enroule un fil de soie ; ce fil est tiré d'un côté par un contre-poids, et de l'autre par un flotteur qui plonge en partie dans le mercure de la branche ouverte du siphon, et qui s'élève ou s'abaisse avec ce liquide. Quand la pression atmosphérique diminue, le mercure descend dans la branche fermée du baromètre et monte dans la branche ouverte ; alors le contrepoids tire le fil de soie et fait tourner l'aiguille à gauche. C'est le contraire qui arrive quand la pression augmente.

65. Baromètre de Bourdon. — On construit aujourd'hui beaucoup de *baromètres métalliques*, dits *baromètres anéroïdes*. Un des plus en usage est celui de *Bourdon*.

Fig. 72. — *Baromètre de Bourdon.*

Fig. 71. — *Coupe du tube du baromètre de Bourdon.*

Ce baromètre est composé d'un tube en laiton à parois minces, aplati et courbé en arc de cercle. Ce tube est vide et hermétiquement fermé. Il augmente ou diminue de courbure suivant la pression atmosphérique ; une aiguille, mue par un levier qui lui-même est mis en mouvement par le tube, indique les variations de la pression. On gradue ce baromètre par comparaison avec un baromètre à mercure.

66. Indications du temps. — On a remarqué que dans nos climats la colonne barométrique monte généralement quand le temps est beau, et qu'elle descend, au contraire, quand le temps est pluvieux. De plus, ces variations semblent se produire quelque temps avant que s'établisse l'état du ciel qu'elles annoncent. D'après ces observations, on a divisé en *six* parties égales la colonne barométrique, depuis $0^m,731$ jusqu'à $0^m,785$, limites extrêmes des variations observées, et à chacune des divisions, on a marqué l'état du ciel qui correspond ordinairement avec cette pression de l'atmosphère, lequel est exprimé par l'un des mots suivants : *tempête, grande pluie, pluie ou vent, variable, beau temps, beau fixe, très sec*. Un espace de *9 millimètres* sépare chaque division.

RÉSUMÉ

Les gaz sont caractérisés par leur *expansibilité*. L'expansibilité est la force en vertu de laquelle les gaz tendent à occuper en entier l'espace dans lequel ils sont enfermés. On constate l'existence de la force expansive des gaz au moyen d'une vessie contenant un peu d'air et placée sous le récipient d'une machine pneumatique.

Tous les gaz sont pesants. On le démontre à l'aide d'un grand ballon que l'on pèse vide et ensuite plein d'un gaz quelconque ; la différence des deux poids est égale au poids du gaz que ce ballon renferme.

La pression atmosphérique est une conséquence du poids de l'air. On met cette pression en évidence au moyen de plusieurs expériences dont les principales sont celle du *crève-vessie* et celle des *hémisphères de Magdebourg*.

Les expériences de *Torricelli* et de *Pascal* ont donné le moyen de mesurer cette pression. Elle est égale à *1 kg. 033* par *centimètre carré*.

Les *baromètres* sont des instruments qui servent à mesurer la pression atmosphérique et à indiquer les variations du temps. Les baromètres principalement employés sont le *baromètre à cuvette*, le *baromètre de Fortin*, le *baromètre à cadran* et le *baromètre de Bourdon*.

Le baromètre monte généralement quand le temps doit être beau et sec ; il descend dans le cas contraire. De là l'usage du baromètre pour connaître d'avance les variations du temps.

QUESTIONNAIRE

Qu'appelle-t-on expansibilité des gaz ? — Comment démontre-t-on que les gaz sont expansibles ? — Comment démontre-t-on que les gaz sont pesants ? — Quel est le poids d'un litre d'air ? — Qu'entend-on par pression atmosphérique ? — Par quelles expériences la met-on en évidence ? — Quelle est la mesure de la pression exercée par l'air ? — Quels sont les premiers physiciens qui l'ont déterminée ? — Par quelles expériences ? — Quelle est la valeur de la pression atmosphérique par centimètre carré ? — Qu'est-ce que le baromètre ? — Quelles sont les principales sortes de baromètres ? — Décrivez-les. — Quelle relation y a-t-il entre les variations barométriques et l'état du ciel ? — Comment les indications du temps sont-elles marquées sur le baromètre ?

CHAPITRE VI

LOI DE MARIOTTE. — MANOMÈTRES.

67. Loi de Mariotte. — La *loi de Mariotte* a pour objet la relation qui existe entre les différents volumes qu'occupe une masse déterminée de gaz et les pressions qu'elle supporte. Cette loi, découverte au xviie siècle par le physicien français dont elle porte le nom, l'abbé Mariotte, s'énonce ainsi :

A une même température, les volumes d'une même masse de gaz sont en raison inverse des pressions qu'elle supporte.

C'est-à-dire que plus la pression est grande plus le volume du gaz est petit : si la pression devient *double*, *triple*, *quadruple*, etc., le volume du gaz se réduit à la *moitié*, au *tiers*, au *quart*, etc., et inversement.

Pour vérifier cette loi, on se sert d'un appareil qu'on appelle encore aujourd'hui *tube de Mariotte* (Fig. 73). Il se compose d'un tube de verre recourbé, à branches très inégales, fixé sur une planchette de bois maintenue verticalement. Le long de la petite branche, qui est fermée, est une échelle indiquant des capacités égales, tandis que l'échelle qui est placée à côté de la grande branche donne les hauteurs en centimètres. Les zéros des deux échelles sont sur une même ligne horizontale. On verse d'abord du mercure dans ce tube de manière que le niveau de ce liquide s'élève jusqu'au zéro

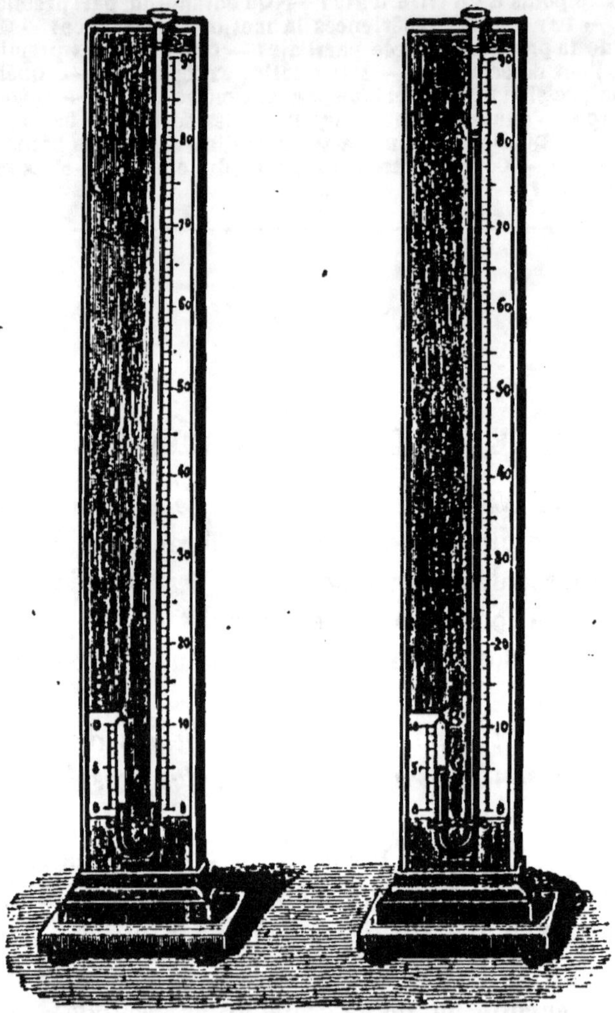

Fig. 73. — *Vérification de la loi de Mariotte.*

dans les deux branches. L'air emprisonné dans la petite branche possède alors une force élastique égale à la pression atmosphérique, car le mercure étant au même niveau dans les deux branches, chacune de ses surfaces libres éprouve la même pression. On note le volume que l'air occupe dans la petite branche. Soit, par exemple, un volume de *10 cmc*. On verse ensuite du mercure dans la grande branche jusqu'à ce que la différence des niveaux C et A soit égale à la hauteur de la colonne barométrique, et l'on constate que l'air qui est dans la petite branche n'occupe plus qu'un volume égal à la *moitié* du volume primitif, c'est-à-dire *5 cmc*. Il supporte alors une pression *double :* celle de la colonne atmosphérique, qui agit en A, et celle de la colonne de mercure A C, qui a une même valeur. Si l'on versait une nouvelle quantité de mercure égale à la pression atmosphérique, le volume du gaz se réduirait à *3 cmc 1/3*, c'est-à-dire au *tiers* du volume primitif; mais alors ce gaz supporterait *trois* atmosphères, dont deux seraient représentées par du mercure. Ces expériences prouvent bien que les volumes occupés par une masse d'air sont en raison inverse des pressions que ce gaz supporte. Si l'on remplaçait l'air par un gaz quelconque, on observerait les mêmes phénomènes.

68. Force élastique des gaz. — On appelle *tension* ou *force élastique* d'un gaz la pression que ce gaz exerce, en vertu de sa force expansive, sur les parois du vase qui le contient. La tension d'un gaz, comme nous venons de le voir dans l'expérience précédente, a une relation avec le volume qu'on lui fait occuper; car les mêmes nombres qui indiquent les pressions auxquelles un volume déterminé de gaz est soumis indiquent aussi la force élastique de ce gaz. En se basant sur la loi de Mariotte, on peut dire *qu'à une même température, les tensions, ou forces élastiques d'une masse de gaz, sont en raison inverse des volumes que ce gaz occupe.*

MANOMÉTRES

69. — Les *manomètres* sont des instruments destinés à mesurer la force élastique des vapeurs et des gaz. On en distingue trois espèces principales : le *manomètre à air libre,* le *manomètre à air comprimé* et le *manomètre métallique de Bourdon.*

70. Manomètre à air libre. — Le *manomètre à air libre* consiste en un tube de verre T, ouvert à ses extrémités et plongeant dans une cuvette à mercure V, placée dans une boîte métallique C; le tube est solidement mastiqué en E. La vapeur arrivant dans la boîte, par un conduit destiné à cet effet, presse sur le mercure de la cuvette et le fait monter dans le tube. Lorsque le niveau du mercure dans le tube est sur le même plan horizontal que dans la cuvette, la pression ou la tension de la vapeur est égale à la pression atmosphérique; si la pression de cette vapeur devient égale à *deux* atmosphères, le mercure monte de 76 *centimètres* dans le tube; si la pression devient égale à *trois* atmosphères, le mercure monte de *deux fois* 76 *centimètres*, et ainsi de suite. On suppose le diamètre du tube assez petit et celui de la cuvette assez grand pour que, dans celle-ci, le niveau du mercure reste sensiblement le même.

71. Manomètre à air comprimé. — Le *manomètre à air comprimé* repose entièrement sur la loi de Mariotte. Il diffère du précédent en ce que le tube de verre, plus court, est fermé à sa partie supérieure (Fig. 75). Lorsque la vapeur arrive dans la boîte métallique, le mercure est pressé et monte dans le tube du manomètre, en comprimant l'air que ce tube renferme. Lorsque l'air comprimé n'occupe plus que

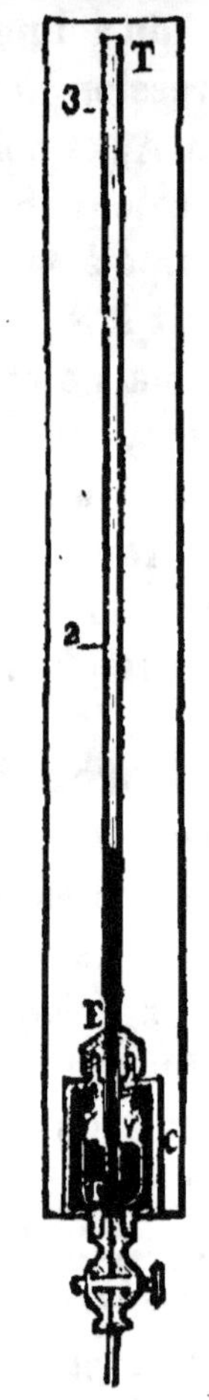

Fig. 74. — *Manomètre à air libre.*

la *1/2*, que le *1/3*, que le *1/4*, etc., de son volume primitif,
on peut dire que la pression de la vapeur est de 2, de *3*,
de *4* atmosphères, plus la pression de la colonne de mercure
dont la hauteur égale la différence des deux niveaux dans
la cuvette et dans le tube. Le manomètre à air comprimé
est généralement gradué par comparaison avec un manomètre à air libre. Pour cela, on met les deux instruments en

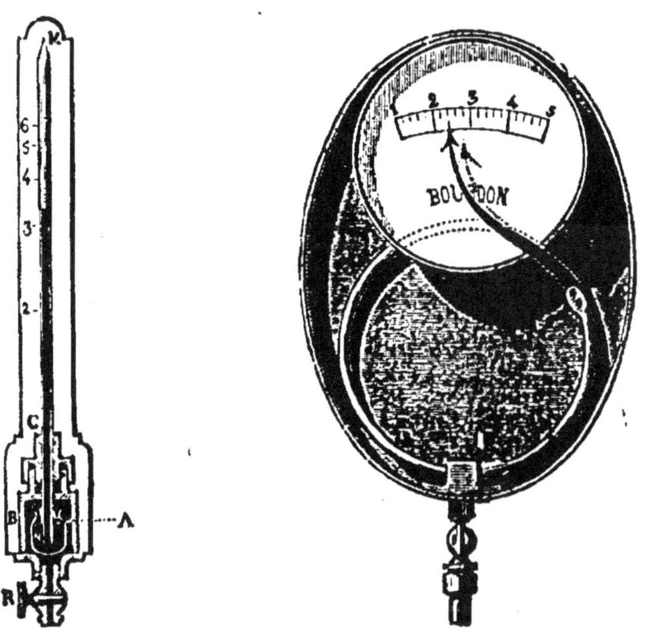

Fig. 75. — *Manomètre*
à air comprimé.

Fig. 76. — *Manomètre métal-*
lique de Bourdon.

communication avec une même chaudière à vapeur, et on
marque sur le tube à graduer les chiffres *1*, *2*, *3*, etc., aux
points où se trouve l'extrémité du mercure dans ce tube, lorsque le manomètre à air libre indique une pression de *1*, de *2*,
de *3* atmosphères.

72. Manomètre métallique. — Le *manomètre*

métallique, inventé par Bourdon, est fondé sur l'élasticité
des métaux. Il consiste en un tube de métal à section elliptique

et à parois minces. Ce tube est enroulé en spirale, comme l'indique la figure 76, et l'une de ses extrémités communique avec la vapeur dont on veut mesurer la tension, tandis que l'autre est fermée et se termine par une aiguille. Lorsque la pression intérieure augmente, la spirale tend à se dérouler, et l'extrémité du tube entraîne l'aiguille sur un cadran divisé, où les pressions sont marquées en atmosphères. Cet instrument est aussi gradué par comparaison avec un manomètre à air libre.

RÉSUMÉ

La *loi de Mariotte* a pour objet la relation qui existe entre les différents volumes qu'occupe une masse déterminée de gaz et les pressions qu'elle supporte. Elle s'énonce ainsi :

À une même température, les volumes d'une même masse de gaz sont en raison inverse des pressions qu'elle supporte.

Pour la vérifier, on se sert du *tube de Mariotte.*

On appelle *tension* ou *force élastique* des gaz ou des vapeurs, la pression que ces gaz ou ces vapeurs exercent, en vertu de leur force expansive, sur les parois des vases qui les contiennent.

Les *manomètres* sont des instruments qui servent à mesurer la tension ou la force élastique des vapeurs et des gaz.

Il y a trois espèces principales de manomètres : le *manomètre à air libre*, le *manomètre à air comprimé* et le *manomètre métallique de Bourdon.*

QUESTIONNAIRE

Quel est l'objet de la loi de Mariotte ! — Énoncez la loi de Mariotte. — Comment se vérifie cette loi ! — Qu'entend-on par tension ou force élastique des gaz ou des vapeurs ! — Qu'appelle-t-on manomètres ! — Combien distingue-t-on d'espèces principales de manomètres ! — Décrivez le manomètre à air libre. — Le manomètre à air comprimé. — Le manomètre métallique.

CHAPITRE VII

MACHINE PNEUMATIQUE. — MACHINES DE COMPRESSION. POMPES. — SIPHON. — AÉROSTATS.

73. Machine pneumatique. — La *machine pneumatique* est destinée à raréfier l'air contenu dans les réci-

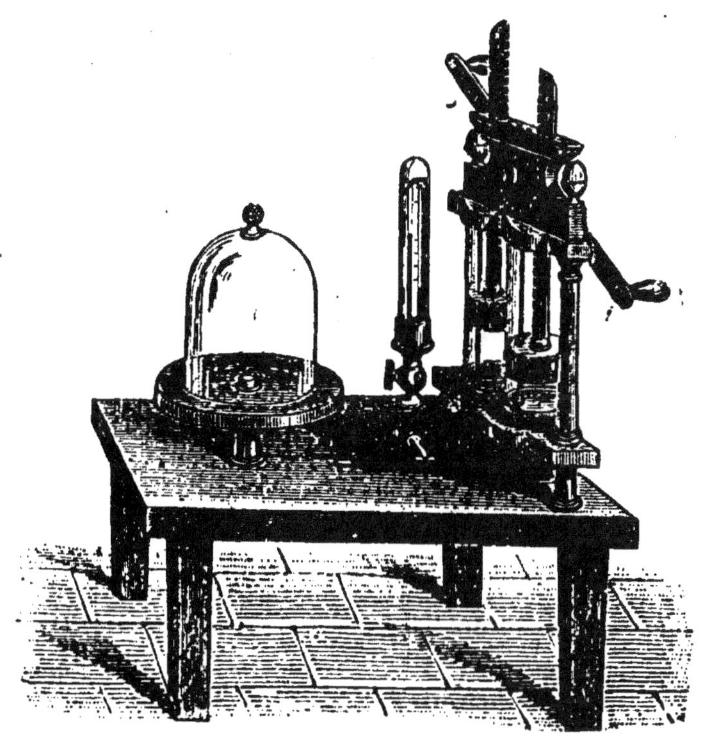

Fig. 77. — *Machine pneumatique.*

pients. Elle a été inventée, en 1650, par Otto de Guéricke, bourgmestre de Magdebourg. Cette machine se compose de deux corps de pompe ordinairement en cristal, communiquant chacun par un conduit avec un canal nommé *canal d'aspi-*

ration. Ce canal vient s'ouvrir au centre d'un disque de verre bien dressé nommé *platine*. On placé sur ce disque les récipients dans lesquels on veut raréfier l'air. Un robinet permet d'isoler les récipients d'avec les corps de pompe, et par une disposition spéciale de ce robinet, on peut mettre les récipients en communication avec l'air extérieur. Dans chaque corps de pompe est un piston muni d'un soupape s'ouvrant de bas en haut. La tige des pistons est à cré-

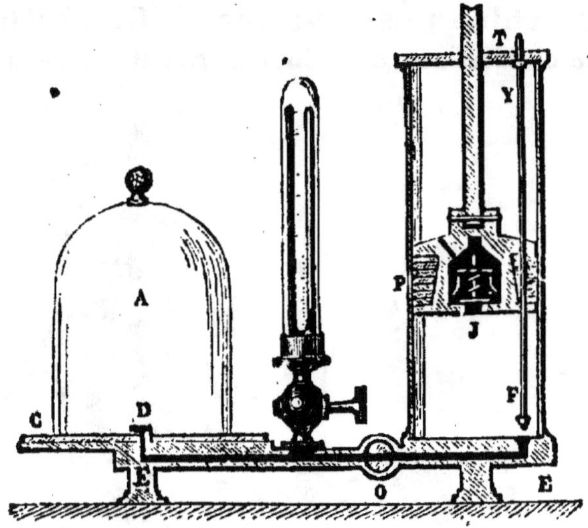

Fig. 78. — *Coupe de la machine pneumatique.*

maillère et engrène avec une roue dentée que l'on fait mouvoir à l'aide d'un levier. Sur le trajet du canal d'aspiration est placé un baromètre tronqué, consistant en un tube en U de *10 à 12 centimètres* de hauteur. Il est destiné à mesurer la force élastique de l'air qui reste dans le récipient. Ce baromètre est placé dans une éprouvette communiquant avec le conduit d'aspiration. A mesure que le vide se fait dans le récipient et dans l'éprouvette, le mercure baisse dans la branche fermée et s'élève dans la branche ouverte ; la différence des niveaux indique la force élastique de l'air restant.

La base de chaque corps de pompe est mise en communication avec le canal d'aspiration par une ouverture conique fermée par un cône de même grandeur. Chacun de ces cônes est surmonté d'une tige qui traverse à frottement dur le piston du corps de pompe correspondant, et qui porte à sa partie supérieure un bouton destiné à arrêter, à quelques millimètres au-dessus de l'ouverture du canal d'aspiration, la tige et le bouchon conique, lorsque le piston s'élève.

Il est aisé de comprendre le jeu de la machine pneumatique. D'après ce qui a été dit, un piston monte quand l'autre descend. Dans sa montée, chaque piston débouche l'ouverture conique placée à la base du corps de pompe, et l'air du récipient passe en partie dans ce corps de pompe. Pendant sa descente, le piston ferme cette même ouverture à l'aide de la tige qui le traverse, et l'air, ne pouvant plus retourner dans le récipient, soulève la soupape du piston et s'échappe au dehors. Une partie de l'air du récipient est donc expulsée à chaque coup de piston.

MACHINES DE COMPRESSION

74. Pompe de compression. — Les *machines de compression* sont des appareils qui servent à comprimer les gaz dans des récipients, de manière à y accroître leur force élastique. Elle est donc le contraire de la machine pneumatique.

Les machines de compression se présentent sous des formes très variées ; une des plus communes est la *pompe de compression*, qui se compose d'un corps de pompe dans lequel se meut un piston plein. A la base de ce corps de pompe se trouvent deux soupapes coniques maintenues en place par des ressorts à boudin, et s'ouvrant en sens contraires : la soupape d'*aspiration* a, s'ouvre de l'extérieur vers l'intérieur, et la soupape de *refoulement* b s'ouvre de l'intérieur vers le récipient R, où le gaz doit être comprimé.

Lorsque le piston est soulevé, le vide se fait dans le corps de pompe, la soupape b reste fermée tandis que l'air extérieur

ouvre la soupape *a* et remplit le corps de pompe. Quand le piston descend, l'air du corps de pompe est comprimé, sa force élastique maintient la soupape *a* fermée, et il arrive un mo-
ment où cette force est assez grande pour ouvrir la soupape *b*; l'air du corps de pompe est alors refoulé dans le récipient R.

75. Applications de l'air comprimé. — L'air comprimé est très souvent utilisé ; comme principales applications, nous citerons :

1° Les *horloges pneumatiques,* permettant de distribuer l'heure simultanément dans toute une ville, au moyen d'un flux d'air qui part toutes les minutes d'un récipient à air comprimé et qui parcourt une canalisation abou-

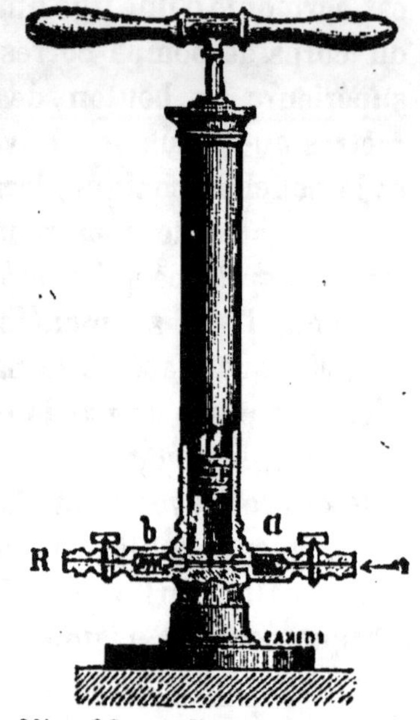

Fig. 70. — *Pompe de com-
pression.*

tissant aux horloges du quartier ; cet air fait avancer d'une division l'aiguille du cadran de chacune de ces horloges.

2° La *poste pneumatique,* qui transporte les dépêches dans les différents réseaux d'une ville ; ces dépêches sont en-
fermées dans une boîte cylindrique, laquelle est mise en mou-
vement dans un tube en fonte au moyen de l'air comprimé.

3° Le *frein Westinghouse,* pour l'arrêt des trains de che-
mins de fer : de l'air est comprimé par un appareil spécial, mis en mouvement par la vapeur de la locomotive, et cet air est lancé à un moment donné sur des pistons commandant des freins qui agissent simultanément sur les roues de tous les wagons.

4° Les *machines perforatrices,* pour le percement des tunnels et des galeries souterraines, où l'emploi des machines à vapeur rendrait l'air irrespirable ; ces machines perforatrices sont mises en mouvement par de l'air comprimé qui agit sur des pistons comme le fait la vapeur dans des machines ordinaires.

5° *La cloche à plongeur*, qui permet d'opérer en toute sécurité des travaux sous l'eau ; cette cloche, qui est en fonte ou en tôle, est ouverte par le bas et hermétiquement close de tout autre côté ; on y envoie de l'air comprimé qui en expulse complètement l'eau et qui fournit aux ouvriers l'air respirable dont ils ont besoin.

Fig. 80. — *Cloche à plongeur*.

76. Machines soufflantes. — Les *machines souf-flantes* peuvent être considérées comme des variétés de la machine de compression. Les principales sont : le *soufflet ordinaire*, le *soufflet de forge* et la *machine soufflante proprement dite*.

Soufflet ordinaire. — Le *soufflet ordinaire* se compose de deux tablettes A et B réunies par une lame de cuir ; la

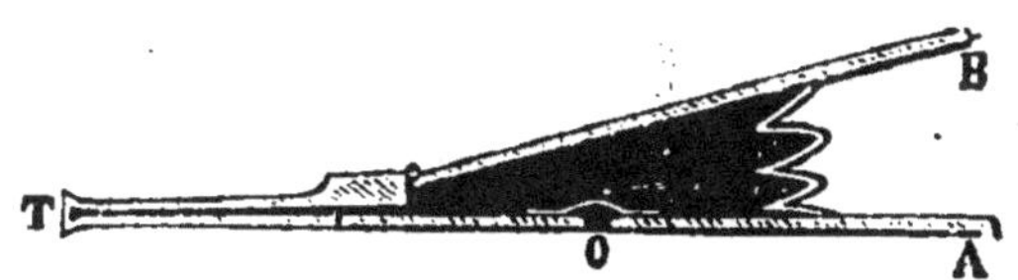

Fig. 81. — *Soufflet ordinaire*.

tablette inférieure est munie d'une soupape O qui s'ouvre de dehors en dedans, et la tablette supérieure est mobile au moyen d'une charnière fixée à la partie antérieure, qui se termine elle-même par une tuyère T en communication avec l'intérieur de l'instrument. Quand on écarte les deux tablettes l'une de l'autre, l'air pénètre par la soupape et remplit le soufflet ; quand on les rapproche, l'air ferme la soupape et s'échappe par la tuyère.

Soufflet de forge. — Le *soufflet de forge,* ou *à vent continu,* est formé de trois tablettes A, B, C, dont l'une B est fixe ; ces tablettes sont réunies par des lames de cuir de manière à former deux compartiments M et N. La tablette A porte une soupape S s'ouvrant de dehors en dedans ; la tablette B a également une soupape S's'ouvrant de M vers N, et le compartiment N est en communication avec l'extérieur par une tuyère T. Quand on soulève la tablette A, l'air comprimé en M fait ouvrir la soupape S' et, passant en N, soulève la tablette C, tandis qu'une partie s'écoule par la tuyère T.

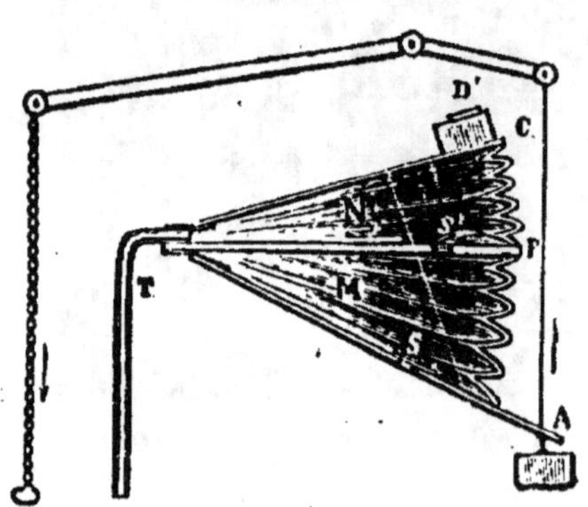

Fig. 82. — *Soufflet de forge.*

Lorsqu'ensuite on laisse retomber la tablette A, à laquelle est attaché un poids P, la soupape S' se ferme et l'air extérieur rentre dans le compartiment M par la soupape S ; mais pendant ce temps, l'air du compartiment N continue à s'écouler par la tuyère, actionné par un poids D' qui tend constamment à abaisser la tablette C.

Il existe des soufflets d'appartement à vent continu ; dans ces appareils, le poids D' est remplacé par un ressort qui tend à rapprocher la tablette supérieure de la moyenne.

Machines soufflantes proprement dites. — Les machines soufflantes proprement dites sont très employées dans l'industrie, surtout dans les établissements métallurgiques, pour activer la combustion dans les hauts-fourneaux et décarburer la fonte dans le convertisseur Bessemer. Elles se composent ordinairement d'un très large corps de pompe dans lequel se meut un piston P actionné par la vapeur ou par une roue hydraulique ; le corps de pompe porte quatre soupapes c, c', c'' et c''' ; deux de ces soupapes, c et c'', s'ouvrent de dedans en dehors et font communiquer le corps de pompe avec le canal C, par où s'échappe l'air ; les deux autres, c' et c''', s'ouvrent de dehors en dedans et donnent accès

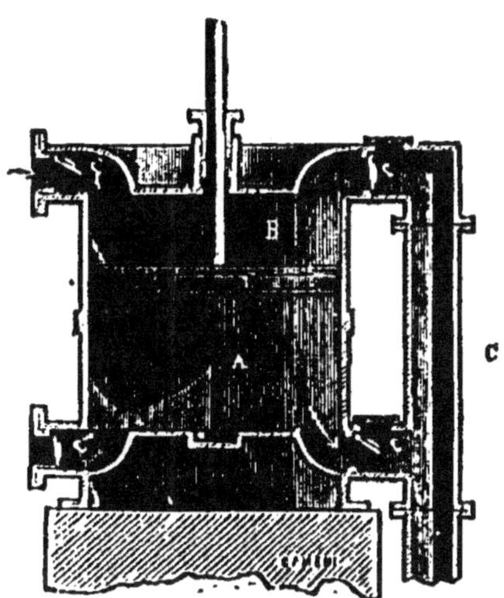

Fig. 83. — *Machine soufflante.*

à l'air extérieur. Lorsque le piston descend, l'air entre par c' et sort par c'' ; quand il monte, l'air entre par c''' et sort par c.

POMPES

Les *pompes* sont des appareils destinés à élever les liquides. On en distingue quatre espèces principales, savoir : la *pompe aspirante*, la *pompe foulante*, la *pompe aspirante et foulante* et la *pompe à incendie.*

77. Pompe aspirante. — La *pompe aspirante* se compose d'un corps de pompe dans lequel se meut un piston, et d'un tuyau d'aspiration qui plonge dans l'eau. Deux soupapes c et a sont placées, l'une au piston, l'autre à la jonction du corps de pompe et du tuyau d'aspiration. Ces deux soupapes s'ouvrent de bas en haut.

Lorsque le piston est au bas de sa course, c'est-à-dire à l'extrémité inférieure du corps de pompe, les deux soupapes sont fermées. Si l'on soulève le piston, le vide se fait au-dessous de lui, et l'air du tuyau d'aspiration, par sa force élastique, soulève la soupape a et passe en partie dans le corps de pompe. L'air intérieur, occupant un plus grand espace, perd un peu de sa force élastique, et la pression atmosphérique fait monter de l'eau dans le tuyau d'aspiration jusqu'à ce que la force élastique de l'air de la pompe, ajoutée à la pression de la colonne liquide soulevée, fasse équilibre à la pression atmosphérique. Si l'on abaisse de nouveau le piston, la soupape a se ferme ; l'air qui s'est introduit dans le corps de pompe est pressé et acquiert bientôt par la compression une force élastique qui le rend capable de soulever la soupape c du piston et de s'échapper par cette ouverture hors du corps de pompe. Chaque fois que le piston est soulevé, l'eau monte

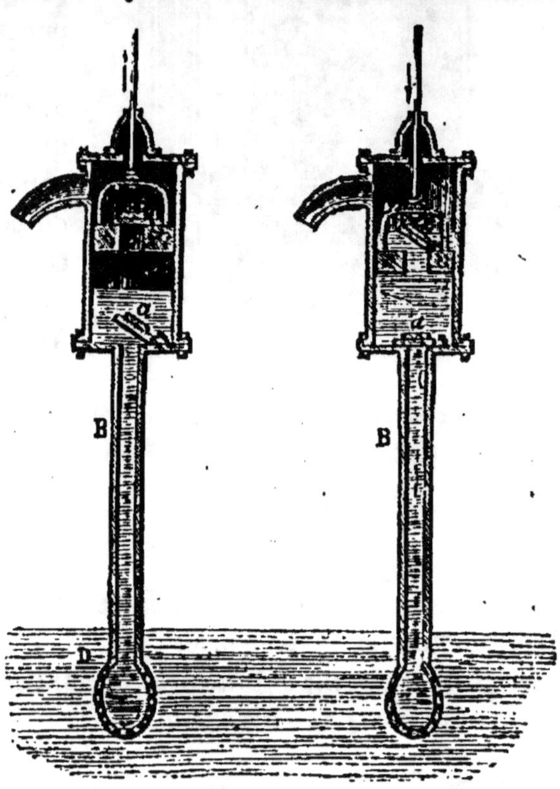

Fig. 84. — *Pompe aspirante.*

dans le tuyau d'aspiration ; elle finit par atteindre la soupape a et par pénétrer dans le corps de pompe. A partir de ce moment, lorsque le piston est abaissé, l'eau passe au-devant de lui par la soupape dont il est muni ; quand on le soulève, sa soupape se ferme, il entraîne l'eau qui le surmonte, et en même temps la pression atmosphérique fait monter de l'eau dans le corps de pompe. Alors la pompe étant *amorcée*, le piston joue continuellement dans le liquide, élevant avec lui, à chaque ascension, un volume d'eau égal à l'espace qu'il parcourt.

Théoriquement, la pression atmosphérique devrait faire monter l'eau, dans les tuyaux d'aspiration des pompes, à la hauteur de *10 m. 33;* mais, à cause de l'imperfection des appareils, elle ne peut atteindre cette limite. Dans la pratique, on ne donne jamais au tuyau d'aspiration plus de *7 à 8 m.* de hauteur verticale.

Si l'on veut élever l'eau à une grande hauteur, au lieu de la faire déverser à sa sortie du corps de pompe, on adapte à la partie supérieure de ce dernier un tuyau de montée qui peut avoir une hauteur quelconque. Ainsi modifiée, cette pompe se nomme *pompe aspirante et élévatoire.*

L'effort à faire pour manœuvrer le piston de la pompe aspirante est égal au poids d'une colonne liquide ayant pour base la section du piston, et pour hauteur la distance verticale du niveau de l'eau dans le puits à l'orifice du tube de déversement.

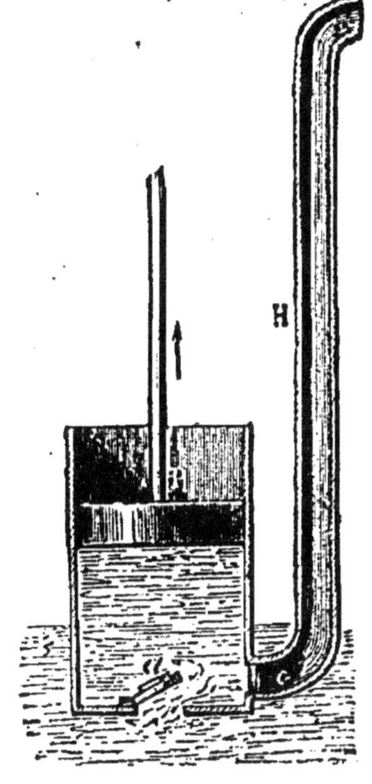
Fig. 85.
Pompe foulante.

78. Pompe foulante. —

La *pompe foulante* n'a pas de tuyau d'aspiration ; elle se compose d'un corps de pompe, qui plonge en partie dans l'eau, et d'un tuyau latéral, nommé *tuyau d'ascension* ou de *refoulement*, qui sert à élever l'eau. Deux soupapes, *a* et *c*, s'ouvrant toutes deux de bas en haut, sont placées, l'une à la partie inférieure du corps de pompe, l'autre à la partie inférieure du tuyau d'ascension. Le piston est plein, c'est-à-dire n'a pas de soupape.

Le mécanisme de cette pompe est très simple. Supposons le piston au bas de sa course; quand on le monte, l'eau qui presse au-dessous de la soupape *a* ouvre cette soupape et remplit le corps de pompe. Quand on redescend le piston, l'eau étant comprimée, ferme la soupape *a*, ouvre la soupape *c*, et monte dans le tuyau d'ascension.

L'effort à faire pour élever le piston est à peu près nul. Pour l'abaisser, il faut une force au moins égale au poids d'une colonne d'eau ayant pour base la section du piston, et pour hauteur la distance verticale de l'orifice d'écoulement au niveau de l'eau dans le réservoir.

79. Pompe aspirante et foulante. — Cette pompe n'est que la réunion

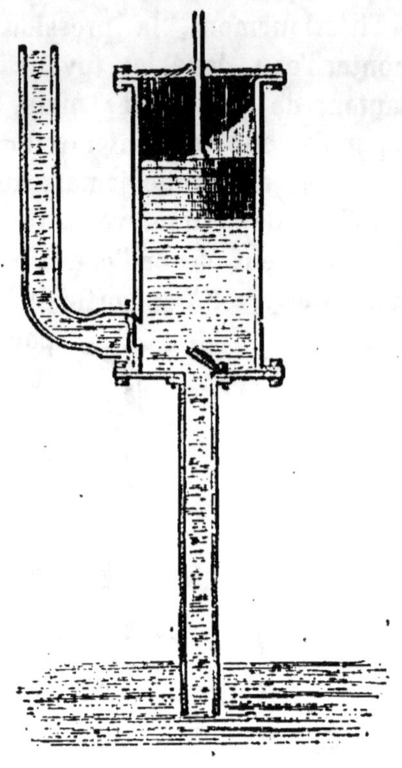

Fig. 86.
Pompe aspirante et foulante.

des deux précédentes. Elle se compose d'un tuyau d'aspiration, d'un corps de pompe muni d'un piston plein, et d'un tuyau de refoulement. Elle aspire l'eau pendant la montée du piston et la refoule pendant la descente.

80. Pompe à incendie. — La *pompe à incendie* se compose de deux pompes foulantes disposées de manière qu'un piston monte pendant que l'autre descend. Ces deux pompes sont placées dans une bâche que l'on maintient pleine d'eau. Elles envoient constamment de l'eau dans un réservoir qui renferme une certaine quantité d'air. Cet air se

trouve ainsi comprimé par l'arrivée continuelle de l'eau, et,
en vertu de sa force élastique, il presse sur cette eau et

Fig. 87. — *Pompe à incendie.*

l'oblige à s'échapper en jet continu à l'extrémité d'un tuyau
en cuir qui prend naissance en Z, dans la partie inférieure
du réservoir à air comprimé. La vitesse et la force du jet sont
d'autant plus grandes que la manœuvre de la pompe est plus
rapide.

SIPHON

81. Le *siphon* est un appareil destiné à transvaser les
liquides. Il consiste en tube recourbé à branches d'inégale
longueur.

Pour faire usage de cet instrument, on commence par
l'*amorcer*, c'est-à-dire par le remplir de liquide; on plonge

ensuite sa petite branche dans le liquide à transvaser, et ce dernier s'écoule alors par la grande branche.

Il est facile d'expliquer cet écoulement. Supposon le siphon représenté par la figure 88 transvasant de l'eau, et soit M N une tranche de ce liquide située vers le milieu de la partie courbe du siphon. Cette tranche supporte des pressions inégales à droite et à gauche. En effet, si l'on suppose, par exemple, à la petite branche *1 mètre* de longueur, et à la grande

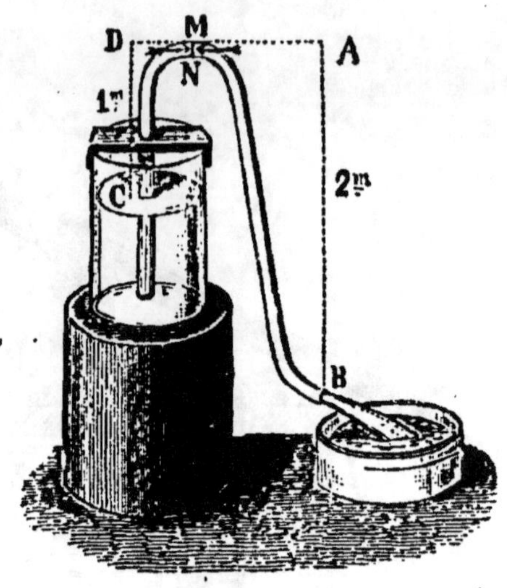

Fig. 88. — *Siphon*.

2 mètres, la pression qui s'exerce à gauche de MN est égale à la pression atmosphérique ou au poids d'une colonne d'eau de $10^m,33$, moins celui d'une colonde d'eau de *1 mètre* de hauteur ; cette pression est donc égale au poids d'une colonne d'eau de $9^m,33$; la pression qui s'exerce à droite de MN est égale au poids d'une colonne d'eau de $10^m,33$, moins *2 mètres*, c'est-à-dire de $8^m,33$ de hauteur. La tranche liquide MN, supportant un excès de pression de gauche à droite, se mettra en mouvement ; elle s'avancera de gauche à droite, et les tranches qui la remplaceront viendront à sa suite. L'écoulement aura lieu tant que la petite branche plongera dans le liquide.

82. Manières d'amorcer le siphon. — Il y a plusieurs manières d'amorcer un siphon. La plus simple consiste à fermer d'abord avec le doigt l'extrémité de sa petite branche et à le remplir par l'autre ouverture, comme on le ferait pour un vase ordinaire ; puis, après avoir fermé cette ouver-

ture avec un doigt de l'autre main, on retourne l'instrument
et on plonge l'extrémité de la petite branche dans le liquide
que l'on veut transvaser. L'écoulement
commence aussitôt que l'on débouche les
deux ouvertures.

On peut encore plonger la petite branche dans le liquide et aspirer avec la
bouche par la grande branche jusqu'à
ce que le siphon soit rempli.

Quand on opère sur des liquides corro-
sifs ou vénéneux, on se sert d'un siphon
dont la grande branche porte un tube
latéral. La petite branche étant plongée
dans le liquide, on ferme l'extrémité de
la grande et l'on aspire avec la bouche
par l'extrémité du tube latéral. Quand le
liquide commence à arriver dans ce der-
nier tube, on débouche la grande branche et l'écoulement se
produit.

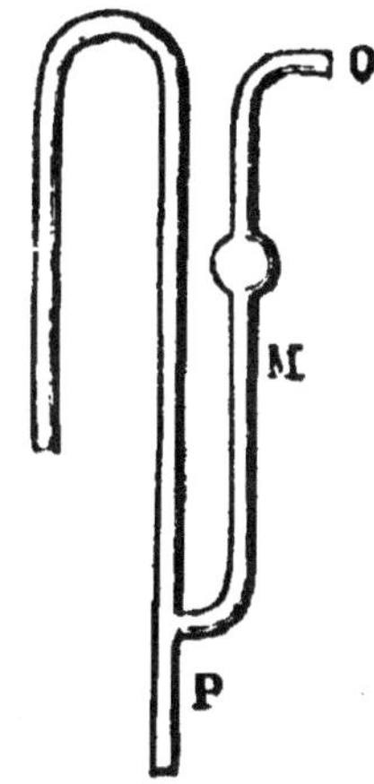

Fig. 89. — *Siphon
avec tube latéral.*

83. Usages du siphon. — On fait journellement usage
du siphon dans les laboratoires de chimie et de pharmacie; on
s'en sert aussi pour transvaser le vin et les liqueurs. On peut
encore l'employer pour vider les pièces d'eau et les étangs, si
la disposition du terrain le permet. Dans ce cas, on construit
un siphon en bois ou en métal ayant un diamètre très grand.
On l'amorce en le remplissant par le haut après avoir bouché
ses deux extrémités, et, pour le faire fonctionner, il suffit de
fermer l'ouverture par laquelle on l'a rempli et de déboucher
ses extrémités.

84. Fontaines intermittentes. — L'explication des
fontaines intermittentes naturelles, que l'on trouve dans le
voisinage des montagnes, repose sur le principe du siphon.
Ainsi, supposons dans un rocher une cavité qui communique
avec l'extérieur par un conduit en forme de siphon, comme le

représente la figure 90. L'eau des pluies qui se rend dans
cette cavité par infiltration y séjournera tant qu'elle ne sera
pas arrivée à la hauteur EH. Une fois parvenue à cette hauteur, l'eau s'écoulera jusqu'à ce que son niveau soit descendu
en AB. L'écoulement cessera alors pour recommencer lorsque
le niveau de l'eau aura de nouveau atteint EH. Certaines

Fig. 90. — *Fontaine intermittente.*

fontaines intermittentes coulent plusieurs jours sans s'arrêter; d'autres coulent et s'arrêtent plusieurs fois dans une
heure, suivant que la cavité se remplit et se vide plus rapidement; telles sont la fontaine de Colmars, dans les Basses-
Alpes, qui jaillit et tarit de sept minutes en sept minutes, et
celle de Puits-Gros, près de Chambéry, qui coule toutes les
six heures, le matin, à midi, le soir et à minuit.

85. Pipette. — Tâte-vin. — Pour transvaser de petites
quantités de liquide, on emploie un instrument désigné sous
le nom de *pipette.* Il se compose d'un tube renflé en son
milieu et terminé à sa partie inférieure par un petit orifice.
L'instrument étant rempli de liquide, si l'on applique le doigt

sur l'ouverture supérieure de manière à la fermer parfaitement, le liquide ne s'écoulera pas; mais si l'on enlève le

Fig. 91. — *Pipette.*

Fig. 92. — *Tâte-vin.*

doigt, la pression atmosphérique étant la même aux deux
ouvertures du tube, le liquide s'écoulera en vertu de son poids.
On arrête l'écoulement en fermant de nouveau l'orifice supérieur.

Le *tâte-vin* n'est qu'une modification de la pipette.

BAROSCOPE — AÉROSTATS

Le principe d'Archimède s'applique aussi bien aux gaz qu'aux
liquides. Par conséquent, *tout corps plongé dans un gaz
éprouve une poussée verticale, de bas en haut, égale au
poids du gaz déplacé.*

Ce principe se démontre à l'aide du *baroscope.*

86. Baroscope. — Le *baroscope* se compose d'un fléau
reposant sur une tige verticale et portant à l'une de ses extrémités une sphère creuse en cuivre d'un volume assez considérable, et à l'autre extrémité une petite masse de plomb. Ces
deux corps se font équilibre dans l'air. Mais, si l'on met le

baroscope sous la cloche d'une machine pneumatique dans laquelle on fait le vide, l'équilibre est rompu à l'avantage de la sphère creuse. Ce fait prouve que la sphère est plus lourde que la masse de plomb, et que si l'équilibre existe dans l'air, c'est parce que la sphère, étant plus volumineuse que le plomb, perd un poids plus grand que ne le fait ce dernier.

L'expérience du baroscope prouve que les pesées dans l'air ne sont rigoureusement exactes que lorsque la matière à peser a le même volume que les poids employés.

D'après le principe d'Archimède appliqué aux gaz, si un

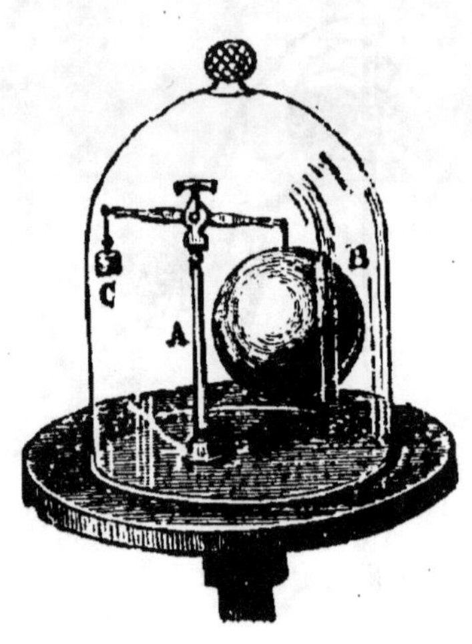

Fig. 93. — *Baroscope.*

corps pèse plus que l'air, sous le même volume, il tombe; s'il pèse autant, il reste suspendu dans l'atmosphère; enfin, s'il pèse moins, il s'élève, et sa force ascensionnelle a pour mesure l'excès du poids de l'air déplacé sur le poids du corps. Ainsi, la vapeur d'eau, la fumée, l'air chaud, ne montent que parce que leur poids est moindre que celui d'un égal volume d'air. C'est sur ce principe si simple que repose la théorie des *aérostats.*

87. Aérostats. — Les *aérostats* ou *ballons* se composent d'une ou de plusieurs enveloppes de forme sphéroïdale en étoffe légère et imperméable.

Remplis d'hydrogène, de gaz d'éclairage ou même d'air chaud, les ballons pèsent moins que l'air qu'ils déplacent, et, pour cette raison, ils montent dans l'atmosphère.

Les aérostats ont été inventés par les frères Montgolfier d'Annonay. C'est dans cette ville que fut lancé leur premier ballon, le 5 juin 1783. Ce ballon consistait en un vaste globe

de toile doublée de papier. Il fut gonflé avec de l'air chaud, obtenu en brûlant de la paille et du papier humides au-dessous d'une ouverture pratiquée à la partie inférieure de l'appareil. On donna le nom de *montgolfière* à ce ballon, et l'on donne encore ce même nom à tous ceux qui sont gonflés avec de l'air chaud.

Quelques mois après l'invention des montgolfières, Charles, professeur de physique à Paris, eut l'idée de remplacer l'air chaud par le gaz hydrogène, qui est environ *quatorze fois* plus léger que l'air. Plus tard, on substitua au gaz hydrogène le gaz d'éclairage, dont la densité n'est que la *moitié* de celle de l'air, mais qui est d'un prix moins élevé ; comme il est beaucoup plus dense que l'hydrogène, il exige des enveloppes d'une dimension plus considérable.

Fig. 94. — *Aérostat.*

L'enveloppe des ballons à gaz hydrogène ou à gaz d'éclairage est formée de taffetas rendu imperméable au moyen d'un vernis au caoutchouc ; elle est allongée à sa partie inférieure et terminée par un tube étroit servant à introduire le gaz destiné à gonfler le ballon. Un filet à mailles serrées recouvre cette enveloppe et porte tout autour un assez grand nombre de cordes. Enfin, à quelques mètres au-dessous du ballon, une nacelle est suspendue à ces cordes. C'est dans la nacelle que se tiennent les aéronautes; on y place aussi une provision de sacs de sable pour lester le ballon. La capacité du ballon doit être assez grande pour qu'il puisse s'élever avant d'être entièrement gonflé, afin d'éviter les déchirures qui pourraient se produire dans les hautes régions de l'atmosphère; car à mesure que l'aérostat monte, il s'enfle de plus en plus, par suite de la diminution de la pression atmosphérique.

A la partie supérieure du ballon, se trouve une soupape que l'aéronaute manœuvre à volonté au moyen d'une corde qui se termine dans la nacelle; quand il ouvre cette soupape, une partie du gaz s'échappe et le ballon, diminuant de volume, tend à descendre.

La force ascensionnelle d'un ballon est égale à la différence qui existe entre le poids de l'air qu'il déplace et son poids total. Ainsi un ballon qui, gonflé, déplace 210 kilos d'air et qui, avec sa nacelle et ses accessoires, pèse 200 kilos, a pour force ascensionnelle 210 — 200 ou 10 kilos. Pour que la montée du ballon ne soit pas trop rapide, cette force, au départ, ne doit pas dépasser 5 ou 6 kilos.

La force ascensionnelle d'un ballon qui s'élève reste constante jusqu'à ce qu'il soit entièrement gonflé, car s'il rencontre des couches atmosphériques de moins en moins denses, il prend lui-même un volume de plus en plus grand; lorsqu'il a pris son maximum de développement, la force ascensionnelle diminue progressivement et devient bientôt nulle; le ballon flotte alors dans l'atmosphère à une altitude constante. Si l'aéronaute veut s'élever davantage, il jette un peu de lest, et, devenu plus léger, le ballon monte de nouveau.

L'aéronaute doit se munir d'un baromètre, et c'est à l'aide de cet instrument qu'une fois parvenu dans les hautes régions de l'atmosphère, il reconnaît s'il monte ou s'il descend. Lorsqu'il monte, la colonne de mercure baisse, car la pression atmosphérique va en diminuant à mesure qu'il s'élève; lorsqu'il descend, au contraire, le mercure monte. L'aéronaute peut aussi déduire de l'observation du baromètre la hauteur à laquelle il se trouve.

Les aérostats ont déjà rendu de grands services : le génie militaire les a adoptés pour les observations stratégiques, et les habitants des villes assiégées en ont fait fréquemment usage pour communiquer avec l'extérieur. On s'en est servi pour étudier l'état de l'atmosphère à différentes hauteurs : dans l'ascension qu'il fit en 1804, à plus de *7.000 mètres* au-dessus du niveau de la mer, *Gay-Lussac* trouva qu'à cette hauteur le froid était excessif, la sécheresse de l'air extrême, la respiration très pénible et la circulation très active.

Le problème de la direction des ballons préoccupe depuis longtemps les inventeurs ; l'expérience des commandants *Renard* et *Krebs* à Meudon, en 1884, marque un grand progrès dans cette voie : leur aérostat de forme allongée, était muni d'un gouvernail à l'arrière et d'une hélice à l'avant, mise en mouvement par un moteur électrique ; l'aérostat ne put acquérir qu'une vitesse propre de *6 mètres* par seconde, inférieure par conséquent à la vitesse moyenne du vent.

RÉSUMÉ

La *machine pneumatique* est un appareil qui sert à raréfier l'air contenu dans un récipient. Ses principaux organes sont *deux corps de pompe*, dans chacun desquels se meut *un piston muni d'une soupape* s'ouvrant de bas en haut ; un *canal d'aspiration*, communiquant avec les corps de pompe et débouchant au milieu *d'une platine*, et enfin une *éprouvette* contenant un *baromètre tronqué*.

La *machine de compression* sert à comprimer les gaz dans des récipients de manière à y accroître leur force élastique.

L'air comprimé est très souvent utilisé et notamment dans les *horloges pneumatiques*, la *poste pneumatique*, le *frein Westinghouse*, les *machines perforatrices* et les *cloches à plongeur*.

Les *machines soufflantes* peuvent être considérées comme des variétés de la machine de compression. Les principales sont : le *soufflet ordinaire*, le *soufflet de forge* et la *machine soufflante proprement dite*.

Les *pompes* sont des appareils destinés à élever les liquides. On distingue quatre espèces principales de pompes : la *pompe aspirante*, la *pompe foulante*, la *pompe aspirante et foulante* et la *pompe à incendie*.

La *pompe aspirante* se compose d'un *corps de pompe*, dans lequel se meut un *piston*, d'un *tuyau d'aspiration* et de *deux soupapes* s'ouvrant de bas en haut, placées l'une au piston et l'autre à l'extrémité supérieure du tuyau d'aspiration. La hauteur théorique du tuyau d'aspiration peut égaler $10^m,33$; mais dans la pratique on ne peut lui donner une hauteur dépassant *7 ou 8 mètres.*

La *pompe foulante* n'a pas de tuyau d'aspiration ; elle est munie d'un *tuyau de refoulement.* Elle a aussi *deux soupapes* s'ouvrant de bas en haut, situées aux extrémités inférieures du corps de pompe et du tuyau de refoulement.

La *pompe aspirante et foulante* est une pompe foulante ayant un *tuyau d'aspiration.*

La *pompe à incendie* est constituée par la réunion de deux pompes foulantes manœuvrant alternativement et refoulant l'eau dans un réservoir à air comprimé.

Le *siphon* consiste en un tube recourbé à branches inégales. Il est employé pour transvaser les liquides, et même pour vider les pièces d'eau et les étangs.

La *pipette* et le *tâte-vin* sont des instruments qui servent à transvaser de petites quantités de liquide.

Les *aérostats* ou *ballons* sont des appareils destinés à s'élever dans l'atmosphère. Ils sont formés d'une ou de plusieurs enveloppes imperméables remplies de gaz hydrogène, de gaz d'éclairage ou même d'air chaud. Ils ont été inventés par les frères Montgolfier en 1783.

La *force ascensionnelle* d'un ballon est égale à la différence qui existe entre le poids de l'air qu'il déplace et son propre poids.

QUESTIONNAIRE

Par qui la machine pneumatique a-t-elle été inventée ? — A quoi sert-elle ? — Décrivez-la et expliquez-en le fonctionnement. — Qu'est-ce que la machine de compression ? — Décrivez la pompe de compression. — Quelles applications fait-on de l'air comprimé ? — Quelles sont les principales machines soufflantes ? — Décrivez-les. — A quoi servent les pompes ? — Quelles sont les diverses sortes de pompes ? — Décrivez la pompe aspirante. — La pompe foulante. — La pompe aspirante et foulante. — La pompe à incendie. — Qu'est-ce que le siphon ? — Expliquez-en le fonctionnement. — Comment amorce-t-on les siphons ? — Expliquez l'écoulement des fontaines intermittentes. — Quels sont les usages du siphon ? — Décrivez la pipette et le tâte-vin — Enoncez le principe d'Archimède appliqué aux gaz. — Comment le vérifie-t-on ? — Qu'est-ce qu'un aérostat ? — Quels sont les inventeurs des aérostats ? — Avec quels gaz remplit-on les aérostats ? — A quoi est égale la force ascensionnelle d'un ballon ? — Comment l'aéronaute connaît-il qu'il monte ou descend ? — Quels sont les usages des aérostats ?

CHAPITRE VII

CHALEUR

DILATATION — THERMOMÈTRES

La *chaleur* est la cause qui produit en nous la sensation du *chaud* ou du *froid*.

Les corps nous paraissent au toucher *chauds* ou *froids*, selon que leur température est supérieure ou inférieure à celle de la partie de notre corps qui est en contact avec eux.

88. Effets de la chaleur. — La chaleur a deux effets très apparents sur les corps :

1° *Elle augmente leurs dimensions,* c'est-à-dire les *dilate ;*

2° *Elle change leur état en transformant les solides en liquides et ceux-ci en vapeurs.*

89. Dilatation des solides. — Dans les solides, on distingue deux sortes de dilatation : la *dilatation linéaire,*

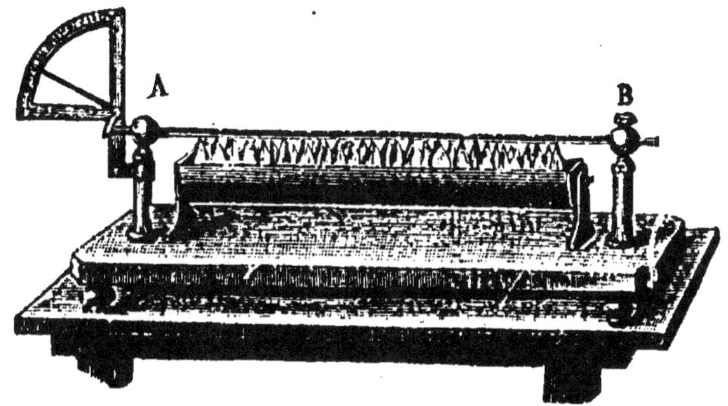

Fig. 95. — *Pyromètre à cadran.*

c'est-à-dire suivant une seule dimension, et la *dilatation cubique* ou en volume.

On démontre la *dilatation linéaire* au moyen d'un instrument connu sous le nom de *pyromètre à cadran*. Ce pyromètre se compose
d'une tige métallique
fixée à l'une de ses
extrémités par une
vis de pression ;
l'autre extrémité est
en contact avec le
petit bras d'une
aiguille coudée, mo-
bile sur un cadran
gradué. Il suffit de
chauffer la tige de
cet instrument pour
voir l'aiguille se dé-
placer d'un certain
nombre de divisions

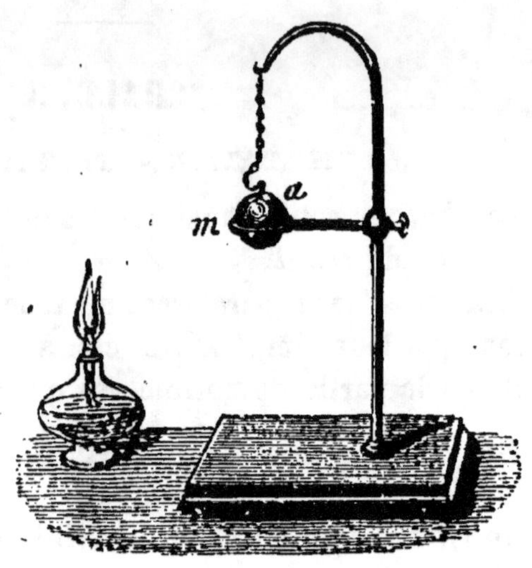

Fig. 96. — *Anneau de S'Gravesande.*

sur le cadran, par suite de l'allongement de cette même tige.

La *dilatation cubique* des solides se constate à l'aide de
l'anneau de S'Gravesande. Cet appareil se compose d'un
anneau métallique dans lequel peut passer librement à la
température ordinaire une sphère en métal d'un diamètre peu
inférieur à celui de l'anneau. Si l'on chauffe cette sphère, on
constate qu'elle ne peut plus passer dans l'anneau ; ce qui
prouve qu'elle a augmenté de volume.

90. Dilatation des liquides. — La dilatation des
liquides est facile à observer ; il suffit de remplir exactement
un ballon d'un liquide quelconque, de le fermer avec un bouchon traversé par un tube et de le chauffer pour voir le
liquide monter dans le tube avec une vitesse d'autant plus
grande que la source de chaleur est plus forte.

Au début de l'expérience, le niveau du liquide descend subitement au-dessous de son niveau primitif. Cela vient de ce
que les parois du ballon se dilatent avant que le liquide ait eu

le temps de s'échauffer. Ce phénomène n'a qu'une très courte durée.

91. Dilatation des gaz. — Pour rendre visible la dilatation des gaz, on se sert d'un ballon plein d'air, dont le bouchon est traversé par un tube droit contenant une petite colonne de mercure servant à intercepter la communication entre l'air de l'intérieur et celui de l'extérieur. La chaleur de la main appliquée sur le ballon suffit pour faire dilater l'air qu'il contient et avancer l'index de mercure vers l'extrémité libre du tube.

Les gaz en se dilatant sous l'influence de la chaleur deviennent plus légers. Ce fait explique pourquoi, dans un appartement chauffé, l'air n'a pas partout la même température : l'air le plus chaud occupe les couches voisines du plafond, tandis que l'air froid reste dans la partie inférieure de l'appartement.

Fig. 97. — *Spirale de papier mise en mouvement par l'air chaud qui s'élève au-dessus d'un poêle.*

On peut constater le mouvement ascensionnel de l'air chaud au moyen d'une spirale de papier supportée par un pivot et placée au-dessus d'un poêle en activité. L'air, devenant plus léger à mesure qu'il s'échauffe, s'élève au-dessus de la source de chaleur, et, rencontrant obliquement les parois de la spirale de papier, communique à celle-ci un mouvement qui l'oblige à tourner autour de son support.

C'est encore à la dilatation que l'air subit par la chaleur

qu'il faut attribuer le double courant d'air qui s'établit, lorsqu'on ouvre la porte d'un appartement chauffé pour le mettre
en communication avec un autre plus froid. L'air chaud du
premier appartement, plus léger que celui du deuxième,
s'échappe par le haut de la porte, tandis que l'air froid entre
par le bas pour venir le remplacer. Il est facile de constater
l'existence de ce double courant d'air, au moyen d'une bougie
allumée que l'on place successivement en haut et en bas de
l'ouverture de la porte ; en haut, la flamme se dirige vers le
dehors : elle est entraînée par l'air qui sort de l'appartement;
en bas, elle prend une direction contraire.

Fig. 98. — *Double courant d'air
établi par la porte de communication de deux appartements inégalement chauffés.*

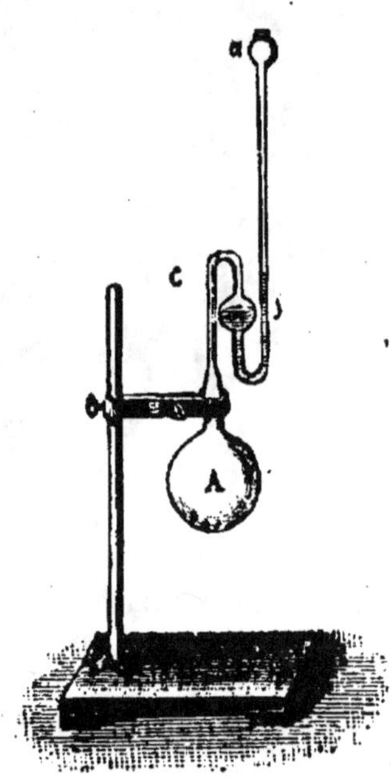

Fig. 99. — *Appareil ser-
vant à démontrer que
la chaleur augmente la
force expansive des gaz.*

92. Remarque. — Lorsqu'on chauffe un gaz dont le
volume ne peut s'accroître librement, on augmente sa force
expansive. Pour le démontrer on se sert d'un ballon de verre
auquel est adapté un tube deux fois recourbé, et portant vers
son milieu une boule creuse à moitié pleine d'un liquide

coloré. Ce liquide monte à la même hauteur dans la branche ouverte du tube et dans la boule. Dès qu'on approche la main du ballon, on voit le liquide monter dans la branche ouverte du tube jusqu'à un niveau beaucoup supérieur à celui du liquide dans la boule. Le volume de l'air intérieur varie très peu, mais sa force expansive augmente, car elle arrive à faire équilibre non seulement à la pression atmosphérique, qui s'exerce par la branche ouverte, mais encore à la pression produite par la colonne liquide qui a pour hauteur la différence des deux niveaux.

93. Applications de la dilatation.

— Les *thermomètres*, dont nous allons bientôt parler, sont une application de la dilatation. On tient compte aussi de la dilatation dans de nombreuses circonstances, telles que dans la construction des *pendules compensateurs*, dans le *cerclage des roues*, dans la pose des *clous à river*, des *barreaux de fer*, des *toitures métalliques*, des *tuyaux de conduite d'eau*, etc.

Pendule compensateur. — Les horloges dont le mouvement est réglé par un pendule, retardent en été et avancent en hiver, parce que la tige de ces pendules, étant métallique, s'allonge lorsqu'il fait chaud, et se raccourcit quand il fait froid. Pour obvier à cet inconvénient, on fait usage de *pendules compensateurs*, dans lesquels la tige, au lieu d'être simple, se compose de plusieurs tiges de fer et de laiton. Ces tiges sont fixées de manière que les unes, telles que F, F' et F'', tendent à allonger le pendule par leur dila-

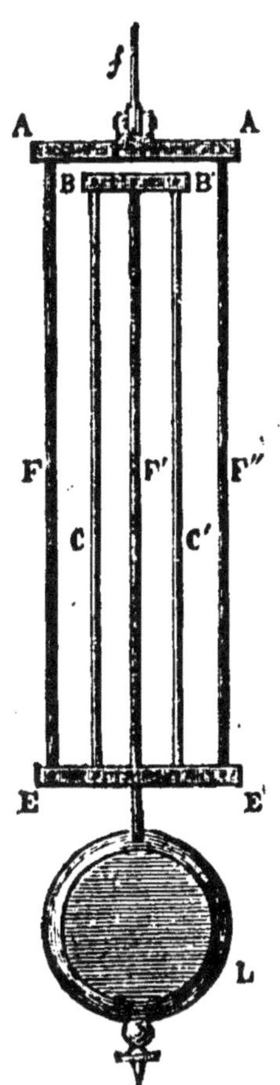

Fig. 100.
*Pendule
compensateur*.

tation, et les autres, comme C et C', à le raccourcir, c'est-à-dire à remonter sa lentille ; les premières sont en fer et les secondes en laiton. L'appareil est construit de manière qu'il conserve constamment et par toutes les températures une même longueur ; ce que l'on peut obtenir grâce à l'inégale dilatabilité du fer et du cuivre. Pour que la compensation soit suffisante, il faut donner au pendule au moins 9 tiges : 5 de fer et 4 de laiton.

Cerclage des roues. — On fait aussi usage de la propriété de la dilatation dans le cerclage des roues de voitures. Pour que les différentes parties qui composent une roue soient bien liées entre elles, les charrons donnent au cercle qui doit les entourer un diamètre un peu plus

Fig. 101. — *Cerclage des roues de voitures.*

petit que celui de la roue. Ce cercle étant chauffé se dilate et peut être facilement mis en place. Un refroidissement rapide le fait contracter aussitôt ; en se contractant, il resserre toutes les parties de la roue et contribue ainsi puissamment à sa solidité.

Clous à river. — Les clous à river dont on se sert pour lier ensemble les plaques de tôle qui entrent dans la construction des chaudières des machines à vapeur offrent un phénomène semblable. Avant de mettre ces clous en place, on les fait rougir au feu ; ils sont ainsi plus faciles à river et ont en outre l'avantage de resserrer davantage, en se contractant, les parties qu'ils unissent.

Barreaux de fer. — *Toitures métalliques.* — Les barreaux de fer que l'on voit à quelques fenêtres ne sont scellés qu'à une seule extrémité. Sans cette précaution, en été, ils se courberaient à cause de leur allongement, et, en hiver, ils s'arracheraient de leurs scellements. Pour la même raison, les feuilles de zinc ou de plomb qui composent certaines toitures ne sont clouées que d'un côté.

Tuyaux de conduite d'eau. — Les tuyaux de conduite d'eau ne sont pas soudés les uns aux autres, mais ils s'emboîtent avec frottement, afin que les variations de température n'aient d'autre effet que de faire avancer ou reculer leurs extrémités dans les emboîtements.

Flacons bouchés à l'émeri. — Lorsque le bouchon d'un flacon bouché à l'émeri tient trop fortement au goulot, il suffit de chauffer ce dernier avec la flamme d'une bougie, en ayant soin d'en présenter successivement au feu toutes les parties. Le goulot se chauffe et par conséquent se dilate; ce qui permet de déboucher facilement le flacon.

THERMOMÈTRES

94. — Les *thermomètres* sont des instruments qui servent à indiquer la *température* des corps.

On appelle température d'un corps le degré de chaleur que possède ce corps.

Les thermomètres sont basés sur le phénomène de la dilatation. Presque tous les corps pourraient servir à la construction des thermomètres, mais on choisit de préférence les liquides parce que leur dilatation, plus grande que celle des solides et moins grande que celle des gaz, se prête mieux à l'observation des variations moyennes de température. Les thermomètres à gaz servent à accuser de faibles variations de température; ceux que l'on construit avec les solides sont nommés *pyromètres;* ils servent à mesurer les très hautes températures.

Les liquides dont on fait usage pour la construction des

Fig. 102.
Thermomètre.

thermomètres sont le *mercure* et l'*alcool*. Le mercure, parce qu'il se dilate plus uniformément que les autres liquides, parce qu'il ne bout qu'à une température très élevée, *350°*, et parce qu'il ne se congèle qu'à un froid très intense, — *40°* ; l'alcool, parce qu'il ne se congèle qu'à la température de — *130°*.

95. Construction du thermomètre à mercure.

— Pour construire un thermomètre à mercure, on prend un tube bien calibré, c'est-à-dire ayant un diamètre intérieur partout parfaitement égal. On soude à l'une de ses extrémités un réservoir cylindrique ou sphérique, nommé *ampoule*, et à l'autre extrémité, un petit entonnoir. Pour introduire le mercure dans l'appareil, on en remplit d'abord l'entonnoir, puis on chauffe l'ampoule avec une lampe à alcool. L'air qu'elle renferme se dilate et s'échappe en partie par l'entonnoir, en traversant bulle à bulle le mercure. On laisse ensuite refroidir le thermomètre en le tenant verticalement ; l'air qu'il contient se contracte, et la pression atmosphérique fait pénétrer dans l'ampoule une partie du mercure de l'entonnoir. Après cela, on chauffe l'ampoule jusqu'à ce que le mercure qui vient de s'y

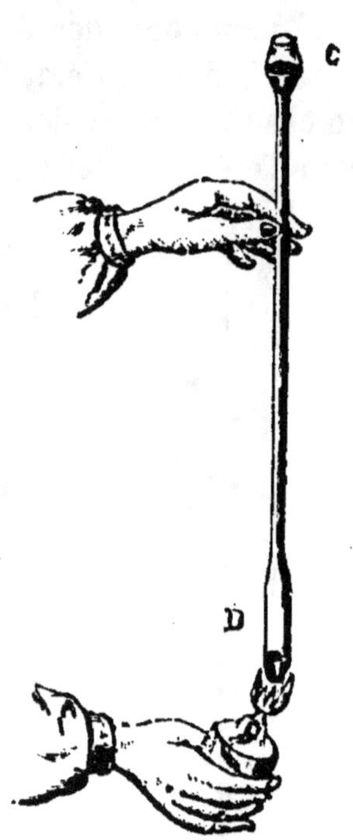

Fig. 103. — *Remplissage du thermomètre à mercure.*

introduire entre en ébullition. Alors les vapeurs mercurielles chassent devant elles l'air qui se trouve dans le thermomètre, et lorsque tout l'air est expulsé, on laisse refroidir l'appareil, qui se remplit presque complètement de mercure. On le plonge ensuite dans un bain liquide dont la température est supérieure à la plus élevée de celles qu'il devra marquer, et, par la dilatation, le mercure en excès passe dans l'entonnoir, que l'on détache en fermant l'extrémité du tube au chalumeau. Le mercure se contracte par un nouveau refroidissement, et un vide se forme dans la partie supérieure du thermomètre.

96. Construction du thermomètre à alcool. — La construction du thermomètre à alcool est plus simple que celle du thermomètre à mercure. Il n'est pas nécessaire de souder un entonnoir à l'extrémité du tube; il suffit de chauffer

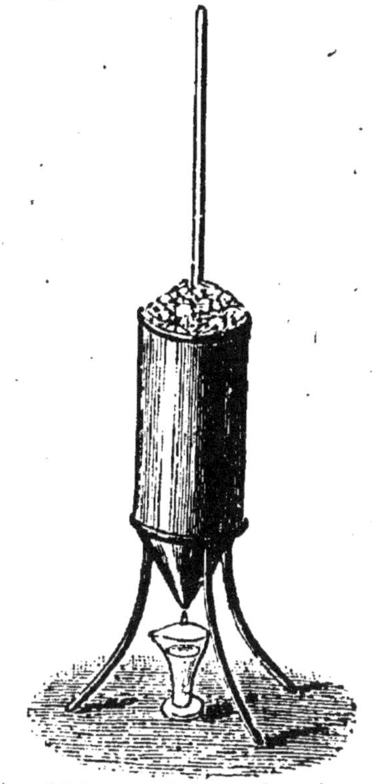

Fig. 104. — *Détermination du point 0.*

l'ampoule pour en dilater l'air intérieur et de plonger dans l'alcool l'extrémité ouverte du tube; l'air intérieur se contracte en se refroidissant, et la pression atmosphérique fait monter un peu d'alcool dans l'ampoule. Ce peu d'alcool est ensuite porté à l'ébullition, afin que ses vapeurs chassent tout l'air de l'instrument. Cela fait, il ne reste plus qu'à introduire de nouveau l'extrémité ouverte du tube dans l'alcool pour que ce liquide le remplisse aussitôt, ainsi que l'ampoule. On achève la construction comme pour le thermomètre à mercure.

97. Graduation du thermomètre. — Deux points fixes ont été adoptés pour la graduation du thermomètre; ces points sont indiqués par la température de la glace fondante et par celle de la vapeur de l'eau bouillante, sous la pression de $0^m,760$; le

premier donne le *0*, et le second le *100*ᵐᵉ degré de la graduation.

Pour déterminer la position des deux points fixes sur le
tube thermométrique, on place d'abord l'instrument dans un
vase rempli de glace fondante ; le liquide du thermomètre
descend et on marque *0* au point où il s'arrête. On plonge
ensuite le thermomètre dans une étuve à vapeur d'eau bouil-

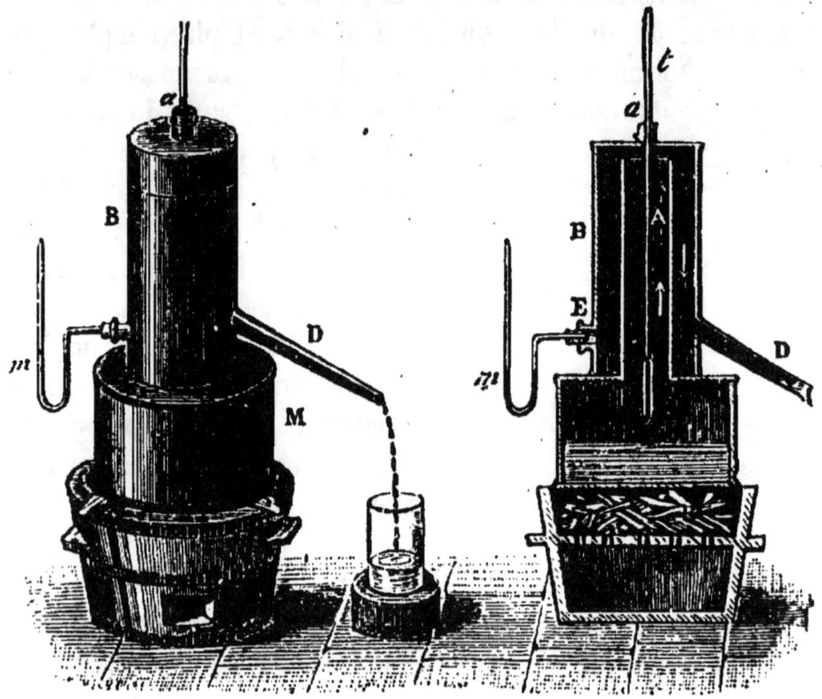

Fig. 105. — *Détermination du point 100.*

lante, comme celle qui est représentée par la fig. 105. Le
liquide du thermomètre se dilate, il monte dans le tube, et,
après avoir pris la température de la vapeur d'eau, il s'arrête
en un point où l'on marque *100*. On divise ensuite en
100 parties égales, appelées *degrés*, l'espace compris entre
le *0* et le point *100*, et on prolonge la division, s'il y a lieu,
au-delà de ces deux points fixes.

Dans les notations thermométriques, on fait précéder du

signe — les chiffres qui indiquent les températures inférieures à zéro degré, pour les distinguer des températures
supérieures. Ainsi, par exemple, — *15°* désigne une température de *15* degrés au-dessous de zéro, tandis que + *15°*,
ou simplement *15°*, indique une température de *15* degrés au-
dessus de zéro.

98. Remarque. — L'alcool bout à *78°* ; on ne peut donc
placer le thermomètre construit avec ce liquide dans la vapeur
de l'eau bouillante pour déterminer le point fixe supérieur
de la graduation. Ce point s'ob-
tient de la manière suivante :
on met le thermomètre à graduer dans un bain dont la température est donnée par un
thermomètre à mercure déjà
gradué. Si cette température
est de *25°*, par exemple, on
marque 25 au point où l'alcool
s'arrête dans le tube et on a ainsi
un second point qui permet
de compléter la graduation de
l'instrument.

**99. Diverses échelles
thermométriques.** —
L'échelle thermométrique que
nous venons de décrire est
nommée *échelle centigrade.*
Il en existe encore deux autres :
l'échelle *Réaumur* et l'échelle
Fahrenheit.

Le zéro de l'échelle Réau-
mur est déterminé de la même manière que celui de
l'échelle centigrade; mais au point donné par la température de la vapeur de l'eau bouillante, on marque *80°* au
lieu de *100.*

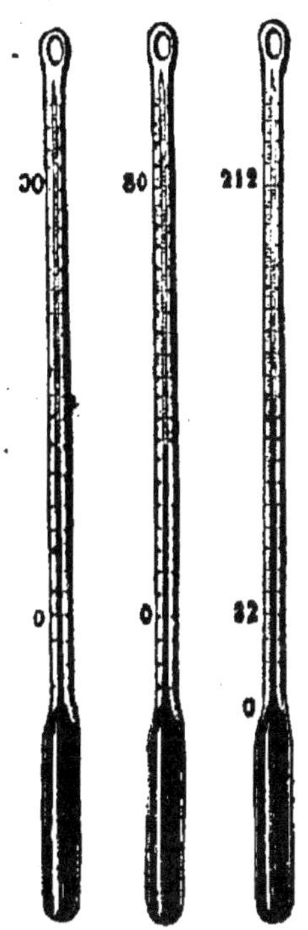

Fig. 106. — *Echelles thermométriques.*
1. Echelle centigrade. — 2. Echelle
Réaumur. — 3. Echelle Fahrenheit.

Par suite, *100° centigrades* valent *80° Réaumur*, et *1° centigrade* ne vaut que les *80/100* ou les *4/5* de *1° Réaumur*.

Réciproquement, *1° Réaumur* vaut les *5/4* de *1° centigrade*.

Le thermomètre de Fahrenheit est spécialement employé en Angleterre, en Hollande et dans l'Amérique du Nord. Le zéro de l'échelle de ce thermomètre est déterminé par le froid qu'on obtient en mélangeant des poids égaux de sel ammoniac et de glace pilée. Le point fixe supérieur est encore donné par la température de la vapeur de l'eau bouillante. L'espace compris entre ces deux points fixes est divisé en *212°*. Le zéro des deux premières échelles thermométriques correspond au *32*^me degré de cette graduation.

Donc, *100° centigrades* valent *212° — 32°* ou *180° Fahrenheit*, et *1° centigrade* vaut les *180/100* ou les *9/5* de *1° Fahrenheit*.

Réciproquement, *1° Fahrenheit* ne vaut que les *5/9* de *1° centigrade*.

100. Remarque. — La sensibilité d'un thermomètre à liquide dépend des trois conditions suivantes :

1° *Du rapport qui existe entre la capacité du réservoir et le diamètre du tube :* plus le réservoir est grand et le tube étroit, plus l'instrument est sensible;

2° *De la nature du liquide :* plus le liquide se dilate rapidement, plus la sensibilité est grande ; c'est pour cette raison que les thermomètres à alcool sont plus sensibles que les thermomètres à mercure;

3° *De la forme du réservoir :* plus la surface du réservoir est grande relativement au volume du liquide, plus le liquide s'échauffe et se refroidit rapidement.

101. Thermomètre à maxima et à minima. — Le *thermomètre à maxima et à minima* est destiné à faire connaître la plus haute et la plus basse température qui ont existé dans un lieu pendant un temps déterminé. Cet instrument se compose de deux thermomètres placés horizontalement l'un au-dessous de l'autre. Le thermomètre à maxima est à mercure et le thermomètre à minima, à alcool.

Dans le *thermomètre à maxima*, le mercure par sa dilatation pousse devant lui un petit index A en acier; cet index n'étant pas mouillé par le mercure, reste en place lorsque, par l'effet du refroidissement, le mercure se contracte et se retire. L'index indique donc, par son extrémité la plus rapprochée du mercure, la plus grande dilatation de ce liquide, c'est-à-dire la température *maxima* marquée par l'instrument.

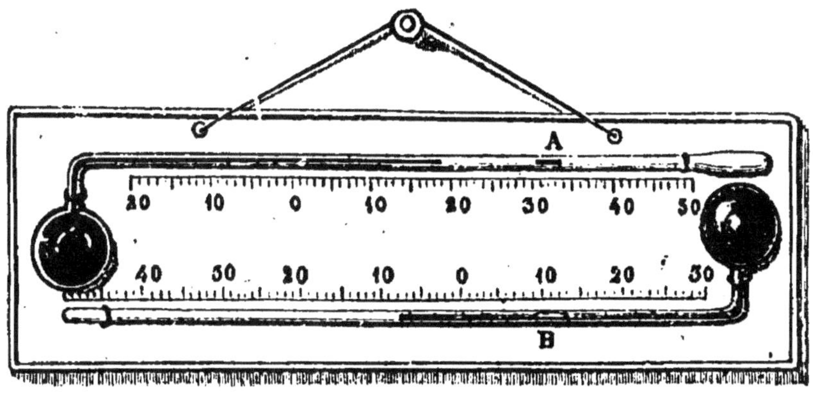

Fig 107. — *Thermomètres à maxima et à minima.*

Le *thermomètre à minima* contient un petit index B en émail. L'index est immergé dans l'alcool, et son adhérence avec ce liquide l'empêche d'en sortir. Lorsque l'alcool se contracte, il entraîne avec lui l'index ; quand, au contraire, il se dilate, il passe sans difficulté entre l'index et la paroi du tube. L'alcool laisse donc l'index au point où il l'a amené lors de sa plus grande contraction, c'est-à-dire au moment de la plus faible température marquée par l'instrument. Cette température *minima* est donnée par l'extrémité de l'index la plus éloignée de l'ampoule du thermomètre. Quand on a constaté les températures indiquées par les deux index, il suffit de redresser l'instrument pour ramener ceux-ci aux extrémités des deux colonnes liquides des thermomètres.

102. Pyromètres. — Les *pyromètres* sont des instruments qui servent à mesurer les hautes températures. On a longtemps décrit dans les traités de physique le *pyromètre de Brongniart*, ayant quelque rapport avec le pyromètre à cadran (fig. 95), et le *pyromètre de Wedgwood*, reposant sur la propriété que possède l'argile de se contracter lorsqu'elle est portée à une température élevée ; mais ces instruments manquent absolument de précision. Les seuls pyromètres pratiques sont le *pyromètre à air* et le *pyromètre électrique*, que la nature de ce cours de physique ne nous permet pas de décrire.

103. Maximum de densité de l'eau. — L'eau présente dans sa dilatation une particularité bien remarquable. Comme les autres corps, elle se contracte par le refroidissement, mais seulement jusqu'à la température de *4 degrés* au-dessus de zéro. Si le refroidissement devient plus grand, elle se dilate.

Il est facile de déterminer la température du maximum de concentration de l'eau à l'aide d'un thermomètre construit avec ce liquide. On voit que, par un abaissement de température, l'eau descend dans le tube thermométrique, mais seulement jusqu'à *4 degrés* au-dessus de zéro ; et que, si le froid augmente, l'eau monte dans ce même tube. A *0 degré*, elle occupe à peu près le même espace qu'à *8 degrés*.

L'eau ayant son maximum de concentration à + 4° doit aussi avoir à cette température son maximum de densité. Ce phénomène explique pourquoi dans les lacs et dans les mers l'eau, à partir d'une certaine profondeur, conserve invariablement, en été comme en hiver, la température de *4 degrés*.

L'eau en se congelant diminue encore de densité ; la densité de la glace n'est que les *0,916* de celle de l'eau à *4°*.

La dilatation de l'eau, lors de sa congélation, est accompagnée d'une force expansive considérable. Pour prouver l'existence de cette force expansive, on a exposé à une température de plusieurs degrés au-dessous de zéro des bombes remplies d'eau et solidement bouchées. Quelques-unes de ces bombes ont eu leur bouchon violemment chassé, d'autres ont été brisées et un épais bourrelet de glace s'est formé à leur surface.

Fig. 108. — *Effets de la force expansive de la glace.*

Les pierres gélives, qui se délitent après la gelée, et les tissus des jeunes plantes, qui se désorganisent lorsque celles-ci ont été surprises par le froid, sont encore des exemples de cette force expansive.

104. Remarque. — La légèreté spécifique de la glace et la température du maximum de densité de l'eau sont pour nous des bienfaits du Créateur. En effet, par suite de la seconde de ces deux propriétés, l'eau ne se congèle qu'à la surface. Elle conserve ainsi, au-dessous de la couche glacée qui la protège contre le refroidissement, la fluidité nécessaire pour que les poissons puissent y vivre. Si l'eau suivait les lois générales de la dilatation, à zéro degré, elle occuperait les régions inférieures. Dans ces régions, elle ne pourrait jamais s'échauffer à cause de sa faible conductibilité pour le

chaleur. Si la glace était plus dense que l'eau, elle tomberait
au fond des fleuves et des lacs à mesure qu'elle se formerait,
et bientôt les eaux de ceux-ci seraient entièrement conge-
lées. La vie des animaux aquatiques deviendrait impossible
dans beaucoup de contrées, ce qui priverait leurs habitants
d'une de leurs principales sources de substances alimentaires. De plus, les chaleurs de l'été étant insuffisantes
pour fondre cette glace, les lits des fleuves se trouveraient
encombrés par une matière solide, et il s'ensuivrait que chaque année de vastes inondations désoleraient les pays rive-
rains.

RÉSUMÉ

La chaleur est la cause qui produit en nous la sensation du
chaud ou du *froid*.

La chaleur dilate tous les corps. Dans les solides, on distingue
la dilatation *linéaire* et la dilatation *cubique*; la première se
montre à l'aide du *pyromètre à cadran*, et la seconde, avec
l'*anneau de S'Gravesande*.

Les gaz se dilatent beaucoup plus que les liquides, et ceux-ci
beaucoup plus que les solides. Lorsqu'on chauffe un gaz dont le
volume ne peut s'accroître librement, on augmente sa force
expansive.

Les *thermomètres* sont basés sur la dilatation. On utilise
encore la dilatation des corps dans la construction des *pendules
compensateurs*, dans le *cerclage des roues*, dans la pose des
clous à river, des *grillages métalliques*, des *toitures de zinc*,
des *tuyaux de conduite d'eau*, etc.

Les thermomètres sont des instruments qui servent à indiquer
la *température* des corps. *On appelle température d'un corps
le degré de chaleur que possède ce corps.*

On a choisi les liquides pour la construction des thermomètres
proprement dits, parce que leur dilatation se prête mieux à
l'observation des variations moyennes de température. On les
construit avec du *mercure* ou de l'*alcool*. Les thermomètres à
mercure peuvent indiquer les températures depuis — 40° jusqu'à
+ 350°, et les thermomètres à alcool, depuis — 130° jusqu'à
+ 78.

La graduation des thermomètres est basée sur deux températures fixes : la température de la *glace fondante* et celle de
l'eau bouillante, sous la pression de $0^m,760$.

On distingue trois échelles thermométriques : *l'échelle centigrade*, *l'échelle Réaumur* et *l'échelle Fahrenheit*. Un degré
centigrade vaut les 4/5 d'un degré Réaumur et les 9/5 d'un degré
Fahrenheit. Réciproquement, un degré Réaumur et un degré

Fahrenheit valent le premier les 5/4, et le second les 5/9 d'un degré centigrade.

La sensibilité d'un thermomètre à liquide dépend : 1° *du rapport qui existe entre la capacité du réservoir et le diamètre du tube ;* 2° *de la nature du liquide ;* 3° *de la forme du réservoir.*

Les thermomètres à *maxima* et à *minima* sont destinés à indiquer la plus haute et la plus basse température qui ont existé en un lieu pendant un temps déterminé.

Les *pyromètres* sont des instruments qui servent à mesurer les hautes températures ; les seuls précis sont le *pyromètre à air* et le *pyromètre électrique.*

Le maximum de concentration de l'eau, et par conséquent son maximum de densité, est à $+ 4°$. La densité de la glace est les 0,916 de celle de l'eau à $+ 4°$.

La dilatation de l'eau, lors de sa congélation, est accompagnée d'une force expansive considérable capable de briser les vases les plus solides. C'est cette force qui est la cause des funestes effets de la gelée sur les plantes, et de la désagrégation des pierres gélives.

QUESTIONNAIRE

Qu'est-ce que la chaleur ? — Quels sont ses effets ? — Comment peut-on constater qu'elle dilate les solides ? — Les liquides ? — Les gaz ? — Quelles sont les applications de la dilatation ? — Expliquez chacune d'elles. — Qu'est-ce qu'un thermomètre ? — Qu'appelle-t-on température d'un corps ? — Pourquoi se sert-on des liquides pour la construction des thermomètres ? — Comment construit-on un thermomètre à mercure ? — A alcool ? — Quels sont les points fixes de la graduation des thermomètres ? — Comment les détermine-t-on ? — Quelles sont les diverses échelles thermométriques ? — Quels sont les rapports de leurs degrés ? — De quoi dépend la sensibilité d'un thermomètre ? — Qu'est-ce qu'un thermomètre à maxima et à minima ? — Qu'est-ce qu'un pyromètre ? — Quelle est la température du maximum de densité de l'eau ? — Comment la détermine-t-on ? — Quels en sont les avantages ? — Quelle est la densité de la glace ? — Qu'arriverait-il si la glace était plus dense que l'eau ? — Quels sont les effets de la force expansive de l'eau produite en se congelant ?

CHAPITRE IX

CHANGEMENTS D'ÉTAT DES CORPS — MACHINES A VAPEUR

Dans les changements d'état des corps, il se produit quatre phénomènes distincts, savoir : la *fusion*, la *solidification*, la *vaporisation*, et la *liquéfaction*.

FUSION

105. — La *fusion* est le passage d'un corps de l'état solide à l'état liquide sous l'influence de la chaleur. La fusion est soumise aux deux lois suivantes :

1° *La température à laquelle s'opère la fusion est invariable pour chaque corps, lorsque la pression reste constante :*

2° *La température d'un corps qui fond demeure constante pendant toute la durée de la fusion.*

TEMPÉRATURE DE FUSION DE QUELQUES CORPS

Mercure,	— 39°	Plomb,	335
Glace,	0	Zinc,	450
Phosphore,	44	Argent,	1000
Potassium,	55	Fonte blanche,	1100
Stéarine,	60	Fonte grise,	1200
Cire vierge,	63	Or,	1250
Sodium,	90	Fer doux,	1500
Soufre,	115	Platine,	1700
Etain,	230	Iridium.	2000

106. — **Chaleur latente de fusion.** — Nous venons de dire que la température d'un corps qui fond reste constante pendant toute la durée de la fusion. Ainsi, le plomb, qui fond à 335°, se maintient à cette température pendant toute la durée de sa fusion, quelle que soit la source de chaleur à laquelle il est exposé. La conséquence de ce fait, c'est que la chaleur cédée au corps par le foyer est tout entière employée à opérer le changement d'état de ce corps ; elle devient *latente*, c'est-à-dire cachée, et n'a aucun effet sensible.

L'expérience suivante donne une idée exacte de ce qu'on entend par la chaleur latente, et montre aussi que la quantité de chaleur sensible absorbée dans la fusion est considérable. On verse *1 kg.* d'eau à 79° sur *1 kg.* de neige ou de glace pilée à 0° ; celle-ci fond immédiatement et l'on a *2 kg.* d'eau à 0°. Le kilo d'eau chaude a donc perdu 79 *unités* de chaleur et le kilo de neige *ne s'est pas échauffé*, mais il a changé d'état ; pour ce changement d'état, il a absorbé toute la chaleur sensible de l'eau et cette chaleur est devenue latente. *Un kilo* de glace absorbe donc pour se fondre toute la quantité de chaleur nécessaire pour élever un poids égal d'eau de 0° à 79°. Il absorbe 79 *calories*. On appelle *calorie* la quantité de chaleur nécessaire pour augmenter *un kilo d'eau d'un degré de température.*

107. Mélanges réfrigérants. — Si l'on met un corps solide dans un liquide capable de le dissoudre, ce corps fond, c'est-à-dire se liquéfie. Ce changement d'état absorbe de la chaleur sensible, qui est empruntée au liquide. Ainsi, l'azotate d'ammoniaque dissous dans son poids d'eau, en abaisse la température de 25°. Un mélange de *deux* parties de glace pilée ou de la neige avec *une* partie de sel marin produit un froid considérable.

Quelquefois les dissolutions ne donnent pas d'abaissement de température ; elles peuvent même produire le phénomène inverse ; cela vient de ce que le corps solide, par sa combinaison chimique avec le liquide, dégage plus de chaleur qu'il ne lui en faut pour se liquéfier.

TABLEAU INDIQUANT LES PRINCIPAUX MÉLANGES RÉFRIGÉRANTS

SUBSTANCES MÉLANGÉES	Proportions en poids	Abaissement de la température
Sel marin, Glace pilée ou neige.	1 2	de + 10° à — 18°
Sulfate de soude, Acide chlorhydrique étendu.	2 1	de + 10° à — 17°
Chlorure de calcium, Glace pilée ou neige.	8 5	de + 10° à — 51°
Acide carbonique solide, Ether.	5 1	de + 10° à — 100°

108. Glacière des familles. — Les mélanges réfrigérants sont fréquemment utilisés dans les laboratoires de physique et de chimie, dans l'industrie et dans l'économie domestique. Il existe un petit appareil, connu sous le nom de *glacière des familles*, qui permet d'obtenir de la glace en toutes saisons. Cet appareil consiste en une boîte métallique divisée en plusieurs compartiments concentriques, comme l'indique la figure 109. Au milieu ainsi que dans le compartiment B, on place l'eau à congeler ; dans les compartiments O et C, on introduit le mélange réfrigérant ; enfin, dans le compartiment le plus près de l'extérieur, se trouvent des matières peu conductrices de la chaleur. Une manivelle permet d'imprimer un mouvement de rotation au mélange réfrigérant, ce qui active la vitesse de la dissolution et par suite l'intensité

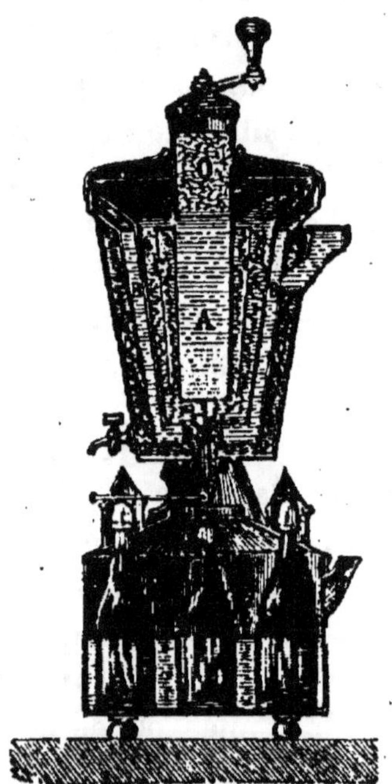

Fig. 109. — *Glacière des familles.*

du refroidissement. La congélation étant produite, l'eau de fusion de la glace se rend peu à peu dans un réservoir situé dans la partie inférieure de l'appareil et vient rafraîchir les boissons qu'on y a placées.

SOLIDIFICATION

109. — La *solidification* est le passage d'un corps de l'état liquide à l'état solide. Elle est soumise aux trois lois suivantes :

1° *La température de solidification d'un corps est invariable; elle est la même que celle de fusion ;*

2° *La température d'un corps reste constante pendant toute la durée de sa solidification ;*

3° *La solidification est accompagnée du dégagement de toute la chaleur sensible absorbée pendant la fusion.*

L'eau, dans quelques circonstances, fait exception à la première de ces lois. En effet, placée dans un vase à l'abri de toute agitation et dont la surface intérieure est bien polie, elle peut être refroidie jusqu'à — *12°* sans se solidifier. Mais le moindre ébranlement amène sa congélation, et sa température remonte immédiatement à *0°*. Ce phénomène, connu sous le nom de *surfusion*, n'est pas particulier à l'eau ; le soufre et le phosphore présentent la même propriété.

Les corps liquides, en se solidifiant, éprouvent une diminution de volume. Nous avons vu que l'eau fait exception à cette règle. D'autres corps, tels que la fonte, le fer et le bismuth, augmentent aussi de volume en se solidifiant.

VAPORISATION

La *vaporisation* est la transformation des liquides en vapeurs. Elle se fait de deux manières : par *évaporation* et par *ébullition*.

110. Evaporation. — On désigne sous le nom d'évaporation la formation des vapeurs à la surface libre des liquides. Presque tous les liquides exposés à l'air s'évaporent plus ou moins rapidement suivant leur nature.

La rapidité de l'évaporation dépend de plusieurs circonstances, telles que *l'élévation de la température*, *l'étendue de la surface liquide*, *la sécheresse et l'agitation de l'air* et surtout la *pression que le liquide supporte*.

Ainsi, plus l'air est à une température élevée, plus il peut absorber de vapeurs; ainsi voit-on l'évaporation s'effectuer plus rapidement par un temps chaud que par un temps froid. Lorsque l'air avec lequel un liquide est en contact est déjà saturé des vapeurs de ce liquide, l'évaporation est nulle; s'il en renferme peu, l'évaporation s'effectue très rapidement. Dans une atmosphère parfaitement calme, l'évaporation est lente, parce que l'air, à mesure qu'il se sature, reste en contact avec le liquide; dans une atmosphère agitée, l'évaporation est très rapide, parce que des couches d'air non saturé sont sans cesse mises en contact avec le liquide. Nous verrons bientôt que la pression influe beaucoup sur l'évaporation.

111. Froid produit par l'évaporation. — Le passage de l'état liquide à l'état gazeux ne peut se faire sans qu'il y ait absorption d'une quantité considérable de chaleur sensible, qui devient latente. Plus l'évaporation est rapide, plus l'absorption de chaleur est considérable. Quelques gouttes d'éther ou d'alcool versées sur la main ne tardent pas à y produire une impression de froid. Les frissons éprouvés au sortir du bain ont pour cause l'évaporation de la légère couche de liquide qui reste adhérente à la peau. Le refroidissement de l'atmosphère que l'on constate toujours après les pluies, en été, est aussi occasionné par l'évaporation rapide de l'eau tombée.

L'emploi des *alcarazas*, dont on se sert dans les pays chauds pour maintenir à l'eau sa fraîcheur, est fondé sur le même principe. Les alcarazas sont des vases de terre très poreuse; l'eau qu'ils renferment suinte constamment à travers les parois et vient s'évaporer à leur surface; elle emprunte pour cela au liquide intérieur une certaine quantité de chaleur, et par suite celui-ci se refroidit.

Le froid produit par l'évaporation de la sueur est un phénomène analogue. La sueur ne peut s'évaporer sans emprunter de la chaleur au corps, et cela en quantité d'autant plus considérable que l'évaporation est plus rapide. Aussi est-il très prudent de ne pas s'exposer à un courant d'air quand on est en moiteur, et de remplacer par du linge sec celui qui est mouillé par la transpiration.

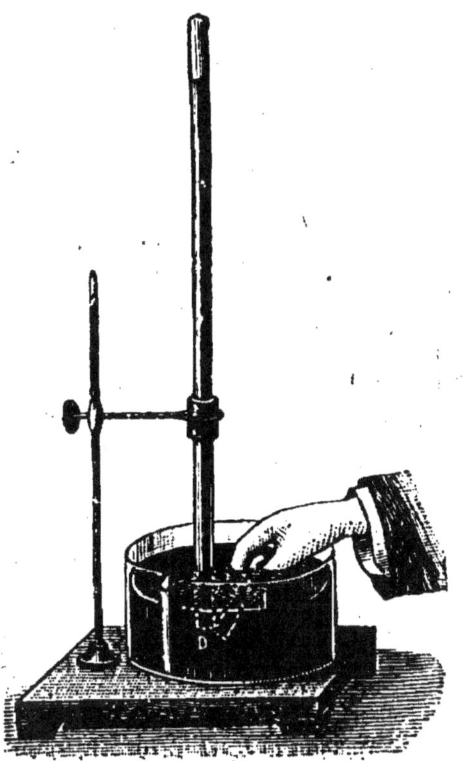
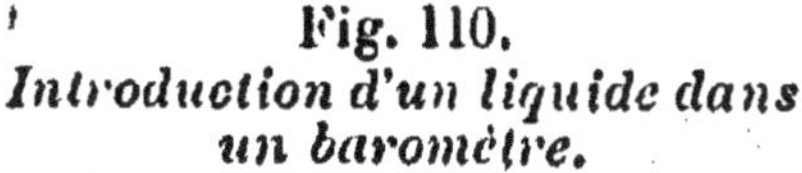

Fig. 110.
Introduction d'un liquide dans un baromètre.

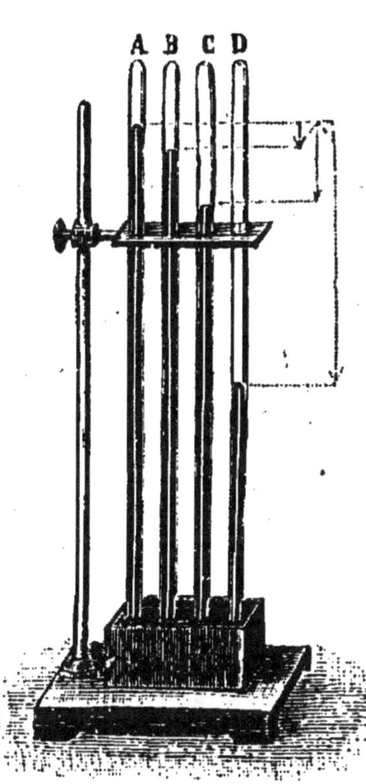

Fig. 111.
Force élastique des vapeurs dans le vide.

112. Formation des vapeurs dans le vide. — Lorsqu'on introduit dans un baromètre quelques gouttes de liquide, de l'alcool par exemple, ce liquide se transforme aussitôt en vapeurs, et le mercure baisse immédiatement dans le tube. Ce fait prouve que, dans le vide, les liquides se vaporisent instantanément, et que les vapeurs possèdent, comme les gaz, une certaine force élastique.

En répétant plusieurs fois cette même expérience, on constate qu'il arrive un moment où le liquide introduit ne se vaporise plus, et qu'alors le mercure se maintient à un niveau constant. L'espace de la chambre barométrique renferme alors toute la vapeur qu'il peut contenir, il est *saturé;* dans ce cas, la vapeur elle-même est dite *saturante;* elle a son maximum de tension ou de force élastique. Lorsque la quantité de liquide introduit est trop petite pour qu'il en reste quelque trace après sa vaporisation, on dit que la vapeur est *non saturante,* car l'espace ne peut pas en contenir assez pour en être saturé.

113. Force élastique des vapeurs saturantes. —

La force élastique maximum des vapeurs varie avec leur *nature* et leur *température.* Ainsi, à une même température, les vapeurs d'éther, d'alcool et d'eau n'ont pas la même force élastique. Pour le vérifier, on se sert de l'appareil représenté par la figure 111. Il consiste en une cuvette à mercure contenant quatre baromètres. Un de ces baromètres sert de témoin, et dans chacun des autres on introduit un des trois liquides ci-dessus. Aussitôt qu'ils arrivent dans les chambres barométriques, ces liquides se vaporisent et leurs vapeurs font baisser les colonnes mercurielles. Or, quand ces vapeurs sont saturantes, on constate que les abaissements ne sont pas égaux. L'abaissement produit par la vapeur d'éther est plus grand que l'abaissement produit par la vapeur d'alcool, et ce dernier est encore supérieur à celui qui a été occasionné par la vapeur d'eau.

La force élastique des vapeurs augmente avec la température. Pour le démontrer, on se sert de l'appareil de *Dalton* (fig. 112). Cet appareil se compose de deux baromètres, A et B, plongeant dans une même cuvette à mercure M. Les deux baromètres sont enveloppés d'un manchon de verre contenant de l'eau, dont on peut élever la température à l'aide d'un fourneau placé sous la cuvette à mercure. Un thermomètre T indique à chaque instant la température du liquide. On introduit dans l'un des deux baromètres, dans le baromètre A

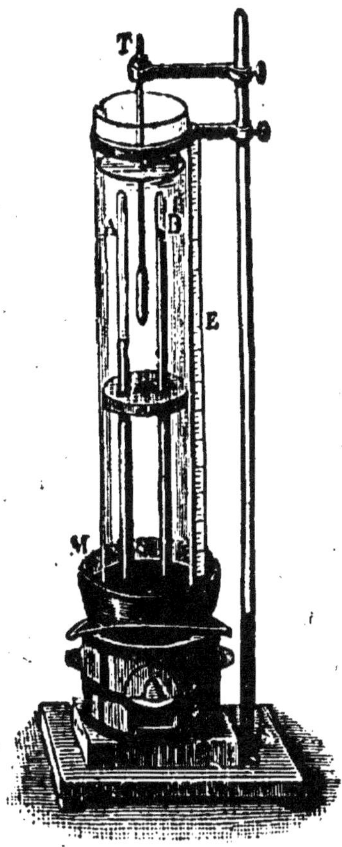

Fig. 112. — *Appareil de Dalton.*

par exemple, une quantité d'eau plus que suffisante pour saturer l'espace de sa chambre barométrique. Ensuite on chauffe l'eau du manchon, en ayant soin de l'agiter afin d'y répandre uniformément la chaleur.

A mesure que s'élève la température du liquide contenu dans le manchon et par suite celle de la vapeur d'eau du baromètre A, une partie de l'eau en excès dans ce baromètre se vaporise, et l'on voit le niveau du mercure baisser de plus en plus dans le tube. Ces dépressions mesurent les différentes tensions de la vapeur d'eau aux diverses températures auxquelles on a porté le liquide du manchon. Quand ce liquide a atteint la température de *100°* le mercure du baromètre renfermant de la vapeur d'eau est

déprimé jusqu'au niveau de celui de la cuvette. Cette expérience prouve que *la force élastique de la vapeur d'eau, à la température d'ébullition de ce liquide à l'air libre, est égale à la pression atmosphérique.* La même propriété s'applique à tous les autres liquides ; leurs vapeurs ont une tension égale à la pression atmosphérique, lorsqu'elles sont à la température d'ébullition de ces liquides.

114. Ebullition. — *L'ébullition* est un dégagement

rapide de vapeurs qui se forment au sein même du liquide.

Lorsqu'on observe un liquide en ébullition, on voit qu'à chaque instant, des bulles de vapeur prennent naissance aux points les plus chauffés des parois du vase. Les premières bulles formées se condensent à mesure qu'elles s'élèvent dans la masse encore froide; l'eau qui se précipite pour combler les vides occasionnés par cette condensation, produit un bruissement particulier connu sous le nom de *chant du liquide*. Lorsque tout le liquide a atteint une température suffisante, les bulles viennent crever à la surface, et la vapeur qu'elles contiennent se répand dans l'atmosphère. Ces bulles sont petites au moment de leur formation, mais elles deviennent de plus en plus volumineuses, à mesure qu'elles s'approchent de la surface du liquide. Elles se succèdent avec rapidité aux points les plus chauds.

115. Lois de l'ébullition. — Le phénomène de l'ébullition est soumis aux deux lois suivantes :

1° *Un même liquide, placé dans les mêmes conditions, commence toujours à bouillir à la même température;*

2° *La température d'un liquide reste constante pendant toute la durée de son ébullition.*

116. Causes qui font varier la température de l'ébullition. — Les causes qui font varier la température à laquelle l'ébullition se produit, sont : *la nature du liquide, la nature du vase; les substances tenues en dissolution dans le liquide et la pression qu'il supporte.*

1° *La nature du liquide.* — Chaque liquide a sa température propre d'ébullition. Le tableau suivant donne celle des principaux corps sous la pression de $0^m,76$.

TEMPÉRATURE D'ÉBULLITION DE QUELQUES CORPS

Acide sulfureux	— 10°	Benzine	80°
Ether	35°	Acide azotique concentré	86°
Sulfure de carbone	48°	Eau	100°
Chloroforme	60°	Essence de térébenthine	159°
Alcool méthylique	66°	Mercure	350°
— de vin pur	78°	Soufre	440°

2° *La nature du vase.* — L'eau bout à une température plus élevée dans un verre que dans un vase métallique. Ainsi, dans un ballon de verre dont la surface intérieure est bien polie, l'eau peut s'élever jusqu'à la température de *106°*, sans bouillir. Il est démontré aujourd'hui que l'air adhérent aux parois des vases, ainsi que l'air dissous dans les liquides, jouent un grand rôle dans l'ébullition et favorisent considérablement ce phénomène. Or, les parois d'un vase en verre poli retiennent beaucoup moins d'air adhérent que celles d'un vase métallique. Il est donc tout naturel que dans le premier de ces vases le point d'ébullition soit retardé.

3° *Les substances tenues en dissolution.* — Les substances non volatiles dissoutes dans un liquide retardent son point d'ébullition. L'eau saturée de sel marin ne bout qu'à *109°*; saturée de carbonate de potassium, elle commence à bouillir à *135°*; saturée de chlorure de calcium, à *179°*.

4° *La pression.* — Pour que le phénomène de l'ébullition se produise, il faut évidemment que la force élastique des vapeurs soit supérieure à la pression que ces vapeurs supportent, sans cela les bulles ne pourraient pas s'élever. Par conséquent, le point d'ébullition d'un même liquide est plus ou moins élevé, selon que la pression que supporte ce liquide est plus ou moins forte : si la pression augmente, il faut donner plus de chaleur aux vapeurs pour qu'elles aient une tension suffisante pour vaincre cette pression ; le point d'ébullition est donc retardé ; si la pression diminue, la tension de la vapeur lui devient facilement supérieure, le point d'ébullition est donc avancé. Ainsi, au niveau de la mer, où la pression atmosphérique est d'environ $0^m,76$, l'eau entre en ébullition à *100°*; mais sur les montagnes, où la pression est moindre, l'ébullition commence à une température inférieure à *100°* : sur le mont Blanc, l'eau bout à *84°*. On peut la faire bouillir à la température ordinaire sous le récipient d'une machine pneumatique où on fait le vide.

117. Expérience de Franklin. — Le même résultat

peut être obtenu au moyen de l'*expérience de Franklin*.
Pour faire cette expérience, on prend un ballon de verre à
moitié rempli d'eau.

On fait d'abord
bouillir vivement
cette eau de manière
que sa vapeur chasse
tout l'air du ballon.
Celui-ci est ensuite
retiré du feu, fermé
avec un bouchon et
retourné sens dessus
dessous. Le liquide
cesse alors de bouil-
lir ; mais si l'on ré-
pand de l'eau froide
sur la surface supé-
rieure du ballon ainsi
renversé, la vapeur
qui est au-dessus du
liquide se condense
en partie, sa tension

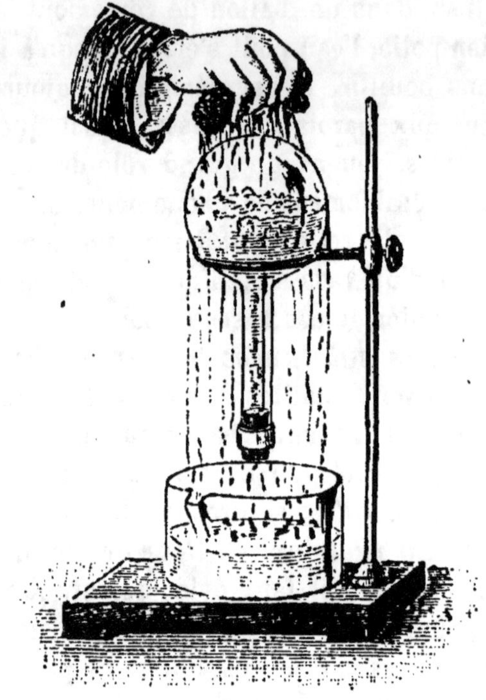

Fig. 113. — *Expérience de Franklin.*

diminue, et il se produit une vive ébullition dans le liquide.

118. Marmite de Papin. — On peut aussi, en augmentant la pression que supporte un liquide, retarder son
point d'ébullition. On le démontre facilement au moyen de
la *marmite de Papin.* Cet appareil consiste en un vase
cylindrique en bronze, à parois très résistantes, hermétiquement fermé par un couvercle au moyen d'une vis de pression.
Le couvercle est muni d'une petite ouverture bouchée par
une soupape, maintenue en place à l'aide d'un levier à l'extrémité duquel est suspendu un poids.

L'appareil, aux deux tiers rempli d'eau, est placé sur
un foyer. La vapeur qui se forme au-dessus de l'eau, ne
pouvant se dégager, exerce une forte pression sur ce liquide,

et la température dépasse bientôt *100°* sans que l'ébullition se manifeste. La force élastique de la vapeur croît très rapi-

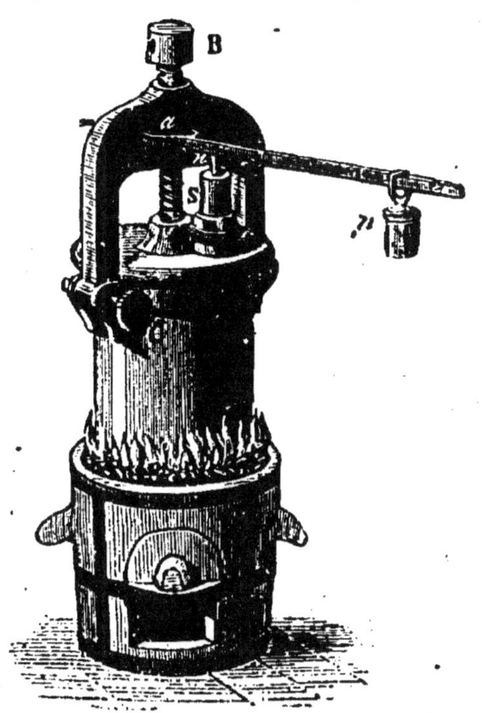

Fig. 114. — *Marmite de Papin.*

dement à mesure que la température augmente, comme on peut le voir dans le tableau ci-dessous. Ce tableau donne en atmosphères la tension de la vapeur d'eau lorsque sa température s'élève de *100* à *236°*.

La marmite de Papin éclaterait sous l'action de la force de la vapeur, si cette vapeur ne soulevait la soupape de sûreté pour s'échapper lorsque sa tension est trop grande.

Cet appareil est aussi nommé *digesteur de Papin*, parce que la haute température à laquelle l'eau peut y être portée, augmente beaucoup son pouvoir dissolvant. On se sert du digesteur de Papin pour cuire en peu de temps les substances alimentaires ; mais son usage est peu répandu à cause des dangers qu'il présente.

TENSION DE LA VAPEUR D'EAU ENTRE 100 ET 236 DEGRÉS

Température	Tension en atmosph.	Température	Tension en atmosph.
100°..............	1 atm.	153°..............	5 atm.
121°..............	2 —	181°..............	10 —
135°..............	3 —	215°..............	20 —
145°..............	4 —	236°..............	30 —

LIQUÉFACTION

La *liquéfaction* est le passage d'un corps de l'état gazeux à l'état liquide. Le refroidissement et la compression sont les deux causes qui produisent ce phénomène.

119. Chaleur latente des vapeurs. — Lorsque les vapeurs se condensent, elles restituent leur chaleur latente de vaporisation, qui devient chaleur sensible. *Un kilo* de vapeur à *100°*, en se condensant dans 5 *kg.* *400* d'eau à 0°, porte celle-ci à la température de *100°*, et l'on a 6 *kg.* *400* d'eau bouillante. Cette propriété de la vapeur d'eau est mise à profit dans beaucoup de circonstances, principalement pour le chauffage des bains, des habitations et des serres.

120. Distillation. — La *distillation* consiste à vapori-

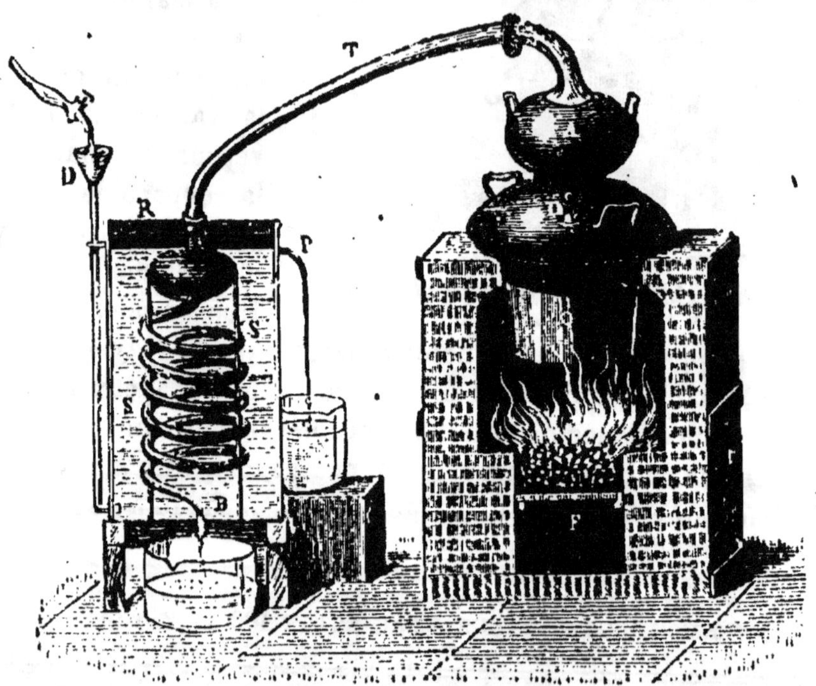

Fig. 115. — *Alambic.*

C, Cucurbite. — A, Chapiteau. — T, Tube faisant communiquer le chapiteau avec le serpentin. — S, Serpentin. — D, Arrivée de l'eau froide qui est ensuite dirigée à la partie inférieure du réfrigérant. — P, Sortie de l'eau chaude du réfrigérant.

ser les liquides par la chaleur, et à les amener ensuite à

l'état liquide par la condensation. Elle a pour objet d'isoler les liquides des substances qu'ils tiennnent en dissolution, ou bien de séparer les uns des autres des liquides inégalement volatils.

Les appareils qui servent à la distillation, se nomment *alambics*. Ils se composent de trois parties principales, savoir : une chaudière, appelée *cucurbite*, dans laquelle on met la substance à distiller ; un *chapiteau*, qui ferme exactement la cucurbite, et enfin un long tube métallique contourné en spirale, nommé *serpentin*. Le serpentin communique avec le chapiteau pour recevoir les vapeurs qui s'échappent de la cucurbite, et traverse un vase rempli d'eau froide appelé *réfrigérant*. C'est dans le serpentin que les vapeurs se condensent par l'effet de l'abaissement de leur température.

MACHINES A VAPEUR

Les machines à vapeur sont des appareils qui servent à transformer en mouvement la force élastique de la vapeur d'eau. Toute machine à vapeur se compose de trois parties essentielles, qui sont : la *chaudière*, le *cylindre* et les *organes transformateurs du mouvement*.

121. Chaudière. — La *chaudière* est la partie de la machine dans laquelle se produit la vapeur. Elle est construite avec d'épaisses feuilles de tôle solidement assemblées. Il existe trois espèces de chaudières : les *chaudières tubulaires*, les *chaudières à foyer intérieur* et les *chaudières à bouilleurs*.

Les chaudières tubulaires sont surtout employées dans les machines mobiles à cause de leurs dimensions restreintes ; les deux autres espèces de chaudières conviennent particulièrement aux machines fixes quand on dispose du grand espace nécessaire à leur installation.

La chaudière à bouilleurs, dont la coupe est représentée par la figure 116, se compose d'un gros cylindre horizonta communiquant par des tubulures T avec deux autres cylindres plus petits, B; nommés *bouilleurs*. Le tout est encastré dans

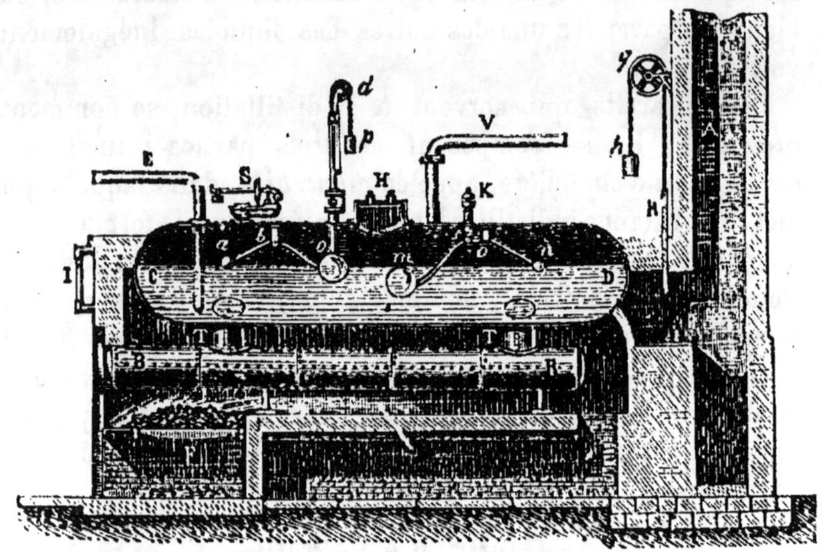

Fig. 116. — *Coupe d'une chaudière à bouilleurs.*

B, Bouilleurs. — C D, Chaudière. — H, Trou d'homme. — I, Tube indicateur. — K *m o n* Siftlet d'alarme. — S, Soupape de sûreté. — *a b c d p*, Flotteur-indicateur. — E, Tube amenant l'eau dans la chaudière. — V, Tube par où sort la vapeur. — R *g h*, Registre.

un fourneau en maçonnerie. Des cloisons sont convenablement disposées pour que la flamme du foyer chauffe les bouilleurs et la chaudière sur la plus grande surface possible. Les bouilleurs doivent être entièrement remplis d'eau et la chaudière proprement dite, à moitié. La vapeur produite dans les bouilleurs monte dans la chaudière et s'y concentre dans la partie supérieure. Un tube V la conduit au cylindre, où elle produit son effet sur le piston.

122. *Appareils de sûreté adaptés aux chaudières.* — Dans une chaudière, il ne faut pas que la vapeur atteigne une tension trop forte; de plus, il importe que le niveau de l'eau se maintienne à une hauteur à peu près constante; car, si ce niveau descendait trop bas, certaines parties des parois de la chaudière en contact avec la flamme pourraient se surchauffer, et, lorsqu'on rétablirait le niveau primitif, il se produirait brusquement une énorme quantité de vapeur, ce qui pourrait déterminer une explosion. Pour prévenir tout accident, on a imaginé divers appareils de sûreté ; les principaux sont le *manomètre*, la *soupape de sûreté*, le *tube indicateur*, le *flotteur indicateur* et le *sifflet d'alarme*.

Le *manomètre* sert à indiquer à chaque instant la tension de la vapeur dans la chaudière.

La *soupape de sûreté* consiste en un cône tronqué S qui ferme une ouverture pratiquée dans les parois de la chaudière. Elle est maintenue en place par un levier chargé d'un poids déterminé. Si la tension dépasse la résistance de la soupape, le poids est soulevé et la vapeur s'échappe.

Le *tube indicateur* est un tube de verre I très solide communiquant par deux conduits métalliques avec l'eau et avec la vapeur de la chaudière. Le niveau de l'eau dans le tube indicateur est toujours à la même hauteur que dans la chaudière, de sorte qu'il est facile de se rendre compte de la quantité d'eau que renferme cette dernière.

Le *flotteur indicateur* consiste en un levier mobile *a b o* terminé par deux sphères. La sphère *o* est creuse et suit le niveau de l'eau. Elle supporte une tige qui sort de la chaudière ; à cette tige est fixé un contrepoids *p*, au moyen d'une chaîne passant sur une poulie *d*. La position du contrepoids le long d'une règle graduée indique le niveau de l'eau dans la chaudière.

Le *sifflet d'alarme* est analogue au flotteur indicateur. Il consiste aussi en un levier terminé par deux sphères *m* et *n*. Lorsque l'eau est au niveau voulu, le bras *m o* du levier tient fermée une ouverture *f* ménagée dans la paroi de la chaudière ; si ce niveau baisse trop, l'ouverture *f* devient libre, la vapeur s'échappe et fait vibrer un timbre K ; ce timbre produit un sifflement qui avertit que la chaudière ne renferme pas une quantité d'eau suffisante.

123. Cylindre. — Le *cylindre* ou *corps de pompe* est l'appareil destiné à utiliser la force expansive de la vapeur. Il se compose d'un cylindre creux dans lequel un piston se meut d'un mouvement continu de va-et-vient. Pour que ce mouvement se produise, il faut que la vapeur agisse alterna·tivement sur l'une et l'autre face du piston et disparaisse après avoir produit son effet. On obtient ce dernier résultat

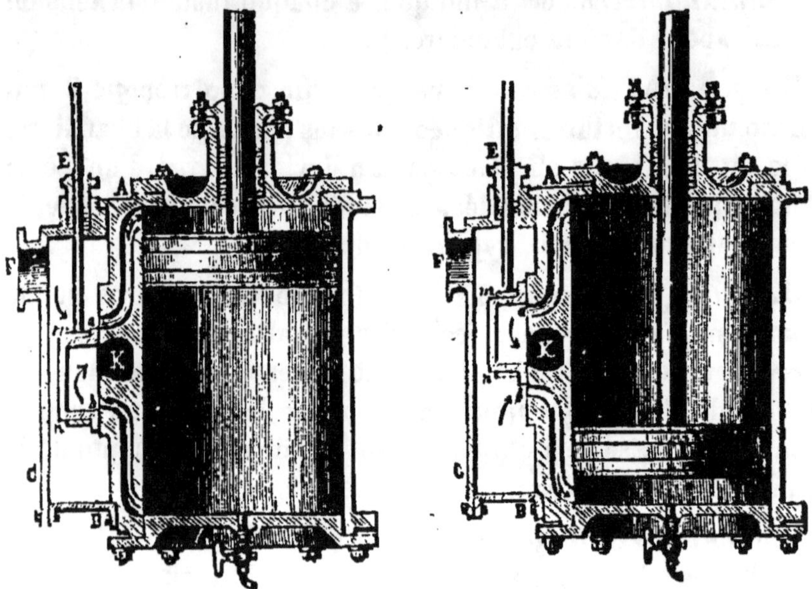

Fig. 117.   Fig. 118.

Coupes du cylindre montrant la distribution de la vapeur.

F. Ouverture par laquelle la vapeur arrive dans le tiroir. — *a* et *b*, Ouvertures par lesquelles elle pénètre au-dessus ou au-dessous du piston. — K, Ouverture par laquelle elle s'échappe au dehors.

en faisant communiquer la vapeur avec l'air extérieur ou avec un condenseur après qu'elle a agi sur le piston. Pour faire arriver la vapeur à tour de rôle sur les deux faces du piston, on adapte au cylindre un organe spécial, nommé *tiroir*, lequel se meut dans un compartiment accolé au cylindre et qui est appelé *boîte à vapeur*. Le tiroir a pour fonction de mettre les deux faces du piston alternativement en communication avec la vapeur de la chaudière et avec l'air extérieur. La figure 117 montre la position du tiroir lorsque le piston est en haut de sa course. Dans cette position, la vapeur qui est au-dessous du piston communique avec l'air extérieur par l'ouverture K, celle qui arrive dans la boîte à vapeur par le conduit F, ne peut se rendre ailleurs qu'au-dessus du piston ; là, par sa force élastique, elle agit et fait descendre le piston. Lorsque celui-ci est parvenu au bas de sa course (Fig. 118), le tiroir, par un mécanisme spécial, a changé de position : il fait alors communiquer la partie supérieure du cylindre avec l'ouverture K, et la partie inférieure avec la boîte à vapeur. La vapeur de la chaudière arrive ainsi au-dessous du piston, agit sur lui et le fait monter.

Afin d'utiliser tout le travail mécanique que peut produire la vapeur, le tiroir est construit de manière à ne la laisser arriver dans le cylindre que pendant *une fraction de la course du piston ;* par sa *détente* ou *force expansive,* la vapeur achève ensuite de pousser le piston jusqu'au point qu'il doit atteindre.

124. Organes transmetteurs du mouvement. —

Pour transmettre le mouvement qu'il a reçu de la vapeur, le piston est surmonté d'une tige A articulée à une autre tige L, nommée *bielle,* qui est elle-même articulée avec une *mani- velle* K. Il en résulte un mouvement de rotation qui fait tourner un *essieu* ou un *arbre de couche* fixé à la manivelle. Le mouvement de la machine est régularisé par une grande roue appelée *volant.* C'est au volant ou à l'arbre de couche que s'adaptent les courroies sans fin des roues qui transmet- tent le mouvement.

125. Cheval-vapeur. — La force d'une machine à

vapeur est généralement indiquée en *chevaux-vapeur.* Le cheval-vapeur est la force capable d'élever à *un mètre* de hauteur en *une seconde* et d'un mouvement uniforme, un poids de *75 kg.* Ainsi, une machine de la force de *10 chevaux* est une machine capable d'élever, à *un mètre* de hauteur et en *une seconde,* un poids de *10 fois 75 kg.* ou de *750 kg.*

Les machines à vapeur sont à *basse*, à *moyenne* ou à *haute pression*. Une machine est dite à basse pression quand la tension de sa vapeur ne dépasse pas *une atmosphère et*

Fig. 119. — *Principaux organes transformateurs du mouvement.*

demie ; à moyenne pression quand la tension de sa vapeur est comprise entre *une atmosphère et demie et 5 atmosphères ;* les machines dont la tension de la vapeur est supérieure à *5 atmosphères* sont dites à haute pression.

RÉSUMÉ

Dans les changements d'état des corps, il se produit quatre phénomènes distincts, savoir: la *fusion*, la *solidification*, la *vaporisation* et la *liquéfaction*.

La *fusion* est le passage d'un corps de l'état solide à l'état liquide, sous l'influence de la chaleur. Elle est soumise aux deux lois suivantes :

1° *La température à laquelle s'opère la fusion est invariable pour chaque corps, lorsque la pression reste constante;*

2° *La température d'un corps qui fond demeure constante pendant toute la durée de la fusion.*

On appelle chaleur *latente* la chaleur employée au changement d'état d'un corps sans que ce corps change de température.

Les *mélanges réfrigérants* sont utilisés pour produire des abaissements considérables de température. Ils sont fondés sur l'absorption de chaleur sensible qu'exige la dissolution de certains corps.

La *glacière des familles* est un appareil qui permet d'obtenir rapidement de la glace à l'aide du froid produit par un mélange réfrigérant.

La *solidification* est le passage d'un corps de l'état liquide à l'état solide. Elle est soumise aux trois lois suivantes :

1° *La température de solidification d'un corps est invariable; elle est la même que celle de fusion ;*

2° *La température d'un corps reste constante pendant tout le temps que dure la solidification ;*

3° *La solidification est accompagnée du dégagement de toute la chaleur sensible absorbée pendant la fusion.*

La *vaporisation* est la transformation des liquides en vapeurs. Elle se fait de deux manières : par *évaporation* et par *ébullition.*

L'*évaporation* est la formation des vapeurs à la surface libre des liquides. Elle ne peut se produire sans qu'il y ait absorption d'une quantité considérable de chaleur sensible qui devient latente.

Une vapeur est *saturante* lorsqu'elle est en présence d'un excès de liquide. La tension des vapeurs croît avec la température ; on le vérifie à l'aide de l'appareil de *Dalton.*

A 100° la tension de la vapeur d'eau est d'une atmosphère.

L'*ébullition* est un dégagement rapide de vapeurs qui se forment au sein même du liquide. Elle est soumise aux deux lois suivantes :

1° *Un même liquide placé dans les mêmes conditions commence toujours à bouillir à la même température ;*

2° *La température d'un liquide reste constante pendant toute la durée de son ébullition.*

Les causes qui font varier la température de l'ébullition sont la *nature du liquide,* la *nature du vase,* les *substances en dissolution,* et surtout *la pression que ce liquide supporte.*

La *liquéfaction* est le passage d'un corps de l'état de vapeur à l'état liquide. Elle est produite par le *refroidissement* ou par la *pression.*

La *distillation* a pour objet d'isoler un liquide des substances qu'il tient en dissolution, ou de séparer les uns des autres des liquides inégalement volatils.

On distille avec l'*alambic.* Cet appareil se compose d'une

cucurbite, d'un *chapiteau* et d'un *serpentin* placé dans un *réfrigérant*.

Les *machines à vapeur* sont des appareils servant à transformer en mouvement la force élastique de la vapeur.

Les principales parties d'une machine à vapeur sont la *chaudière*, le *cylindre* et les *organes transformateurs du mouvement*.

Le *cheval-vapeur* est la force capable d'élever à *un mètre* de hauteur, en *une seconde* et d'un mouvement uniforme, un poids de *75 kilogr.*

On divise les machines à vapeur en machines à *basse*, à *moyenne* ou à *haute pression*.

QUESTIONNAIRE

Quels sont les phénomènes qui se produisent dans les changements d'état des corps? — Qu'est-ce que la fusion? — Quelles sont les lois de la fusion? — Qu'entend-on par chaleur latente de fusion? — Quelle est la chaleur nécessaire pour fondre un kilogr. de glace à zéro degré? — Sur quels principes reposent les mélanges réfrigérants? — Donnez la composition de quelques-uns de ces mélanges. — Décrivez la glacière des familles. — Qu'est-ce que la solidification? — Citez les lois de la solidification. — Qu'entend-on par surfusion? — Qu'est-ce que la vaporisation? — De combien de manières se produit-elle? — Définissez l'évaporation. — Quelles sont les circonstances qui la favorisent? — Dites ce que vous savez du froid produit par l'évaporation. — Comment se forment les vapeurs dans le vide? — Quand est-ce qu'une vapeur est saturante? — Comment mesure-t-on la force élastique des vapeurs saturantes? — Quelle est la tension de la vapeur d'eau à 100°? — Qu'est-ce que l'ébullition? — Quelles sont ses lois? — Quelles sont les causes qui font varier la température de l'ébullition? — Décrivez l'expérience de Franklin. — Décrivez la marmite de Papin. — Définissez la liquéfaction. — Qu'est-ce que la distillation? — Qu'est-ce qu'une machine à vapeur? — Quelles sont ses principales parties? — Décrivez-les. — Qu'appelle-t-on cheval-vapeur? — Qu'appelle-t-on machine à basse, à moyenne et à haute pression?

CHAPITRE X

PROPAGATION DE LA CHALEUR. — MÉTÉOROLOGIE.

126. — La chaleur peut se transmettre d'un corps à un autre de deux manières différentes : par *conductibilité* et par *rayonnement*. Dans le premier cas, elle se communique de molécule à molécule dans toute la masse du corps ; dans le second, elle franchit directement les intervalles qui séparent les corps.

127. Conductibilité. — La *conductibilité* est la propriété dont jouissent les corps de transmettre la chaleur de proche en proche dans l'intérieur de leur masse.

Si l'on plonge dans l'eau bouillante l'extrémité d'une cuillère d'argent, cette cuillère s'échauffe rapidement à son autre extrémité. C'est en vertu de la conductibilité de l'argent que la température de cet objet s'élève ainsi : la chaleur de l'eau se propage de molécule à molécule dans toutes les parties de la cuillère ; avec une cuillère de bois, un semblable phénomène n'aurait pas lieu. On peut de même tenir entre ses doigts une allumette enflammée, mais on se brûlerait en tenant de la même manière une épingle dont la pointe serait introduite dans la flamme d'une bougie.

Si l'on met la main sur une barre de fer, puis sur un morceau de bois de même température, le fer *paraît plus froid* que le bois, car la chaleur transmise par la main se répand dans toute la masse de fer et ne l'échauffe pas d'une manière sensible ; le bois, au contraire, ne laisse pas la chaleur se propager ; il en résulte que les couches superficielles seules s'échauffent en n'enlevant qu'une faible quantité de chaleur à la main.

On voit, par ce qui précède, que tous les corps ne conduisent pas également la chaleur. On appelle *bons conducteurs* ceux qui la transmettent facilement, et *mauvais conducteurs* ceux dans l'intérieur desquels elle ne se propage que très difficilement.

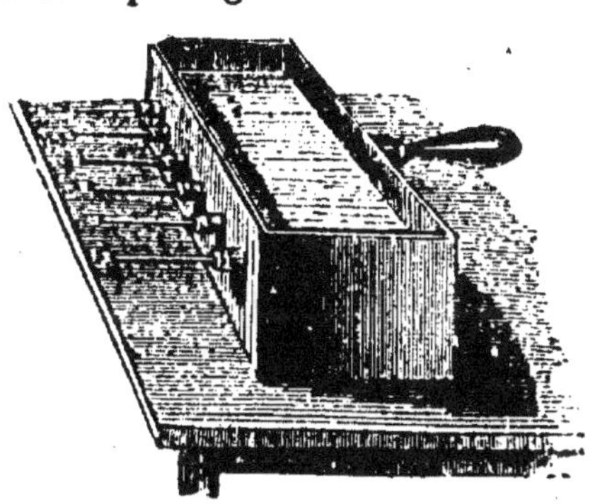

Fig. 120. — *Appareil d'Ingenhousz.*

128. Conductibilité des solides. — Pour comparer entre eux les pouvoirs conducteurs des solides, on se sert de l'*appareil d'Ingenhousz.* Cet appareil se compose d'une caisse rectangulaire en fer-blanc ou en laiton. Sur une des parois de cette caisse sont fixées, à l'aide de tubulures et de bouchons, des baguettes de même longueur, de même diamètre, mais de substances différentes, telles que : argent, cuivre, zinc, étain, verre, bois, etc. On trempe ces baguettes dans de la cire fondue, en tenant l'appareil par le manche, et, lorsque la couche de cire qui les recouvre est refroidie, on verse de l'eau bouillante dans la caisse rectangulaire. La chaleur se transmet dans la longueur des tiges, et on juge de la conductibilité par la distance à laquelle se propage la fusion de la cire.

129. Conductibilité des liquides. — La conductibilité des liquides est très faible. Pour s'en convaincre on fait l'expérience suivante. Dans un vase de verre presque plein d'eau, on place horizontalement un petit thermomètre de manière qu'il soit un peu au-dessous du niveau du liquide, et on achève de remplir avec de l'alcool auquel on met le feu. Il se produit alors une chaleur considérable au-dessus de l'eau, et cependant on n'observe qu'une légère élévation de température dans le thermomètre ; ce qui prouve que l'eau conduit mal la chaleur.

Lorsqu'on chauffe un liquide par sa partie inférieure, les couches qui reçoivent directement l'action de la chaleur se dilatent ; par suite, diminuant de densité, elles s'élèvent et sont aussitôt remplacées par d'autres, qui montent à leur tour. Il s'établit ainsi des courants ascendants de liquide chaud et des courants descendants de liquide froid. L'échauffement a donc lieu par *déplacement* et non par *conductibilité*. Parmi les liquides, le mercure seul possède un degré de conductibilité un peu considérable.

130. Conductibilité des gaz. — Les gaz sont encore plus mauvais conducteurs de la chaleur que les liquides. Si une masse gazeuse s'échauffe assez facilement au contact d'un corps chaud, ce n'est que par suite des courants ascendants et descendants qui s'établissent et qui transportent la chaleur en tous ses points. L'air en repos est très mauvais conducteur de la chaleur.

131. Applications de la conductibilité. — La conductibilité plus ou moins grande des corps pour la chaleur offre une foule d'applications utiles. Ainsi le duvet, le coton, la laine et les fourrures étant de très mauvais conducteurs de la chaleur à cause de la couche d'air qu'ils emprisonnent, sont employés pour nous protéger contre les rigueurs du froid. Ces mêmes substances peuvent servir à maintenir un corps à une température relativement élevée, car elles s'opposent à la déperdition de la chaleur. La neige étant un mauvais conducteur de la chaleur, protège efficacement les plantes contre la gelée. Les Esquimaux habitent des huttes faites avec de la neige, et la chaleur fournie par une lampe à l'huile de poisson suffit pour y maintenir une douce température.

On conserve la glace pendant l'été en l'enveloppant de substances peu conductrices de la chaleur, comme la paille, la sciure de bois, la laine, etc. ; ces substances empêchent la température extérieure d'agir sur la glace qu'elles entourent. La construction des *glacières* repose sur le même principe.

On adapte des poignées de bois aux manches des instruments métalliques destinés à être placés sur le feu, parce que le bois est mauvais conducteur de la chaleur.

Si, dans nos habitations, les carreaux de brique nous paraissent plus froids que les parquets, c'est parce qu'ils conduisent mieux la chaleur. Pour rendre les appartements plus chauds en hiver et plus frais en été, on a recours a l'emploi des doubles portes et des doubles fenêtres : la couche d'air emprisonnée entre ces portes et ces fenêtres, conduisant mal la chaleur, empêche l'atmosphère extérieure d'agir sur la température de l'appartement.

Enfin le Créateur a donné aux animaux des régions glacées du Nord, des fourrures longues, serrées et soyeuses, qui s'opposent à la déperdition de la chaleur du corps, tandis que ceux des pays chauds n'ont reçu qu'un pelage ras et peu serré, qui permet à la sueur cutanée de s'évaporer facilement, ce qui est pour eux une cause de refroidissement.

132. Chaleur rayonnante. — La chaleur *rayonnante* est celle qui se transmet d'un corps à un autre à travers l'espace. Elle se propage dans le vide. Le soleil nous en fournit une preuve, puisque ses rayons calorifiques ne nous parviennent qu'après avoir traversé les espaces planétaires, où il n'existe aucune matière pondérable.

133. Pouvoir émissif. — On nomme *pouvoir émissif* la propriété dont jouissent les corps de rayonner autour d'eux une plus ou moins grande quantité de chaleur. Le noir est très émissif; aussi, pendant l'hiver, les vêtements de couleur peu foncée sont préférables aux vêtements noirs, parce qu'ils conservent mieux la chaleur du corps. Les métaux dont la surface est très unie rayonnent peu; c'est pour ce motif qu'un corps chaud placé dans un vase métallique bien poli à l'extérieur conserve pendant longtemps sa chaleur primitive.

134. Pouvoir absorbant. — On appelle *pouvoir absorbant* la propriété que possèdent les corps d'absorber une certaine quantité de chaleur émise par d'autres corps. Le pouvoir absorbant des corps est en raison directe de leur pouvoir émissif, c'est-à-dire que les corps qui rayonnent le plus de chaleur sont également ceux qui peuvent en absorber davantage.

Le blanc absorbe peu de chaleur, et, pour cette raison, pendant l'été, les vêtements blancs sont préférés aux vêtements noirs, qui en absorbent beaucoup. A cause de sa couleur, la neige fond lentement au soleil ; pour en hâter la fusion, il suffit de la recouvrir d'une mince couche de suie ou de terre.

135. Pouvoir réflecteur. — On désigne par *pouvoir réflecteur* la propriété que possèdent les corps de réfléchir, c'est-à-dire de renvoyer une certaine quantité de la chaleur qu'ils reçoivent par rayonnement. Le pouvoir réflecteur d'un corps est d'autant plus fort que son pouvoir absorbant est plus faible. Il est évident, en effet, que moins un corps absorbe de chaleur plus il en réfléchit et réciproquement. Le laiton et l'argent polis sont les corps qui jouissent du plus grand pouvoir réflecteur.

136. Pouvoir diathermane. — Plusieurs corps laissent passer la chaleur à travers leur masse, comme les corps transparents laissent passer la lumière. D'autres corps arrêtent complètement les rayons calorifiques comme les corps opaques le font pour les rayons lumineux. Les premiers sont appelés *corps diathermanes* et les seconds *corps athermanes*. Le sel gemme, l'air et le verre sont des corps diathermanes ; le bois et les métaux, des corps athermanes.

Certains corps, tels que le verre et l'air, sont diathermanes pour la chaleur accompagnée de lumière, ou *chaleur lumineuse*, et athermanes pour la chaleur non accompagnée de lumière, ou *chaleur obscure*.

Cette propriété du verre le fait employer dans la construction des *serres* et des *cloches des jardiniers*. La chaleur solaire étant lumineuse passe à travers le vitrage des serres et des cloches, mais, au contact du sol et des plantes, elle devient obscure et ne peut plus se répandre que difficilement au dehors. Elle s'accumule donc dans les serres et sous les cloches, où, avec l'eau de l'arrosage, elle produit une atmosphère humide et tiède très favorable à la végétation.

MÉTÉOROLOGIE

La *météorologie* est l'étude des phénomènes atmosphériques appelés *météores*. Les principaux de ces phénomènes sont les *météores aqueux* ou *aériens*, tels que la pluie, la

neige, les vents, etc. Leur théorie repose sur *l'hygrométrie*
dont nous allons d'abord dire quelques mots.

137. Hygrométrie. — L'*hygrométrie* a pour objet la
détermination de la proportion de la vapeur d'eau contenue
dans l'atmosphère. L'air atmosphé-
rique, surtout dans ses couches inférieures, contient toujours de la vapeur
d'eau, provenant de l'évaporation continuelle de l'eau qui est à la surface
de la terre. Le degré d'humidité de
l'atmosphère est indiqué par les
hygromètres. Le plus simple de ces
instruments est celui de Saussure.

L'*hygromètre à cheveu* de Saussure est basé sur la propriété dont
jouissent les cheveux de s'allonger
par l'humidité et de se raccourcir par
la sécheresse. Cet instrument se compose d'un cadre de cuivre ou de bois
au milieu duquel est tendu verticalement un cheveu bien dégraissé. Ce
cheveu est maintenu à son extrémité
supérieure par une pince que serre
une vis de pression. L'extrémité in-

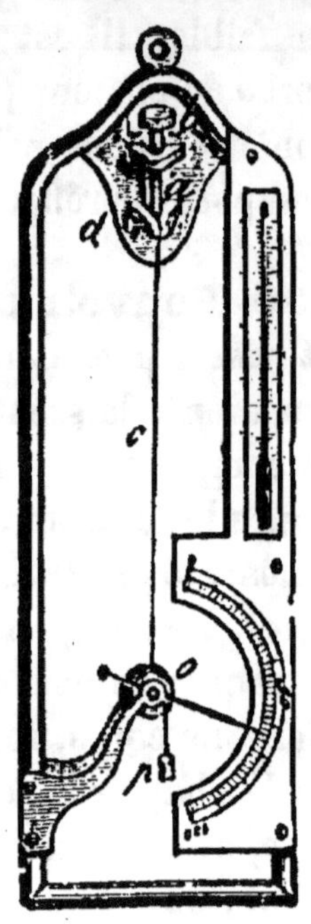

Fig. 121. — *Hygro-
mètre à cheveu.*

férieure du cheveu est enroulée et fixée sur une des gorges
d'une poulie double. A la partie supérieure de l'autre
gorge de la poulie est attaché un fil de soie qui supporte un
petit poids. L'axe de la poulie est muni d'une aiguille qui
parcourt les divisions d'un cadran gradué. Quand l'air se
charge d'humidité, le cheveu s'allonge et le poids fixé à la
poulie fait mouvoir l'aiguille de haut en bas ; quand l'air se
dessèche, le cheveu se raccourcit et fait mouvoir l'aiguille de
bas en haut.

Pour graduer l'hygromètre à cheveu, on le place d'abord
dans une atmosphère privée de vapeur d'eau, et l'on marque

0° au point où s'arrête l'aiguille ; l'instrument étant ensuite porté dans une atmosphère saturée d'humidité, on marque 100° au point déterminé par la nouvelle position que prend l'aiguille. On achève la construction, en divisant en 100 parties égales l'espace compris entre ces deux points.

Pour déterminer d'une manière très exacte la quantité de vapeur d'eau que renferme l'atmosphère à un moment donné, on se sert de l'*hygromètre chimique*. Cet appareil se compose d'une série de tubes en U, contenant de la pierre ponce imbibée d'acide sulfurique, dans lesquels on fait passer un volume d'air déterminé. L'acide sulfurique absorbe la vapeur d'eau contenue dans l'air qui traverse les tubes, et l'augmentation de poids qui en résulte pour ces derniers donne celui de la vapeur d'eau contenue dans l'air soumis à l'expérience. Pour faire passer l'air dans les tubes en U, on les met en communication avec un *aspirateur*, qui consiste en un récipient A plein d'eau, dont on ouvre le robinet d'écoulement R'; à mesure que l'écoulement a lieu, l'air atmosphérique vient remplir le vide produit à l'intérieur de l'appareil, en passant par les tubes en U.

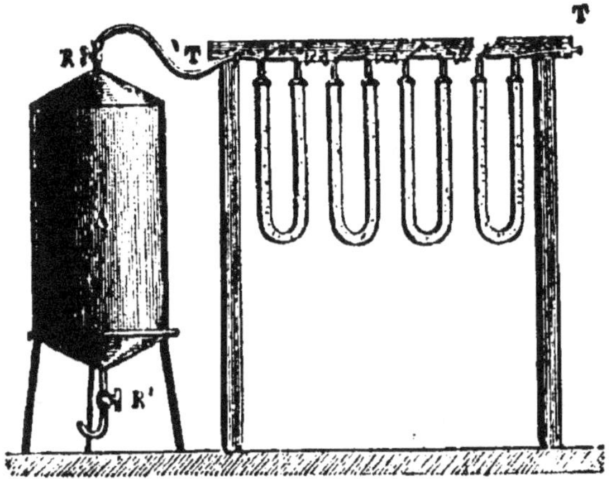

Fig. 122. — *Hygromètre chimique.*

138. Rosée. — On désigne sous le nom de *rosée* les gouttelettes d'eau que l'on voit le matin sur les plantes et sur les autres corps situés à la surface de la terre. La rosée est occasionnée par le refroidissement du sol ; elle est le résultat de la condensation de la vapeur atmosphérique. Pendant la nuit, lorsque le temps est serein, la terre rayonne de sa chaleur et se refroidit. Sa température, en été, peut baisser de 5, de 6 et même de 8 *degrés* au-dessous de celle de l'atmosphère. Ce refroidissement se communique aux couches d'air qui sont en contact avec le sol, et une partie de la vapeur d'eau que ces couches renferment, passe à l'état liquide.

Les causes qui s'opposent au refroidissement du sol, empêchent aussi le dépôt de la rosée. Ainsi, lorsque le ciel est couvert, il ne se forme pas de rosée, parce que les nuages s'opposent à la déperdition de la chaleur terrestre.

139. Gelée blanche. — La *gelée blanche* n'est autre chose que de la rosée congelée. Elle se produit lorsque le refroidissement du sol a été considérable et s'est continué au-dessous de 0° après la formation de la rosée.

Les gelées blanches ont lieu surtout en automne et au printemps. Celles d'avril et de mai sont les plus redoutées des agriculteurs. A cette époque, les jeunes bourgeons, encore très tendres, gèlent facilement et *roussissent* ensuite. On attribue vulgairement et à tort cet effet à l'influence de la lune qui commence en avril et se termine en mai ; cette lune, pour cette raison, est appelée *lune rousse*.

140. Brouillards. — Les *brouillards* sont le résultat d'un commencement de condensation de la vapeur d'eau contenue dans les couches d'air avoisinant le sol. En son état normal, la vapeur d'eau est invisible ; mais lorsqu'un abaissement de température survient, elle se condense en petites gouttelettes creuses extrêmement fines, qui altèrent la transparence de l'air. Le même phénomène de condensation opéré à une certaine hauteur donne naissance aux *nuages*.

141. Nuages. — D'après leur forme et leur position, les nuages sont nommés *cirrus*, *stratus*, *cumulus* ou *nimbus*. Les *cirrus* sont des stries blanches qui apparaissent au milieu d'un ciel bleu. Ils se tiennent généralement à une hauteur de 8 à 10 *kilomètres* et sont constitués par des aiguilles de glace extrêmement fines. On nomme *stratus* les nuages disposés par bandes étagées sur le bord de l'horizon au moment du coucher du soleil. Les *cumulus* sont des gros nuages blancs à contours arrondis qui s'accumulent à l'horizon pendant les chaleurs de l'été; leur apparition est souvent un signe d'orage; ils sont ordinairement élevés de *2* à *3 kilomètres* au-dessus du sol. Enfin, on désigne sous le nom de *nimbus* un ensemble de nuages sombres, d'un gris uniforme et qui se résolvent facilement en pluie. Ces derniers sont généralement situés beaucoup plus bas que les précédents; ils peuvent même arriver à raser la surface du sol.

142. Neige. — La neige résulte de la congélation de la vapeur d'eau dans les régions élevées de l'atmosphère. Si l'air est tranquille, la neige prend des formes cristallines d'une

Fig. 123. — *Cristaux de neige.*

parfaite régularité analogues à celles des étoiles à six branches. Comme elle est moins dense que l'eau, la neige tombe avec moins de vitesse que la pluie.

143. Pluie. — La *pluie* provient des nuages dont les gouttelettes vésiculaires acquièrent, par suite d'une plus grande condensation, un poids tel qu'elles ne peuvent plus se maintenir en équilibre au sein de l'atmosphère.

La quantité de pluie qui tombe annuellement varie selon le climat de chaque région. A Paris, toutes les eaux tombées pendant une année formeraient sur le sol une couche de

0^m,56, si elles étaient soustraites à l'infiltration et à l'évaporation ; à Lyon, la couche serait de 0^m89, ; à Naples, de 0^m,95, et à Calcutta, de $2^m,05$.

144. Grêle. — La *grêle* est produite par des gouttes d'eau qui se congèlent. On croit généralement qu'elle prend naissance dans les régions élevées de l'atmosphère alors que l'air est très agité : les aiguilles de glace qui constituent les cirrus, se rassemblent en petites boules, et, au contact des nimbus, ces boules grossissent en se couvrant d'eau qui se congèle presque instantanément. La grêle est toujours accompagnée de phénomènes électriques, tels que des éclairs et des tonnerres.

145. Vents. — Les *vents* sont des déplacements plus ou moins rapides de l'air. Ils sont occasionnés par des changements de température ou des condensations de la vapeur d'eau contenue dans l'atmosphère. En effet, si, dans une contrée quelconque, l'air qui est près du sol s'échauffe plus qu'ailleurs, il se dilate, et, devenant plus léger, 1 s'élève dans les régions supérieures. L'air avoisinant se précipite pour le remplacer et produit les courants atmosphériques connus sous le nom de *vents*. De même, si un nuage se résout en pluie ou en grêle, il y a rupture d'équilibre dans l'atmosphère, déplacement d'air et production de vent.

Les vents qui soufflent constamment dans la même direction ou à des époques déterminées, sont appelés *vents réguliers*. Ces sortes de vents existent dans les régions intertropicales ; ce sont les *vents alizés*, la *mousson* et le *simoun*. Les vents qui soufflent tantôt dans une direction, tantôt dans une autre et à des époques indéterminées, sont nommés *vents irréguliers*.

146. Sources de chaleur. — Pour terminer ces notions sur la chaleur, il ne reste plus qu'à dire quelques mots des principales sources de chaleur et des principaux modes de chauffage. Les sources de chaleur peuvent se diviser en trois groupes : les *sources physiques*, les *sources mécaniques* et les *sources chimiques*.

1° SOURCES PHYSIQUES. — Les sources physiques comprennent la *radiation solaire*, la *chaleur terrestre* et l'*électricité*.

Le *soleil* est de toutes les sources de chaleur la plus importante. On a calculé que si tout le calorique fourni par le soleil à la terre était employé à fondre de la glace, il pourrait en liquéfier annuellement une couche de 32^m d'épaisseur tout autour de notre globe.

La *terre* elle-même est une source de chaleur, car la plupart des géologues la considèrent comme étant formée d'un immense globe de matières minérales en fusion, recouvertes d'une couche solide dont l'épaisseur n'est que le *centième* du rayon de la sphère terrestre. L'augmentation de température que l'on constate à mesure que l'on descend dans l'intérieur de la terre, les sources thermales et les éruptions volcaniques, nous prouvent assez que la terre est une source de chaleur.

L'*électricité* peut aussi être considérée comme une source de chaleur, puisque par l'action des courants électriques on parvient, ainsi qu'on le verra plus loin, à fondre et à volatiliser les métaux qui ne sont fusibles qu'à de très hautes températures.

2° SOURCES MÉCANIQUES. — Les sources mécaniques de chaleur sont le *frottement*, la *compression* et la *percussion*.

De nombreux exemples nous prouvent que le *frottement* engendre de la chaleur. Tout le monde sait en effet que lorsqu'on se frotte les mains on a pour but de se les réchauffer. On arrive à faire fondre deux morceaux de glace en les frottant l'un contre l'autre. C'est encore le frottement qui fait que les roues d'une voiture prennent feu quelquefois lorsqu'elles tournent rapidement sur leurs essieux. Deux morceaux de bois bien secs, frottés énergiquement l'un contre l'autre, s'échauffent au point de s'enflammer ; certaines peuplades sauvages se procurent ainsi du feu. Enfin, l'étincelle qui jaillit sous le briquet, et la gerbe de feu qui se forme sous l'instrument que le rémouleur appuie sur la roue à aiguiser, sont encore des exemples de la chaleur engendrée par le frottement.

La *compression* et la *percussion* produisent aussi de la chaleur : les pièces de monnaie qui reçoivent le choc du balancier s'échauffent rapidement ; il en est de même du morceau de fer que l'on martèle à coups redoublés sur une enclume. La balle de fusil en frappant avec force contre une plaque de fonte s'échauffe, et souvent même atteint sa température de fusion. Enfin, comme dernier exemple, nous citerons les boulets qui, lancés contre les plaques de blindage des navires cuirassés, rougissent quelquefois brusquement au moment du choc.

3° SOURCES CHIMIQUES. — Les combinaisons chimiques dégagent de la chaleur. Ainsi, l'eau jetée sur de la chaux vive se combine avec elle et la rend brûlante ; un mélange d'une partie d'eau et de quatre parties d'acide sulfurique s'échauffe jusqu'à *100°*. Mais de toutes les actions chimiques, celle qui nous fournit le plus de chaleur c'est la *combustion*.

147. Différents systèmes de chauffage. — Le chauffage a pour objet d'utiliser dans l'industrie et dans l'économie domestique la source de chaleur que nous offre la combustion. D'après les appareils qui servent à cet effet, on peut distinguer cinq systèmes de chauffage, savoir : les *cheminées*, les *poêles*, le *chauffage par l'air chaud* ou les *calorifères*, *le chauffage par la vapeur* et le *chauffage par la circulation de l'eau chaude*.

1° *Cheminées*. — Les cheminées sont des foyers ouverts adossés à un mur et surmontés d'un tuyau par lequel se dégagent les produits de la combustion. Elles constituent

le système de chauffage le plus imparfait et le plus dispen-
dieux, car elles n'utilisent que le *dixième* de la chaleur
dégagée par la combustion. Néanmoins
elles sont un mode de chauffage très
agréable et très sain : très agréable
par le plaisir que procure la vue du
feu, très sain par l'aérage continu
qu'elles occasionnent dans les appartements.

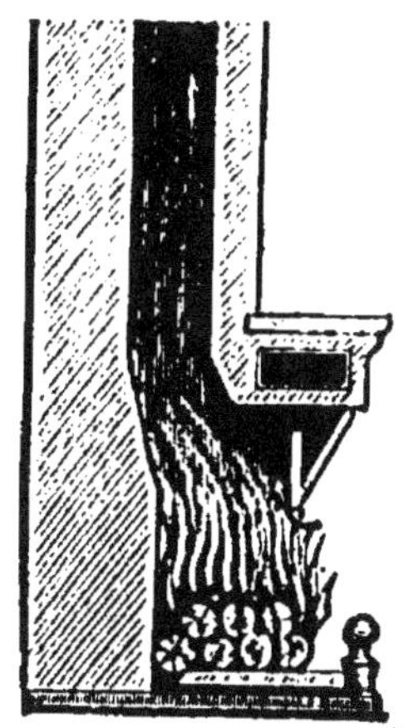

Fig. 124. — *Cheminée.*

2° *Poêles.* — Les poêles sont des
appareils de chauffage à foyer fermé.
Ils sont ordinairement placés au milieu
même de la masse d'air que l'on veut
échauffer, ce qui permet à la chaleur
de rayonner dans tous les sens autour
du foyer. Ces appareils sont très éco-
nomiques, car ils utilisent presque toute la chaleur produite ;
mais ils sont loin d'être aussi salubres que les cheminées.
Ils ne procurent qu'une faible ventilation et répandent des
odeurs désagréables ainsi que des gaz délétères, surtout
quand ils sont en tôle ou en fonte.

3° *Chauffage par la vapeur.* — La propriété qu'ont les
vapeurs de restituer leur chaleur de vaporisation lorsqu'elles
se condensent, a été utilisée pour le chauffage des serres,
des ateliers, des édifices publics, etc. Pour cela, on produit
de la vapeur dans des chaudières analogues à celles des
machines ordinaires, puis on la fait circuler dans des tuyaux
placés dans les lieux qu'il s'agit de chauffer. La vapeur se
condense dans ces tuyaux, leur cède sa chaleur de vaporisation et ceux-ci la transmettent à l'air ambiant.

4° *Chauffage par l'air chaud.* — Le chauffage par l'air
chaud consiste à chauffer de l'air à l'aide d'un fourneau placé
dans la partie inférieure de l'édifice, et à diriger cet air par
des tuyaux dans les salles que l'on veut chauffer. Ce système
de chauffage est économique, mais il ne favorise pas la ventilation des appartements.

5º *Chauffage par la circulation de l'eau chaude.* — L'appareil qui sert à ce système de chauffage se compose d'une chaudière et d'une série de tubes entièrement pleins d'eau. La chaudière est placée à la partie inférieure de l'édifice; les tubes partent du haut de la chaudière, montent dans les appartements, s'y étalent contre les murs et redescendent à la chaudière, où ils débouchent dans sa partie inférieure. A mesure que l'eau s'échauffe, elle diminue de poids spécifique, s'élève dans les tubes, circule dans les appartements et leur cède sa chaleur. Après s'être refroidie, elle revient à la chaudière pour s'y échauffer de nouveau et recommencer son trajet.

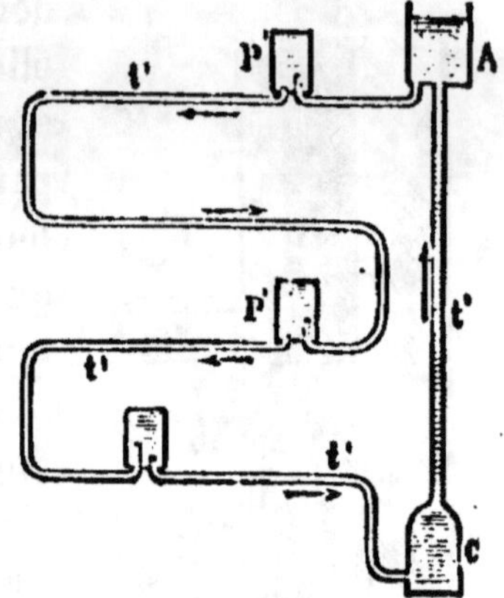

Fig. 125. — *Calorifère à eau chaude.*

Cette figure théorique indique le mouvement de l'eau dans les appareils de chauffage à circulation d'eau chaude : C, Foyer. — A, Réservoir d'eau chaude. — P, P', Poêles à eau. t', t', Conduits d'eau chaude.

Comme on le voit, dans ce système de chauffage l'eau n'est que le véhicule de la chaleur. Le chauffage par la circulation de l'eau chaude est très économique, il maintient dans les appartements une chaleur douce et constante, mais il a aussi l'inconvénient de ne pas favoriser la ventilation.

RÉSUMÉ

La chaleur se transmet d'un corps à un autre par *conductibilité* ou par *rayonnement.*

On appelle *conductibilité* la propriété dont jouissent les corps de transmettre la chaleur dans l'intérieur de leur masse.

Tous les corps ne conduisent pas également la chaleur ; on appelle *bons conducteurs* ceux qui la transmettent facilement et *mauvais conducteurs* ceux qui ne la transmettent que faiblement. Les liquides et les gaz ont un pouvoir conducteur très faible. La plupart des solides, surtout les métaux, sont bons conducteurs.

La chaleur *rayonnante* est celle qui se transmet d'un corps à un autre à travers l'espace.

Le *pouvoir émissif* est la propriété dont jouissent les corps de rayonner autour d'eux une plus ou moins grande quantité de chaleur.

Par *pouvoir absorbant*, on entend la propriété que possèdent les corps d'absorber une certaine quantité de chaleur émise par d'autres corps.

On nomme *pouvoir réflecteur* la propriété qu'ont les corps de renvoyer une partie de la chaleur qu'ils reçoivent par rayonnement.

Les corps qui laissent passer la chaleur sont appelés *corps diathermanes* et ceux qui l'arrêtent, *corps athermanes*.

L'*hygrométrie* a pour objet la détermination de la proportion de la vapeur d'eau contenue dans l'atmosphère. On détermine le degré d'humidité de l'atmosphère à l'aide des *hygromètres ;* le plus simple de ces appareils est l'*hygromètre à cheveu* de Saussure. Pour déterminer d'une manière très exacte la quantité de vapeur d'eau que renferme l'atmosphère à un moment donné, on se sert de l'*hygromètre chimique.*

La *rosée* est le résultat de la condensation, à la surface du sol, d'une partie de la vapeur d'eau contenue dans l'atmosphère. La *gelée blanche* est formée par la congélation de la rosée.

La condensation de la vapeur d'eau qui se trouve dans l'air donne naissance aux *brouillards* ou aux *nuages*. Ces derniers prennent les noms de *cirrus*, de *stratus*, de *cumulus* ou de *nimbus*, selon leur forme et leur position. Les nuages peuvent, sous l'influence des variations de leur température, se résoudre en *pluie, en neige* ou en *grêle.*

Les *vents* sont des courants produits par des déplacements plus ou moins rapides de l'air. Ils proviennent d'une rupture d'équilibre dans l'atmosphère, résultant de la dilatation de l'air ou de la condensation de la vapeur d'eau contenue dans l'air atmosphérique. On les divise en *vents réguliers* et en *vents irréguliers.*

On divise les sources de chaleur en *sources physiques*, en *sources mécaniques* et en *sources chimiques*. Les sources physiques sont la radiation solaire, la chaleur terrestre et l'électricité ; les sources mécaniques comprennent le frottement, la pression et la percussion ; les sources chimiques sont les combinaisons chimiques et principalement la *combustion.*

Le *chauffage* a pour but d'utiliser dans l'industrie et dans l'économie domestique la source de chaleur que nous offre la combustion. Il existe cinq systèmes principaux de chauffage, savoir : les *cheminées,* les *poêles,* le *chauffage par la vapeur,* le *chauffage par l'air chaud* ou les *calorifères,* et le *chauffage par la circulation de l'eau chaude.*

QUESTIONNAIRE

Comment se propage la chaleur ? — Qu'est-ce que la conductibilité ? — Comment divise-t-on les corps sous le rapport de la conductibilité ? — Comment compare-t-on entre eux les pouvoirs conducteurs des solides ? |

— Quels sont les corps les meilleurs conducteurs ? — Les liquides et les gaz sont-ils bons conducteurs de la chaleur ? — De quelle manière ces corps s'échauffent-ils ? — Quelles sont les actions de la conductibilité ?—Qu'est-ce que la chaleur rayonnante ? — Se transmet-elle dans le vide ?—Qu'appelle-t-on pouvoir émissif ? — Pouvoir absorbant ? — Pouvoir réflecteur ? — Qu'appelle-t-on corps diathermanes ? — Corps athermanes ? — Qu'est-ce que la météorologie ? — Quels sont les principaux météores aqueux ? — Qu'est-ce que l'hygrométrie ?—Décrivez l'hygromètre de Saussure.—Décrivez l'hygromètre chimique. — Qu'est-ce que la rosée ? — Par quoi est-elle produite ? — Qu'est-ce que la gelée blanche ? — Pourquoi la lune d'avril est-elle appelée lune rousse ? — Comment se forment les brouillards et les nuages ? — Quels sont les différents noms que l'on donne aux nuages ? — Décrivez ces nuages ? — D'où provient la pluie ? — Quelle quantité de pluie tombe chaque année à Paris, à Lyon, à Naples, à Calcutta ? — Qu'est-ce que la neige ? — Comment se forme la grêle ? — Quelle est la cause des vents ? — Comment les divise-t-on ? — Comment divise-t-on les sources de chaleur. — Quelles en sont les principales sources physiques ?—Mécaniques ?—Chimiques ? — Quels sont les principaux modes de chauffage ? — Décrivez-les ?

CHAPITRE XI

ÉLECTRICITÉ

148. *L'électricité* est un agent, encore inconnu, qui se manifeste à nous par les phénomènes qu'il produit. Les principaux de ces phénomènes sont des attractions et des répulsions, des commotions organiques, des combinaisons et des décompositions chimiques, des effets lumineux, des effets calorifiques, etc.

Les principales sources d'électricité sont le *frottement, l'influence d'un corps électrisé* et les *actions chimiques.*

L'électricité produite par le frottement s'appelle *électricité statique* ou *en repos.* Elle s'accumule à la surface des corps et s'y maintient en équilibre.

Lorsqu'elle est produite par les actions chimiques ou par l'influence des aimants, elle prend le nom d'*électricité dynamique* ou *en mouvement.* À cet état, elle traverse les corps et forme des courants ayant une vitesse comparable à celle de la lumière.

149. Développement de l'électricité par le frottement.

149. Développement de l'électricité par le frottement. — Certains corps, tels que l'ambre, le verre, le caoutchouc durci, le soufre, le papier, etc., acquièrent la propriété d'attirer les corps légers quand on les frotte avec une étoffe de laine ou avec une peau de chat. On dit alors que ces corps sont *électrisés*. Afin de constater plus facilement l'état électrique d'un corps, on se sert de certains instruments nommés *électroscopes*.

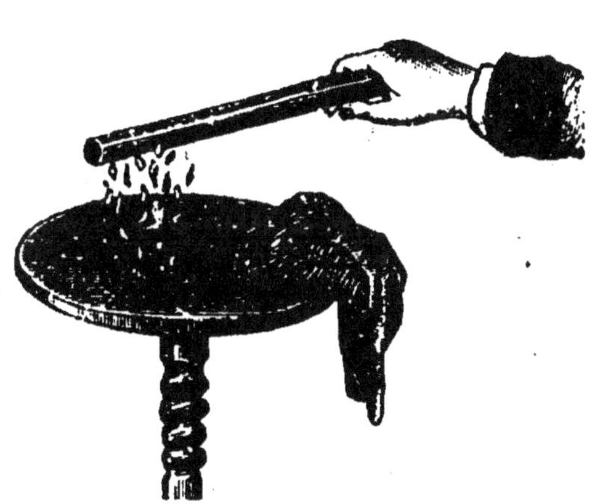
Fig. 126. — *Corps électrisé par le frottement.*

Le *pendule électrique*, fig. 127, est le plus simple de ces appareils ; il consiste en une petite balle de moelle de sureau suspendue à un support par un fil de soie. Lorsqu'on approche un corps électrisé de la balle de sureau, elle est attirée et s'écarte de sa position d'équilibre.

150. Corps bons conducteurs. — Corps mauvais conducteurs.

150. Corps bons conducteurs. — Corps mauvais conducteurs. — Relativement à l'électricité, les corps se divisent en corps *bons conducteurs* et en corps *mauvais conducteurs*. Les corps bons conducteurs sont ceux que l'électricité parcourt aisément ; tels sont les métaux, le corps humain, le charbon calciné, l'eau acidulée, le sol, l'air humide, etc. Les corps mauvais conducteurs sont ceux qui ne se laissent pas traverser par l'électricité ; les principaux d'entre eux sont le verre, le caoutchouc, les résines, la soie, les gaz secs, etc. Lorsqu'un corps bon conducteur est mis en communication par un seul point avec une source d'électricité, il s'électrise sur toute sa surface. Au contraire, les corps mauvais conducteurs ne s'électrisent qu'aux points en contact avec les corps électrisés.

151. Corps isolants. — Les corps bons conducteurs tenus à la main et frottés avec du drap ne présentent aucune trace d'électricité. A cause de cela, on avait d'abord divisé les corps en corps *électrisables* et en corps *non électrisables*. Plus tard, on reconnut que tous les corps s'électrisent par le frottement, mais que les corps mauvais conducteurs seuls gardent l'électricité, et que les corps bons conducteurs la transmettent au sol par l'intermédiaire de l'opérateur. Si, au lieu de tenir à la main le corps à électriser, on le tient par un manche mauvais conducteur, en d'autres termes, si on l'*isole*, il s'électrisera bientôt. Les corps mauvais conducteurs, servant ainsi à isoler les autres, prennent le nom de *corps isolants*.

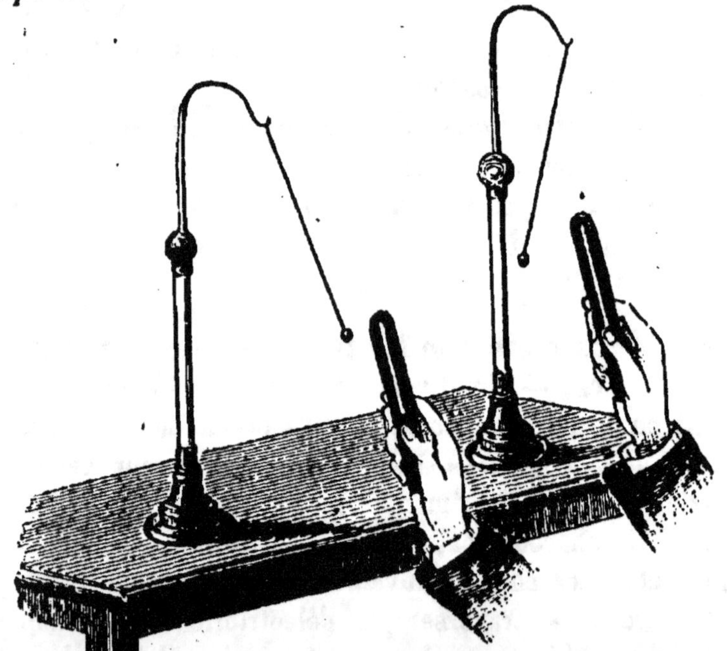

Fig. 127. — *Attractions et répulsions électriques.*

152. Attractions et répulsions électriques. — Quand on approche d'un pendule électrique un bâton de verre poli frotté avec un morceau de drap, la balle de sureau est attirée, elle vient toucher le verre, s'électrise à son contact, puis elle est ensuite vivement repoussée.

Si, avec un bâton de résine frotté de la même manière, on répète cette expérience sur la balle d'un autre pendule électrique, on observe des phénomènes semblables : la balle est d'abord attirée, puis repoussée.

Lorsqu'on approche le bâton de verre de la balle électrisée par le bâton de résine, cette balle est attirée. La résine a aussi la propriété d'attirer la balle électrisée par le verre. De plus, on observe que les balles de sureau électrisées différemment tendent à se rapprocher.

De ces expériences, on déduit les conséquences suivantes :

1° *Il y a deux espèces d'électricité :* celle qui se développe sur le verre et celle qui se produit sur la résine; la première est appelée *électricité vitrée* ou *positive;* on la représente par le signe +; la seconde est nommée *électricité résineuse* ou *négative;* on la représente par le signe —.

2° *Les corps chargés de la même électricité se repoussent.*

3° *Les corps chargés d'électricités contraires s'attirent.*

153. Théorie de l'électricité. — D'après l'opinion de la plupart des physiciens, tous les corps possèdent à la fois les deux espèces d'électricité. Lorsque ces deux électricités sont en quantité égale sur un corps, elles se neutralisent et forment le *fluide neutre.* Mais si on frotte l'un contre l'autre deux corps à l'état neutre, leurs électricités se séparent : l'un de ces corps prend l'électricité positive et l'autre la négative. Il est facile de s'assurer de ce fait par des expériences. En effet, si l'on frotte l'un contre l'autre deux disques isolés, l'un de verre et l'autre de bois recouvert de drap, on constate que les deux disques s'électrisent, et qu'ils n'ont pas le même effet sur un pendule chargé d'électricité positive : le premier le repousse et le second l'attire. Cela prouve que le disque de verre s'est électrisé positivement, et le disque de bois négativement. De même, lorsqu'une personne, montée sur un tabouret à pieds isolants, frappe avec une peau de chat une autre personne placée sur un tabouret semblable, elle s'électrise ainsi que celle qui est frappée. La première se charge d'électricité négative et la seconde, d'électricité positive. Si l'air est bien sec, on peut tirer des étincelles des deux personnes.

154. L'électricité se porte à la surface des corps. — Lorsqu'un corps est électrisé, le fluide libre se porte à sa surface et nullement dans son épaisseur. Pour le démontrer, on se sert d'une sphère métallique creuse, percée d'une ouverture à sa partie supérieure, et supportée par un pied isolant. La sphère étant électrisée, si l'on touche sa surface extérieure avec un petit disque de clinquant fixé à l'extrémité d'une petite baguette de gomme laque, on constate que ce disque s'électrise; mais si l'on touche l'intérieur de la sphère, on ne reconnaît sur

Fig. 128. — *Sphère creuse isolée.*

le disque de clinquant aucune trace d'électricité. L'expérience démontre aussi que l'électricité est maintenue à la surface des corps par la pression atmosphérique; car dans le vide les corps électrisés perdent rapidement leur électricité.

Le fluide électrique ne se répartit pas toujours uniformément à la surface des corps; il se porte principalement vers les arêtes et les pointes. Ainsi, sur un corps sphérique, l'électricité se distribue uniformément, mais sur un corps de forme allongée, la tension électrique est plus grande aux extrémités qu'au milieu. Lorsqu'un corps présente des pointes ou des arêtes vives, le fluide électrique s'accumule vers ces pointes ou vers ces arêtes, et y acquiert une tension suffisante pour vaincre la résistance de l'air et s'échapper dans l'atmosphère. Une machine électrique dont un des conducteurs est armé d'une pointe, ne peut se charger; car, à mesure qu'elle se développe, l'électricité se porte sur cette pointe et s'écoule dans l'atmosphère. En approchant la main de la pointe, on sent comme un souffle léger qui s'en dégage, souffle qui peut incliner et même éteindre la flamme d'une bougie; dans l'obscurité, ce dégagement se manifeste par une aigrette lumineuse.

155. Electrisation par influence. — L'électricité se développe non seulement par frottement, mais encore par *influence*. Ainsi on peut électriser un corps bon conducteur,

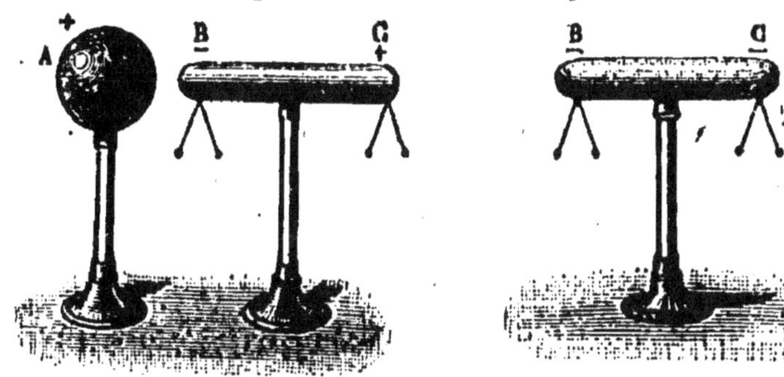

Fig. 129.   Fig. 130.

Cylindres électrisés par influence.

s'il est isolé, en le plaçant à une faible distance d'un corps électrisé.

Soit l'appareil représenté par la figure 129. Supposons la sphère A électrisée positivement. Son électricité décompose par influence le fluide neutre du cylindre métallique voisin, attire à l'extrémité la plus rapprochée le fluide négatif de ce cylindre, et repousse à l'autre extrémité le fluide positif. Les petits pendules que porte le cylindre en B et en C s'électri-

sent de la même manière que les extrémités où ils sont attachés; et, comme ils ont deux à deux le même fluide électrique,
ils se repoussent. De plus, on constate que vers le milieu du
cylindre, il se trouve une ligne qui ne présente aucune trace
d'électricité. Cette ligne a été nommée, pour cette raison,
ligne neutre. Si l'on vient à éloigner le cylindre de la sphère
électrisée, il perd toute son électricité, car les deux fluides se
combinent de nouveau et reconstituent le fluide neutre. Mais,
si avant d'écarter le cylindre de la sphère, on touche avec le
doigt un point quelconque de sa surface, toute son électricité
positive, repoussée par l'électricité de même nom que possède
la sphère, disparaît dans le sol par le corps de l'opérateur.
On peut alors écarter le cylindre de la sphère sans qu'il perde
sa charge d'électricité négative.

156. Electroscope à feuilles d'or. — L'*électroscope
à feuilles d'or* est un appareil qui sert à reconnaître si un
corps est élec-
trisé et quelle
est la nature de
son électricité.
Il se compose
d'une cloche en
verre dont la
tubulure livre
passage à une
tige métallique
terminée à sa
partie supé-
rieure par une
petite sphère, et
à sa partie infé-
rieure par deux
feuilles d'or.

Fig. 131. — *Electroscope à feuilles d'or.*

Pour constater la présence de l'électricité sur un corps au
moyen de l'électroscope, on approche ce corps de la sphère

de l'appareil. S'il est électrisé, il décompose par influence l'électricité neutre de la tige métallique, attire sur la sphère l'électricité de nom contraire à la sienne, et repousse celle de même nom dans les feuilles d'or, qui s'écartent aussitôt.

Pour reconnaître la nature de l'électricité, on charge d'abord l'électroscope d'une électricité connue. A cet effet, on approche un corps électrisé de la sphère de cet appareil. Si ce corps est électrisé négativement, le fluide positif de la tige se porte sur la sphère, et de même que dans l'expérience indiquée au numéro 155, il suffit de toucher avec le doigt un point quelconque de cette sphère pour faire écouler le fluide négatif dans le sol.

Après avoir retiré d'abord le doigt, puis le corps électrisé, la tige reste chargée d'électricité positive et les feuilles d'or divergent, parce qu'elles sont électrisées de la même manière. Si l'on approche alors lentement de la sphère un corps chargé d'électricité négative, les feuilles d'or se rapprochent, parce que leur électricité se porte sur la sphère ; si, au contraire, on approche un corps électrisé positivement, toute l'électricité positive de la tige est repoussée dans les feuilles d'or, ce qui augmente leur divergence.

157. Machines électriques. — Les *machines électriques* sont des appareils qui servent à développer de l'électricité. Les principales sont celles de *Ramsden*, de *Carré*, de *Nairne*, de *Holtz* et de *Wimshurst*. Nous ne décrirons que celle de Ramsden, qui est une des plus connues.

La machine électrique de Ramsden se compose d'un plateau de verre tournant à frottement doux entre deux paires de coussins. Ces coussins sont en cuir rembourré de crin ; on les recouvre d'une couche de *bisulfure d'étain* dans le but d'augmenter le développement de l'électricité. En avant du plateau se trouvent deux cylindres creux en laiton, nommés *conducteurs*, isolés par des supports de verre. Les conducteurs communiquent entre eux par une tige transversale, et se terminent du côté du plateau par deux pièces métalliques

contournées en fer à cheval, appelées *mâchoires* ou *peignes*.
Ces deux pièces embrassent le plateau de verre et sont garnies
à l'intérieur de pointes qui se terminent très près de lui.

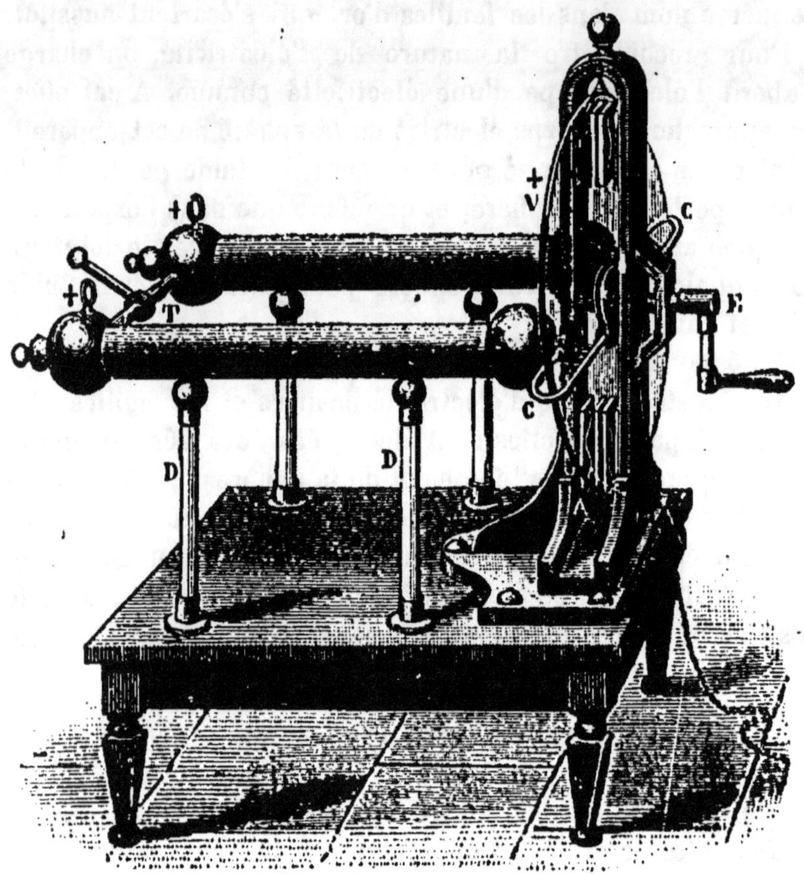

Fig. 132. — *Machine électrique de Ramsden.*

Le fonctionnement de cette machine est facile à comprendre.
Les coussins, par leur frottement, développent sur le plateau
de verre de l'électricité positive. L'électricité positive du verre
décompose par influence le fluide neutre des conducteurs ; elle
attire leur électricité négative, qui s'échappe sur les pointes
des peignes et vient neutraliser la surface du plateau. Les
deux conducteurs étant ainsi privés de leur électricité négative, restent électrisés positivement. Il résulte de ce qui

précède que chacun des quatre secteurs du plateau est successivement chargé d'électricité positive par le frottement des coussins, puis déchargé de son électricité en passant devant les peignes ; le plateau a donc constamment deux de ses secteurs électrisés et deux autres qui ne le sont pas.

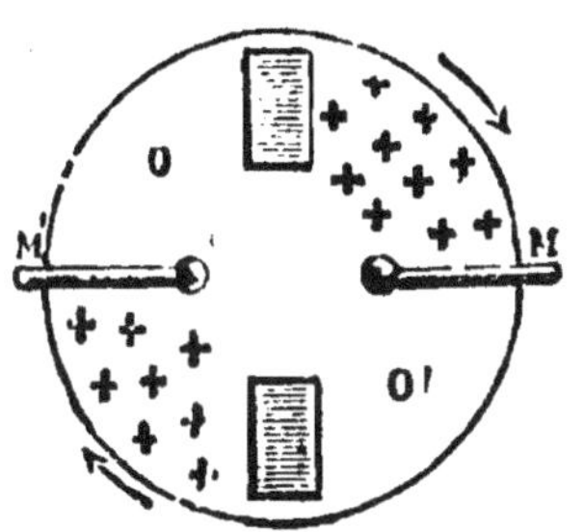

Fig. 133. — *État électrique du plateau de la machine Ramsden en mouvement.*

Les secteurs marqués du signe + sont électrisés positivement ; les autres sont à l'état neutre.

158. Electrophore. — L'*électrophore*, inventé par Volta, est une sorte de machine électrique qui, dans beaucoup d'expériences, peut remplacer la machine de Ramsden. Il se compose d'un gâteau de résine et d'un disque de bois recouvert d'une feuille d'étain et muni d'un manche

Fig. 134. — *Électrophore de Volta.*

isolant. Pour faire fonctionner l'électrophore, on électrise d'abord la résine en la battant avec une peau de chat ; on place ensuite le disque sur la résine, puis on le touche avec le doigt. Si alors on le soulève, on constate qu'il s'est électrisé positivement et qu'il peut même donner une assez forte étincelle. Voici comment on explique le fonctionnement de cet appareil :

Le gâteau de résine battu avec la peau de chat s'électrise négativement ; son électricité décompose par influence le fluide neutre du disque de bois ; l'électricité négative est repoussée dans le sol par le corps de l'opérateur lorsque celui-ci touche avec le doigt la partie supérieure de l'appareil ; l'électricité positive, attirée par l'électricité négative de la résine, reste sur le disque et devient libre quand on le soulève par son manche isolant. Le gâteau de résine, une fois électrisé, peut servir à charger le disque plusieurs fois consécutives sans qu'il soit nécessaire de le frapper de nouveau avec la peau de chat.

159. Bouteille de Leyde. — La *bouteille de Leyde,* ainsi nommée du nom de la ville de Hollande où elle fut inventée, en 1746, est un appareil destiné à accumuler de

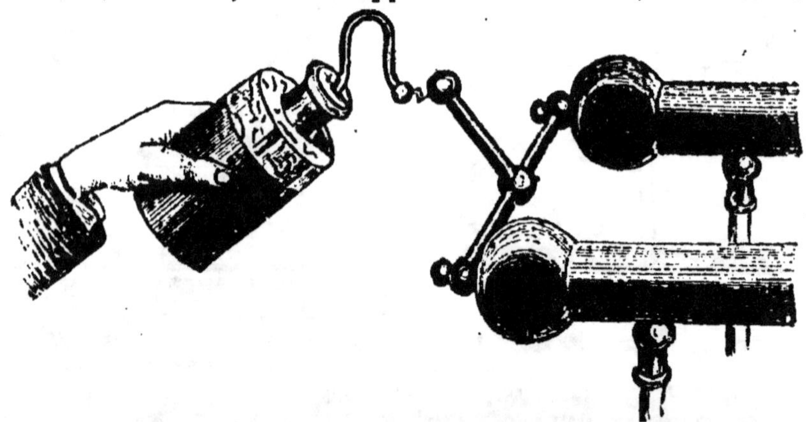

Fig. 135. — *Charge de la bouteille de Leyde.*

grandes quantités d'électricité. Elle se compose d'un flacon de verre rempli de minces feuilles d'or ou de cuivre ; ces feuilles forment ce qu'on appelle *l'armature intérieure* de la bouteille ; le flacon est extérieurement recouvert jusqu'aux deux tiers de sa hauteur d'une feuille d'étain, qui en est *l'armature extérieure*. Une tige métallique recourbée traverse le bouchon de liège qui ferme le goulot, plonge au milieu des feuilles d'or et s'y termine en pointe.

Pour charger une bouteille de Leyde, on la présente à une machine électrique en la tenant comme l'indique la figure 135. Les feuilles d'or s'électrisent positivement ; leur

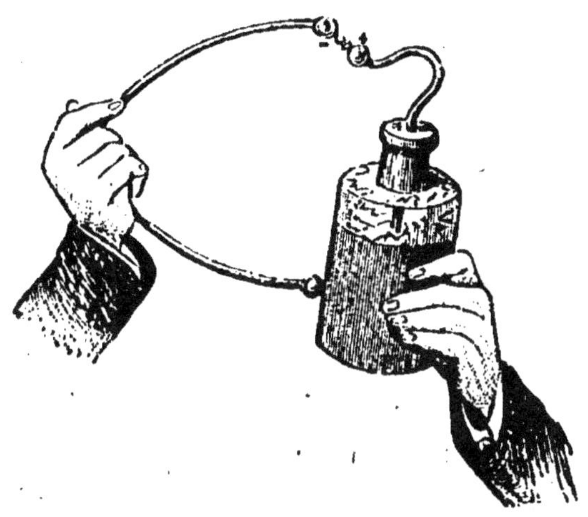

Fig. 136. — *Décharge de la bouteille de Leyde.*

électricité agit par influence au travers du verre sur le fluide neutre de la feuille d'étain ; elle repousse son électricité positive dans le sol et attire la négative contre le verre. A son tour, cette dernière attire l'électricité positive des feuilles d'or et la condense sur la paroi intérieure du flacon, ce qui permet aux feuilles d'or d'en recevoir de nouvelles quantités, lesquelles agissent de la même manière. Quand la bouteille de Leyde est chargée, ses deux armatures contiennent des quantités considérables des deux électricités, qui se retiennent mutuellement en présence et que la seule résistance du verre maintient séparées. Une forte étincelle jaillit quand on met les deux armatures en communication au moyen d'un conducteur métallique nommé *excitateur*.

Si, tenant la bouteille d'une main, on touchait de l'autre la sphère qui termine sa tige, le corps ferait fonction d'excitateur, et on éprouverait une violente commotion. Avec une grande bouteille, l'expérience pourrait être dangereuse.

160. Batteries électriques. — *Les batteries élec-triques* sont formées par la réunion d'un certain nombre de grandes bouteilles de Leyde, appelées *jarres*. Les jarres sont placées dans une caisse dont la surface intérieure est tapissée

Fig. 137. — *Charge d'une batterie électrique.*

de feuilles d'étain ; de cette manière leurs armatures exté-rieures communiquent toutes entre elles. Les armatures inté-rieures sont reliées au moyen de conducteurs métalliques. On charge la batterie électrique en faisant communiquer les armatures intérieures des jarres avec une machine électrique et les armatures extérieures avec le sol par une chaîne mé-tallique.

161. Effets de l'électricité statique. — Les effets produits par l'électricité statique peuvent se diviser en trois classes, savoir : les *effets physiques*, les *effets chimiques* et les *effets physiologiques*.

1° *Effets physiques.* — Les différents effets physiques consistent en production de lumière et de chaleur, et en cer-taines actions mécaniques, telles que l'attraction et la répul-sion de quelques corps, la rupture et la perforation de substances peu conductrices de l'électricité.

Lorsqu'on approche un corps bon conducteur d'une machine électrique suffisamment chargée, il se produit des étincelles

dont la forme dépend de la force de la machine et de la
distance à laquelle elles jaillissent. Si cette distance est faible,

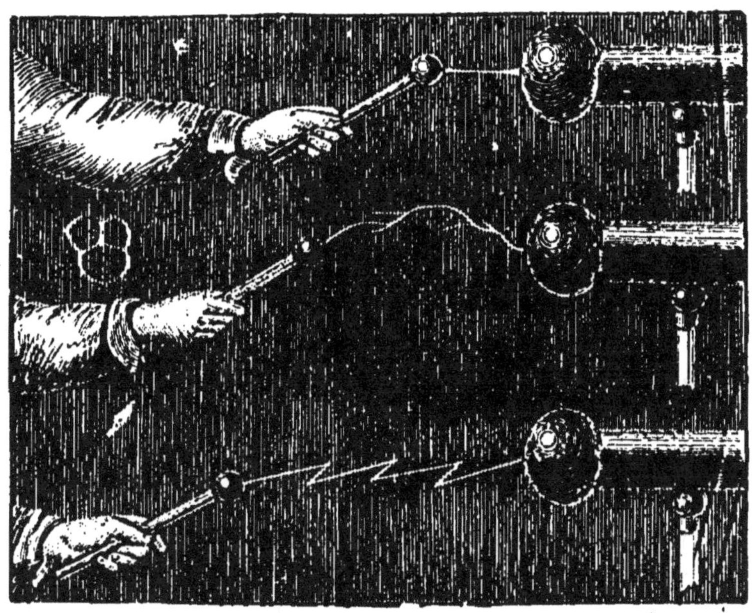

Fig. 138. — *Étincelles électriques.*

les étincelles sont rectilignes ; à une distance plus grande,
elles prennent une forme sinueuse avec des ramifications
très déliées. Avec une machine très puissante, les étincelles
présentent la forme en zigzag observée dans les éclairs.

Chaque fois qu'une étincelle se produit, il y a également
production de chaleur. Le coton-poudre, l'éther, l'alcool sont
très facilement enflammés par l'étincelle électrique ; la
décharge d'une batterie ou même d'une forte bouteille de
Leyde suffit pour fondre ou volatiliser les métaux réduits en
lames minces ou en fils très fins.

Une expérience, connue sous le nom de *grêle électrique,*
montre bien les propriétés attractives et répulsives de l'électricité pour certains corps. Elle se fait à l'aide d'un appareil
qui se compose d'une cloche dans le bouchon de laquelle
passe une tige de laiton terminée par un anneau à sa partie

supérieure et par une sphère ou un disque à sa partie inférieure. La cloche repose sur un plateau métallique et renferme un grand nombre de
balles de sureau. Quand la
tige est mise en commu-
nication avec une machine
électrique en activité, la
sphère intérieure s'électrise
et attire les balles de sureau ; celles-ci s'élèvent,
viennent toucher la sphère
et sont ensuite violemment
repoussées. Elles tombent
sur le plateau inférieur, où
elles perdent l'électricité
qu'elles avaient acquise au
contact de la sphère. Elles
remontent de nouveau pour
retomber ensuite. Il se
forme ainsi un rapide mouvement de va-et-vient qui
rappelle en quelque sorte
celui de la grêle.

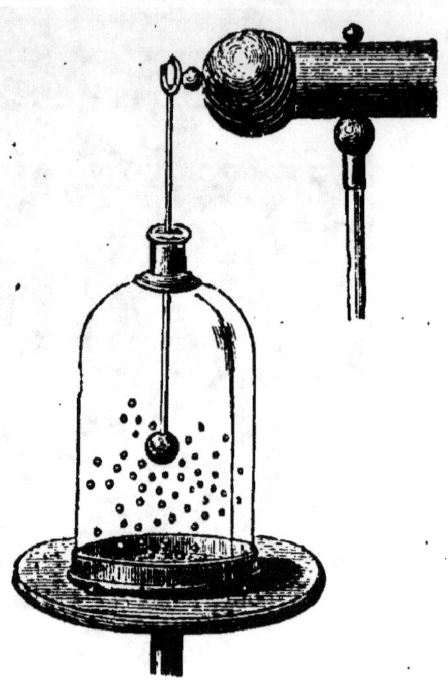

Fig. 139. — *Grêle électrique.*

Si l'on fait jaillir l'étincelle électrique entre deux pointes
séparées par une carte, fig. 140, cette carte est perforée.
L'étincelle produite par la décharge d'une batterie peut per-
cer une plaque de verre d'une assez grande épaisseur.

2º *Effets chimiques.* — Le passage de l'électricité dans
les corps composés ou dans les mélanges des corps simples
peut produire, dans les uns, des décompositions, et dans les
autres, des effets de combinaison. On démontre cette dernière
propriété à l'aide du *pistolet de Volta*, fig. 141. Cet appareil
consiste en un petit flacon en métal portant sur sa partie latérale un tube de verre traversé par une tige métallique ; la tige
se termine à une faible distance de la paroi opposée. Pour faire
fonctionner le pistolet de Volta, on le remplit d'un mélange

d'hydrogène et d'oxygène ou d'hydrogène et d'air, et, après
l'avoir bouché, on approche sa tige métallique d'une machine

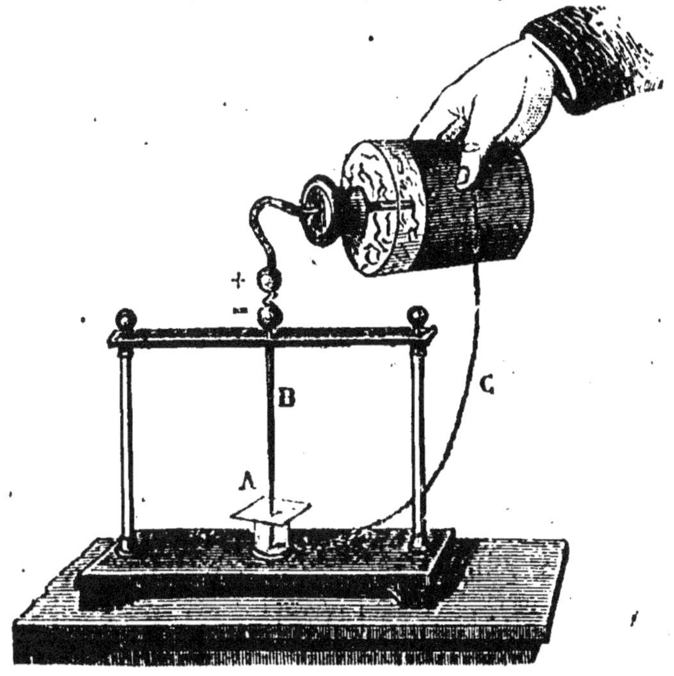

Fig. 140. — *Perce-carte.*

électrique en activité. Une étincelle jaillit dans l'intérieur du
pistolet ; cette étincelle détermine la combinaison des deux
gaz, laquelle est suivie d'une violente détonation.

Fig. 141. — *Pistolet de Volta.*

3° *Effets physiologiques.* — L'électricité agit fortement
sur l'organisme. L'étincelle d'une machine électrique produit

une commotion aux articulations des doigts et du poignet ; celle d'une bouteille de Leyde est beaucoup plus forte ; elle donne des secousses d'un caractère particulier, qui se ressentent dans les bras et la poitrine. Ces secousses peuvent se transmettre à un grand nombre de personnes à la fois. Il suffit pour cela que ces personnes se tiennent par la main et que les deux d'entre elles qui sont placées aux extrémités de la chaîne ainsi formée, touchent en même temps, l'une l'armature intérieure et l'autre l'armature extérieure d'une bouteille de Leyde chargée. La décharge d'une batterie est toujours dangereuse : elle est suffisante pour foudroyer des animaux d'assez grande taille ; elle pourrait mettre en péril la vie d'un homme.

ÉLECTRICITÉ ATMOSPHÉRIQUE

162. — Les premiers physiciens qui observèrent les phénomènes électriques produits sur nos machines, furent frappés de la ressemblance qui existe entre ces phénomènes et ceux qui sont occasionnés par la foudre. Ce fut vers le milieu du siècle dernier que deux savants, un Français, Dalibard, et un Américain, Franklin, en démontrèrent l'identité.

En 1752, Dalibard fit dresser, dans un jardin de Marly, une tige métallique de *14 mètres* de hauteur ; elle était placée sur un support isolant et terminée en pointe à sa partie supérieure. Sous l'influence d'un nuage orageux, il obtint de nombreuses et fortes étincelles et put même charger plusieurs bouteilles de Leyde.

Quelques jours après, Franklin, qui ne connaissait pas l'expérience de Dalibard, lança vers un nuage orageux un cerf-volant muni d'une pointe métallique ; il en avait attaché la corde à une clef et celle-ci à un cordon de soie fixé à un arbre. Il n'obtint d'abord aucun résultat ; mais une pluie fine étant survenue, elle mouilla la corde et lui donna le pouvoir conducteur qui lui manquait ; Franklin put alors tirer des étincelles de la clef.

Quelques années plus tard, de Romas, en France, et Richmann, à Saint-Pétersbourg, reprirent les expériences de Dalibard et de Franklin. De Romas parvint à tirer des étincelles ayant *4 mètres* de longueur, et Richmann fut foudroyé par une étincelle qui vint le frapper au front.

163. Foudre. — Ce n'est pas seulement dans les temps d'orage que l'atmosphère contient de l'électricité ; car, avec des électroscopes très sensibles, on peut reconnaître qu'en tout temps l'air en est plus ou moins chargé.

En temps ordinaire et par un ciel serein, la surface du sol est électrisée négativement et l'atmosphère, positivement. La quantité des deux électricités est d'autant plus considérable que l'air est plus pur et plus sec.

Les nuages sont d'ordinaire fortement électrisés. Les uns sont chargés d'électricité positive et les autres, d'électricité négative. Si deux nuages chargés d'électricités contraires se rapprochent suffisamment l'un de l'autre, une violente étincelle jaillit entre eux, et leurs fluides se combinent. D'autres fois, un nuage électrisé passant près du sol décompose par influence le fluide neutre de la terre, attire à lui l'électricité contraire à la sienne et détermine une décharge électrique entre lui et le point le plus rapproché du sol. On dit alors, suivant une ancienne expression, que la *foudre tombe*.

Eclairs. — Les *éclairs* sont les phénomènes lumineux qui accompagnent la foudre. Ils sont de deux sortes : les uns sont des traits de feu en zigzag éclairant vivement la voûte du ciel et les objets placés à la surface de la terre; les autres sont des traînées lumineuses que l'on n'aperçoit que pendant les chaudes soirées de l'été et qui, pour cette raison, sont appelés *éclairs de chaleur*. Il est probable que ces éclairs sont des éclairs ordinaires sillonnant les nues au-dessous de l'horizon, mais à de trop grandes distances pour que le spectateur puisse entendre le bruit du tonnerre.

Tonnerre. — Le *tonnerre* est la détonation violente qui accompagne la foudre; il a lieu en même temps que l'éclair.

L'intervalle qui s'écoule entre l'apparition de l'éclair et l'audition du tonnerre, dépend de la distance qui sépare l'observateur du point où éclate la foudre. Le son ne parcourt que
340 mètres par seconde, tandis que la lumière franchit des
espaces très grands en des temps inappréciables. Donc, un
observateur éloigné de *340 mètres* du lieu où se produit la
décharge électrique, n'entendra le tonnerre qu'une seconde
après avoir vu l'éclair. De là un moyen bien simple de calculer approximativement la distance qui nous sépare du lieu
de chaque explosion de la foudre.

164. Effets de la foudre. — Les effets produits par la
foudre sont semblables à ceux que nous obtenons avec nos
appareils électriques; ils ne s'en distinguent que par une
intensité beaucoup plus grande. Quand l'étincelle jaillit entre
un nuage et le sol, elle met le feu aux matières inflammables,
fond et volatilise les métaux, détruit les corps mauvais conducteurs, brise et déchire les arbres, fond le sable et les
matières terreuses. Elle produit chez les êtres animés des
commotions si violentes et si soudaines, que, presque toujours,
elles amènent instantanément la mort.

La foudre éclate de préférence sur les objets les plus élevés, tels que les clochers et les arbres. Il est donc imprudent
de se mettre sous un arbre pendant l'orage.

En France, la moyenne annuelle des foudroyés est de quatrevingts; plus de la moitié de ces victimes de la foudre sont frappées sous des arbres. Lorsqu'on est surpris dans un champ par
une pluie d'orage, il est difficile, en effet, de ne pas profiter
de l'abri qu'offrent les arbres : l'inconvénient de la pluie fait
oublier un danger auquel on a échappé bien souvent. Il serait
bon de prendre au moins quelques précautions propres à
diminuer le péril, telles que de choisir des arbres bas, de
s'y tenir baissé et surtout de ne pas s'appuyer contre le
tronc.

165. Paratonnerre. — Le *paratonnerre* inventé par

Franklin en 1755, consiste en une tige métallique de *8 à 10 mètres* de hauteur, terminée par une pointe en platine. Cette tige se place au sommet du bâtiment que l'on veut protéger, et communique avec le sol par un conducteur formé d'une tringle métallique ou d'une corde en fil de fer. Le conducteur doit plonger assez profondément dans le sol et y rencontrer une nappe d'eau. Si le sol ne renferme pas de

Fig. 142. — *Habitation surmontée d'un paratonnerre.*

nappe d'eau, on divise l'extrémité du conducteur en plusieurs branches afin de multiplier ses points de contact avec la terre.

La théorie du paratonnerre est très simple. Lorsqu'un nuage électrisé passe au-dessus d'une habitation munie d'un paratonnerre, la tige et le conducteur s'électrisent par influence. L'électricité de même nom que celle du nuage est refoulée dans le sol, et celle de nom contraire est attirée à la pointe du paratonnerre d'où elle s'écoule en abondance, mais sans secousse; elle va neutraliser le nuage électrisé. Il arrive quelquefois que l'écoulement de l'électricité n'est pas assez rapide pour neutraliser à temps le nuage; alors l'étincelle jaillit et la foudre éclate, mais sur la tige seulement, parce qu'elle est le point de l'édifice le plus électrisé, le meilleur conducteur et le plus rapproché du nuage. De plus, la foudre suivant toujours les corps qui conduisent le mieux l'électricité, descend par le conducteur et va se perdre dans le sol sans faire de dégâts.

On admet généralement que le paratonnerre protège autour de lui tous les corps compris dans un cercle d'un rayon double de la hauteur de sa tige.

166. Paratonnerre Melsens. — Depuis quelques années, le paratonnerre précédemment décrit tend de plus en plus à être remplacé par un autre imaginé par un Belge, *M. Melsens*, et qui est moins volumineux, moins coûteux et au moins aussi efficace que celui de Frank-lin. Ce paratonnerre con-siste en un grand nombre de petites pointes disposées en aigrettes le long du faîte des

Fig. 143. — *Habitation protégée par le paratonnerre Melsens.*

toits, reliées les unes aux autres et communiquant avec le sol par plusieurs bandes métalliques. On entoure ainsi l'édi-fice d'une espèce de grillage en métal qui le protège très efficacement contre l'action de la foudre.

RÉSUMÉ

L'électricité est un agent, encore inconnu, qui se manifeste à nous par les phénomènes qu'il produit.

L'électricité développée par le frottement est appelée *électri-cité statique* ; celle qui prend naissance dans les actions chimi-ques est nommée *électricité dynamique*.

Relativement à l'électricité, les corps se divisent en corps *bons conducteurs* et en corps *mauvais conducteurs*. Les corps mau-vais conducteurs sont encore appelés *corps isolants*.

On admet l'existence de deux espèces d'électricités : l'électricité *vitrée* ou *positive*, représentée par le signe +, et l'électricité *résineuse* ou *négative*, représentée par le signe —.

Deux corps chargés de la même électricité se repoussent.
Deux corps chargés d'électricités contraires s'attirent.

D'après l'opinion d'un grand nombre de physiciens, tous les corps possèdent à la fois les deux électricités à l'état de combinaison ou de *fluide neutre.* En frottant deux corps l'un contre l'autre, on sépare leurs électricités : l'un des deux corps prend l'électricité positive et l'autre, l'électricité négative.

L'électricité se porte à la surface des corps et s'accumule vers les arêtes et vers les pointes, d'où elle peut s'échapper dans l'atmosphère.

Un corps s'électrise par *influence* lorsqu'il se trouve à proximité d'un corps électrisé.

L'*électroscope à feuilles d'or* sert à connaître si un corps est électrisé et la nature de son électricité.

Les machines électriques sont des appareils qui servent à développer de l'électricité. Les principales sont celles de *Ramsden,* de *Carré,* de *Nairne,* de *Holtz* et de *Wimshurst.*

La *bouteille de Leyde* est un appareil destiné à accumuler de grandes quantités d'électricité.

Une *batterie électrique* est formée par la réunion de plusieurs grandes bouteilles de Leyde appelées *jarres.*

Les phénomènes produits par l'étincelle électrique se divisent en phénomènes *physiques, chimiques* et *physiologiques.*

Quand le ciel est sans nuages, l'atmosphère est toujours plus ou moins chargée d'électricité positive, et la surface du sol, d'électricité négative. Les nuages sont d'ordinaire fortement électrisés.

Dalibard et Franklin ont, les premiers, démontré que l'électricité atmosphérique est identique à celle qui se développe sur les machines électriques.

La *foudre* est le résultat d'une décharge électrique qui se produit entre deux nuages chargés d'électricités contraires, ou entre un nuage et le sol.

Le *paratonnerre* de Franklin se compose d'une tige métallique placée au sommet de l'édifice que l'on veut protéger, et d'un *conducteur* qui fait communiquer la tige avec le sol. Ce paratonnerre préserve tous les corps situés à une distance moindre que le double de sa longueur. On tend de plus en plus à le remplacer par celui de *Melsens.*

QUESTIONNAIRE

Qu'est-ce que l'électricité ? — Quelles sont les sources d'électricité ? — Quels sont les principaux corps bons conducteurs ? — Les principaux corps mauvais conducteurs ? — Qu'entend-on par corps isolants ? — Énoncez les lois des attractions et des répulsions électriques. — Comment les vérifie-t-on ? — Expliquez la théorie de l'électricité. — Où se porte l'électricité dans les corps électrisés ? — Comment électrise-t-on par influence ? — Décrivez l'électroscope à feuilles d'or ? — Quelles sont les principales machines électriques ? — Décrivez la machine de Ramsden. — Expliquez-en le fonctionnement. — Qu'est-ce que l'électrophore ? — Comment le charge-t-on ? — Décrivez la bouteille de Leyde. — Qu'est-ce qu'une batterie électrique ?

— Quels sont les effets produits par l'électricité ! — L'air contient-il de
l'électricité libre ! — Parlez de l'expérience de Dalibard. — De celle de
Franklin ! — Qu'est-ce que la foudre ! — L'éclair ! — Le tonnerre ! — Quels
sont les effets de la foudre ? — Qu'est-ce que le paratonnerre ? — Expliquez
son fonctionnement. — Décrivez le paratonnerre de Melsens.

CHAPITRE XII

AIMANTS. — PILES

167. — Les *aimants* sont des substances qui ont la propriété d'attirer le fer, l'acier et quelques autres métaux. Il y
a deux sortes d'aimants : les *aimants naturels* et les
aimants artificiels.

Les *aimants naturels* sont formés d'un minerai de fer,
connu sous le nom d'*oxyde magnétique*, que l'on trouve
abondamment en Suède et en Norwège.

Les *aimants artificiels* sont des barreaux d'acier trempé
auxquels on a communiqué la propriété magnétique par des
procédés spéciaux.

168. Pôles des aimants. — La force magnétique des
aimants n'est pas la même en tous les points de leur surface
Ainsi, quand on plonge un aimant dans de la limaille de fer,
on voit celle-ci adhérer à l'aimant, mais elle ne se répartit

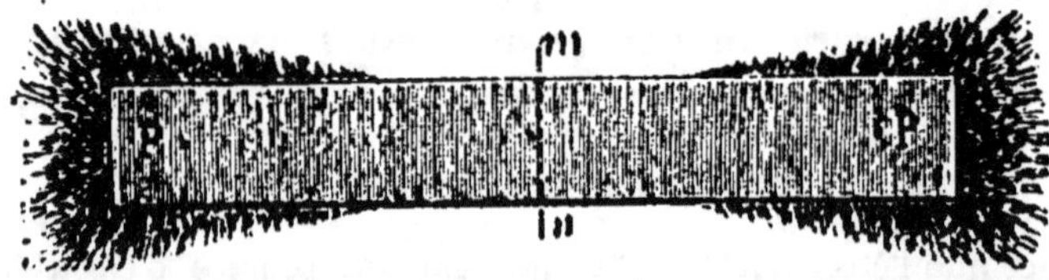

Fig. 144 — *Aimant ayant été plongé dans de la limaille de fer.*

pas uniformément à sa surface. Elle s'attache surtout autour
de deux points opposés, appelés *pôles* de l'aimant, et il reste
vers le milieu une ligne, nommée *ligne neutre*, dont les
points n'exercent aucune action attractive.

Lorsqu'une aiguille aimantée repose par son centre de gravité sur un pivot autour duquel elle peut tourner librement, une de ses extrémités se dirige constamment vers le nord et l'autre vers le sud ; si l'on écarte l'aiguille de cette position, elle y revient d'elle-même après quelques oscillations. On attribue cette action directrice à la terre. Pour cette raison, la terre est considérée comme un

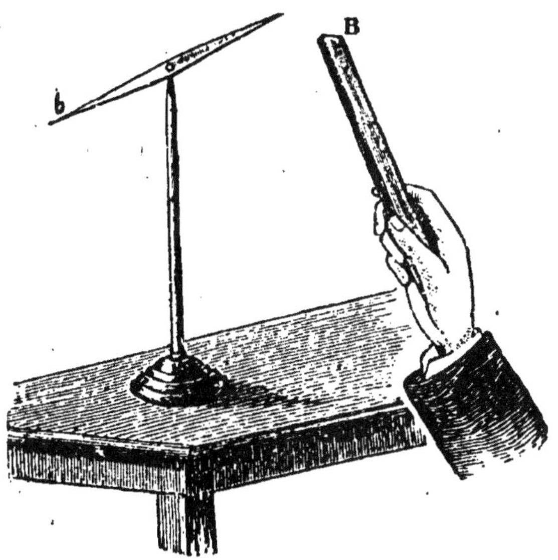

Fig. 145. — *Attraction entre deux pôles de noms contraires.*

aimant dont les pôles magnétiques se confondent presque avec les pôles géographiques.

Dans deux aiguilles aimantées, ou dans deux aimants, on appelle *pôles de même nom* ceux qui se dirigent constamment du même côté, soit vers le nord, soit vers le sud, et *pôles de noms contraires* ceux dont l'un se dirige vers le nord et l'autre vers le sud. Or, on constate par des expériences *que les pôles de même nom se repoussent et que les pôles de noms contraires s'attirent.* Donc la terre étant un aimant, son *pôle nord* doit attirer le *pôle sud* de l'aiguille aimantée, et son *pôle sud* le *pôle nord* de la même aiguille. C'est pour cette raison que l'on donne le nom de *pôle austral* à l'extrémité de l'aiguille aimantée qui se dirige vers le *nord*, et celui de *pôle boréal* à l'extrémité qui se dirige vers le *sud*.

169. Déclinaison. — La *déclinaison* d'un lieu est

l'angle que forme le *méridien magnétique* de ce lieu avec le *méridien terrestre*. Le méridien magnétique d'un lieu est

le plan vertical passant par la direction que prend en ce lieu l'aiguille aimantée ; le méridien terrestre est le plan qui passe par ce lieu et par les deux pôles terrestres. On mesure l'angle de déclinaison au moyen de la *boussole de déclinaison*.

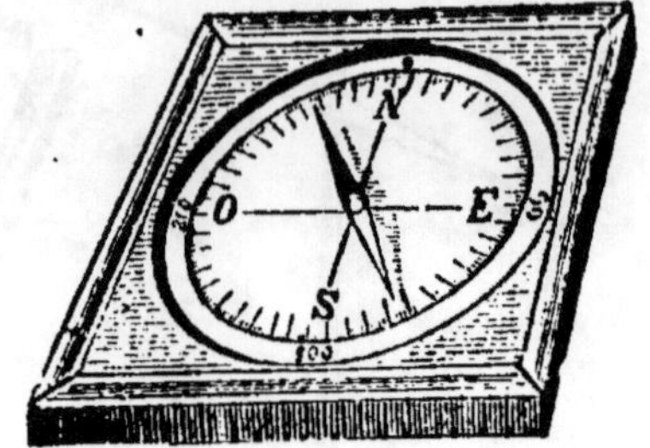

Fig. 146. — *Boussole de décli- naison.*

Cet instrument consiste en un cercle dont la circonférence est divisée en *360 degrés.* Sur ce cercle sont marqués les quatre points cardinaux. Au centre, se trouve un pivot portant une aiguille aimantée. Pour mesurer la déclinaison d'un lieu avec la boussole, on la dispose de manière que la ligne NS soit dans la direction du méridien terrestre ; alors l'angle que forme l'aiguille aimantée avec la ligne NS, donne la déclinaison cherchée. La déclinaison varie avec les lieux et

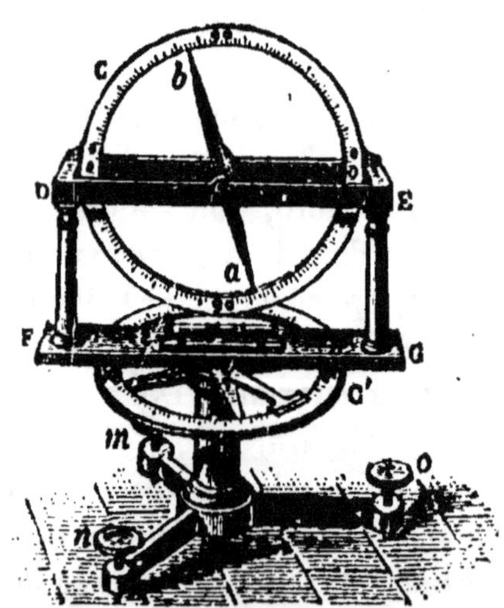

Fig. 147. — *Boussole d'inclinaison.*

le temps. Elle est *occiden- tale* ou *orientale* suivant que l'aiguille aimantée se dirige à gauche ou à droite du pôle nord. Il y a des lieux où l'aiguille aimantée se dirige exactement vers le nord ; pour eux la déclinaison est *nulle*. A Paris, elle est *occidentale* et sa valeur est actuellement d'environ *17 degrés.*

170. Inclinaison. — Lorsqu'on suspend une aiguille aimantée par son centre de gravité, et qu'on la place dans la direction du méridien magnétique, elle ne reste pas horizontale : une de ses extrémités s'incline vers le sol. On appelle *angle d'inclinaison* le plus petit des angles qu'elle forme ainsi avec l'horizon. L'inclinaison varie avec les lieux ; à Paris elle est d'environ 67°. On la mesure avec la *boussole d'inclinaison*.

Cette boussole se compose essentiellement d'un cercle vertical divisé en degrés ; au centre de ce cercle se trouve un axe horizontal qui passe par le centre de gravité d'une aiguille aimantée ; celle-ci peut se mouvoir autour de cet axe.

171. Aimantation par influence. — Les aimants attirent le fer doux, c'est-à-dire le fer pur, et lui communiquent, par leur simple contact, les propriétés magnétiques qu'ils possèdent eux-mêmes. Ainsi, un petit cylindre de fer bien pur, suspendu à l'extrémité d'un barreau aimanté, devient lui-même un aimant ; il a ses deux pôles magnétiques

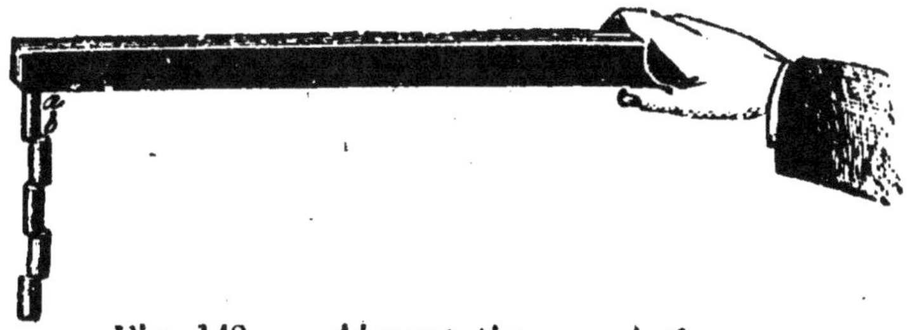

Fig. 148. — *Aimantation par influence.*

et peut à son tour attirer et aimanter un deuxième cylindre, celui-ci, un troisième, et ainsi de suite. Mais dès que le premier de ces cylindres n'est plus en contact avec le barreau aimanté, ils perdent tous leurs propriétés magnétiques.

172. Aimantation de l'acier. — L'*acier* s'aimante plus difficilement que le fer doux ; mais une fois aimanté, il conserve son aimantation pendant très longtemps. L'acier ne s'aimante pas par influence, mais seulement par le *frottement*. Il existe trois méthodes différentes pour aimanter l'acier par le frottement : la méthode de la *simple touche*, celle de la *double touche* et celle de la *touche séparée*.

Méthode de la simple touche. — On aimante un barreau d'acier par la méthode de la simple touche, en le frottant un grand nombre de fois et toujours dans le même sens avec un aimant que l'on tient verticalement. Si le barreau est un peu épais, il est bon de le frotter sur toutes ses faces.

Méthode de la double touche. — Pour aimanter un barreau d'acier par la méthode de la double touche, on met d'abord ses deux extrémités sur les pôles contraires de deux forts aimants. On place ensuite sur le milieu de ce barreau deux autres aimants dont les pôles de noms contraires sont séparés par une petite pièce de bois, et on les incline de manière qu'ils fassent avec l'horizon un angle de 20 à 25 degrés. Après cela, on fait glisser les deux aimants mobiles,

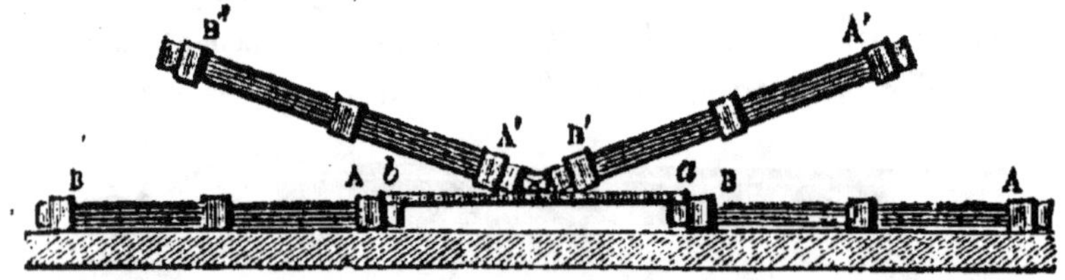

Fig. 149. — *Aimantation par double touche.*

sans les séparer, d'abord vers une extrémité du barreau à aimanter, puis de cette extrémité vers l'autre, et ainsi de suite. On répète ces frictions un certain nombre de fois sur les deux faces du barreau, en ayant soin de revenir au milieu par l'extrémité opposée à celle par laquelle on a commencé. Cette méthode est la plus énergique; on s'en sert quand on veut aimanter des barreaux très épais.

Méthode de la touche séparée. — L'aimantation par la méthode de la touche séparée est celle qui donne l'aimantation la plus régulière. Elle consiste à disposer le barreau que l'on veut aimanter comme dans la méthode précédente, puis à placer au milieu de ce barreau deux aimants réunis par leurs pôles de noms contraires et inclinés de manière qu'ils fassent un angle de 30° avec l'horizon. On fait ensuite glisser chacun des aimants vers une des extrémités du barreau, et on répète plusieurs fois cette opération sur les deux faces, en allant constamment du milieu aux extrémités. Chacun des

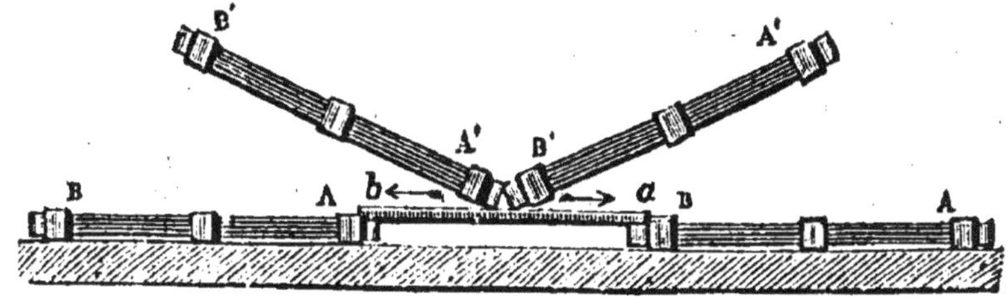

Fig. 150. — *Aimantation par touche séparée.*

aimants mobiles doit appuyer sur le barreau à aimanter par le même pôle que celui de l'aimant fixe vers lequel il s'avance.

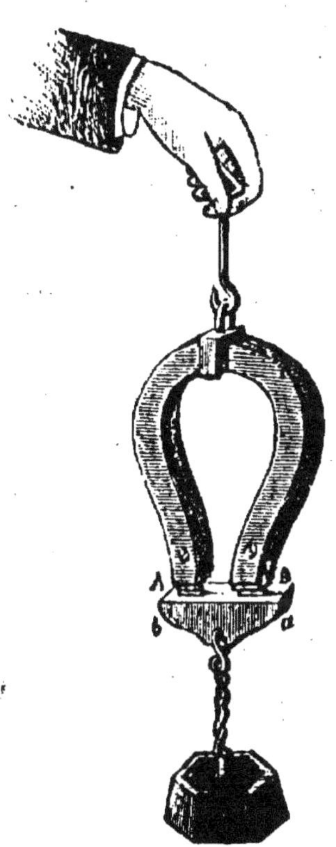

Fig. 151. — *Faisceau magnétique.*

173. Faisceaux magnétiques.

— Les *faisceaux magnétiques* sont composés de plusieurs lames aimantées, peu épaisses et assemblées de manière que leurs pôles de même nom soient réunis.

On donne fréquemment aux aimants la forme d'un fer à cheval; cette disposition double leur force attractive puisque les deux pôles sont utilisés en même temps. Les barreaux aimantés, abandonnés à eux-mêmes perdent peu à peu leur puissance magnétique; mais si on met leurs extrémités en contact avec une pièce de fer doux, nommée *armature*, ces aimants conservent toute leur force et tendent même à l'augmenter.

PILES ÉLECTRIQUES

174. Découverte de l'électricité dynamique.

— En 1789, Galvani, médecin à

Bologne, après avoir écorché plusieurs grenouilles pour différentes recherches, les suspendit par hasard à un balcon de fer, à l'aide de fils de cuivre passant entre leurs nerfs lombaires et leur colonne vertébrale. Or, il remarqua que toutes les fois que le vent ou une cause quelconque les amenait à toucher le fer, ces grenouilles, quoique mortes, éprouvaient de vives convulsions. Ce fait frappa Galvani et, pour l'expliquer, il admit l'existence d'une électricité animale analogue au fluide électrique, qui, selon lui, se développe sous l'influence de la vie. Il assimila les grenouilles qu'il avait suspendues, à de petites bouteilles de Leyde, dont les deux armatures seraient formées par leurs muscles et leurs nerfs ; ces armatures se mettaient en communication et par conséquent une décharge se produisait chaque fois que les grenouilles venaient toucher le fer du balcon.

Volta, professeur à Pavie, n'admit pas l'explication de Galvani ; il attribua la cause de l'électricité au contact des deux métaux, et son hypothèse le conduisit par une série d'expériences à la découverte de la pile, qui est devenue le point de départ de toutes les découvertes faites dans notre siècle sur la production et l'emploi de l'électricité dynamique.

175. Pile de Volta. — Les piles sont des appareils qui servent à développer de l'électricité dynamique. La première pile fut inventée par Volta, en 1800. La pile de Volta se compose de plusieurs séries de disques différents, *empilés* toujours dans le même ordre : un disque de *zinc*, une *rondelle de drap* imbibée d'eau acidulée et un disque de *cuivre*. On acidule l'eau en y mettant le dixième de son poids d'acide sulfurique. Afin que le contact soit plus parfait, chaque disque de cuivre est soudé au disque de zinc qui le surmonte et leur ensemble forme un *couple* ou *élément* de la pile. Les couples peuvent être en nombre quelconque; plus ils sont nombreux, plus la pile est puissante.

L'action chimique se produit entre l'eau acidulée et le

zinc. Les disques de zinc s'électrisent négativement et l'eau acidulée, positivement; cette eau étant en contact avec le cuivre lui transmet son électricité positive. Le disque de zinc inférieur forme le *pôle négatif* de la pile, et le disque de cuivre supérieur constitue son pôle *positif*.

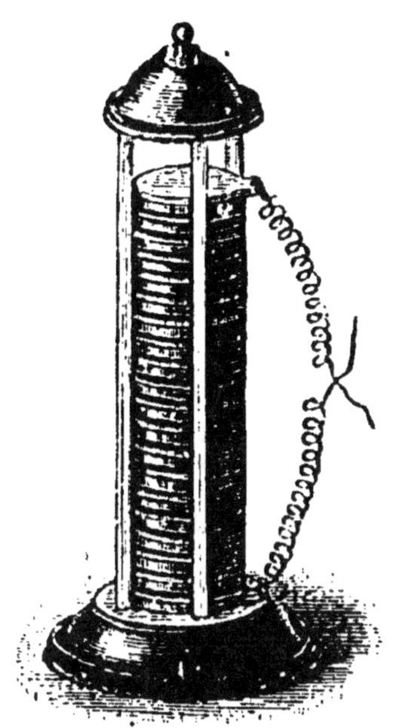
Fig. 152. — *Pile de Volta.*

A chacun des deux pôles de la pile est fixé un conducteur métallique appelé *rhéophore*. Lorsqu'on approche l'une de l'autre les extrémités de ces deux conducteurs, une petite étincelle jaillit; elle est produite par la combinaison des deux fluides le positif et le négatif. Si on les fait toucher, il ne se produit pas d'étincelle, mais les deux fils sont traversés par les deux fluides qui, s'attirant, vont à la rencontre l'un de l'autre. On donne le nom de *courants* à ces passages des deux électricités dans les fils conducteurs.

Bien que le fil conducteur qui réunit les deux pôles d'une pile soit constamment traversé par deux courants allant en sens contraire, on est convenu, pour simplifier le langage, de ne jamais parler que du *courant positif*, allant du pôle positif au pôle négatif, auquel on donne simplement le nom de *courant électrique.*

La pile de Volta a le grand inconvénient de ne pas conserver pendant longtemps sa force primitive, car le poids des disques métalliques fait écouler l'eau acidulée des rondelles de drap, et ces rondelles sèchent très vite; de plus, le liquide qui en sort se porte sur les disques voisins et établit une communication entre eux, ce qui donne lieu à une recomposition partielle des deux fluides dans l'intérieur de l'appareil.

Pour obvier à cet inconvénient, on a imaginé la *pile à auge*
et la *pile à tasses*. Ces piles ne sont que de simples modifications de celle de Volta.

176. Pile à auge. — La *pile à auge*, inventée par
Cruikshanck, est une caisse de bois rectangulaire, enduite
intérieurement d'un mastic isolant, et divisée en comparti-

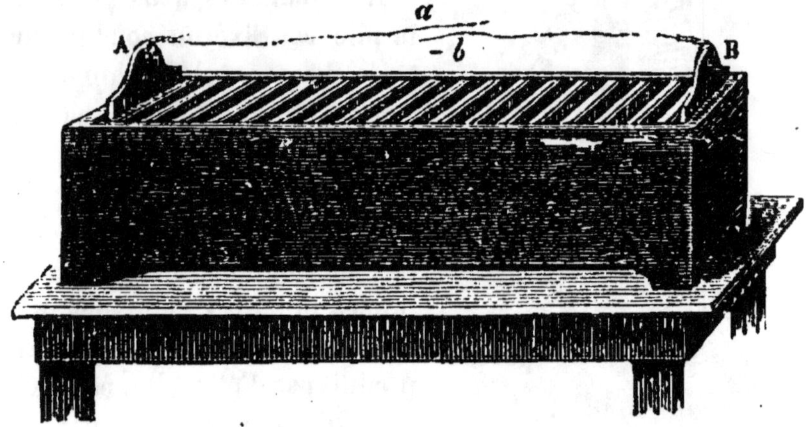

Fig. 153. — *Pile à auge.*

ments par des cloisons métalliques. Les cloisons sont formées
par une lame de zinc et une lame de cuivre soudées ensemble.
Dans chacun des compartiments, on verse de l'eau acidulée.
Comme on le voit, la pile à auge est une sorte de pile de
Volta couchée horizontalement, dont les couples sont
rectangulaires au lieu d'être ronds et dont le liquide n'a
pas besoin de drap pour être maintenu entre le cuivre et le
zinc.

177. Pile à tasses. — La *pile à tasses* se compose
d'un certain nombre de bocaux contenant chacun de l'eau
acidulée, une lame de cuivre et une lame de zinc. Chaque
bocal constitue un élément ou un couple de la pile. La lame
de cuivre d'un élément communique avec la lame de zinc de
l'autre, et les deux lames extrêmes constituent les deux pôles

do la pilo : la lamo do cuivro formo lo pôlo positif ct la lamo
do zinc, lo pôlo négatif.

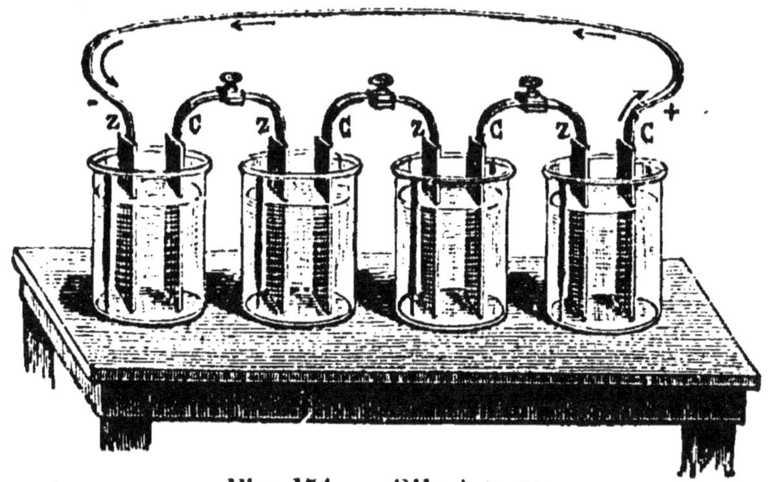

Fig. 154. — *Pile à tasses.*

178. Piles à courant constant. — Les trois piles
quo nous venons do décriro sont dites à un *seul liquido*. Ces
piles no sont pas à courant constant ; car presquo aussitôt
qu'elles sont en activité, elles s'affaiblissent. Co phénomèno
est dû à deux causes principales : d'abord à la neutralisation
d'uno partio do l'acido sulfuriquo qui, au contact du zinc, so
transformo en sulfato do zinc ; ensuito au dégagement do
l'hydrogèno qui so produit ; uno partio do co gaz so porto sur
lo cuivro et formo autour do lui uno espèco do gaîno qui
ompêcho lo contact du métal avec lo liquido. Pour obvier à co
dernier inconvénient, on a inventé des piles dans lesquelles,
un corps, liquido ou solido, absorbo l'hydrogèno à mesuro
qu'il so dégago. Ces piles sont dites à *courant constant,*
parce que leurs effets conservent pendant assez longtemps
lo mêmo degré d'énergie. Les principales do ces piles sont
celles do *Bunsen,* do *Daniell,* de *Grenet,* et do *Leclanché.*

179. Pile de Bunsen. — Chaque élément do la pile do
Bunsen se composo do quatre parties, qui·sont, de l'extérieur
à l'intérieur, un vaso en verro ou en grès, un cylindro croux

en zinc ouvert longitudinalement, un vase en terre poreuse
et un prisme en charbon des cornues. Deux conducteurs par-

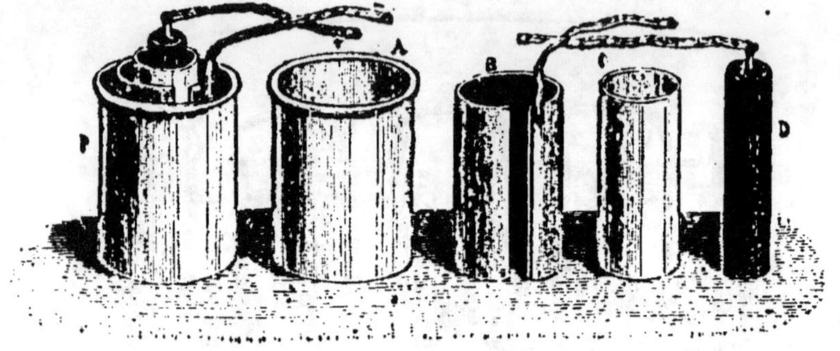

Fig. 155. — *Élément de la pile de Bunsen.*

tent l'un du prisme de charbon et l'autre du zinc. Dans le
vase extérieur, on met de l'eau acidulée et dans le vase en

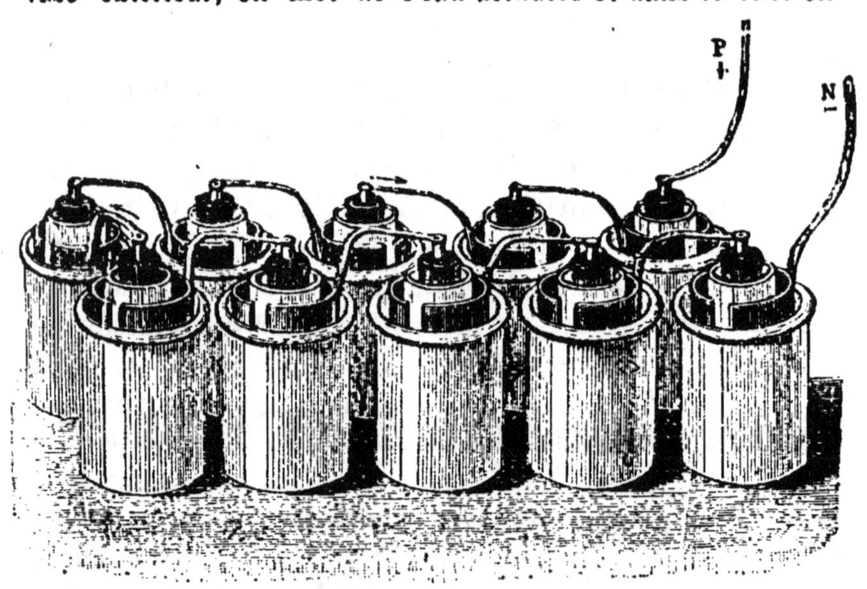

Fig. 156. — *Pile de Bunsen.*

terre poreuse, de l'acide azotique ordinaire. Comme dans les
piles à un seul liquide, l'eau acidulée attaque le zinc ; ce
métal s'électrise négativement et le liquide, positivement.
L'électricité du liquide est recueillie par le prisme de charbon,

qui forme ainsi le pôle positif de la pile. L'hydrogène qui se
produit, au lieu de se dégager se porte sur l'acide azotique et
le transforme en produits nitreux moins oxygénés. Les éléments de cette pile assemblés, comme le montre la figure 156,
constituent une pile très puissante. La pile de Bunsen a l'inconvénient de dégager des vapeurs nitreuses parfois très
gênantes pour l'opérateur.

180. Pile de Daniell. — La pile de Daniell est une des
plus anciennes piles à courant constant. Chaque élément de

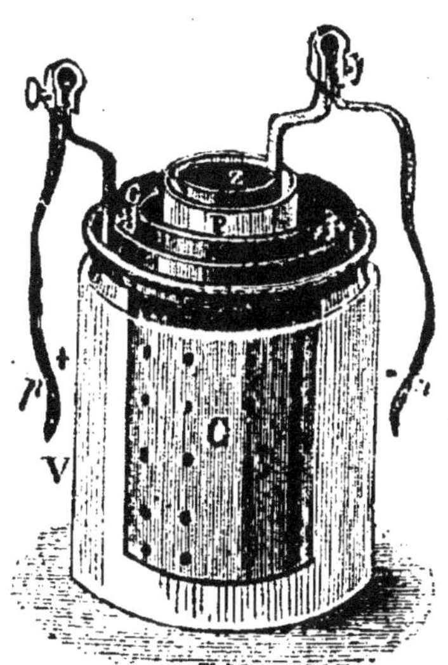

Fig. 157. — *Pile de Daniell.*

cette pile se compose d'un
vase de verre ou de grès
dans lequel on place un cylindre de cuivre rouge, ouvert à ses deux extrémités
et percé de trous latérale-
ment. La partie supérieure
de ce cylindre porte une
rigole circulaire, dont le
fond est également percé de
petits trous. Dans le cylindre
de cuivre, on met un vase
de terre poreuse, qui contient un cylindre de zinc
ouvert à ses deux extrémités. Deux conducteurs sont
fixés l'un au cylindre de cuivre et l'autre au cylindre de
zinc.

Les liquides employés sont une dissolution de sulfate de
cuivre, que l'on met dans le vase extérieur, et de l'eau acidulée, qui remplit le vase en terre poreuse. Le zinc est
attaqué par l'eau acidulée et s'électrise négativement. L'hydrogène produit dans cette réaction se porte sur le sulfate de
cuivre et le décompose en acide sulfurique et en cuivre
métallique; celui-ci se porte sur le cylindre de cuivre de la
pile et l'électrise positivement. On place dans la rigole cir-

culaire qui surmonte le cylindre de cuivre, quelques cristaux de sulfate de cuivre, afin de maintenir saturée la dissolution de ce sel. Ces cristaux se dissolvent à mesure que la dissolution s'épuise.

181. Pile de Grenet. — Les éléments de la pile de *Grenet*, ou de la pile au *bichromate de potasse*, se composent d'un flacon contenant une dissolution de bichromate de potasse addi-
tionnée d'un vingtième de son poids d'acide sulfurique. Dans cette dissolution, plonge une lame de zinc placée au milieu de deux plaques de charbon des cornues ; la lame de zinc peut être élevée ou abaissée à l'aide d'une tige, et l'élément ne fonctionne que lorsque le zinc est dans le liquide. Dans la pile de Grenet, comme dans les autres, le zinc s'électrise négativement et le charbon

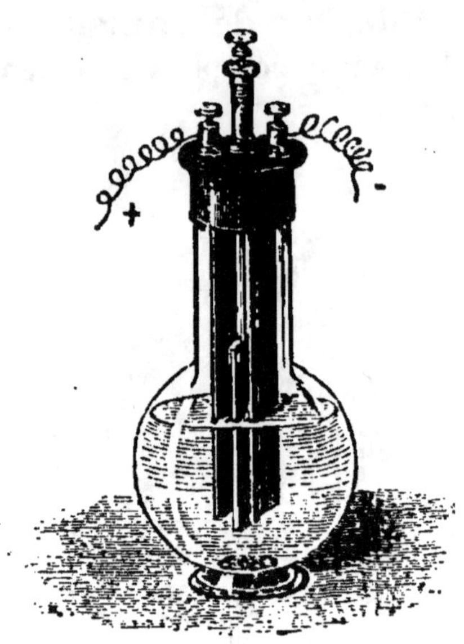

Fig. 158. — *Pile de Grenet.*

positivement. Le bichromate de potasse absorbe l'hydrogène à mesure qu'il se dégage par l'action de la dissolution acidulée sur le zinc.

182. Pile Leclanché. — Chaque élément de la pile *Leclanché* se compose d'un vase en verre dans lequel se trouve un vase en terre poreuse renfermant un prisme de charbon des cornues. Dans le vase en verre, on met une dissolution de chlorhydrate d'ammoniaque, et dans le vase en terre poreuse, on place, autour du charbon, des frag-
ments de bioxyde de manganèse. Une baguette de zinc

plonge dans la dissolution de sel ammoniac et forme le pôle négatif de la pile, tandis que le charbon recueille l'électricité

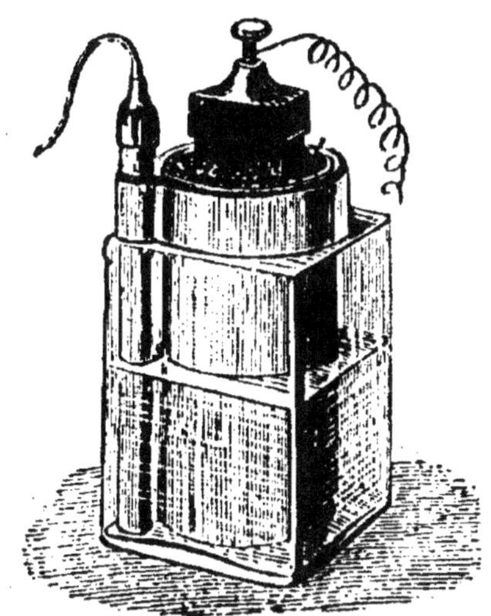

Fig. 159. — *Pile de Leclanché.*

positive. Dans la pile Leclanché, le rôle du bioxyde de manganèse est encore d'absorber l'hydrogène à mesure qu'il se dégage par l'action du chlorhydrate d'ammoniaque sur le zinc. La pile Leclanché, moins énergique que les précédentes, offre l'avantage d'une longue durée : elle peut fonctionner plusieurs mois sans qu'il soit nécessaire d'y apporter la moindre modification ; aussi l'emploie-t-on habituellement pour les téléphones et les sonneries électriques.

183. Remarques. — Dans toutes les piles décrites ci-dessus, on emploie du zinc *amalgamé*, c'est-à-dire du zinc à la surface duquel on a étendu un peu de mercure. Le zinc amalgamé résiste mieux aux acides que le zinc ordinaire ; de plus, il n'est attaqué que lorsque le circuit de la pile est fermé, c'est-à-dire lorsque les deux pôles sont en communication par des conducteurs. Comme on vient de le remarquer, dans toutes les piles c'est le zinc qui est attaqué ; ce métal s'électrise *négativement*, et l'autre conducteur, cuivre ou charbon, s'électrise *positivement*.

184. Effets des courants électriques. — Les effets des courants électriques, comme ceux de l'électricité statique, peuvent se diviser en *effets physiologiques, effets physiques et effets chimiques.*

1° Effets physiologiques. — Les effets physiologiques

consistent en commotions et en contractions musculaires, d'autant plus énergiques que les piles sont plus puissantes. Ainsi quand on touche les deux pôles d'une pile, avec les mains mouillées, on éprouve dans les avant-bras et dans les bras une suite de commotions semblables à celles qui sont produites par la bouteille de Leyde. Ces secousses se succèdent sans interruption, parce que, dans la pile, la production de l'électricité est continue.

2° EFFETS PHYSIQUES. — Les principaux effets physiques produits par les courants sont des phénomènes d'*aimantation*, comme nous le verrons dans le chapitre suivant, des phénomènes *calorifiques* et des phénomènes *lumineux*.

Lorsqu'un courant électrique passe à travers un fil médiocrement conducteur de l'électricité, comme un fil de fer, de platine, de charbon, ce fil s'échauffe au point de devenir incandescent et même de fondre s'il est suffisamment fin ; avec des courants assez énergiques, on arrive à volatiliser tous les métaux, même les plus réfractaires à la fusion. La température à laquelle un fil peut être porté par un courant électrique est d'autant plus grande que ce fil conduit moins bien l'électricité ; c'est sur ce principe qu'est basé l'emploi des lampes à incandescence pour l'éclairage électrique.

3° EFFETS CHIMIQUES. — Les courants électriques décomposent la plupart des corps ; mais leurs effets chimiques les plus remarquables sont ceux qu'ils produisent sur l'eau et sur les sels métalliques.

Décomposition de l'eau. — L'eau est formée par la combinaison de deux gaz : l'hydrogène et l'oxygène ; elle se compose de deux volumes du premier pour un du second. Or, si l'on fait passer un courant électrique dans de l'eau, cette eau est décomposée en ses deux éléments. L'appareil dont on se sert pour faire cette expérience est appelé *voltamètre*. Il consiste en un vase dont le fond livre passage à deux fils de platine terminés extérieurement par deux crochets. A ces crochets, on fixe les conducteurs d'une pile. Dans le vase, on met de l'eau légèrement acidulée, et on place sur chacun des

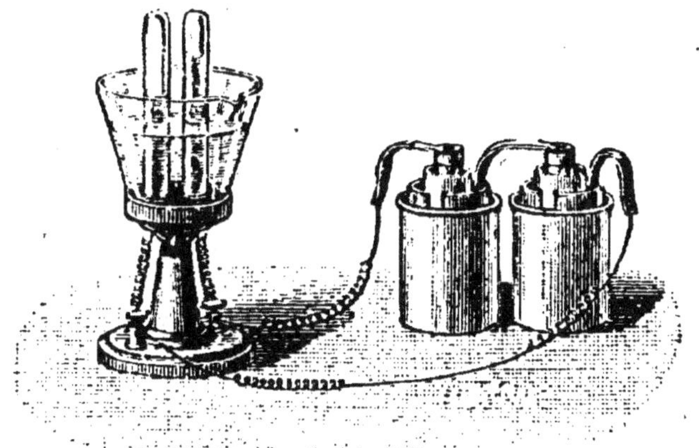

Fig. 160. — *Voltamètre.*

fils de platine une petite éprouvette pleine du même liquide. Aussitôt que le courant est établi, on voit des bulles gazeuses se dégager sur toute la surface des fils de platine et gagner le haut des éprouvettes. Le gaz qui se dégage au pôle positif est de l'oxygène, et celui qui se dégage au pôle négatif, de l'hydrogène. Pendant toute la durée de l'expérience, on constate que le volume de l'oxygène dégagé n'est que la moitié de celui de l'hydrogène.

Décomposition des sels. — Tous les sels, à l'état de dissolution, sont décomposés par la pile : l'acide se porte au pôle positif et la base, au pôle négatif. Si la base est facilement décomposable, son oxygène se porte aussi au pôle positif et le métal seul se rend au pôle négatif. C'est cette propriété des courants électriques qui a donné naissance à la *galvanoplastie*, à la *dorure*, à l'*argenture* et au *nickelage galvaniques.*

185. Galvanoplastie. — La *galvanoplastie* a pour but de faire déposer, par l'action des courants sur les sels, une mince couche métallique à la surface de certains objets. Les principes en ont été posés en 1838 par Jacobi, en

Russie, et par Spencer, en Angleterre. Elle comprend le *cuivrage* et la *galvanoplastie proprement dite.*

Fig. 161. — *Appareil servant à la galvanoplastie.*

Cuivrage. — Pour *cuivrer* les objets, on commence par appliquer à leur surface une légère couche de plombagine, à l'aide d'une brosse très fine, puis on les plonge dans une dissolution de sulfate de cuivre et on les met en communication avec le pôle négatif d'une faible pile; on plonge en même temps dans la dissolution une lame de cuivre, que l'on fait communiquer avec le pôle positif de la pile. Aussitôt que le courant est établi, le sulfate de cuivre est décomposé : son acide et l'oxygène de sa base se portent sur la lame métallique suspendue au pôle positif, tandis que le cuivre se dépose lentement sur l'objet attaché au pôle négatif.

Ce procédé permet de recouvrir d'une couche métallique des animaux et des plantes, sans altérer en rien leur forme et la délicatesse de leurs organes, et de les conserver ainsi indéfiniment; il permet aussi de donner à des objets fragiles, en verre, en terre, en cire, une solidité plus grande, grâce à la couche de cuivre dont on peut les revêtir.

Galvanoplastie proprement dite. — La galvanoplastie proprement dite a pour but la reproduction en cuivre de certains objets, tels que des médailles, des bas-reliefs, des planches de gravures sur bois, etc. Pour cela, on se procure d'abord un moule en creux de l'objet à reproduire; on obtient ce moule en appliquant sur la surface de l'objet de la gutta-percha ramollie par la chaleur et que l'on presse très fortement. On détache ensuite le moule de l'objet, on couvre sa partie intérieure de plombagine et on le plonge dans un bain galvanique au sulfate de cuivre; on l'en retire lorsque la couche métallique déposée sur la plombagine a atteint une épaisseur suffisante. En détachant cette couche métallique du moule, on a une exacte reproduction en relief de l'objet original.

Par une modification dans la manière d'opérer, on applique la galvanoplastie à la reproduction des bustes, des statues, des ornements d'architecture, etc.; les statues de cinq mètres de hauteur qui ornent le Grand-Opéra de Paris ont été obtenues par la galvanoplastie. La typographie reçoit de la galvanoplastie un concours très important, qui lui permet de ne plus employer directement les planches de gravures sur bois pour le tirage des ouvrages illustrés, mais des *clichés* métalliques, obtenus comme il a été dit précédemment; il en résulte une économie considérable, car une planche gravée sur bois peut servir à la fabrication d'un nombre illimité de clichés pouvant donner chacun près de 100.000 exemplaires, tandis qu'autrefois, la planche originale devait être refaite par l'artiste lui-même après un tirage de quelques milliers d'épreuves.

186. Dorure, argenture, nickelage. — Les procédés de *dorure*, d'*argenture* et de *nickelage* ne diffèrent de celui décrit précédemment pour le cuivrage que par la dissolution à employer : pour dorer, on se sert généralement d'une dissolution composée de 100 parties d'eau, de 10 parties de cyanure de potassium et de cinq parties de cyanure d'or; lorsqu'on veut argenter, on remplace le cyanure d'or par le cyanure d'argent, et pour nickeler, on fait usage du sulfate double de nickel et d'ammoniaque. Il faut aussi, selon le cas, suspendre au pôle positif de la pile une lame d'or, une lame d'argent ou une lame de nickel, pour maintenir à la dissolution son état primitif de concentration.

187. Unités électriques. — On a vu que lorsqu'on réunit les deux pôles d'une pile par un fil conducteur, il s'établit immédiatement dans ce fil un courant électrique allant du pôle positif au pôle négatif. Dans ce courant, il y a trois choses à considérer : la *résistance* que le fil conducteur oppose à son passage, sa *force électromotrice* et son *intensité*.

Pour se faire une idée de ce que l'on entend par résistance du conducteur, par force électromotrice et par intensité du courant on se reporte à l'expérience suivante d'hydrostatique : lorsque entre deux réservoirs contenant un même liquide à des niveaux différents, on établit une communication au moyen d'un tube, il se produit aussitôt dans ce tube un écoulement de liquide

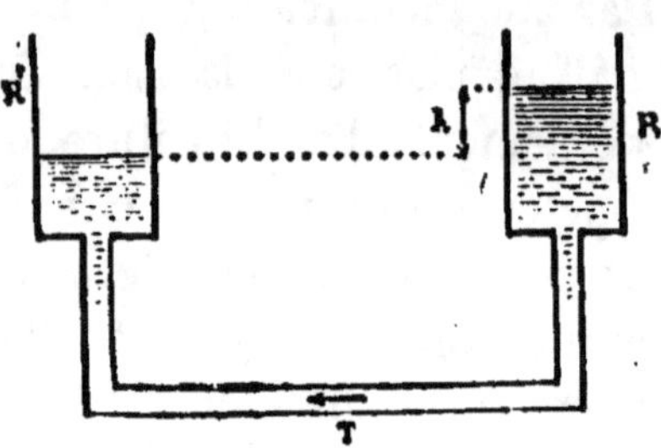

Fig. 162. — *Figure théorique pour l'explication des unités électriques.*

du vase où le niveau est le plus élevé vers l'autre vase. Cette transmission de liquide entre deux vases communiquants permet de se rendre compte de la transmission électrique entre les deux pôles d'une pile. En effet :

1° La résistance que le tube de communication offre à l'écoulement du liquide représente la *résistance* que le fil conducteur oppose au passage du courant électrique produit par la pile ;

2° La force avec laquelle le courant hydraulique se meut dans le tube de communication donne une idée de ce que l'on appelle *force électromotrice* du courant électrique ; la première est réglée par la différence des niveaux du liquide dans les deux vases communiquants, et la seconde, par la différence des niveaux électriques des deux pôles de la pile ou, comme on dit dans le langage scientifique, par la *différence de potentiel* entre ces mêmes pôles.

3° Le débit du courant hydraulique, c'est-à-dire la quantité de liquide qui traverse en une seconde chaque section du tube, représente l'*intensité* du courant, laquelle n'est autre chose que la quantité d'électricité qui traverse à chaque seconde une section quelconque du circuit.

188. Unité de résistance. — L'unité adoptée pour mesurer la résistance des fils conducteurs est appelée OHM. *L'ohm est la résistance qu'oppose au passage du courant électrique une colonne de mercure de 1 millimètre carré de section à 0°, et de 1 m. 06 de longueur.* La résistance de l'ohm est équivalente à celle d'un fil télégraphique en cuivre de 1 millimètre de section et de 48 mètres de longueur.

La résistance qu'un conducteur oppose au passage du courant électrique varie avec sa *longueur*, son *diamètre* et sa *nature*. Elle est soumise aux trois lois suivantes :

1° *La résistance est proportionnelle à la longueur du fil*, c'est-à-dire qu'un fil *trois fois plus long* qu'un autre de même diamètre et de même nature offre *trois fois plus de résistance* au passage du courant électrique que ce dernier.

2° *La résistance est inversement proportionnelle à la section du fil*, c'est-à-dire qu'un fil de *3 millimètres carrés de section offre trois fois moins de résistance* au courant électrique qu'un autre de même longueur et de même nature, n'ayant qu'*un millimètre carré* de section.

3° *La résistance est proportionnelle au coefficient de résistance de la matière qui compose le fil.* Ce coefficient varie pour chaque corps; ainsi, pour le charbon des cornues, il est 7, tandis que pour le cuivre, il n'est que 0,0002. Un conducteur en charbon des cornues offre donc 7 : 0,0002 = 35.000 fois plus de résistance au passage de l'électricité qu'un conducteur en cuivre de même longueur et de même diamètre.

189. Unité de force électromotrice. — L'unité employée pour mesurer la force électromotrice des courants est le VOLT, *qui est la force électromotrice donnée par un* *élément de la pile Daniell.* Un courant électrique de 25 volts est donc un courant dont la force électromotrice est équivalente à celle du courant d'une pile composée de 25 éléments Daniell. La force électromotrice du courant produit par la pile Bunsen est de 1 volt 734 ; la pile Leclanché donne un courant de 1 volt 610, et la pile Grenet, de 1 volt 900.

190. Unité d'intensité. — L'unité adoptée pour mesurer l'intensité d'un courant électrique porte le nom d'AMPÈRE. *L'ampère est l'intensité d'un courant électrique donné par une pile dont la force électromotrice est d'un volt et la résistance du circuit d'un ohm.*

L'intensité d'un courant électrique, c'est-à-dire la quantité d'électricité qui traverse à chaque seconde une section quelconque du circuit, est proportionnelle à la force électromotrice de la pile et inversement proportionnelle à la résistance du circuit.

RÉSUMÉ

Les *aimants* sont des substances qui ont la propriété d'attirer le fer, l'acier et quelques autres métaux. On les divise en *aimants naturels* et en *aimants artificiels.* On distingue dans un aimant les *deux pôles* et la *ligne neutre.*

L'aiguille aimantée placée sur un pivot prend d'elle-même la direction du nord. On a donné le nom de *pôle austral* à l'extrémité de l'aiguille qui se dirige vers le nord, et celui de *pôle boréal* à celui qui se dirige vers le sud.

La *déclinaison* d'un lieu est l'angle que forme le méridien magnétique de ce lieu avec le méridien terrestre. L'*inclinaison* d'un lieu est donnée par le plus petit des deux angles que forme avec l'horizontale une aiguille aimantée mobile autour d'un axe passant par son centre de gravité. La déclinaison et l'inclinaison se mesurent à l'aide des *boussoles.*

Le fer doux, c'est-à-dire le fer pur, s'aimante par le simple contact avec un aimant, et ne conserve pas sa propriété magnétique lorsqu'il est séparé de l'aimant. L'acier s'aimante plus difficilement, mais il conserve son aimantation pendant très longtemps.

On aimante l'acier en le frottant avec des aimants. Il existe trois méthodes pour aimanter l'acier par le frottement : la méthode de la *simple touche,* celle de la *double touche* et celle de la *touche séparée.*

L'électricité dynamique a été découverte par *Galvani*, et c'est *Volta* qui a inventé les premiers appareils servant à la produire.

Les *piles* sont des appareils destinés à développer des courants d'électricité dynamique. On les divise en piles à *un seul liquide* et en piles à *courant constant*.

Les principales piles à un seul liquide sont la pile de *Volta*, la pile à *auge de Cruikshanck* et la pile à *tasses*. Les piles à courant constant les plus employées sont celles de *Bunsen*, de *Daniell*, de *Grenet* et de *Leclanché*.

Dans toutes les piles ci-dessus, il y a du zinc attaqué par un acide; le zinc s'électrise *négativement* et l'acide *positivement ;* un corps bon conducteur, cuivre ou charbon, sert à recueillir l'électricité du liquide et forme le *pôle positif* de la pile, tandis que le zinc forme le *pôle négatif*.

Dans ces mêmes piles, il y a toujours production d'*hydrogène.* Les piles à courant constant renferment un corps capable d'absorber ce gaz à mesure qu'il se dégage.

En faisant communiquer les deux pôles d'une pile par un fil conducteur, il s'établit dans ce fil un courant d'*électricité positive*, allant du pôle positif au pôle négatif.

Les effets des courants électriques peuvent se diviser en effets *physiologiques*, en effets *physiques* et en effets *chimiques.* Les effets physiologiques sont des commotions et des secousses, que l'on ressent dans les muscles et aux articulations. Les effets physiques consistent en production de chaleur et de lumière; les effets chimiques des courants électriques sont la décomposition d'un grand nombre de corps, principalement de l'eau et des sels.

La *galvanoplastie*, qui a pour but de revêtir les corps d'une mince couche de métal, repose sur la propriété qu'ont les courants électriques de décomposer les sels métalliques. Elle comprend le *cuivrage*, la *dorure*, l'*argenture* et le *nickelage*.

Dans un courant électrique, il y a trois choses à considérer: la *résistance* que le fil conducteur oppose à son passage, sa *force électromotrice* et son *intensité*.

L'unité adoptée pour mesurer la résistance des courants est appelée *ohm ;* c'est la résistance qu'oppose *une colonne de mercure de 1 millimètre carré de section et de 1 m.06 de longueur*. La résistance d'un conducteur varie avec sa *longueur*, sa *grosseur* et sa *nature*.

L'unité employée pour mesurer la force électromotrice des courants est le *volt*, qui *est celle du courant donné par un élément de la pile Daniell*. L'unité adoptée pour mesurer l'intensité des courants est l'*ampère ;* elle est équivalente à *l'intensité du courant produit par une pile dont la force électromotrice est d'un volt et la résistance du circuit d'un ohm.*

QUESTIONNAIRE

Qu'est-ce qu'un aimant ? — Combien y a-t-il de sortes d'aimants ? — Par quoi sont formés les aimants naturels ? — Comment obtient-on des aimants artificiels ? — Où se trouvent les pôles et la ligne neutre d'un aimant ? —

Quelle direction prend l'aiguille aimantée lorsqu'elle est placée sur un pivot ! — Qu'entend-on par pôles du même nom ! — Par pôles de noms contraires ! — Quel est le pôle austral de l'aiguille aimantée ! — Qu'entend-on par déclinaison ? — Comment la mesure-t-on ! — Décrivez la boussole de déclinaison. — Qu'entend-on par inclinaison ? — Quels sont les angles de déclinaison et d'inclinaison à Paris ! — Comment peut-on aimanter le fer doux ! — Comment aimante-t-on l'acier ! — Quelles sont les méthodes d'aimantation de l'acier ! — Décrivez ces méthodes. — Comment l'électricité dynamique a-t-elle été découverte ! — Qu'est-ce qu'une pile ! — Quelles sont les principales piles à un seul liquide ! — Décrivez ces piles. — Quels sont les inconvénients de ces piles ! — Quelles sont les principales piles à courant constant ! — Décrivez-les. — Quel est le métal qui dans toutes les piles s'électrise négativement ! — Quel est le sens du courant dans les conducteurs ! — Quels sont les effets des courants électriques ! — Décrivez-les. — Comment se fait la décomposition de l'eau par la pile ! — Dites ce que vous savez sur la galvanoplastie. — Quelles sont les trois choses à considérer dans un courant électrique ! — Quelle est l'unité adoptée pour mesurer la résistance des conducteurs ! — Pour mesurer la force électromotrice et l'intensité des courants ! — Définissez chacune de ces unités.

CHAPITRE XIII

GALVANOMÈTRE. — ÉLECTRO-AIMANT. — TÉLÉGRAPHE

191. Expérience d'Œrsted. — Œrsted a remarqué le premier, en 1820, que si l'on fait passer un courant électrique parallèlement à une aiguille aimantée et près d'elle,

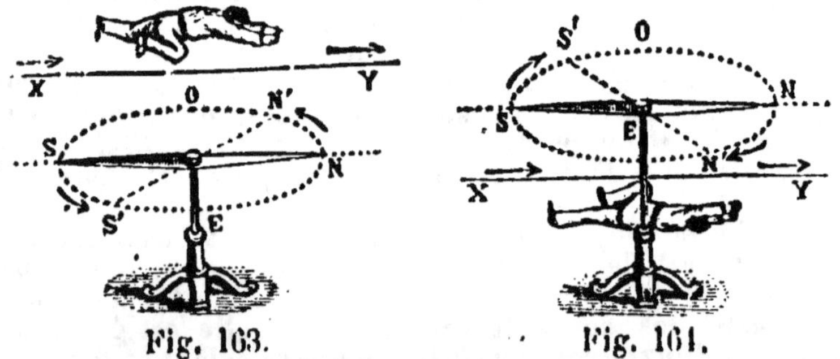

Fig. 163.   Fig. 164.

Expérience d'Œrsted.

Déviation de l'aiguille aimantée par l'influence du courant électrique.

cette aiguille se dérie de sa position d'équilibre et tend à se mettre en croix avec le courant.

Le *sens* de cette déviation dépend du sens du courant et de sa position par rapport à l'aiguille; il peut être prévu dans tous les cas par la règle d'Ampère, que l'on formule de la manière suivante : *le pôle nord de l'aiguille aimantée est toujours dévié à gauche du courant.*

Pour définir la gauche du courant, on suppose un observateur regardant l'aiguille aimantée, et couché le long du conducteur de manière que le courant entre par ses pieds et sorte par sa tête : la droite et la gauche de cet observateur sont la *droite* et la *gauche* du courant.

Les expériences représentées par les figures 163 et 164 indiquent, par la position de la ligne N'S', le sens de la déviation de l'aiguille N S sous l'action d'un courant électrique, suivant qu'il passe au-dessus ou au-dessous de cette aiguille.

192. Multiplicateur. — Le *multiplicateur* est un cadre de bois très aplati et placé verticalement, autour duquel s'enroule un grand nombre de fois un fil isolé; il porte intérieurement une aiguille aimantée mobile horizontalement sur un pivot passant par le milieu du cadre.

Le but du multiplicateur est d'augmenter considérablement l'action du courant électrique sur l'aiguille aimantée. On remarque, en effet, que lorsque l'on fait passer un courant dans le fil du multiplicateur, la déviation de l'aiguille est bien plus

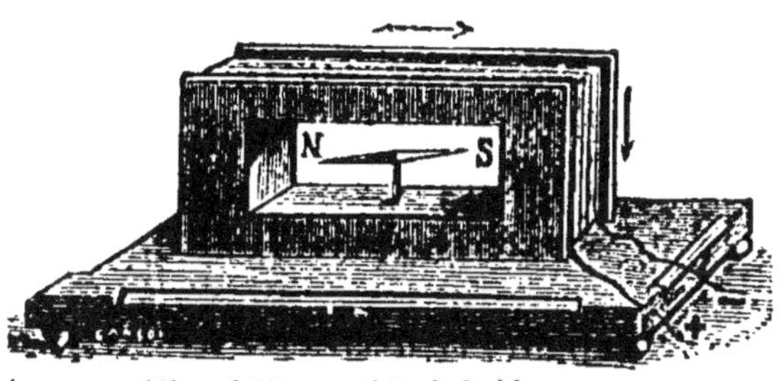

Fig. 165. — *Multiplicateur*.

grande que dans l'expérience d'OErsted; il est d'ailleurs facile de se rendre compte de ce fait en considérant que les côtés du rectangle formé par chacune des spires du fil conducteur agissent tous les quatre sur l'aiguille aimantée pour produire des déviations de même sens, et que leurs actions s'ajoutent, comme le montre la figure 166.

Sans l'action directrice de la terre sur l'aiguille aimantée, celle-ci se mettrait rigoureusement en croix avec le courant,

quelle que soit l'intensité de ce dernier ; mais la terre tendant constamment à ramener l'aiguille aimantée dans la direction du pôle magnétique, cette aiguille prend une position N'S' faisant avec NS un angle d'autant plus grand

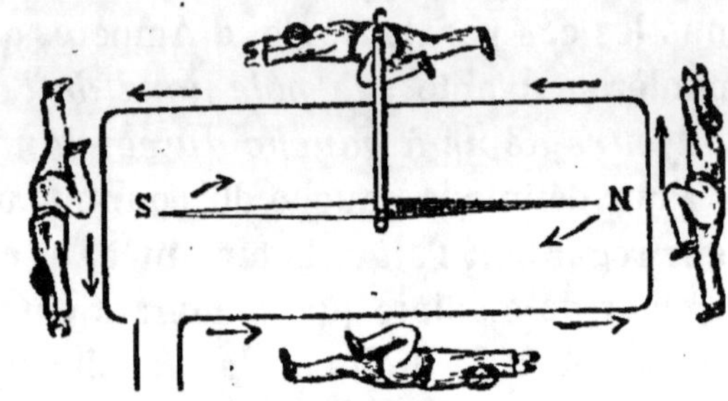

Fig. 166.

Action des fils du multiplicateur sur l'aiguille aimantée.

Tous les côtés du rectangle formé par une spire du fil conducteur agissent dans le même sens.

que l'*intensité* du courant est plus considérable, Fig. 163. C'est sur ce principe que repose le *galvanomètre*.

193. Galvanomètre. — Le *galvanomètre* est un appareil qui sert à mettre en évidence l'*existence* des courants électriques, à en déterminer le *sens* et à en mesurer l'*intensité*.

Il existe plusieurs genres différents de galvanomètres ; un

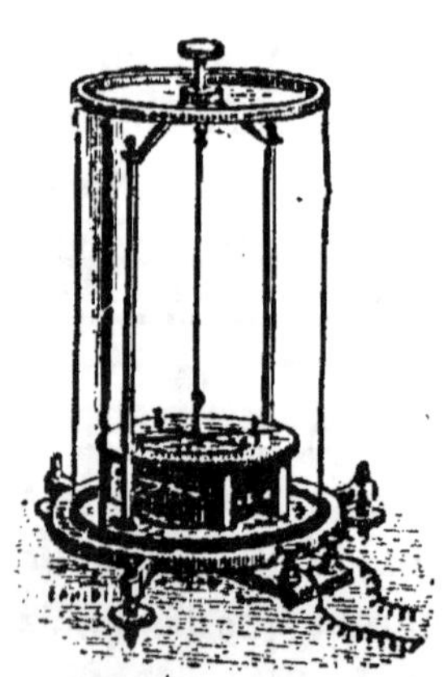

Fig. 167. — *Galvanomètre de Nobili.*

des plus en usage est celui de Nobili, qui se compose d'un multiplicateur dans lequel l'aiguille intérieure est remplacée par un système de deux *aiguilles astatiques*, suspendu par un fil de cocon ; l'une de ces aiguilles est dans le cadre du multiplicateur, et l'autre, placée à l'extérieur se meut à la surface d'un cercle gradué servant à mesurer les angles de déviation qu'elle forme.

On appelle *système d'aiguilles astatiques* deux aiguilles de même aimantation réunies par une tige rigide et disposées de manière que leurs *pôles de noms con-*

traires soient en regard. Si les aiguilles d'un galvanomètre étaient complètement astatiques, l'action magnétique de la terre sur ces aiguilles serait entièrement détruite, et le moindre courant électrique les mettrait en croix avec la direction N S de l'appareil. Pour obvier à cet inconvénient, on donne à l'une des aiguilles une aimantation légèrement plus

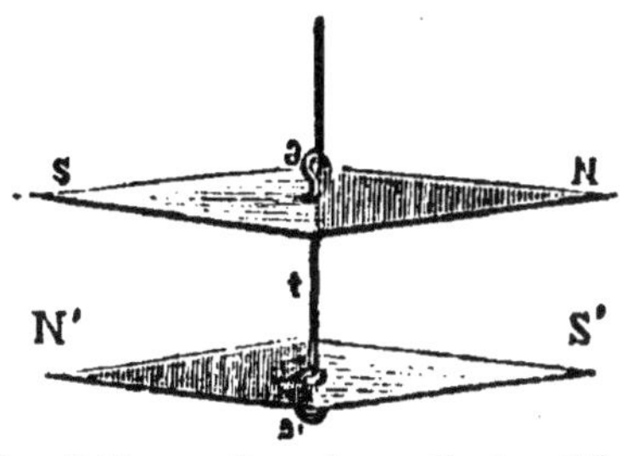

Fig. 168. — *Système d'aiguilles astatiques.*

forte qu'à l'autre. L'emploi du système d'aiguilles astatiques a pour but d'augmenter la sensibilité du galvanomètre.

194. Aimantation par les courants. — Arago, physicien français, a découvert en 1820, que lorsqu'on fait passer un courant électrique autour d'un barreau isolé de fer

Fig. 169. — *Barreaux de fer ou d'acier isolés pour l'aimantation par les courants.*

doux, ce barreau s'aimante instantanément et qu'il perd son aimantation aussitôt que le courant est interrompu. Le barreau ainsi aimanté a son pôle nord N à la *gauche* du courant et son pôle sud S à la *droite.*

On isole un barreau de fer doux d'un courant électrique, soit en le plaçant dans un tube de verre, soit en employant comme conducteur un fil de cuivre entouré de gutta-percha ou de soie.

L'acier s'aimante aussi sous l'action des courants élec-

triques; mais il conserve son magnétisme lorsque le courant
cesse de passer.

195. Electro-aimants. — La propriété dont jouit le
fer doux de s'aimanter sous l'influence des courants électriques, et de perdre son aimantation aussitôt que cette
influence cesse, a
donné le moyen
d'obtenir des ai-
mants artificiels,
nommés *électro-
aimants.*

Pour construire
un électro-ai-
mant, on prend
ordinairement un
barreau cylindri-
que de fer doux
recourbé en fer à
cheval; sur les
branches de ce
barreau, on en-
roule un grand
nombre de fois et
toujours dans le
même sens, un
fil de cuivre re-
couvert de soie.
L'enroulement
du fil doit être fait
de manière que si

Fig. 170. — *Electro-aimant.*

le barreau était redressé, l'hélice de l'une des branches soit
la continuation de celle de l'autre.

Dès que les extrémités libres du fil de cuivre sont en communication avec les pôles d'une pile, le fer doux s'aimante
et devient capable de soulever des poids plus ou moins consi-

dérables, suivant les dimensions du barreau, l'intensité du courant et le nombre de tours que fait le fil conducteur sur les branches du barreau. On construit des électro-aimants qui peuvent supporter des poids de plusieurs centaines de kilogrammes.

196. Principe des télégraphes électriques. —

Les *télégraphes électriques* sont des appareils à l'aide desquels on transmet instantanément, même à de grandes distances, des signaux conventionnels correspondant chacun à un chiffre ou à une des lettres de l'alphabet. Ils sont une des plus ingénieuses et des plus utiles applications des électro-aimants.

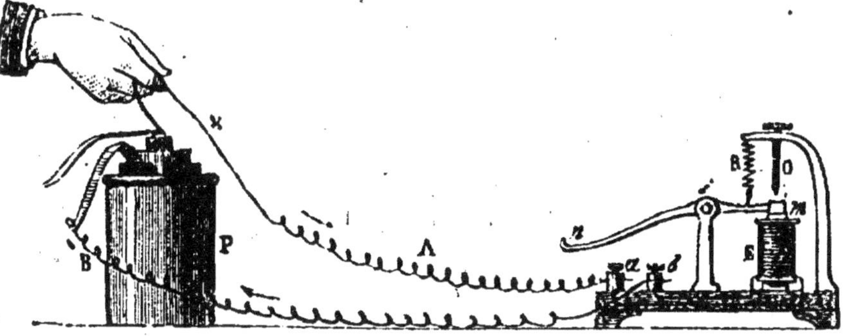

Fig. 171. — *Appareil pour la démonstration du principe des télégraphes.*

Le principe des télégraphes est très simple. Supposons en effet, qu'un fil métallique partant du pôle positif d'une pile établie à Lyon, aille s'enrouler sur un fer doux de manière à constituer un électro-aimant situé à Paris, et revienne ensuite se terminer au pôle négatif de la pile de Lyon. Supposons aussi que l'armature de l'électro-aimant de Paris soit un levier dont l'une des extrémités est maintenue, par un ressort et un arrêt, à une faible distance de l'électro-aimant. Aussitôt qu'à Lyon on mettra les deux extrémités du fil conducteur en communication avec les deux pôles de la pile, le courant passera dans ce fil conducteur, aimantera le fer doux de l'électro-aimant de Paris, et celui-ci attirera l'extrémité du

levier, qui viendra se fixer contre lui. Tant que le courant
passera dans le fil conducteur, le levier gardera cette position;
mais si l'on interrompt une des communications du fil avec
la pile, le courant sera aussi interrompu, l'électro-aimant
n'attirera plus le levier, et ce dernier, relevé par le ressort,
viendra aussitôt battre contre l'arrêt qui le surmonte. Les

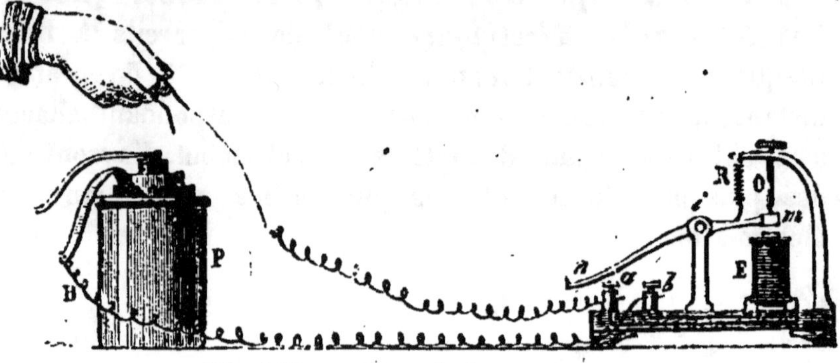

Fig. 172. — *Circuit interrompu.*

mêmes phénomènes se reproduiront chaque fois que la communication du fil avec la pile sera établie et ensuite inter-
rompue. De sorte que de Lyon, on pourra faire osciller le
levier établi à Paris autant de fois qu'on le voudra. Le mouvement de va-et-vient du levier pourra être utilisé pour mettre
en activité certains mécanismes imprimant des dépêches en
signes conventionnels et même en caractères typographiques. La diversité de ces mécanismes constitue les différents
télégraphes. Nous ne parlerons que des deux les plus en
usage : le télégraphe *Morse* et le télégraphe *Hughes.*

197. Télégraphe Morse. — Le télégraphe *Morse,*
comme tout système télégraphique, se compose de quatre
parties principales : une *pile,* un *fil conducteur,* un *manipulateur* et un *récepteur.*

Piles. — On choisit comme piles celles qui présentent à la
fois de la durée et de la constance. Elles doivent être suffisamment fortes ; le nombre de leurs éléments varie avec la
distance à franchir par le courant électrique.

Fil conducteur. — Lorsque nous avons expliqué le principe du télégraphe électrique, pour bien faire comprendre la marche du courant, nous avons supposé un fil conducteur allant de la pile à l'électro-aimant, puis un fil revenant de l'électro-aimant à la pile. L'expérience a démontré que ce second fil n'est pas nécessaire, et que le sol peut lui-même servir de fil de retour. Pour cela, on fait communiquer avec la terre un des pôles de la pile, ainsi que l'extrémité libre du fil conducteur après sa sortie de l'électro-aimant.

Autrefois, les fils télégraphiques étaient habituellement en fer galvanisé ; on se sert aujourd'hui, pour cela, presque toujours du cuivre, qui est meilleur conducteur que le fer. Ces fils de fer ou de cuivre doivent être isolés : à cet effet, on les fait supporter par des godets en porcelaine, fixés sur des poteaux placés le long des routes ou des voies ferrées. On peut aussi faire passer les fils conducteurs sous terre ; dans ce cas, on les isole en les entourant de gutta-percha.

Manipulateur. — Chaque bureau télégraphique doit posséder un manipulateur, pour envoyer les dépêches, et un récepteur, pour les recevoir.

Le manipulateur du télégraphe Morse consiste en un levier *ab*, mobile autour de son point d'appui *m* ; un petit

Fig. 173. — *Manipulateur du télégraphe Morse.*

ressort maintient ce levier écarté d'un bouton *x*, relié à la pile par un fil conducteur P. Le point d'appui est toujours en communication avec le fil de la ligne L, et il suffit d'appuyer

sur la poignée B du levier pour faire passer le courant dans
le fil de la ligne. Quand le manipulateur est en repos, le fil
de la ligne communique par le fil A avec le récepteur du même
bureau télégraphique.

Récepteur. — Les principaux organes du récepteur du télégraphe Morse sont un électro-aimant, un levier et un méca-

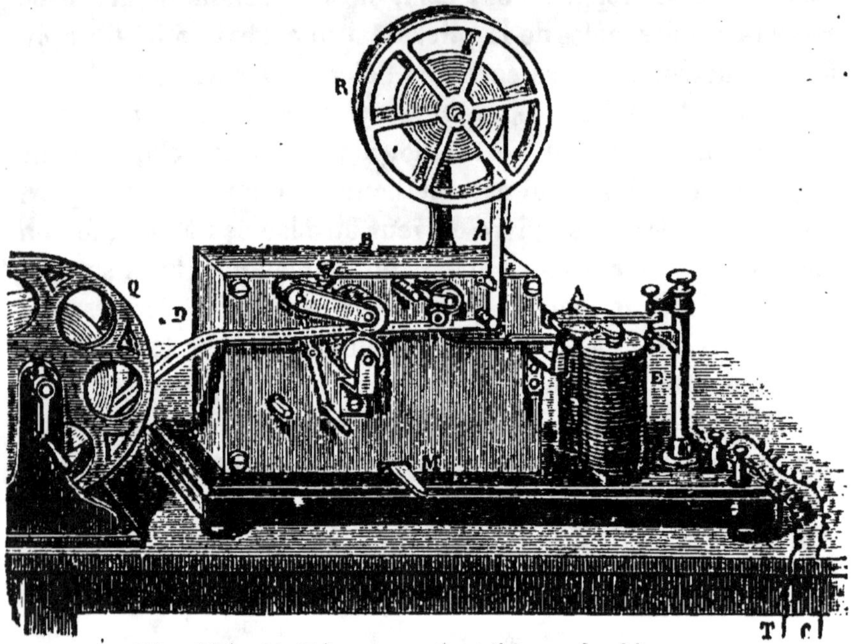

Fig. 174. — *Récepteur du télégraphe Morse.*

nisme d'horlogerie. L'électro-aimant a pour armature une des
extrémités du levier; l'autre extrémité de ce levier est terminée en pointe et sert à imprimer les dépêches. Deux cylindres,
mus par le mécanisme d'horlogerie, tournent en sens inverse
en frottant l'un contre l'autre. Entre ces deux cylindres, passe
une bande de papier, qui est ainsi entraînée par eux d'un
mouvement uniforme. Au-dessus de la bande de papier, en
face de la pointe du levier, se trouve une molette imprégnée
d'encre. Lorsque le courant passe dans l'électro-aimant,
l'armature de celui-ci est attirée et la pointe du levier vient
presser la bande de papier contre la roue encrée. Cette roue

imprime alors sur le papier un trait dont la longueur dépend
de la durée du courant, car la pointe du levier s'écarte de la

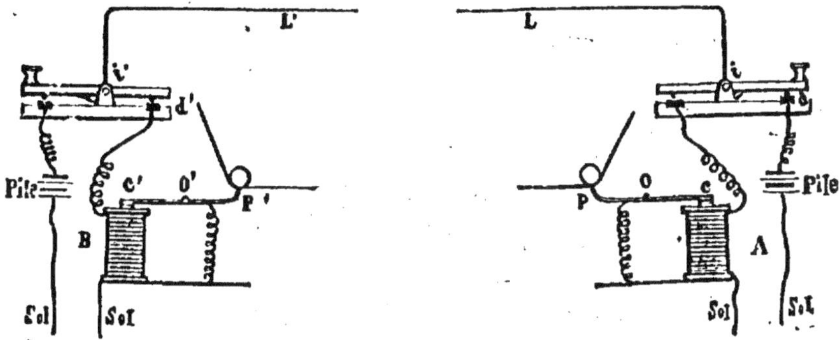

Fig. 175. — *Figure théorique montrant la marche du courant
électrique dans deux postes en communication du télégraphe
Morse.*

Lorsque l'on appuie sur la poignée du manipulateur du poste A, le courant produit
par la pile de ce poste passe par le contact d dans le levier du manipulateur ; de là,
il va dans le fil de la ligne L L' et, passant par les contacts i et d', arrive à l'électro-
aimant du poste B, pour agir sur son armature. Les mêmes phénomènes se produisent en sens inverse lorsque l'on presse sur la poignée du manipulateur du poste B.

bande de papier dès que le courant cesse de passer dans
l'électro-aimant. Quand on appuie sur le bouton du manipulateur d'un bureau télégraphique, le courant passe aussitôt
dans le fil de la ligne, arrive au récepteur du bureau avec
lequel ce fil est en communication, et détermine sur la bande
de papier de cet appareil, la formation d'un point ou d'une
ligne, suivant la durée de la pression sur le bouton du manipulateur. On peut donc, par une suite de pressions plus ou

Fig. 176. — *Spécimen de dépêche du télégraphe Morse.*

moins prolongées, faire imprimer sur la bande de papier du
récepteur des séries de traits et de points dont les combinaisons représentent les chiffres et les lettres de l'alphabet.

198. Télégraphe Hughes. — Le télégraphe *Hughes*, qui est une merveille de mécanisme, est fort employé dans les grands centres ; il imprime les dépêches en caractères typographiques et a surtout l'avantage d'être d'une manipulation bien plus rapide que le télégraphe Morse ; la transmission des dépêches se fait par un clavier, sur les touches duquel on presse comme sur les touches d'un piano.

Grâce à un distributeur spécial, nommé *distributeur Baudot*, cinq transmetteurs Hughes peuvent utiliser à la fois le même fil conducteur de la ligne. En effet, la durée d'*une* transmission télégraphique n'étant en moyenne que de *quatre centièmes* de seconde, on peut envoyer 25 signaux à la seconde, et comme un transmetteur ne peut en transmettre que 5 au plus durant ce temps, on comprend que 5 appareils semblables puissent fonctionner ensemble. Le fil de la ligne est mis en communication à tour de rôle, pendant un temps très court, avec chaque transmetteur, et naturellement, à l'arrivée, avec le récepteur correspondant.

199. Télégraphie sous-marine. — Pour les transmissions au delà des mers, le conducteur télégraphique est formé par un faisceau de sept fils de cuivre entouré de plusieurs couches de gutta-percha et d'une couche très épaisse de matière isolante ; le tout est protégé contre l'action corrosive de l'eau de la mer par une série de gros fils de fer garnis eux-mêmes de chanvre goudronné.

Fig. 177.

Câble sous-marin.

La coupe montre la disposition des fils métalliques dans le câble.

On ne peut se servir, pour la réception des télégrammes par câbles sous-marins, des appareils précédemment décrits ; à cause des phénomènes de condensation et d'induction électriques qui se produisent à l'intérieur de ces câbles, les courants électriques, après les avoir traversés, n'auraient

pas assez d'énergie pour faire fonctionner ces appareils.
Pendant longtemps, on a employé comme récepteur le *galvanomètre extra-sensible de Thomson*, dont on utilisait,
comme signaux, les déviations à droite et à gauche de l'aiguille. On se sert actuellement d'un appareil connu sous le
nom de *Siphon Recorder*, qui enregistre les dépêches en
signes conventionnels.

200. Sonneries électriques. — Les sonneries électriques sont des appareils qui servent d'avertisseurs.

Elles se composent d'un électro-aimant dont l'armature
est munie d'un marteau pouvant frapper sur un timbre. Cette

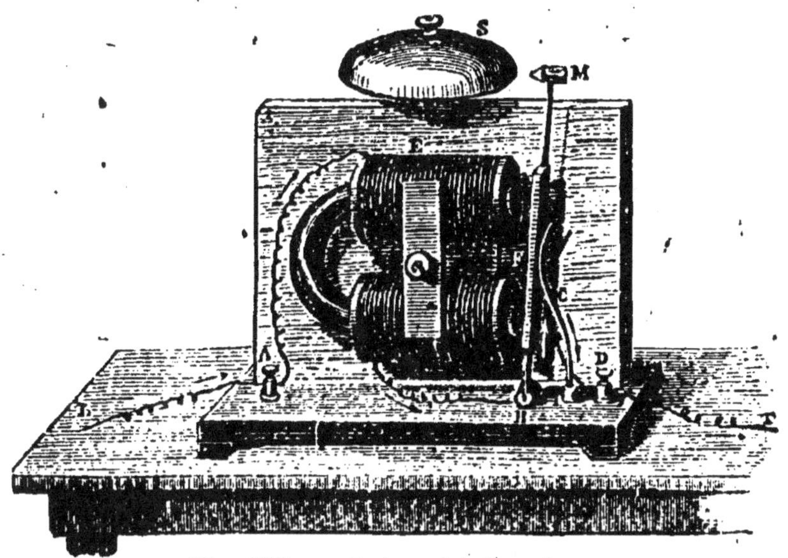

Fig. 178. — *Sonnerie électrique.*

armature est terminée par un ressort B, qui la maintient
appuyée contre un autre ressort C.

Le courant électrique, arrivant par le conducteur L, passe
d'abord dans l'électro-aimant, puis dans l'armature et le ressort
C, enfin, il retourne à la pile ou va se perdre dans le sol.
Sous l'influence du courant, l'électro-aimant attire son armature, et le marteau M vient frapper le timbre S. Mais, lorsque
l'armature abandonne le ressort C, le circuit se trouve inter-

rompu et le courant cesse de passer. L'électro-aimant perd alors son aimantation et l'armature revient s'appuyer contre le ressort, ce qui ferme de nouveau le circuit et permet aux phénomènes ci-dessus de se renouveler. Ces phénomènes, en se répétant avec rapidité, produisent une sonnerie continue.

RÉSUMÉ

Lorsqu'on fait passer un courant électrique parallèlement à une aiguille aimantée et près d'elle *cette aiguille se dévie de sa position d'équilibre et tend à se mettre en croix avec le courant ; le pôle nord de l'aiguille est toujours dévié à gauche du courant.*

Le galvanomètre est un appareil qui sert à mettre en évidence l'*existence* des courants électriques, à en déterminer le *sens* et à en mesurer l'*étendue*. Le plus en usage est celui de Nobili, qui se compose d'un multiplicateur à l'intérieur duquel se trouve un système de deux aiguilles astatiques suspendu par un fil de cocon.

On appelle *système d'aiguilles astatiques* deux aiguilles de même aimantation réunies par une tige rigide et disposées de manière que leurs *pôles de noms contraires soient en regard.*

Le fer doux, sous l'influence des courants électriques, s'aimante instantanément ; mais il perd son aimantation dès que le courant cesse. L'acier s'aimante aussi sous l'influence des courants, et il conserve son magnétisme après que cette influence a cessé.

Les *électro-aimants* sont des barreaux de fer doux, sur les branches desquels un fil de cuivre isolé est enroulé un grand nombre de fois et toujours dans le même sens. Les électro-aimants acquièrent une force magnétique considérable sous l'action des courants électriques ; mais ils perdent cette force aussitôt que les courants cessent.

Les *télégraphes électriques* sont des appareils à l'aide desquels on transmet instantanément, même à de grandes distances, des signaux correspondant chacun à une lettre de l'alphabet ou à un chiffre. Leur construction repose sur les propriétés des électro-aimants. Les télégraphes les plus en usage sont le *télégraphe Morse* et le *télégraphe Hughes.*

Tout système télégraphique se compose de quatre parties principales, savoir : une *pile*, un *fil conducteur*, un *manipulateur* et un *récepteur*. La pile doit avoir de la durée et de la constance. Il est nécessaire que le fil conducteur soit isolé. Le manipulateur sert à envoyer les dépêches et le récepteur, à les recevoir.

Les *sonneries électriques* sont des appareils employés comme avertisseurs. Leur organe principal est un électro-aimant dont l'armature porte un marteau qui, lorsque le courant passe, vient frapper contre un timbre.

QUESTIONNAIRE

Décrivez l'expérience d'Œrsted. — Quelle supposition fait-on pour définir la gauche et la droite d'un courant électrique? — Décrivez le multiplicateur. — Quel est son but? — A quoi sert le galvanomètre? Décrivez le galvanomètre de Nobili. — Qu'appelle-t-on système d'aiguilles astatiques? — Quel effet produisent les courants électriques sur le fer doux? — Sur l'acier? — Décrivez un électro-aimant? — Expliquez le principe des télégraphes. — De quelles piles se sert-on pour les télégraphes? — Comment doit être le fil conducteur? — Décrivez le manipulateur et le récepteur du télégraphe Morse. — Que savez-vous du télégraphe Hughes? — Du distributeur Baudot? — Parlez de la télégraphie sous-marine. — Décrivez une sonnerie électrique.

CHAPITRE XIV

COURANTS D'INDUCTION

201. Courants d'induction. — On a vu que, par l'influence d'un courant électrique, on peut aimanter un barreau de fer doux ou d'acier. Réciproquement, sous l'influence d'un aimant, on peut produire un courant électrique dans un fil métallique voisin. Les courants électriques qui prennent ainsi naissance sous l'influence des aimants, portent le nom de *courants d'induction*. Leur découverte en a été faite par Faraday, en 1830.

Pour démontrer l'existence des courants d'induction, on se sert d'un barreau aimanté et d'une bobine creuse, sur laquelle est enroulé un très grand nombre de fois un fil de cuivre recouvert de soie, et dont les extrémités sont reliées à un galvanomètre. Avec cet appareil, on fait les deux expériences suivantes :

1re Expérience. — On introduit *vivement* le barreau aimanté dans l'intérieur de la bobine et on constate que l'aiguille du galvanomètre est *immédiatement déviée*. Il y a donc eu production d'un courant électrique dans la bobine soumise à l'influence de l'aimant; ce courant est *instantané*

et il est d'autant plus *intense* que l'enfoncement est plus
rapide et l'aimant employé plus puissant.

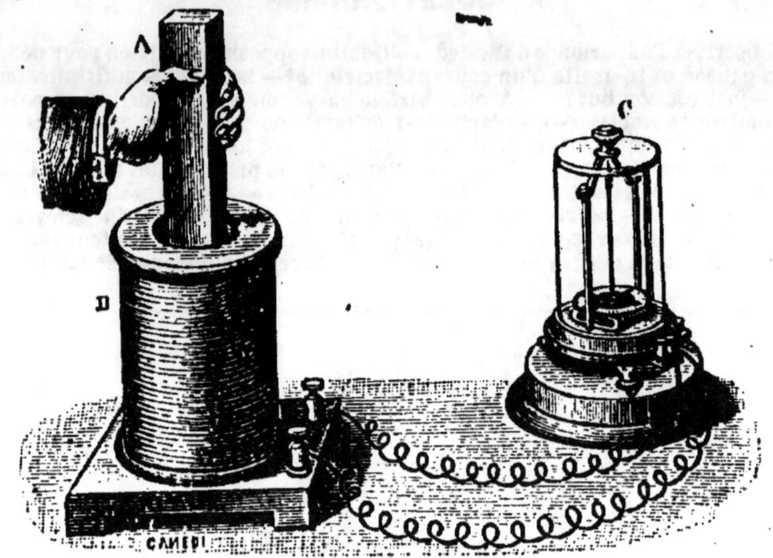

Fig. 179. — *Appareil pour la démonstration des courants
d'induction.*

2° *Expérience.* — On retire *vivement* le barreau aimanté
de la bobine et on constate que celle-ci est de nouveau par-
courue par un courant de *sens contraire* au précédent, et
dont l'intensité est d'autant plus grande que l'aimant a été
retiré plus brusquement.

Dans les expériences précédentes, on dit qu'il y a *induction*
par l'aimant, et que l'aimant joue le rôle d'*inducteur ;* le
courant développé dans la bobine porte le nom de *courant
induit* ou de *courant d'induction.*

Il est évident que, dans ces expériences, si au lieu de
déplacer l'aimant par rapport à la bobine, on avait déplacé
la bobine par rapport à l'aimant, les phénomènes eussent été
les mêmes. Par conséquent, on peut dire que *tout déplacement d'une bobine dans le voisinage d'un aimant développe dans cette bobine des courants d'induction d'autant plus intenses que le déplacement a été effectué
plus rapidement.* C'est sur ce principe que repose la cons-

truction des machines d'induction dites *magnéto-électriques* et *dynamo-électriques*.

202. Machine magnéto-électrique de Gramme.

— La machine magnéto-électrique de Gramme se compose d'un aimant fixe en fer à cheval A N S, entre les pôles duquel tourne très rapidement un anneau D, formé d'une série de bobines aplaties et réunies en un circuit unique. Un courant induit prend naissance dans les bobines à mesure qu'elles se déplacent devant les pôles de l'aimant A N S, et ce courant est recueilli par deux balais B et B' frottant sur la partie centrale C de l'anneau appelée *collecteur*, où aboutissent les extrémités des fils des bobines ; des balais, le courant passe dans les bornes P et P' et se rend ensuite dans le circuit extérieur par les conducteurs R et R'

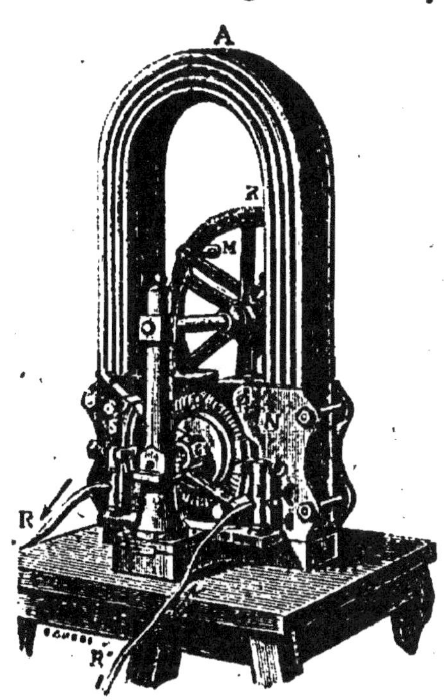

Fig. 180. — *Machine magnéto-électrique de Gramme.*

L'intensité du courant est d'autant plus grande que l'anneau de la machine tourne plus rapidement. Une machine magnéto-électrique de Gramme dont l'anneau fait *1200* tours à la minute donne un courant de *20 volts*, c'est-à-dire équivalant à celui que produirait une pile Daniell de *20 éléments*.

La machine magnéto-électrique de Gramme n'est guère employée que dans les laboratoires ; dans l'industrie, on se sort de machines beaucoup plus puissantes, appelées machines *dynamo-électriques* ou simplement *dynamos*.

203. Machine dynamo-électrique de Gramme.

— Les *machines dynamo-électriques* diffèrent des machines magnéto-électriques en ce que l'élément inducteur, au lieu d'être un aimant est un *électro-aimant*, dont la puissance est de beaucoup supérieure.

La machine dynamo-électrique de Gramme se compose donc d'un électro-aimant NSBB' entre les pôles duquel tourne un anneau, semblable à celui de la machine magnéto-électrique. Son fontionnement est le même que celui de cette dernière machine, excepté que le circuit du courant d'induction développé par le déplacement des bobines de l'anneau devant les pôles N et S de l'électro-aimant, passe dans les bobines B et B' de cet électro-aimant, de manière à renforcer son aimantation. Il en résulte pour le courant induit une

Fig. 181. — *Figure théorique montrant la marche du courant électrique dans la machine dynamo-électrique de Gramme.*

augmentation progressive d'intensité qui devient d'autant plus grande que la vitesse de l'anneau est plus considérable. La vitesse d'une dynamo ne doit pas être inférieure à *600 tours* à la minute; on l'obtient à l'aide d'un moteur actionné par une force quelconque : vapeur, chute d'eau, etc.

La dynamo s'*amorce* d'elle-même, parce que le noyau de l'électro-aimant n'étant jamais parfaitement doux, conserve toujours un peu d'aimantation ; il se produit donc au début un faible courant dans les bobines de l'anneau et ce courant passant dans l'électro-aimant augmente de plus en plus son aimantation à mesure qu'il devient lui-même plus intense.

Une dynamo peut être assimilée à une pile très puissante

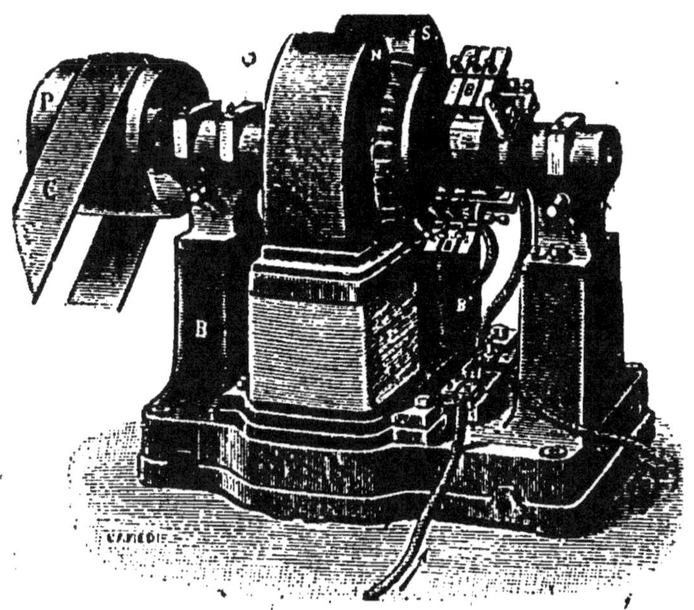

Fig. 182. — *Machine dynamo-électrique de Gramme.*

dont les pôles sont des balais collecteurs de l'électricité ; sa force électro-motrice est donc égale à la différence de niveau électrique entre ces balais ou à leur différence de potentiel.

Les dynamos ordinaires produisent des courants électriques dont la force électro-motrice est comprise entre *50* et *250 volts*, et l'intensité, entre *25* et *200 ampères ;* pour le transport de la force à distance, on construit des dynamos dont les courants électriques mesurent jusqu'à *10.000 volts*, avec un nombre d'ampères relativement beaucoup moindre. Pour construire ces dernières machines, dites à *haut potentiel*, on augmente le nombre des spires des bobines de l'anneau et on diminue la grosseur du fil employé ; au contraire, pour obtenir des machines à *faible potentiel*, mais à *grand débit électrique*, on augmente la grosseur du fil des bobines tout en diminuant le nombre des spires.

204. Travail mécanique d'une dynamo. — Le *travail mécanique* que peut effectuer une dynamo, ou son *énergie, est égal à l'intensité du courant qu'elle produit multiplié par la force électromotrice de ce courant.*

On démontre en mécanique que l'énergie d'une chute d'eau est égale à la quantité d'eau débitée en une seconde par la chute multipliée par la hauteur de cette chute. Ainsi, une chute d'eau débitant *750 kg* d'eau à la seconde et ayant *10 mètres* de hauteur pourra produire un travail mécanique de *750 × 10 = 7.500 kilogrammètres* ou de *7.500 : 75 = 100 chevaux-vapeur.*

De même, une dynamo dont l'intensité du courant est de *75 ampères* et la force électro-motrice de *100 volts,* aura une énergie de *75 × 100 = 7.500 watts.* Le WATT est l'unité de puissance adoptée pour les dynamos ; il égale environ le *1/10ᵉ* du kilogrammètre et, par suite, le *1/750ᵉ* du cheval-vapeur. Une dynamo de *15.000 watts* est donc une dynamo qui peut produire un travail mécanique de *15.000 : 750 = 20 chevaux-vapeur.* Les watts se comptent par *déca, hecto, kilo ;* ainsi on dit : un *hectowatt,* un *kilowatt,* pour exprimer *100 watts, 1.000 watts.*

205. Eclairage électrique. — L'énergie des courants électriques produits par les dynamos est généralement transformé en *lumière.* On se sert pour cela de l'*arc voltaïque* et des *lampes à incandescence.*

ARC VOLTAÏQUE. — Lorsqu'on met en contact deux tiges de charbon fixées à des montures métalliques communiquant, par des fils conducteurs, avec les pôles d'une dynamo ou d'une pile d'au moins *45 volts,* les pointes de charbon rougissent, et, si le courant est assez intense, on peut les écarter légèrement sans que le courant cesse de passer. Les extrémités des charbons brillent alors d'une belle couleur blanche et entre elles jaillit une lumière violacée ayant la forme d'un arc, ce qui a fait donner à ce phénomène lumineux le nom d'*arc voltaïque.* On constate en même temps que le charbon positif se creuse et diminue de longueur, tandis que le charbon négatif s'allonge et se couvre de bourgeons, ce qui

Fig. 183. — *Arc voltaïque.*

prouve que des parcelles de charbon sont sans cesse transportées du pôle positif au pôle négatif, en formant comme un

Fig. 184. — *Bougie Jablochkoff.*   Fig. 185. — *Lampe Edison.*

conducteur par lequel le courant continue à passer. On évalue la température de l'arc voltaïque à plus de *3.500°*.

A mesure que les charbons s'usent, leur écartement aug-

mente, et lorsque cet écartement a atteint une certaine
limite, le courant ne peut plus passer et l'arc s'éteint. Pour
appliquer l'arc voltaïque à l'éclairage, il a donc fallu avoir
recours à des appareils qui maintiennent les charbons à une
distance à peu près constante ; ces appareils, nommés *régulateurs*, sont actionnés par le courant électrique lui-même.

En 1876, un ingénieur russe, M. Jablochkoff, a trouvé le
moyen de produire l'éclairage électrique par l'arc voltaïque
sans le concours de régulateurs. Son appareil, appelé *bougie
Jablochkoff*, se compose de deux baguettes de charbon,
placées parallèlement l'une à côté de l'autre et séparées par
une substance isolante : un mélange de sulfate de chaux et de
sulfate de baryte. Lorsque le courant électrique passe dans
ces charbons, un arc voltaïque se forme entre leurs extrémités,
lequel volatilise la matière isolante à mesure que les charbons
se consument.

206. Lampes à incandescence. — Les lampes à
incandescence se composent d'un filament de charbon très fin
enfermé dans une ampoule de verre où l'on a fait le vide
aussi parfaitement que possible ; ce filament de charbon est
fixé à deux fils de platine qui traversent la base de la lampe
et qui peuvent être mis en communication avec un conducteur électrique. Il suffit de faire passer un courant assez
intense dans le filament de charbon pour le porter à l'incandescence et produire une lumière blanche très éclairante. Le
charbon ne se consume pas parce qu'il est dans le vide ; dans
l'air, il serait brûlé en quelques instants.

Il existe plusieurs sortes de lampes à incandescence, telles
que celles d'*Edison*, de *Swan*, de *Maxim*, etc., qui ne
diffèrent que par la forme donnée au filament de charbon et
par la matière qui sert à le fabriquer. La *lampe d'Edison*
est de beaucoup la plus employée ; son fil de charbon, aussi
délié qu'un cheveu, est obtenu en carbonisant en vase clos
les fibres d'une espèce de bambou très commun au Japon.
Ces filaments se rompent après un certain temps d'usage ;

toutefois, une lampe bien construite peut servir en moyenne pendant *1.000 heures*.

L'unité dont on se sert généralement pour mesurer l'intensité de l'éclairage par l'électricité est la *bougie*, c'est-à-dire l'éclairage donné par une des bougies stéariques portant la marque de l'*Étoile* et que l'on trouve communément dans le commerce en paquets de cinq au demi-kilo. La force électromotrice des courants employés pour l'éclairage peut aller jusqu'à *150 volts*; mais le plus souvent on se sert de courants de *110 volts*. A cette dernière tension, une lampe à incandescence de *32 bougies* demande une quantité d'électricité égale à *un ampère*; elle exige donc une énergie électrique de $1 \times 110 = 110$ *valts*, à peu près le *1/7* d'un cheval-vapeur.

207. Réversibilité des dynamos. — Pour faire tourner l'anneau central d'une machine de Gramme, il faut

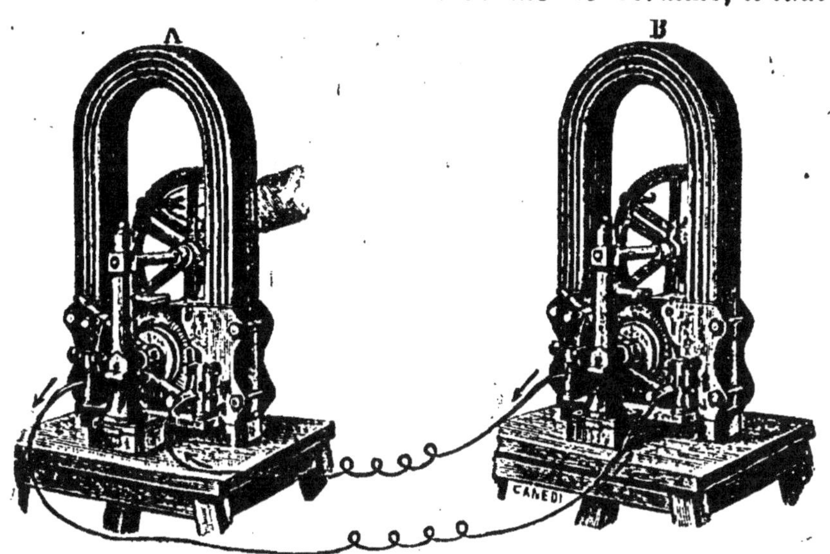

Fig. 186. — *Réversibilité des dynamos.*

dépenser de l'énergie mécanique fournie par la vapeur, par une chute d'eau, etc. ; le courant électrique qui prend naissance dans les spires de l'anneau est recueilli par les deux balais qui frottent sur le collecteur, pour être ensuite utilisé dans le circuit extérieur ; le travail mécanique dépensé se trouve donc converti en *énergie électrique*.

Inversement, si par les deux balais d'une machine de Gramme, on dirige dans l'anneau un courant suffisamment intense et de même sens que le courant précédemment produit, l'anneau se met à tourner *en sens contraire*, sous l'action des pôles de l'électro-aimant, et devient un *moteur* capable d'entraîner divers appareils reliés à son axe. L'énergie électrique du courant est donc *transformée en travail mécanique*.

La possibilité d'obtenir avec des dynamos, soit la transformation d'un travail mécanique en énergie électrique, soit la transformation inverse, constitue ce que l'on appelle la *réversibilité*. La dynamo qui produit le courant est nommée *génératrice* et l'autre prend le nom de *réceptrice* ou de *moteur électrique*.

208. Transport de la force à distance. — La propriété que possèdent les dynamos d'être réversibles est très importante, car elle permet le transport de la force à distance. En effet, si l'on suppose une dynamo mise en mouvement par une chute d'eau en un lieu A, le courant qu'elle produit peut être amené par des fils conducteurs à une deuxième dynamo placée en un autre lieu B, distant de 10, de 20, de 50 kilomètres, et y faire tourner son anneau : le mouvement de cette seconde dynamo étant réellement emprunté à la chute d'eau, le problème du transport de la force à distance se trouve résolu.

Le transport de la force à distance a déjà reçu de nombreuses applications. Pour en donner un exemple, on peut citer l'emploi qu'en fait la Compagnie des Forces motrices du Rhône, à Lyon. Un canal de dérivation du Rhône, de 16 kilomètres de longueur, amène à une usine électrique, située à 7 kilomètres de Lyon, une masse d'eau considérable, 100 mètres cubes à la seconde, qui, au moyen d'une chute de 12 mètres, met en mouvement 10 turbines actionnant chacune une dynamo dont l'énergie du courant produit égale *1.200 chevaux-vapeur*. Cette force énorme de plus de *20.000 chevaux-vapeur* est ensuite distribuée dans toute la ville, où elle est employée pour l'éclairage et aussi pour actionner des moteurs électriques, destinés eux-mêmes à faire mouvoir toutes sortes de mécanismes : métiers de toute espèce, presses d'imprimerie, machines à coudre, pompes, souffleries, etc.

Les *tramways à traction électrique* fonctionnant à l'aide d'un câble aérien sont encore une intéressante application du

Fig. 187. — *Tramways électriques.*

transport de la force à distance. Sous chacun de ces tramways, près des roues, se trouvent deux dynamos réceptrices faisant fonctions de moteurs ; les anneaux de ces dynamos reçoivent, par un conducteur nommé *trolley,* une partie du courant électrique qui parcourt le câble aérien, et, sous l'influence de ce courant, ils tournent rapidement en communiquant leur mouvement aux roues du tramway. Le courant électrique du câble aérien est produit par de puissantes dynamos génératrices installées dans une usine située à proximité de la ligne de circulation et, le plus souvent, vers son milieu. La force électromotrice de ce courant dépasse ordinairement *500 volts.*

209. Téléphone. — Le *téléphone*, inventé en 1877 par l'américain Graham Bell, est un ingénieux appareil destiné à transmettre au loin, et d'une façon instantanée, les sons et particulièrement la parole. C'est une des plus belles applications des courants d'induction. Sa théorie est basée sur l'expérience suivante.

Dans l'ouverture d'une bobine creuse B, autour de laquelle

Fig. 188. — *Appareil servant à constater la formation des courants d'induction.*

s'enroule un fil sans fin de cuivre recouvert de soie, et long d'environ *300 mètres*, on enfonce un barreau A d'acier aimanté; puis on met les deux bouts du fil en communication avec un *galvanomètre*. Si alors on approche du barreau aimanté un morceau de fer doux, on voit, par la déviation de l'aiguille du galvanomètre, qu'il s'est formé dans le fil de la bobine un courant qui cesse presque aussitôt. Si on retire brusquement le fer doux, il se forme un autre courant qui cesse de la même manière. En approchant et en éloignant ainsi successivement le fer doux de l'aimant, on voit qu'il se forme chaque fois un courant dans la bobine, et cela quelle que soit la rapidité avec laquelle on opère. Ces courants ne sont autre chose que des courants d'induction produits par la modification d'état magnétique qu'éprouve le barreau aimanté sous l'influence du fer doux. Cela connu, le fonctionnement du téléphone est facile à comprendre.

Le téléphone se compose de deux appareils absolument semblables : un *transmetteur* et un *récepteur*. Chacun de ces deux appareils renferme un barreau aimanté A, portant à

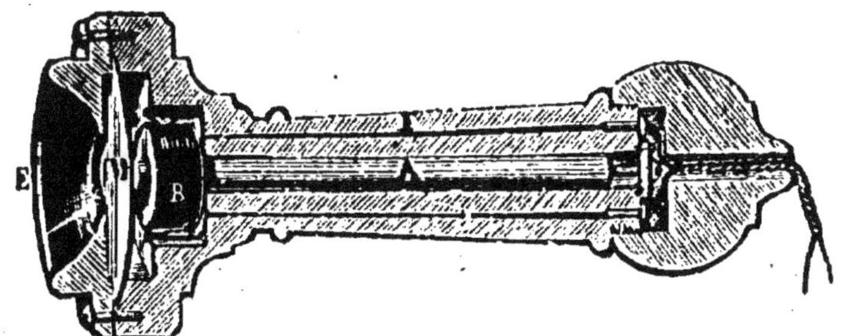

Fig. 189. — *Coupe d'un récepteur téléphonique.*
A, Barreau aimanté. — B, Bobine. — M, Plaque de tôle.

l'un de ses pôles une petite bobine de bois B, sur laquelle s'enroule un long fil de cuivre recouvert de soie. Les bouts du fil de la bobine du transmetteur, après avoir formé le fil conducteur de la ligne, viennent s'enrouler sur la bobine du récepteur. En face et très près du barreau aimanté de chacun des deux appareils, du côté des bobines, se trouve une plaque de tôle M, fixée seulement par ses bords, au fond d'une espèce d'embouchure en forme d'entonnoir. Quand on parle devant la plaque de tôle du transmetteur, cette plaque vibre, c'est-à-dire se rapproche et s'éloigne alternativement du barreau aimanté. Il se produit alors dans les bobines du téléphone des courants d'induction qui déterminent dans la plaque du récepteur des vibrations identiques à celles de la plaque du transmetteur ; ces vibrations produisent des sons semblables à ceux qui les ont occasionnés.

Le téléphone magnétique précédemment décrit ne produit que des sons très affaiblis ; cela tient à ce que les courants d'induction qui se forment par suite des vibrations de la plaque du transmetteur, sont toujours excessivement faibles. On peut les renforcer à l'aide du *microphone.*

210. Microphone. — Le *microphone*, inventé par Hughes, est un transmetteur téléphonique d'une extrême sensibilité ; il consiste principalement en un crayon de charbon des cornues, dont les extrémités, taillées en pointe, sont

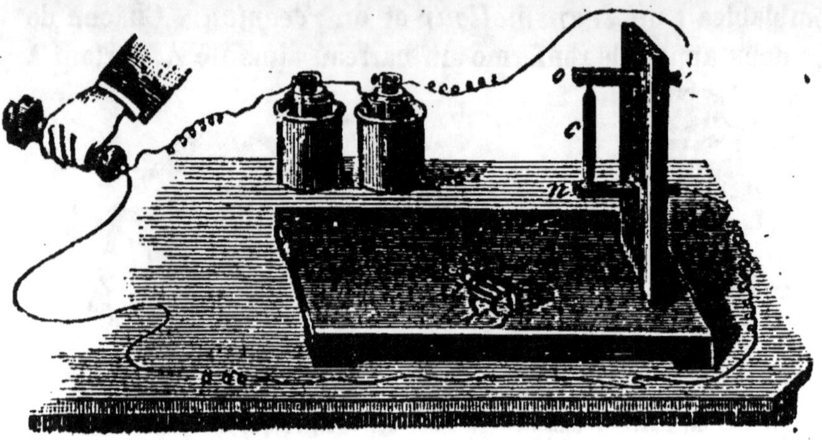

Fig. 190. — *Microphone.*

reçues à l'intérieur de deux petites cavités, creusées dans des supports également en charbon. Cette disposition permet au crayon d'osciller au moindre ébranlement. Les deux supports sont fixés à une planchette verticale et communiquent avec un récepteur de téléphone par deux fils métalliques ; une pile est intercalée dans le circuit formé par ces fils. Le bruit le plus léger fait osciller le crayon de charbon, ce qui occasionne, dans le courant produit par la pile, des variations d'intensité, qui se traduisent par des vibrations sonores dans la plaque de tôle du récepteur téléphonique. Les paroles prononcées, même à voix basse, à quelques mètres d'un microphone se perçoivent nettement au récepteur. La sensibilité du microphone est telle, que la marche d'un insecte sur la planchette de l'instrument s'entend à une grande distance quand on applique le récepteur contre l'oreille.

211. Téléphone Ader. — Le téléphone Ader est presque le seul actuellement employé. Il se compose, comme celui de Bell, d'un transmetteur et d'un récepteur ;

mais ces deux appareils sont bien différents l'un de l'autre.

Fig. 191. — *Transmetteur du téléphone Ader.*

Le *transmetteur Ader* n'est autre chose qu'un microphone multiple. Il a la forme d'un pupitre dont la partie supérieure est une planchette de sapin, au-dessous de laquelle se trouve une série de charbons constituant le microphone. Un courant électrique, produit par une pile, traverse ces charbons et lorsqu'on parle devant la planchette qui les recouvre, les vibrations qui leur sont imprimées modifient la résistance de leurs points de contact et par suite l'intensité du courant électrique; il en résulte des vibrations sonores dans la plaque de tôle du récepteur.

Le *récepteur Ader* diffère de celui de Bell en ce que l'aimant, recourbé en fer à cheval, vient présenter ses deux pôles devant la plaque vibrante,

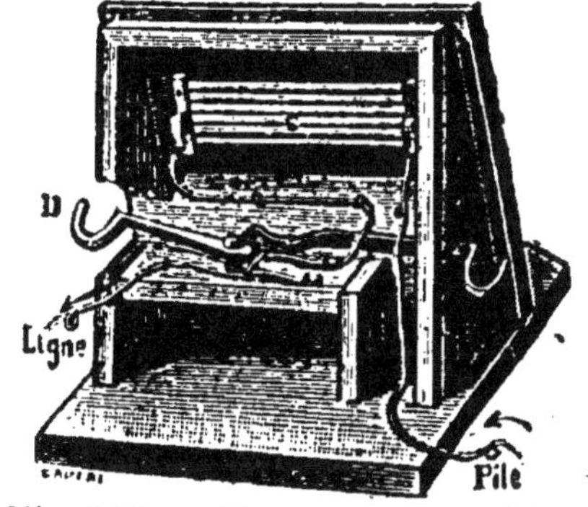

Fig. 192. — *Transmetteur Ader, vu par dessous, montrant le microphone C et la marche du courant, dans l'appareil.*

et une double bobine, dont le fil est la continuation de celui de la ligne téléphonique, entoure les pôles de l'aimant. Cette disposition augmente les variations d'état magnétique de l'aimant, pro-

Fig. 193. — *Personnes correspondant par téléphone.*

Le courant électrique produit par la pile du poste A, après avoir traversé le microphone du transmetteur de ce poste, passe dans le fil de la ligne et arrive au récepteur du poste B. Le courant produit par la pile du poste B suit une direction inverse.

duites par les modifications que subit le courant électrique, et, par suite, amplifie les vibrations de la plaque de tôle ainsi que les sons qu'elle produit.

212. Application du téléphone à pile. — Le téléphone à pile est aujourd'hui universellement répandu. De plus, des réseaux téléphoniques sont établis dans un grand nombre de villes et permettent à leurs habitants d'avoir sans aucun déplacement, des rapports fréquents et presque instantanés.

Chacun des abonnés faisant partie du réseau possède une station téléphonique complète, composée d'un *transmetteur*, d'un *récepteur* et d'une *sonnerie d'avertissement*; un double fil relie ces appareils à un bureau central. Lorsqu'un des abonnés veut correspondre avec un autre, il presse le bouton de sa sonnerie afin d'avertir l'employé du bureau central, puis il demande à cet employé de mettre sa ligne téléphonique en communication avec celle de la personne qu'il lui désigne. Cela fait, les deux abonnés peuvent correspondre aussi longtemps qu'ils le désirent.

RÉSUMÉ

Les courants électriques qui prennent naissance dans les conducteurs métalliques soumis à l'influence des aimants, sont appelés *courants d'induction*.

Tout déplacement d'une bobine dans le voisinage d'un aimant développe dans cette bobine des courants d'induction, d'autant plus *intenses* que le déplacement *a été effectué plus rapidement*. C'est sur ce principe que repose la construction des machines *magnéto-électriques* et *dynamo-électriques*.

Parmi les *machines magnéto-électriques*, la principale est celle de *Gramme*, qui se compose d'un *aimant fixe* en fer à cheval entre les pôles duquel tourne, très rapidement, un anneau formé d'une série de bobines aplaties, réunies en un circuit unique.

Les *machines dynamo-électriques* diffèrent des précédentes en ce que l'élément inducteur, au lieu d'être un aimant, est un *électro-aimant*, dont la puissance est beaucoup supérieure.

L'*énergie* d'une dynamo ou le *travail mécanique* qu'elle peut produire, est égale à l'intensité du courant multiplié par sa force électromotrice. L'énergie électrique s'évalue en *watts*. Le watt égale environ le $1/10^e$ du kilogrammètre, et, par suite, le $1/750^e$ du cheval-vapeur.

On transforme généralement en *lumière* l'énergie des courants électriques produits par les dynamos. On se sert pour cela de *l'arc voltaïque* et des *lampes à incandescence*.

L'arc voltaïque se produit entre les pointes de deux charbons maintenus à une faible distance l'un de l'autre et dans lesquels on fait passer un courant électrique très énergique. Les *lampes à incandescence* se composent d'une ampoule de verre vide d'air et renfermant un filament de charbon très fin, dans lequel on fait passer un courant électrique. On en distingue plusieurs variétés, dont les principales sont celles d'*Edison*, de *Swan* et de *Maxim*. L'unité dont on se sert ordinairement pour mesurer l'intensité de l'éclairage électrique est la *bougie*.

On désigne sous le nom de *réversibilité des dynamos* la possibilité qu'elles ont de transformer soit un travail mécanique en énergie électrique, soit une énergie électrique en travail mécanique. La réversibilité des dynamos est utilisée pour le *transport de la force à distance*.

Le *téléphone* est une ingénieuse application des courants d'induction. Il sert à reproduire les sons à distance et se compose de deux appareils : un *transmetteur* et un *récepteur* reliés par un fil conducteur. Le téléphone actuellement le plus employé est celui d'*Ader*, dont le transmetteur est un *microphone* multiple.

Le *microphone* est un transmetteur téléphonique d'une extrême sensibilité. Son principal organe consiste en un charbon des cornues dont les extrémités, taillées en pointe, reposent sur des supports également en charbon.

QUESTIONNAIRE

Qu'appelle-t-on courants d'induction ? — Qui en a découvert l'existence ? — Par quelles expériences montre-t-on leur formation ? — Décrivez la machine magnéto-électrique de Gramme. — Décrivez sa machine dynamo-électrique. — Comment s'amorce une dynamo ? — Comment obtient-on les dynamos à haut potentiel ? — à faible potentiel ? — A quoi est égal le travail mécanique que peut produire une dynamo ? — Quelle est l'unité adoptée pour mesurer l'énergie des courants électriques ? — A quoi est égal le watt ? — Dites ce que vous savez sur l'arc voltaïque ; sur les lampes à incandescence. — De quelle unité se sert-on ordinairement pour mesurer l'intensité de la lumière électrique ? — Qu'est-ce que l'on entend par réversibilité des dynamos ? — Quelle application a-t-on faite de la réversibilité des dynamos ? — Dites ce que vous savez sur le transport de la force à distance. — Expliquez le fonctionnement des tramways électriques à câble aérien. — Qui a découvert le téléphone ? — Sur quel principe repose son fonctionnement ? — Dites ce que vous savez sur le téléphone de Bell ; sur le téléphone Ader ; sur le microphone.

CHAPITRE XV

ACOUSTIQUE

L'acoustique est la partie de la physique qui a pour objet
l'étude des sons et des lois d'après lesquelles ils se produisent
et se propagent.

213. Production du son. — Le *son* est le résultat
du mouvement vibratoire des corps sonores. Quand un corps
émet un son, ses molécules sont animées d'un mouvement

Fig. 194.— *Mouvement vibratoire des corps sonores.*

vibratoire très rapide. Si l'on arrête ce mouvement, le son
cesse aussitôt de se faire entendre. Quand, par exemple, on
frappe sur le bord d'un verre à pied, ou quand on frotte ce
verre avec un archet, il vibre et rend un son très distinct ;

mais si l'on arrête les vibrations, en touchant le verre avec le doigt, le son cesse immédiatement. Pour constater les vibrations du verre, on met un petit pendule en contact avec lui, et on voit que ce petit pendule est vivement repoussé toutes les fois qu'il vient toucher le verre.

Lorsqu'on pince une corde de violon ou de harpe pour en tirer un son, on distingue très bien les mouvements de va-et-vient qu'elle exécute de chaque côté de sa position d'équilibre. Chaque mouvement, comprenant une allée et une venue, forme une *vibration complète;* le seul mouvement d'allée et de venue est appelé *vibration simple.*

Pour que les vibrations produisent des sons, il faut qu'elles aient une certaine rapidité. Ainsi, quand on fixe dans un étau une longue lame d'acier, et qu'après l'avoir écartée de sa position d'équilibre, on l'abandonne à elle-même, cette lame exécute une série de vibrations très lentes, mais elle ne rend aucun son. Si l'on raccourcit peu à peu la lame d'acier, les vibrations deviennent de plus en plus rapides, et il arrive un moment où l'on entend un son. D'abord très grave, ce son devient d'autant plus aigu que la partie vibrante de la lame est rendue plus courte, et par conséquent, que les vibrations sont plus rapides. Des expériences ont démontré que le son le plus grave perçu par notre oreille correspond à *16* vibrations par seconde, et le son le plus aigu, à *18.000.*

Fig. 195. — *Mouvement vibratoire d'une lame d'acier.*

214. Qualités du son. — On distingue dans un son trois qualités particulières, savoir : l'*intensité*, le *timbre* et la *hauteur*.

L'*intensité* d'un son est l'énergie plus ou moins grande avec laquelle il est produit. Elle est en raison directe de l'amplitude des vibrations du corps qui émet le son ; elle est inversement proportionnelle au carré de sa distance, et augmente avec la densité du milieu où se propage le son ; en outre, elle varie avec la vitesse et la direction des vents ainsi qu'avec le voisinage des corps sonores.

Le *timbre* est la qualité par laquelle des sons provenant d'instruments différents restent parfaitement distincts, bien qu'ils aient la même hauteur et la même intensité. Ainsi, un cornet à pistons, un violon, une flûte, peuvent faire entendre la même note, mais l'oreille distingue très bien par lequel de ces instruments elle a été produite. La voix humaine présente également un timbre différent suivant les individus, l'âge et le sexe.

La *hauteur* d'un son est le degré plus ou moins élevé qu'il occupe dans l'échelle musicale. Elle dépend du nombre de vibrations accomplies par le corps sonore : plus ce nombre est grand, plus le son est *haut* ou *aigu;* plus il est petit, plus le son est *bas* ou *grave*. On peut démontrer ce principe au moyen du *procédé graphique,* qui permet de compter facilement le nombre des vibrations correspondant à tel ou tel son.

215. Procédé graphique. — Le procédé graphique consiste essentiellement dans l'emploi d'un cylindre tournant d'un mouvement uniforme sur son axe, et dont la surface est recouverte d'une mince couche de noir de fumée.

Pour déterminer le nombre des vibrations accomplies par une lame ou par un diapason donnant une note quelconque, on adapte à cette lame ou à l'une des branches du diapason une pointe fine qui vient toucher légèrement la surface du cylindre. Le mouvement de va-et-vient du corps en vibration trace sur cette surface une ligne dentelée en forme de zigzag. —Chaque dentelure correspond à une vibration complète. Il

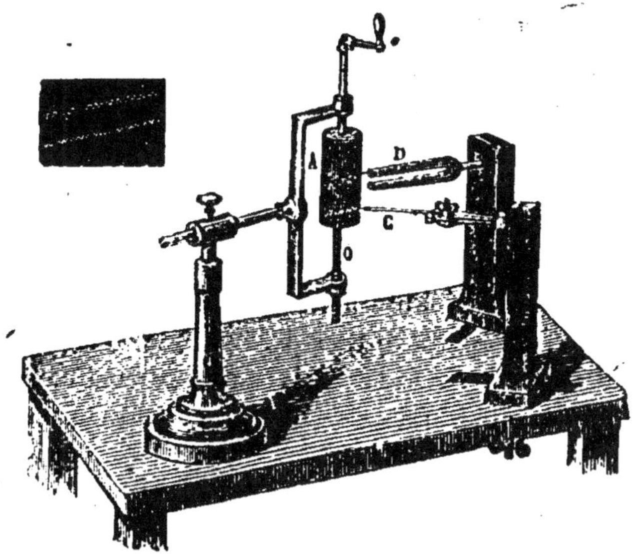

Fig. 196. — *Procédé graphique pour compter les vibrations.*

suffit donc de compter le nombre de ces dentelures pour avoir le nombre des vibrations exécutées pendant la durée de l'expérience.

216. Propagation du son. — Le son ne se propage pas dans le vide. Pour le vérifier, on place sous la cloche d'une machine pneumatique un mécanisme d'horlogerie à l'aide duquel un petit marteau frappe continuellement sur un timbre. Tant que la cloche est pleine d'air à la pression ordinaire, on entend parfaitement le son du timbre ; mais à mesure qu'on raréfie l'air, le son s'affaiblit de plus en plus, et il cesse de se faire entendre lorsque le vide est poussé à un degré suffisant.

Pour démontrer que le son ne se propage pas dans le vide, on se sert aussi d'un ballon de verre contenant une petite clochette suspendue à un fil. Si l'on agite ce ballon lorsqu'il est plein d'air, on entend distinctement la clochette ;

mais l'oreillle ne perçoit plus aucun son quand on l'agite
après y avoir fait le vide.

Le son se propage donc dans
l'air, mais l'air n'est pas le seul
véhicule du son : les autres
gaz, les liquides et les solides
peuvent aussi servir à le transmettre. Ainsi, quand on frappe
deux pierres l'une contre l'autre
sous l'eau, au fond d'une ri-
vière, on entend de la rive le
bruit du choc. Inversement, un
plongeur entend du fond de
l'eau ce que l'on dit sur le
rivage.

Fig. 197. — *Sonnerie dans
le vide.*

La conductibilité des solides
pour le son est telle que le
bruit produit par le plus léger frottement à l'extrémité d'une
poutre peut être perçu à l'autre extrémité. Le sol conduit si
bien le son que, la nuit, en appliquant l'oreille contre la
terre, on peut entendre à de grandes distances le galop d'un
cheval et même les pas d'un voyageur. En appliquant l'oreille
contre la poitrine d'une personne, on entend distinctement le
bruit que l'air produit en entrant dans les poumons et en
sortant ; on entend aussi le bruit des battements du cœur.
Les médecins utilisent cette propriété pour ausculter leurs
malades.

217. Mode de propagation du son dans l'air. —
Les corps transmettent les sons en entrant eux-mêmes en
vibration. Si, par exemple, on frappe une cloche à l'aide de
son battant, la cloche vibre et communique son mouvement
vibratoire aux molécules d'air qu'elle touche ; celles-ci font
vibrer, à leur tour, les molécules les plus rapprochées, et ainsi
de suite ; de sorte que, d'une molécule à la molécule suivante,
ces vibrations arrivent à l'oreille de l'auditeur. Les molécules

d'air en vibration produisent des ondulations analogues à celles qui prennent naissance à la surface des eaux quand on

Fig. 198. — *Propagation du son dans l'air*.

y laisse tomber un objet quelconque. Ces ondulations, appelées *ondes sonores*, forment des sphères concentriques dont le centre est occupé par le corps producteur du son.

218. Tuyaux acoustiques. — Lorsque le son se propage dans un tube, il peut parcourir de grandes distances sans s'affaiblir sensiblement, parce que les parois du tube

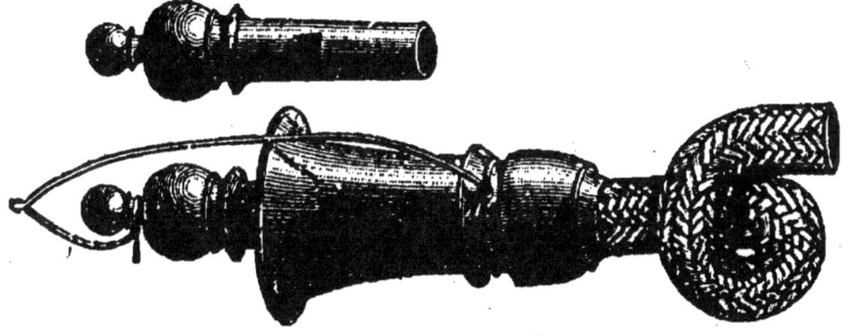

Fig. 199. — *Tuyau acoustique*.

réfléchissent les ondes sonores et conservent au son presque toute son intensité. Les *tuyaux acoustiques* ou *tubes parlants* sont basés sur cette propriété. Ils se composent d'un tube en caoutchouc, de la grosseur du doigt, terminé à ses deux extrémités par un pavillon fermé à l'aide d'un petit sifflet, que l'on peut enlever à volonté. Pour se servir de cet appareil, on souffle d'abord dans le tube afin de prévenir, par un coup de sifflet, la personne à qui l'on veut parler. Celle-ci prévient de la même manière qu'elle est à son poste, et, ayant approché le pavillon de l'oreille, elle entend très bien ce que lui dit la première personne. On fait usage des tuyaux acoustiques pour converser à distance dans les maisons de commerce, dans les usines, dans les maisons particulières et à bord des navires.

219. Porte-voix. — Le *porte-voix* est un tube de fer-blanc ou de laiton destiné à transmettre la voix à de grandes distances. Il est légèrement conique et très évasé à l'une de ses ouvertures nommée *pavillon*. Les porte-voix en

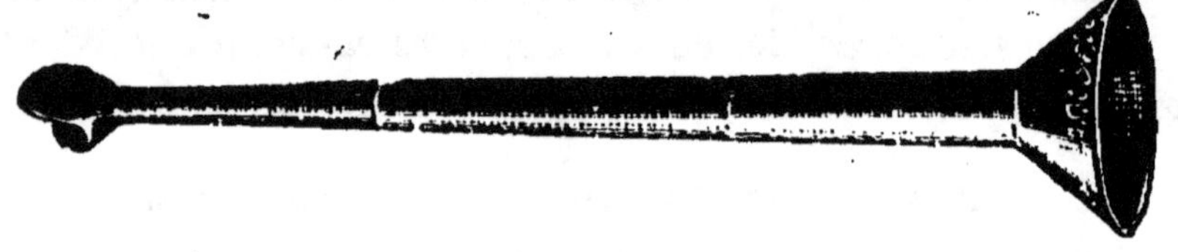

Fig. 200. — *Porte-voix.*

usage sur les vaisseaux ont jusqu'à *2 mètres* de longueur; avec ces instruments, on peut faire entendre des sons à une distance de *5 à 6 kilomètres.*

220. Vitesse du son. — Le son ne se propage pas instantanément dans l'air; car si d'une certaine distance on observe la décharge d'une arme à feu, on voit la fumée produite par la combustion de la poudre avant d'entendre la détonation.

La vitesse du son dans l'air a été mesurée, en 1822, par Gay-Lussac et Arago. Pour cela, ces deux savants firent installer une pièce de canon sur la butte de Montlhéry, près de Paris, et une autre sur le plateau de Villejuif. De chaque

station, des coups de canon étaient tirés alternativement, et
des observateurs, placés près des pièces, notaient exactement
le temps qui s'écoulait entre l'apparition de la lumière et
l'audition des détonations produites par le canon tiré à la station
opposée. Ce temps, qui était de *54 secondes*, était aussi celui
que mettait le son pour se propager d'une station à l'autre,
car on peut considérer comme nul celui qu'employait la
lumière pour franchir le même intervalle. La distance des
deux stations, mesurée très exactement, fut trouvée de
18.360 mètres. Gay-Lussac et Arago en conclurent que
la vitesse du son dans l'air était de *18.360 : 54=340 mètres*
par seconde.

Pendant l'expérience que nous venons de décrire, la température de l'air était de *16°*. A une température plus basse,
la vitesse du son diminue : à *10°*, elle n'est que de *337 mètres*,
et à *0°*, seulement de *333 mètres*. Le vent augmente la
vitesse du son quand il souffle dans le sens de sa propagation; il la diminue quand il souffle dans une direction opposée. Tous les sons, forts ou faibles, graves ou aigus, se propagent avec la même vitesse; car, entendue de loin ou de
près, l'harmonie d'un concert n'est point modifiée.

Des expériences faites sur le lac de Genève ont permis de
constater que la vitesse du son dans l'eau est de *1.435 mètres*
par seconde, c'est-à-dire environ quatre fois plus grande
que dans l'air. Dans les solides, la vitesse du son est encore
plus grande que dans les liquides; ainsi, dans l'acier, le fer et
le verre, elle est environ *16 fois* plus grande que dans l'air.

221. Echo. — *L'écho* est la répétition d'un son déjà
entendu. Il est reproduit par la réflexion des ondes sonores
rencontrant un obstacle. Lorsque des ondes sonores rencontrent un obstacle, un mur, un rocher, par exemple, elles se
réfléchissent de la même manière que le font les rayons lumineux qui rencontrent une surface polie; l'oreille perçoit ces
ondes sonores comme si elles venaient d'un point situé de
l'autre côté de l'obstacle.

Pour qu'un écho répète une syllabe, il faut que l'obstacle qui le produit soit placé à une distance telle, que le son ne revienne à l'observateur que lorsque celui-ci a fini de prononcer la syllabe. On a constaté que l'ouïe ne perçoit distinctement deux sons que s'ils sont séparés par un intervalle de 1/10e de seconde ; or, puisque le son parcourt *340 mètres* par seconde, en *1/10e* de seconde, il parcourra *34 mètres*, ce qui porte au moins à *17 mètres* la distance qui doit séparer l'obstacle de l'observateur pour que la dernière syllabe des mots qu'il prononce ne lui revienne que *1/10e* de seconde après qu'il l'a prononcée. Si la distance est *double, triple, quadruple*, l'observateur pourra entendre *deux, trois, quatre* syllabes, et l'écho sera *dissyllabique, trissyllabique, quadrissyllabique*. Parmi les échos polysyllabiques, on cite celui de Woodstock, en Angleterre, qui répète jusqu'à *vingt* syllabes.

Quand la distance est inférieure à *17 mètres*, il n'y a pas d'écho, mais le son est renforcé, allongé ; on dit alors qu'il y a *résonance*. Ce phénomène s'observe surtout dans les longs corridors, les églises et les grandes salles non meublées. On fait disparaître en partie la résonance en recouvrant les murs de draperies, qui amortissent les vibrations et paralysent les réflexions sonores.

L'écho est *simple* lorsqu'il ne répète les mots qu'une fois ; il est *multiple* quand il les répète plusieurs fois. Les échos multiples sont dus à plusieurs obstacles qui se renvoient successivement les sons. Parmi les échos multiples, nous citerons celui de la Halle aux farines, à Paris, qui répète *trois fois* une phrase de six ou sept syllabes ; celui des deux tours de Verdun, qui répète *treize fois* les mêmes sons, et celui du château de Simonetto en Italie, qui répète *quarante fois* la détonation d'une arme à feu.

RÉSUMÉ

L'acoustique est la partie de la physique qui a pour objet l'étude des sons et des lois d'après lesquelles ils se produisent et se propagent.

Le *son* est le résultat d'un mouvement vibratoire des corps sonores.

Pour que les vibrations des corps produisent des sons, il faut qu'elles aient une certaine rapidité. Des expériences ont démontré que le son le plus grave perçu par l'oreille, correspond à *16 vibrations* pas seconde, et le son le plus aigu, à *48.000.*

On distingue dans un son trois qualités particulières, savoir : l'*intensité*, le *timbre* et la *hauteur*. L'*intensité* est la force avec laquelle le son est produit. Elle est en raison inverse du carré de la distance. Le *timbre* est la qualité par laquelle les sons provenant d'instruments différents restent parfaitement distincts, lors même qu'ils ont la même hauteur et la même intensité. La *hauteur* d'un son est le degré plus ou moins élevé qu'il occupe dans l'échelle musicale.

Le son ne se propage pas dans le vide. Il se propage dans l'air et encore mieux dans les liquides et dans les solides.

Le son se propage dans l'air en mettant l'air lui-même en vibration, et en formant des *ondes sonores* analogues à celles qui se produisent à la surface des eaux tranquilles, quand on y laisse tomber un corps quelconque.

Dans les tubes, le son se propage à une grande distance sans perdre sensiblement de son intensité. Les *tuyaux acoustiques* et les *porte-voix* sont basés sur cette propriété.

La vitesse du son dans l'air est de *340 mètres* par seconde ; dans l'eau, elle est environ *4 fois* plus grande, et dans les solides elle est encore bien plus considérable.

L'*écho* est la répétition d'un son déjà entendu. Il est produit par la réflexion des ondes sonores rencontrant un obstacle. L'écho est *monosyllabique, dissyllabique, trissyllabique*, etc , suivant qu'il répète *une, deux, trois* syllabes ; on dit aussi qu'il est *simple* ou *multiple*, selon qu'il répète les mêmes sons une ou plusieurs fois.

QUESTIONNAIRE

Qu'est-ce que l'acoustique ? — Comment le son est-il produit ? — Quelles sont les qualités du son ? — Définissez-les. — Comment mesure-t-on le nombre de vibrations d'un corps produisant un son donné ? — Le son se propage-t-il dans le vide ? — Comment le démontre-t-on ? — Le son se propage-t-il dans les liquides ? — dans les solides ? — Citez des exemples. — Comment le son se propage-t-il dans l'air ? — Quelle est la vitesse du son dans l'air ? — Comment l'a-t-on mesurée ? — Quelle est la vitesse du son dans l'eau ? — dans l'acier, le fer et le verre ? — Qu'est-ce que l'écho ? — Comment se produit-il ? — A quelle distance l'observateur doit-il être de l'obstacle pour que l'écho soit monosyllabique, dissyllabique, etc... ? — Qu'entend-on par résonance ? — Quand l'écho est-il simple ? — multiple ? — Citez les principaux échos multiples.

CHAPITRE XVI

OPTIQUE

222. Définitions. — *L'optique* a pour objet l'étude de la *lumière*. La lumière est la cause des phénomènes qui provoquent en nous les sensations de la vision.

Les corps, relativement à la lumière, sont dits *lumineux, éclairés, transparents* ou *opaques*. Les *corps lumineux* sont ceux qui émettent de la lumière par eux-mêmes, comme le soleil, les étoiles et les corps en ignition. On appelle *corps éclairés* ceux qui reçoivent de la lumière d'une source quelconque et la renvoient ensuite dans toutes les directions ; la lune, les planètes et beaucoup d'objets terrestres sont dans ce cas. On nomme *corps transparents* ou *diaphanes* ceux qui laissent facilement passer la lumière, et *corps opaques* ceux qui ne se laissent pas traverser par elle ; l'eau, les gaz et le verre poli sont des corps transparents, tandis que le bois et les métaux sont des corps opaques.

223. Propagation de la lumière. — La propagation de la lumière est soumise aux deux lois suivantes :

1° *Dans un milieu homogène, la lumière se propage en ligne droite.*

En effet, si l'on interpose entre soi et la flamme d'une bougie deux écrans ayant chacun une petite ouverture, on constate que la flamme de la bougie n'est visible que lorsqu'elle est en ligne droite avec les ouvertures des écrans, fig. 201.

2° *L'intensité de la lumière est en raison inverse du carré de la distance.*

Ainsi, un objet placé à *deux mètres* d'une bougie allumée

Fig. 201. — *La lumière se propage en ligne droite.*

est *quatre fois* moins éclairé que s'il n'en était éloigné que d'*un mètre*.

224. Vitesse de la lumière. — La lumière a une vitesse prodigieuse. Dans le vide, elle parcourt *trois cent quarante mille kilomètres* par seconde. Malgré cette vitesse, la lumière du soleil met *8 minutes 13 secondes* pour franchir la distance qui nous sépare de cet astre. Les étoiles les plus rapprochées de la terre en sont au moins *deux cent mille fois* plus éloignées que le soleil; il faut donc plus de *trois années* pour que leur lumière arrive jusqu'à nous. Certaines étoiles sont si éloignées de notre système planétaire, que leur lumière, pour nous parvenir, doit mettre *plusieurs milliers de siècles*.

225. Réflexion de la lumière. — On entend par *réflexion de la lumière* le changement de direction qu'éprouve un rayon lumineux lorsqu'il rencontre une surface bien polie, comme celle d'une glace, par exemple. Si par une ouverture A, pratiquée dans le volet d'un appartement obscur, on fait entrer un faisceau de lumière solaire AB, et si on la reçoit sur un miroir horizontal, on voit ce faisceau lumineux se réfléchir dans la direction BC, et former au plafond l'image de l'ouverture A.

Le rayon AB est nommé *rayon incident ;* le rayon BC,

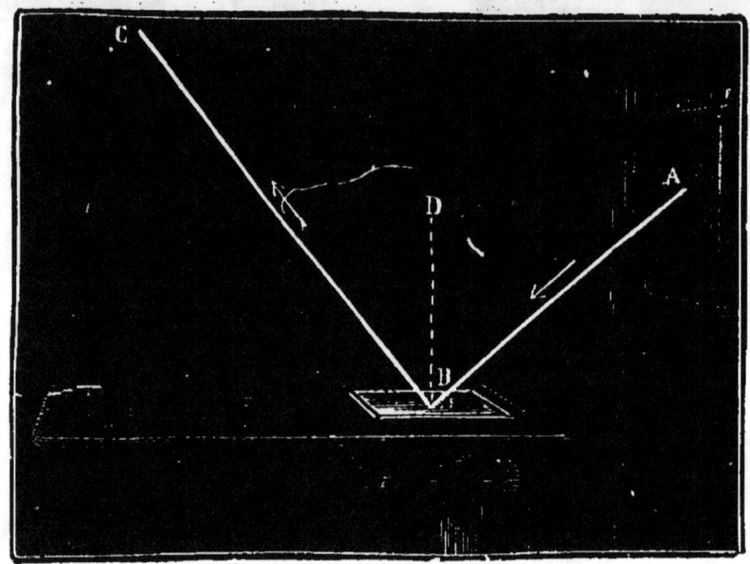

Fig. 202. — *Réflexion d'un rayon lumineux.*

rayon réfléchi, et la droite BD, perpendiculaire au miroir, prend le nom de *normale*. L'angle ABD, formé par le rayon incident et la normale, est appelé *angle d'incidence ;* l'angle DBC, formé par la normale et le rayon réfléchi, se nomme *angle de réflexion.*

La réflexion de la lumière est soumise aux deux lois suivantes :

1º *L'angle de réflexion d'un rayon lumineux est égal à son angle d'incidence ;*

2º *Le rayon incident, la normale et le rayon réfléchi sont dans un même plan perpendiculaire à la surface réfléchissante.*

226. Miroirs plans. — On appelle *miroirs plans* des

surfaces planes, assez polies pour produire, par la réflexion de la lumière, les images des objets qui sont placés devant elles. Ces miroirs sont quelquefois en métal, mais le plus ordinairement ils consistent en une lame de verre dont l'une des faces est couverte d'un amalgame de mercure et d'étain.

Les miroirs plans donnent des images de même forme et de mêmes dimensions que celles des objets placés devant eux.

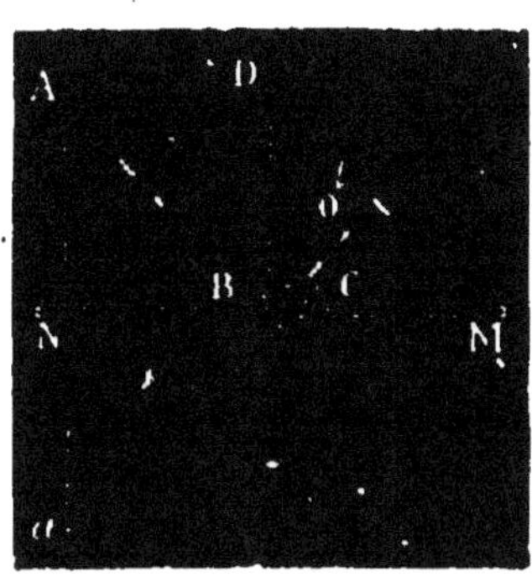

Fig. 203. — *Formation des images dans un miroir plan.*

Ces images sont toujours situées en arrière de la surface réfléchissante et à une distance égale à celle qui sépare les objets du miroir. En effet, supposons un point lumineux A, placé devant un miroir MN, et soit AB un des rayons qu'il émet. Le rayon AB, après avoir rencontré la surface du miroir, se réfléchit en faisant avec la normale BD un angle de réflexion DBO égal à l'angle d'incidence DBA, et prend la direction BO. Or, si l'on prolonge OB jusqu'à sa rencontre en a avec la perpendiculaire Aa, abaissée du point A sur le miroir, on prouve, par l'égalité des triangles ANB et aNB, que Na = AN. Il en serait de même du rayon AC et de tout autre rayon parti du point A. Donc, tous les rayons émis par ce point suivent, après leur réflexion sur le miroir, la même direction que s'ils étaient partis du point a. Cela explique pourquoi l'œil qui reçoit ces rayons voit en a le point lumineux A comme s'il y était en réalité. Si au lieu d un point lumineux, on place devant le miroir un objet éclairé quelconque, une bougie par exemple, chacun de ses points formera son image comme ci-dessus, et l'on verra derrière le miroir une image exacte et symétrique de cette bougie.

Les images formées par les miroirs plans sont dites *virtuelles.* Les images virtuelles n'existent pas réellement ;

elles ne sont qu'une illusion de l'œil, car la lumière ne peut
passer derrière les miroirs pour y former des images. Les

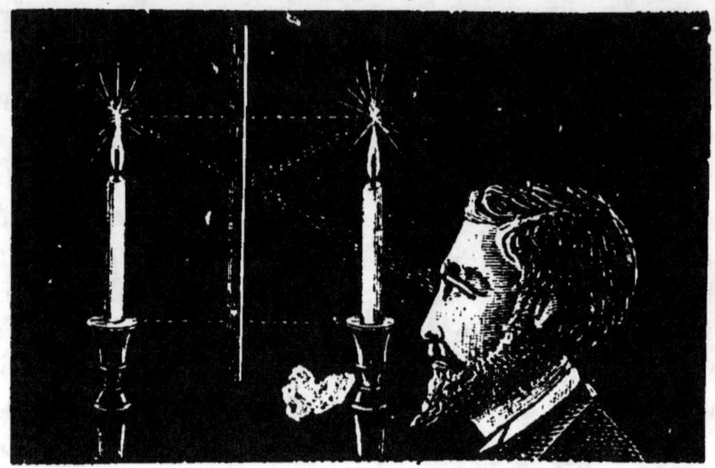

Fig. 201. — *Image virtuelle vue derrière un miroir plan.*

images réelles sont celles qui se forment réellement par la
réflexion ou la réfraction des rayons lumineux. On peut les
recevoir sur des écrans, ce qui n'est pas possible pour les
images virtuelles. Les images virtuelles sont toujours *droites*
et les images réelles, toujours *renversées.*

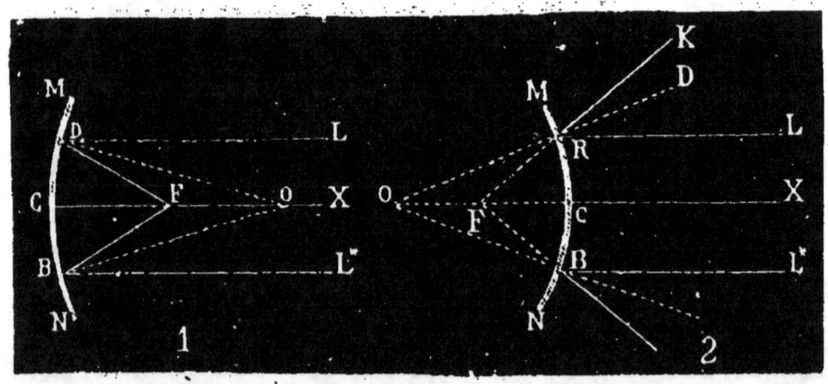

Fig. 205. — *Coupes de miroirs sphériques.*
1, Miroir concave. — 2, Miroir convexe.

227. Miroirs sphériques. — Les *miroirs sphériques*
sont des portions circulaires d'enveloppes sphériques. Ils sont

concaves ou *convexes* suivant que la surface réfléchissante est située à l'intérieur ou à l'extérieur du miroir. Dans tout miroir sphérique, on distingue le *centre de courbure*, le *centre de figure*, l'*axe principal* et le *foyer*. Le *centre de courbure* O est le centre de la sphère à laquelle appartient le miroir ; le *centre de figure* C est le point de la surface du

Fig. 206. — *Miroir sphérique concave.*

miroir également éloigné de tous les points de sa circonférence ; l'*axe principal* CX est la ligne qui passe par le centre de courbure et par le centre de figure ; enfin le *foyer* F est un point de l'axe principal à peu près également distant du centre de figure et du centre de courbure.

Lorsque des rayons lumineux tombent sur un miroir concave, avec une direction parallèle à l'axe principal, ils viennent tous, après leur réflexion, concourir au foyer de ce miroir. Si les rayons lumineux sont en même temps des rayons calorifiques, ils produisent au foyer une température suffisante pour enflammer les corps facilement combustibles qu'on y a placés. Inversement, lorsqu'une source de lumière est placée au foyer d'un miroir concave, les rayons lumineux qu'elle émet prennent tous après avoir rencontré la surface réfléchissante, une direction parallèle à l'axe principal de ce miroir. Cette dernière propriété est utilisée dans les réflecteurs que l'on adapte aux lampes.

228. Formation des images dans les miroirs sphériques.

228. Formation des images dans les miroirs sphériques. — Les miroirs sphériques, comme les miroirs plans, reproduisent les images des objets placés devant leur

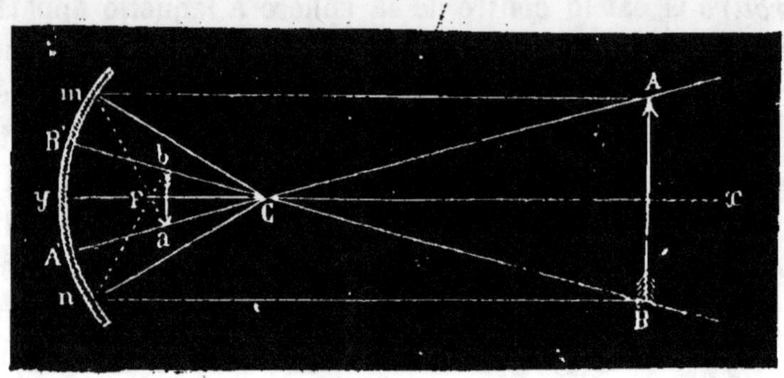

Fig. 207. — *Marche des rayons lumineux réfléchis par un miroir sphérique concave.*

surface réfléchissante ; ces images peuvent être réelles ou virtuelles ; les premières se forment en avant de la surface réfléchissante et les autres en arrière de cette même surface. La détermination du lieu où se forment ces images repose sur les deux principes suivants :

1º *Tout rayon lumineux parallèle à l'axe principal d'un miroir sphérique se réfléchit en passant par le foyer de ce miroir ;*

2º *Tout rayon perpendiculaire à la surface d'un miroir sphérique, c'est-à-dire passant par le centre de courbure, se réfléchit sur lui-même.*

D'après ces principes, pour trouver le lieu où doit se former l'image d'un point éclairé placé devant un miroir sphérique, il suffit de mener de ce point un rayon lumineux parallèle à l'axe principal et un autre passant par le centre de courbure ; la rencontre des directions que ces rayons prennent après leur réflexion sur le miroir, ou du prolongement de ces directions, donne le lieu demandé. Pour déterminer la position de l'image d'une droite, il suffit de déterminer celle de ses points extrêmes. Ainsi, dans la figure 207, le point A formera son image en a ; le point B, en b et la droite A B, en $a b$.

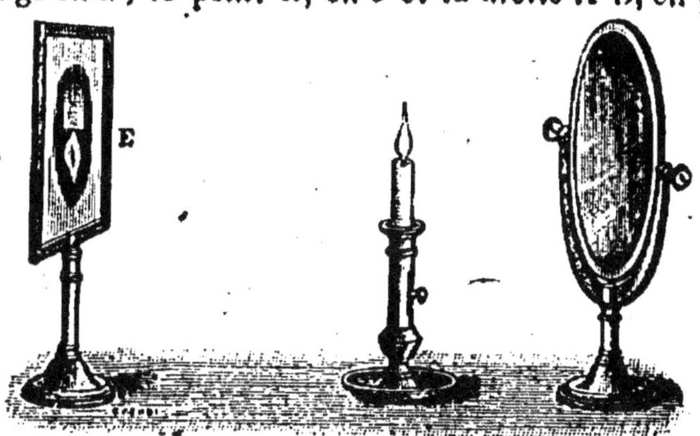

Fig. 208. — *Image réelle formée par la flamme d'une bougie placée devant un miroir sphérique concave.*

Lorsqu'un objet est placé en avant du centre de courbure d'un miroir sphérique concave, une image réelle, diminuée et renversée de cet objet, se forme entre le centre de courbure et le foyer ; elle est d'autant plus rapprochée de ce dernier point que l'objet est plus éloigné du miroir. Quand il est placé au centre de courbure, son image se forme sur lui-même. Si l'objet est situé entre le foyer et le centre de courbure, il se produit au-delà de ce dernier point une image réelle, agrandie et renversée de cet objet ; dans la figure 207, l'image de la droite ab est AB. Enfin lorsque l'objet est placé entre le miroir et son foyer, l'image se forme au-delà du miroir ; elle est virtuelle et agrandie.

Les miroirs convexes ne donnent que des images virtuelles et diminuées des objets ; elles sont toutes situées en arrière de la surface réfléchissante.

229. Réfraction de la lumière. — La *réfraction* de la lumière est le changement de direction qu'éprouve un rayon lumineux en passant obliquement d'un milieu transparent dans un autre, par exemple de l'air dans l'eau, de l'air dans le verre, etc.

Si le second milieu est plus dense que le premier, le rayon

lumineux se rapproche généralement de la normale au point
d'incidence ; on dit alors que le second milieu est plus *réfrin-*
gent que le premier. Si le second milieu est moins dense que
le premier, le rayon réfracté s'écarte de la normale au point
d'incidence ; on dit alors que
le second milieu est moins
réfringent.

Soit *m o n*, la surface de séparation de deux milieux transparents d'inégale densité, l'air
et l'eau. Le rayon lumineux SO,
rencontrant en O un milieu
plus réfringent que l'air s'approche de la normale AB et
prend la direction OH. L'inverse

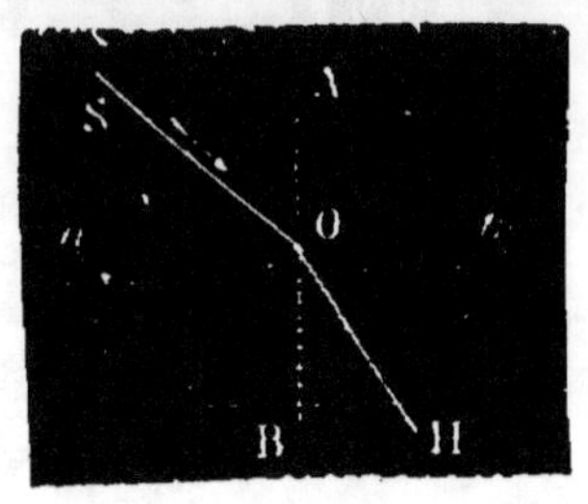

Fig. 209. — *Réfraction de la lumière.*

aurait eu lieu si le rayon était parti du point H : rencontrant
au point O un milieu moins réfringent que l'eau, il se serait
écarté de la normale et aurait pris la direction O S.

C'est aux phénomènes de la réfraction que l'on doit les

Fig. 210. — *Effet de la réfraction de la lumière.*

changements apparents de forme et de position des objets
immergés dans les liquides transparents. Ainsi lorsqu'un
bâton est en partie plongé dans l'eau, il paraît coudé ; ce

effet est produit par le changement de direction qu'éprouvent, à la sortie du liquide, les rayons lumineux émis par la partie immergée. Ce changement de direction nous fait voir l'extrémité du bâton plus élevée qu'elle ne l'est en réalité.

230. Lentilles. — Les *lentilles* sont des milieux transparents terminés par des surfaces sphériques. Elles sont une des plus belles applications de la réfraction. D'après l'action que les lentilles exercent sur les rayons lumineux, on les divise en lentilles *convergentes* et en lentilles *divergentes*.

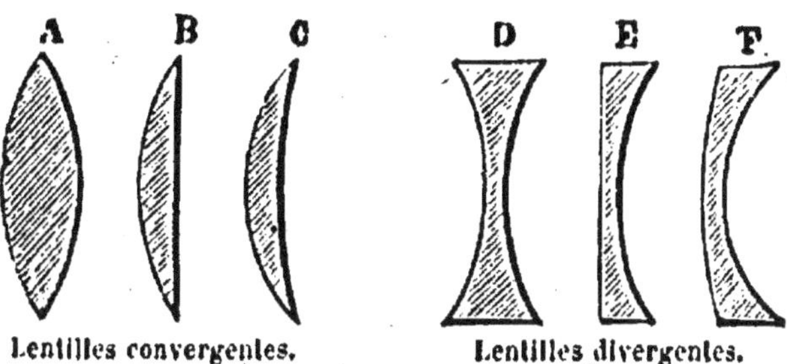

Fig. 211. — *Coupes de lentilles.*

Les lentilles convergentes ont les *bords minces*. Elles sont au nombre de trois : la lentille *bi-convexe* A, la lentille *plan-convexe* B et la lentille *concave-convexe* C.

Les lentilles divergentes ont les *bords épais*. Elles sont aussi au nombre de trois : la lentille *bi-concave* D, la lentille *plan-concave* E et la lentille *convexe-concave* F.

Les *lentilles convergentes* ont la propriété de rassembler les rayons lumineux ; ainsi quand on fait arriver sur une des faces d'une lentille convergente et parallèlement à son axe, un faisceau de rayons lumineux, ces rayons viennent tous concourir en un même point, nommé *foyer principal*, situé sur l'axe de la lentille. Si les rayons de lumière sont accompagnés de chaleur, ils s'accumulent au foyer principal de la lentille et produisent en ce point une température capable d'enflammer les matières très combustibles. Au contraire, lorsqu'on place un corps lumineux au foyer principal d'une lentille convergente, les rayons que ce corps émet traversent

la lentille et prennent à leur sortie des directions parallèles ;
les phares sont une application de cette propriété.

Fig. 212.   Fig. 213.
Lentille convergente.   *Lentille divergente.*

Les *lentilles divergentes*, à l'opposé des lentilles convergentes, ont la propriété de disperser et d'écarter les rayons
lumineux, comme le montre la figure 213.

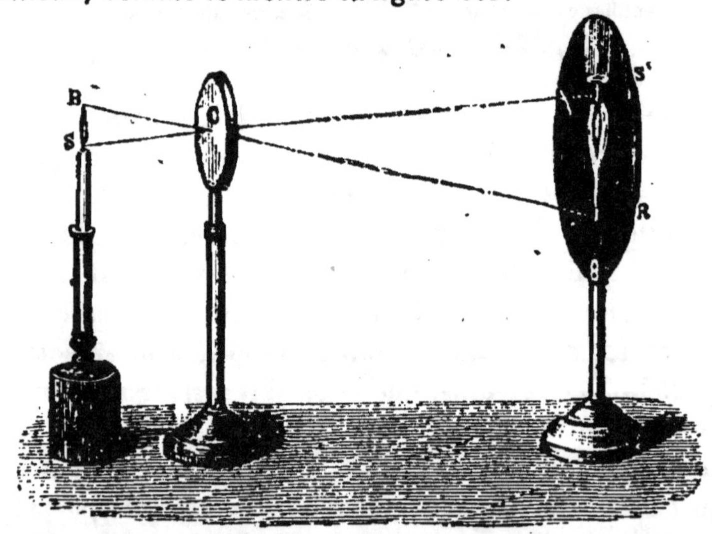

Fig. 214. — *Image réelle de la flamme d'une bougie placée
au-delà du foyer d'une lentille convergente.*

231. Formation des images dans les lentilles.

— Comme les miroirs sphériques, les lentilles donnent des
images réelles ou virtuelles des objets qui sont placés devant

elles. La détermination du lieu où se forment ces images est basée sur les deux principes suivants :

1° *Tout rayon lumineux parallèle à l'axe d'une lentille se dirige au foyer principal après son passage à travers cette lentille.*

2° *Tout rayon lumineux passant par le centre d'une lentille ne se réfracte pas sensiblement; il sort de la lentille en suivant la direction qu'il avait à son arrivée.*

D'après ces principes, pour trouver le lieu où doit se former l'image d'un point éclairé placé devant une lentille, il

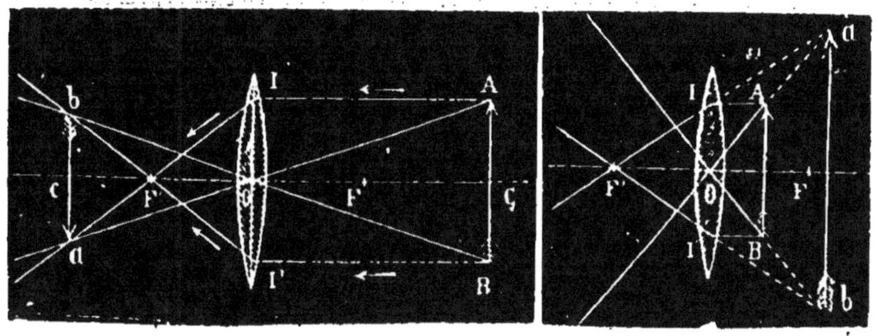

Fig. 215.   Fig. 216.

Marche des rayons lumineux dans les lentilles convergentes.

Dans la figure 215, l'objet AB étant placé au-delà du foyer F de la lentille, l'image *a b* est réelle et renversée. Dans la figure 216, l'objet AB étant placé entre la lentille et son foyer F, l'image *a b* est virtuelle, droite et agrandie.

suffit de mener de ce point un rayon lumineux parallèle à l'axe principal de la lentille et un autre passant par son centre; la rencontre des directions que ces rayons prennent à la sortie de la lentille, ou le prolongement de ces rayons, donne le lieu demandé. Pour déterminer le lieu de l'image d'une droite, il suffit de déterminer ceux de ses points extrêmes : ainsi dans les figures 215 et 216 le point A forme son image en *a*; le point B forme la sienne en *b* et, par suite, l'image de A B est *a b*.

On remarque que, dans la figure 215, l'image est réelle tandis que dans la figure 216 elle est virtuelle. L'image est réelle toutes les fois que l'objet est placé en avant du foyer de la lentille, et elle est d'autant plus petite que l'objet est

plus éloigné de ce point. Au contraire l'image est virtuelle
lorsque l'objet est placé entre la lentille et son foyer et elle
est d'autant plus grande que l'objet est plus rapproché de
ce point. Les lentilles concaves ne donnent que des images
virtuelles placées entre la lentille et son foyer.

232. Instruments d'optique. — Les principaux
instruments d'optique sont les *microscopes*, les *lunettes
simples*, la *lunette as-
tronomique*, la *lunette
terrestre*, la *lunette de
Galilée* et le *télescope*.

MICROSCOPES.—On dis-
tingue deux espèces de
microscopes : la *loupe* ou
microscope simple et le
microscope composé.

La *loupe* est destinée
à faire voir nettement

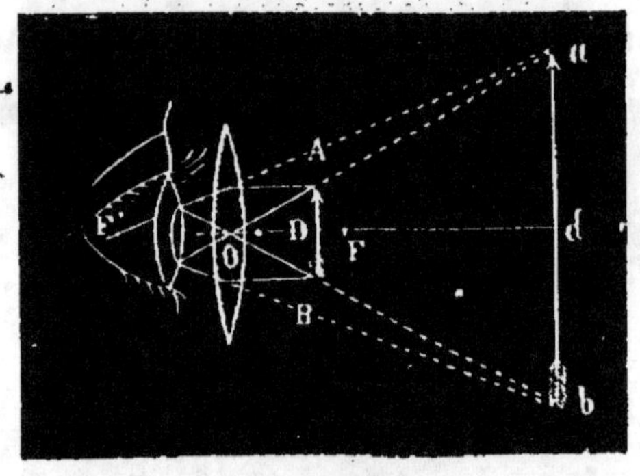

Fig. 217. — *Marche des rayons
lumineux dans une loupe.*

de très petits objets, que l'on ne verrait qu'imparfaitement à
l'œil nu. Cet instrument se compose d'une lentille convergente très convexe. L'objet que l'on veut examiner doit être
placé entre la lentille et son foyer principal, de manière à
produire une image virtuelle, droite et agrandie, que l'on
regarde en plaçant l'œil au-devant de la lentille, comme
l'indique la figure 217. Les graveurs, les tisseurs, les hor-
logers font un fréquent usage de la loupe.

Le *microscope composé* permet de voir les plus petits
détails des objets. Il se compose de deux lentilles convergentes, Fig. 218. La première de ces lentilles *l*, placée près de
l'objet AB que l'on veut examiner, porte le nom d'*objectif*;
elle forme en *a b* une image réelle, agrandie et renversée de
l'objet; la seconde lentille L, nommée *oculaire* parce que
l'œil s'y applique, est située à une distance telle de la première, que l'image *a b* de l'objet se trouve entre cette seconde

lentille et son foyer principal. L'oculaire L agit donc sur l'image *a b* à la façon d'une loupe, l'amplifie encore en don-

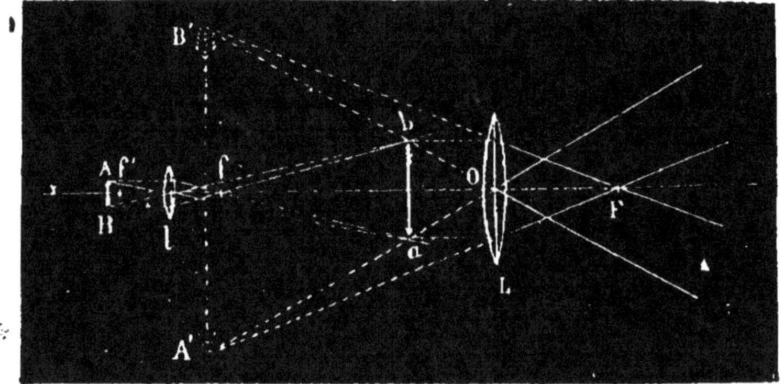

Fig. 218. — *Marche des rayons lumineux dans le microscope composé.*

nant en A'B' une nouvelle image beaucoup agrandie de AB.

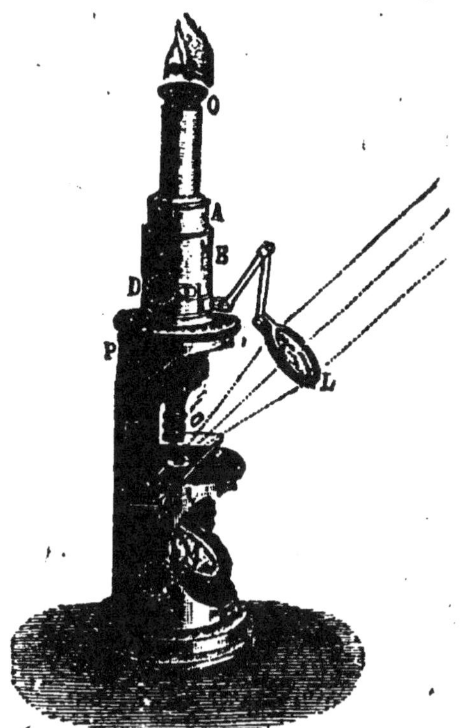

Fig. 219. — *Microscope composé.*

Le grossissement du microscope composé est égal au produit des grossissements dés deux lentilles dont il se compose. Les bons microscopes permettent de voir nettement les objets avec des dimensions *600 fois* plus grandes. La surface de ces objets devient ainsi *600 × 600* ou *360.000 fois* plus étendue.

LUNETTES SIMPLES. — Parmi les *lunettes simples*, nous ne mentionnerons que les *besicles*, destinées à corriger certains défauts de la vue, tels que la *presbytie* et la *myopie*. Elles sont composées de deux verres, un pour chaque œil. Les presbytes, c'est-à dire ceux qui ont la vue trop longue, se servent de verres convergents, et les myopes, qui ont la vue trop courte, font usage de verres divergents.

Lunette astronomique. — La *lunette astronomique*, destinée à l'observation des astres, n'est autre chose qu'un microscope composé dont l'objectif est une lentille convergente d'un grand diamètre et d'une faible convexité. Les rayons lumineux parallèles, émis par les astres, forment une image renversée de ces astres au foyer principal de l'objectif de la lunette astronomique; l'oculaire, qui est une loupe, a pour but de grossir l'image formée par l'objectif. Avec une forte lunette astronomique, on peut obtenir un grossissement tel, que les dimensions des astres soient vues de *1000* à *1200* fois plus grandes qu'à l'œil nu.

Lunette terrestre. — La *lunette terrestre*, appelée aussi *longue-vue*, ne diffère de la lunette astronomique que par deux lentilles convergentes *m* et *n* interposées

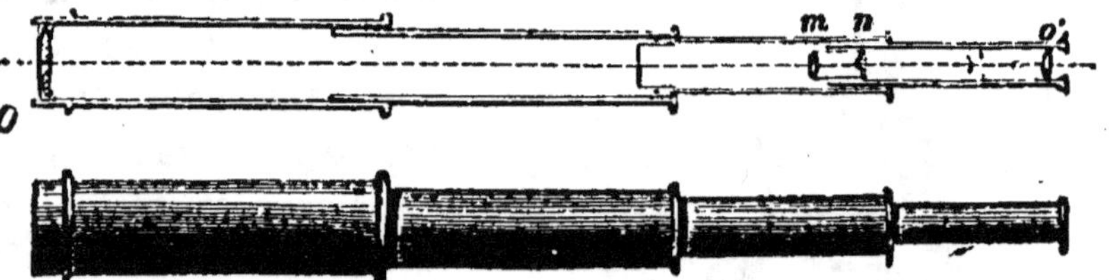

Fig. 220. — *Lunette terrestre avec sa coupe.*

entre l'objectif et l'oculaire. Ces lentilles ont pour effet de redresser l'image formée par l'objectif, c'est-à-dire de la faire paraître dans le même sens que l'objet, condition indispensable pour l'observation des objets terrestres.

Lunette de Galilée. — La *lunette de Galilée*, nommée encore *lunette de spectacle*, se compose d'un objectif convergent et d'un oculaire divergent placé entre l'objectif et son foyer principal. Dans cette lunette, les objets éloignés, si l'oculaire n'y mettait obstacle, viendraient former leurs images renversées un peu au delà du foyer principal de la lentille; mais l'oculaire se trouvant précisément entre le point où se formeraient ces images et l'objectif, imprime aux rayons lumineux une divergence telle qu'il en résulte des images redressées. La lunette de Galilée prend le nom de *lorgnette* quand elle est simple, et celui

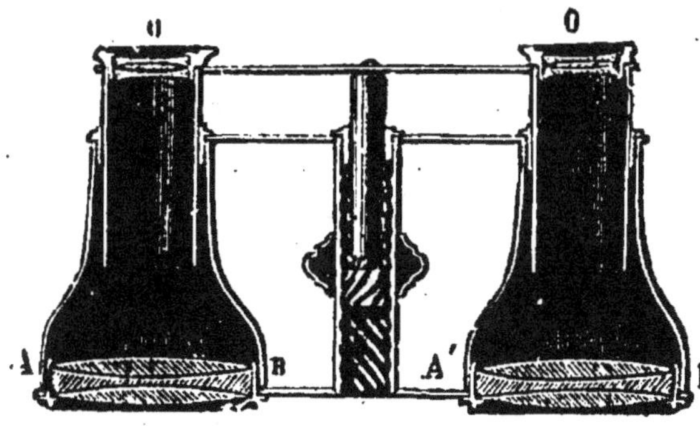

Fig. 221. — *Lunette de Galilée*.

de *jumelle* lorsqu'elle est double.

TÉLESCOPE. — Le *télescope*, comme la lunette astrono-

Fig. 222. — *Télescope*.

mique, est destiné à l'observation des astres. Cet instrument se compose d'un tube métallique, long de plusieurs mètres, et d'un diamètre considérable. Au fond de ce tube, se trouve un grand miroir concave qui renvoie les rayons lumineux sur un petit miroir incliné de 45°, placé entre lui et son foyer principal. Le miroir plan réfléchit à son tour les rayons lumineux et ceux-ci viennent former, dans un petit tube latéral, perpendiculaire à l'axe du télescope, l'image des astres par lesquels ils sont émis. Une forte lentille convergente, placée à l'extrémité du tube latéral, fait fonction de loupe et amplifie l'image formée par les rayons lumineux.

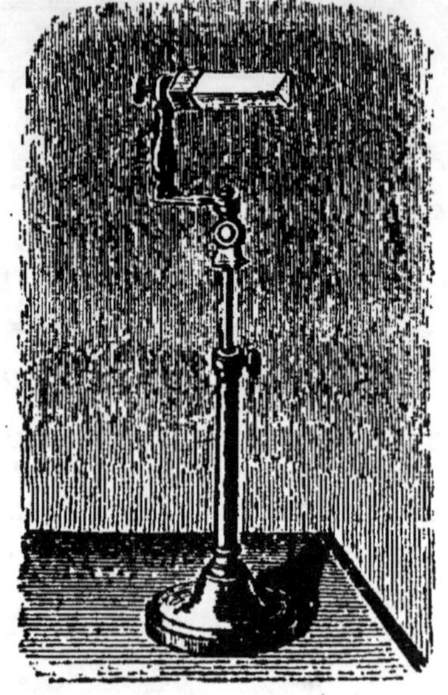

Fig. 223. — *Prisme.*

233. Action du prisme sur la lumière.

— On appelle *prisme*, en optique, un milieu transparent terminé par deux faces planes inclinées entre elles. La forme générale des prismes d'optique est celle que l'on désigne en géométrie sous le nom de prisme triangulaire.

Fig. 224. — *Marche d'un rayon lumineux dans un prisme.*

Lorsqu'un rayon lumineux rencontre obliquement une des faces d'un prisme, il se *réfracte* et se *décompose.*

Soit ABC la section d'un prisme triangulaire en cristal. Le rayon lumineux O R rencontrant en R un milieu plus réfringent que l'air, s'approche de la normale NP, et au lieu de suivre la direction R I, il prend celle de R L. Arrivé en L, il passe d'un milieu plus réfringent dans un milieu moins réfringent, alors il s'écarte de la normale P N et prend la direction L K. Les deux réfractions s'ajoutent et l'observateur placé en K voit le point O en O'.

Outre cette déviation, la lumière éprouve une autre modification : elle est décomposée. En effet, si l'on fait arriver un faisceau de lumière solaire dans une chambre obscure, on voit ce faisceau former sur une des parois de la chambre, une image ronde et blanche; mais, si l'on place sur le trajet du faisceau lumineux un prisme en cristal, on constate que le

Fig. 225. — *Décomposition d'un faisceau de lumière par le prisme.*

faisceau est aussitôt dévié de sa direction primitive et qu'il forme une image oblongue, colorée des plus vives couleurs. Cette image a reçu le nom de *spectre solaire*. Parmi le nombre infini de nuances que présente le spectre solaire, on distingue sept couleurs principales, qui sont le *violet*, l'*indigo*, le *bleu*, le *vert*, le *jaune*, l'*orangé* et le *rouge*. Ce fait prouve que la couleur blanche n'est pas une couleur simple, mais qu'elle est formée par la réunion de toutes celles qui forment le spectre solaire. La décomposition de la lumière blanche n'a lieu que parce que les différents rayons lumineux qui la constituent ne sont pas également *réfrangibles*.

234. Recomposition de la lumière. — En recomposant les différentes couleurs du spectre solaire, on obtient la couleur blanche. Cette recomposition peut se faire de plusieurs manières. La plus simple consiste à placer derrière le prisme une lentille convergente qui rassemble en un même point tous les rayons du spectre. Au point où ces rayons se réunissent, on voit reparaître l'image ronde et blanche telle qu'elle était avant l'interposition du prisme.

Avec le *disque de Newton*, on démontre aussi que le blanc est le résultat de la réunion de toutes les couleurs du

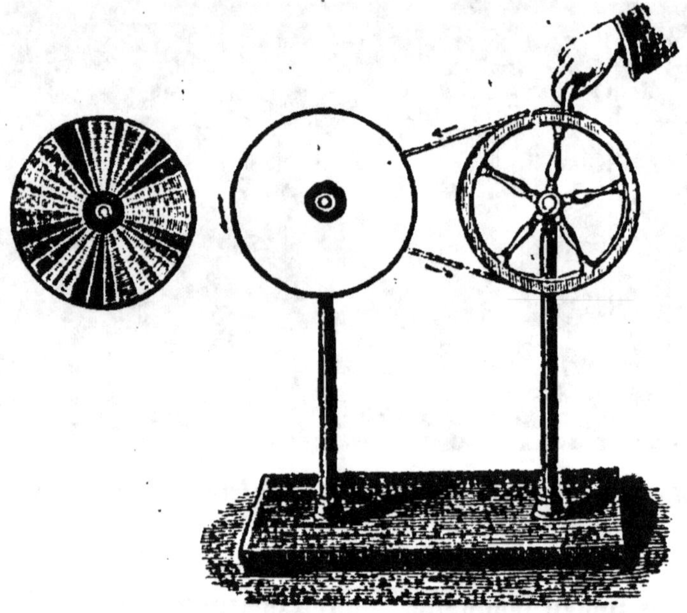

Fig. 226. — *Disque de Newton.*

spectre. Cet appareil consiste en un disque de carton divisé en secteurs portant chacun une des couleurs principales obtenues par la décomposition de la lumière blanche; les secteurs sont disposés de manière à former une suite de spectres consécutifs. Quand on imprime au disque un mouvement rapide de rotation, l'œil perçoit toutes les couleurs à la fois et le disque paraît blanc.

PHOTOGRAPHIE

235. — La *photographie* est l'art de fixer, sur des substances convenablement choisies, les images des objets données par la lentille convergente. Elle repose sur la propriété que possède la lumière de décomposer certains sels d'argent, tels que le *chlorure*, le *bromure* et l'*iodure d'argent*.

L'appareil dont on se sert pour produire l'image photographique porte le nom de *chambre noire* ; il consiste en une caisse rectangulaire dont la face antérieure est munie d'une lentille convergente nommée *objectif* ; la face opposée à la lentille est formée par un verre dépoli et les parois latérales de la caisse sont à soufflet,

Fig. 227. — *Chambre noire.*

ce qui permet de rapprocher et d'éloigner à volonté le verre dépoli et la lentille.

La photographie comprend deux séries d'opérations :

1° La production de l'*épreuve négative* sur verre, où les clairs de l'image sont remplacés par des ombres et inversement ;

2° La production de l'*épreuve positive* sur papier, où les clairs et les ombres de l'image reprennent leur place naturelle.

236. Epreuve négative. — La production de l'épreuve négative comprend quatre opérations successives : la *mise au point*, la *pose*, le *développement de l'image* et le *fixage de l'image.*

Mise au point. — Pour faire la mise au point, le photographe se place derrière le verre dépoli de sa chambre noire et dirige l'axe de l'objectif vers la partie centrale de l'objet à reproduire, puis, déplaçant le fond mobile de l'appareil, il avance ou recule le verre dépoli jusqu'à ce que la netteté de l'image qui s'y forme soit maximum.

Pose. — La mise au point étant faite, l'opérateur place un obturateur devant l'objectif et substitue au verre dépoli de la chambre noire une plaque de verre recouverte d'une pellicule de gélatine imprégnée de *bromure d'argent*, et après cela, il découvre l'objet. Alors dans toutes les parties éclairées de l'image qui se forme sur la plaque sensible, la lumière agit sur le bromure d'argent : elle le décompose en brome, qui se dégage, et en argent, qui reste sur le verre ; dans les demi-teintes, l'action de la lumière est moins vive, et dans les ombres elle est nulle. Quand la *pose* est jugée suffisante, on couvre l'objectif de la chambre noire et on enlève la plaque de verre sur laquelle vient de se produire l'image, en ayant soin de la soustraire à l'action de la lumière. Un temps de pose de quelques secondes suffit le plus ordinairement ; avec certaines plaques très sensibles, ce temps peut être réduit à une petite fraction de seconde.

Développement de l'image. — La plaque sur laquelle a été fixée l'image est ensuite emportée dans un appartement qui n'est éclairé que par la *lumière rouge ;* cette lumière est la seule qui n'agisse pas sur les sels d'argent. Rien n'est encore apparent sur la plaque, parce que l'action de la lumière ne s'est fait sentir qu'à la surface de la gélatine ; pour y faire apparaître l'image, on se sert de réactifs chimiques appelés *révélateurs*, tels que *l'oxalate de protoxyde de fer*, *l'acide pyrogallique* et *l'hydroquinone*, qui continuent la réduction du bromure d'argent, mais seulement aux points qui ont déjà subi l'action de la lumière. Une dissolution de ces substances étant versée dans une cuvette, on y plonge à plusieurs reprises la plaque de verre et l'image y apparaît progressivement : les parties éclairées de l'objet reproduit sont recouvertes d'un dépôt noir d'argent, tandis que les parties noires restent blanches. Cette image forme ce que l'on appelle l'*épreuve négative*.

Fixage de l'image. — Quand le développement de l'image est terminé, on se débarrasse du bromure d'argent non encore réduit, en plongeant la plaque de verre dans une solution d'*hyposulfite de soude ;* cette solution dissout complètement la gélatine ainsi que le bromure d'argent qui n'a pas subi l'action de la lumière et laisse intact le dépôt métallique déterminé par la lumière et le révélateur. On a alors le *cliché*

Fig. 228.
Épreuve négative.

Fig. 229.
Épreuve positive.

négatif, qui servira à tirer autant d'épreuves positives que l'on en désirera, sans qu'il soit nécessaire de faire poser de nouveau le modèle.

237. Epreuve positive. — La production de l'*épreuve positive* comprend trois opérations successives : la *formation de l'image,* son *virage* et son *fixage.*

Formation de l'image. — L'épreuve positive s'obtient sur un papier spécial, dit *papier photographique* ou *papier sensibilisé*, qui est imprégné de *chlorure d'argent.* On se sert à cet effet du *châssis-presse* représenté par la figure 230. Sur le fond de ce châssis, qui est formé par une plaque de verre, on place le cliché négatif et au-dessus le papier photographique, puis on expose le tout à la lumière du jour. Passant à travers les parties transparentes du cliché, la lumière

attaque en ces endroits le chlorure d'argent du papier, tandis que, arrêtée dans les parties opaques du cliché, elle n'altère pas le chlorure d'argent placé au-dessous. Après une exposition suffisamment longue, on

Fig. 230. — *Châssis-presse*.

obtient ainsi, sur le papier, une épreuve inverse du cliché, qui répond exactement aux clairs et aux ombres du modèle.

Virage de l'image. — L'épreuve positive, au sortir du châssis, a une teinte rougeâtre assez désagréable ; on la modifie par le *virage*, qui consiste à plonger l'épreuve dans un bain ayant la composition suivante : eau distillée, 2 litres ; chlorure d'or, 1 gr. ; acétate de sodium cristallisé, 30 gr. Sous l'influence de ce bain, la couleur de l'image devient brune, noire, bleue ou violacée, suivant la durée de l'immersion.

Fixage de l'image. — Le *fixage de l'image* consiste à enlever du papier le chlorure d'argent non décomposé par la lumière ; il se fait, comme pour le cliché, par une immersion de quelques minutes du papier dans une dissolution d'*hyposulfite de soude*, et par un lavage très prolongé dans de l'eau courante. Après cette opération, il ne reste plus qu'à faire sécher le papier et le coller sur un carton.

238. Photographie de l'invisible. — En janvier 1896, la presse du monde entier parla d'une découverte faite par le professeur Rœntgen, de Wurtzbourg, celle de la photographie des objets invisibles par les *rayons cathodiques*. Voici ce que l'on entend par rayons cathodiques :

Lorsque l'on fait passer l'étincelle électrique dans un *tube de Crookes*, tube ovoïde où le vide a été fait aussi parfaitement que possible, on remarque qu'à l'opposé du pôle négatif, nommé *cathode*, il se forme une lumière phosphorescente assez intense ; les rayons qui produisent cette phosphorescence étant issus de la cathode, sont dits *rayons cathodiques ;* on les nomme encore *rayons X* parce qu'ils sont de nature inconnue.

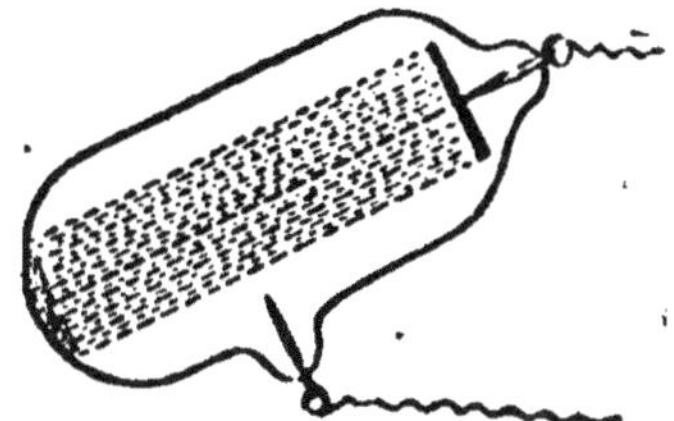

Fig. 231. *Tube de Crookes.*

Les rayons X ont la propriété de traverser facilement certaines substances et d'être retenus par d'autres ; ainsi le papier, même sur une épaisseur de mille feuilles, se laisse aisément pénétrer par les rayons X, et il en est de même du bois, du carton et de la plupart des substances organiques ; au contraire, le

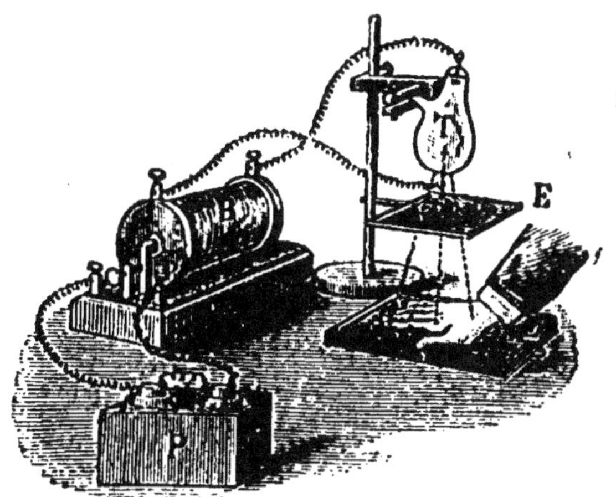

Fig. 232. — *Dispositif employé pour la photographie par les rayons X.*

P, Pile. — B, Bobine Rhumkorff servant à produire l'étincelle du courant électrique. — T, Tube de Crookes. — E, Écran en aluminium servant à retenir certains rayons accompagnant les rayons X et qui ont une action nuisible sur l'épiderme de la peau.

verre et les métaux, sauf l'aluminium, se refusent au passage de ces rayons, à moins d'être réduits en feuilles très minces. La propriété que possèdent les rayons X de passer à travers un grand nombre de corps a été utilisée pour la *radiographie* ou la *photographie de l'invisible.* Le dispositif employé pour cela est représenté par la figure 232, où l'on voit l'appareil disposé pour photographier les os d'une

main ; les rayons X pénètrent à peine les os tandis qu'ils
traversent facilement la chair ; il en résulte que la plaque

sensible de gélatino-bro-
mure, enfermée dans le
châssis placé sous la
main, ne sera presque
pas impressionnée par
les rayons X dans les
parties correspondant
aux os et que, par suite,
ces derniers se dessine-
ront en noir dans
l'épreuve positive que

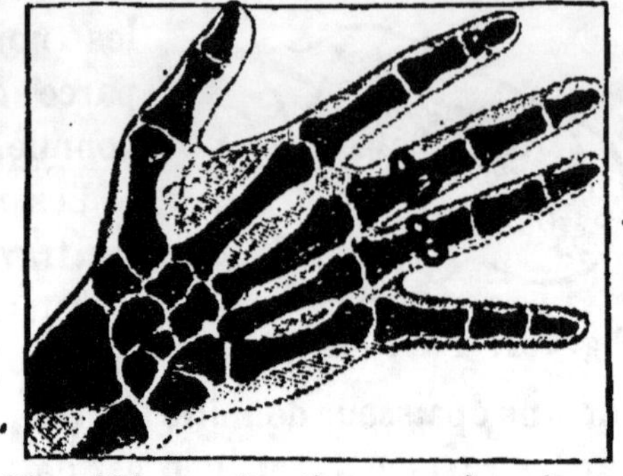

Fig. 233. — *Os d'une main photo-
graphiés par les rayons X.*

donnera cette plaque sensible lorsqu'elle sera traitée par
les procédés indiqués pour la photographie ordinaire. On
peut de même, avec les rayons X, photographier une
pièce enfermée dans un portemonnaie, un objet métallique
contenu dans une boîte de bois, le squelette d'une grenouille
vivante, etc.

De plus, le professeur Rœntgen a montré, en 1896, que les
rayons X avaient la propriété de rendre *fluorescentes* un
certain nombre de substances, entre autres le *platino-
cyanure de baryum*, et qu'en interposant la main entre un
tube de Crookes en activité et un écran couvert de l'une de
ces substances, dans une chambre obscure, on aperce-
vait distinctement le *squelette de cette main* sur cet
écran.

L'expérience de Rœntgen a donné lieu à un nouveau procédé d'investigations pour les objets invisibles, que l'on a
nommé *fluoroscopie*. Ce procédé permet de voir non seulement les os d'une main à travers un écran recouvert de
platino-cyanure de baryum, mais encore tout l'intérieur du
corps d'une personne : le squelette paraît en entier, les côtes
sont nettes et précises, et les vertèbres peuvent être comptées ;
on voit distinctement les poumons qui se gonflent et se
dégonflent en s'emplissant et en se vidant d'air, et le cœur

dont a pointe bat près du diaphragme. On peut aussi recon-
naitre si les poumons sont atteints de tuberculose, si les
organes sont sains et normaux et trouver la véritable position des corps étrangers qui ont pu s'introduire dans l'organisme : projectiles, éclats de verre, fragments d'os, etc. Par ce
qui précède, on voit les avantages immenses que la science
médicale peut tirer des rayons X.

Les services des douanes, des octrois et des postes trouvent
également dans les rayons X de précieux auxiliaires qui, par
l'examen fluoroscopique des colis, permettent de s'assurer
rapidement de l'exactitude des déclarations qui ont été faites
au sujet de leur contenu.

239. Photographie des couleurs. — Depuis la
découverte de la photographie par Daguerre et Niepce, vers
1840, de nombreux essais ont été faits pour obtenir la photographie des couleurs, et ce n'est que ces dernières années que
l'on est parvenu à un résultat satisfaisant. Dans la séance du
2 février 1891, M. Lippmann a pu présenter à ses collègues
de l'Académie des sciences des clichés photographiques du
spectre solaire où toutes les couleurs étaient imprimées sur
la plaquette. Deux ans plus tard, en 1893, MM. Lumière sont
arrivés à produire des épreuves de paysages, d'images, de
fleurs et d'autres objets coloriés, dans lesquelles toutes les
teintes étaient fidèlement et vigoureusement reproduites. Pour
obtenir ce remarquable résultat, MM. Lumière ont dû avoir
recours à des procédés compliqués, qui sont du domaine du
savant, et posséder un outillage de précision très perfectionné.
La photographie des couleurs, telle qu'ils l'ont présentée,
pouvait donc être considérée comme une chose extrêmement
intéressante, mais encore peu propre à être vulgarisée. Le
jour ne devait pas être éloigné où, grâce aux constants
efforts des chercheurs, elle allait être rendue publique pour
tous; car le 20 juin 1898, M. Dugardin a exposé devant
l'Académie des sciences un nouveau procédé, aussi simple que
peu coûteux, pour la photographie des couleurs. Ce procédé

lui a permis d'obtenir des épreuves positives où la perfection
des couleurs et leur exactitude ne laissent rien à désirer.
Tout le monde comprend l'importance de la découverte de
M. Dugardin, laquelle porte à son apogée l'art de la photographie.

240. Photographie animée. — La *photographie
animée* est donnée par le *cinématographe*, ingénieux appareil qui permet non seulement d'enregistrer par la photographie, avec une admirable précision, les scènes animées
les plus variées, sans omettre aucun des mouvements qu'elles
comportent, mais aussi de les reproduire fidèlement de grandeur naturelle, en les projetant sur un écran et les rendant
ainsi visibles pour toute une assemblée de spectateurs.

Pour se faire une idée du principe sur lequel repose cet
appareil, il faut se reporter aux jouets bien connus, désignés
sous le nom de *praxinoscopes*, dans lesquels des dessins
représentant les diverses phases d'un mouvement, sont tracés
à intervalles très rapprochés sur une étroite bande de papier.
Cette bande, placée autour d'un cercle tournant rapidement
devant une fente, en regard de laquelle on place l'œil, donne
une illusion approchée du mouvement simple que représente
le dessin, par exemple, un saut, une danse, etc. C'est la per-
sistance des impressions lumineuses sur la rétine qui donne,
dans cet appareil, l'illusion du mouvement.

Dans le cinématographe, les scènes animées sont photo-
graphiées sur une bande pelliculaire se déroulant verticalement dans une boîte hermétiquement close et munie d'un
objectif qui est successivement démasqué et obturé pendant
que la bande pose ou continue à se dérouler. Le nombre des
épreuves ainsi obtenues est de 15 par seconde; une scène
d'une minute comprend donc 900 photographies et tient une
bande de 18 m. de longueur sur 3 cm. de largeur. Ces
épreuves photographiques, projetées successivement sur un
écran, pendant que la bande pelliculaire se déroule avec une
vitesse égale à celle dont elle était animée lorsqu'elle les a

recueillies, donnent une telle illusion des mouvements que les scènes représentées sont d'une frappante réalité.

RÉSUMÉ

L'optique a pour objet l'étude de la lumière. Les corps, relativement à la lumière, sont dits *lumineux, éclairés, transparents* ou *opaques.*

La propagation de la lumière est soumise aux deux lois suivantes :

1° *Dans un milieu homogène, la lumière se propage en ligne droite;*

2° *L'intensité de la lumière est en raison inverse du carré de la distance.*

La vitesse de la lumière est d'environ *340.000 kilomètres* par seconde.

On entend par *réflexion de la lumière* le changement de direction qu'éprouvent les rayons lumineux lorsqu'ils rencontrent une surface bien polie. La réflexion de la lumière est soumise aux deux lois suivantes :

1° *L'angle de réflexion d'un corps lumineux est égal à son angle d'incidence ;*

2° *Le rayon incident, la normale et le rayon réfléchi sont dans un même plan perpendiculaire à la surface réfléchissante.*

Les *miroirs* sont des surfaces assez polies pour produire, par la réflexion de la lumière, les images des objets qui sont placés devant elles. On distingue deux espèces principales de miroirs : les *miroirs plans* et les *miroirs sphériques.*

Les miroirs plans donnent toujours des images *virtuelles.* On distingue deux espèces de miroirs sphériques : les miroirs *concaves* et les miroirs *convexes.* Les miroirs concaves donnent des images *réelles* ou des images *virtuelles* suivant la position des objets par rapport au miroir. Les miroirs convexes ne donnent que des images *virtuelles.*

Dans les miroirs et dans les lentilles les images virtuelles sont *toujours droites* et les images réelles *toujours renversées.*

La *réfraction* de la lumière est le changement de direction qu'éprouve un rayon lumineux en passant obliquement d'un milieu transparent dans un autre.

Les *lentilles* sont des milieux transparents terminés par des surfaces sphériques. On les divise en *lentilles convergentes* et *lentilles divergentes.* Les premières ont les bords minces et les secondes les bords épais.

Les lentilles convergentes donnent des images réelles ou des images virtuelles suivant la position des objets. Les lentilles divergentes donnent toujours des images virtuelles.

Les principaux instruments d'optique sont les *microscopes,* les *lunettes simples,* la *lunette astronomique,* la *lunette terrestre,* la *lunette de Galilée* et le *télescope.*

On appelle *prisme* en optique un milieu transparent terminé par deux faces planes inclinées entre elles.

Lorsqu'un faisceau de lumière solaire traverse un prisme, il se décompose et donne une image oblongue, vivement colorée : cette image est désignée sous le nom de *spectre solaire*. Le spectre solaire comprend sept couleurs principales, savoir : le *violet*, l'*indigo*, le *bleu*, le *vert*, le *jaune*, l'*orangé* et le *rouge*.

La réunion de toutes les couleurs du spectre solaire forme le *blanc*.

La *photographie* est l'art de fixer, sur des substances convenablement choisies, les images des objets données par la lentille convergente. Elle repose sur la propriété que possèdent certains sels, tels que le *bromure* et le *chlorure d'argent*, d'être décomposés par la lumière. L'appareil dont on se sert pour photographier porte le nom de *chambre noire*.

La photographie comprend deux séries d'opérations : la production de l'*épreuve négative* et celle de l'*épreuve positive*.

Pour produire l'épreuve négative, il faut quatre opérations successives : la *mise au point*, la *pose*, le *développement de l'image* et le *fixage de l'image* ; pour la production de l'épreuve positive, il en faut trois : *la formation de l'image*, le *virage* et le *fixage*.

La découverte des rayons X, en 1896, a permis la photographie de l'*invisible*, que l'on obtient à l'aide des *tubes de Crookes*.

La *photographie des couleurs* est rendue possible depuis 1893, par suite des découvertes de M. Lumière.

La photographie et la reproduction des mouvements s'obtient à l'aide du *cinématographe*.

QUESTIONNAIRE

Quel est l'objet de l'optique ? — Qu'appelle-t-on corps lumineux ? — Corps éclairé ? — Corps opaque ? — Corps transparent ? — Comment se propage la lumière ? — Quelle est la vitesse de la lumière ? — Qu'entend-on par réflexion de la lumière ? — Quelles sont les lois de la réflexion de la lumière ? — Qu'est-ce qu'un miroir plan ? — Comment se forment les images dans un miroir plan ? — Qu'appelle-t-on images virtuelles ? — Images réelles ? — Qu'est-ce qu'un miroir sphérique ? — Comment se forment les images dans les miroirs sphériques ? — Qu'est-ce que la réfraction ? — Expliquez pourquoi un bâton, en partie plongé dans l'eau, paraît coudé ? — Qu'est-ce que les lentilles ? — Quelles sont les différentes espèces de lentilles ? — Qu'appelle-t-on foyer principal dans une lentille ? — Comment se forment les images dans les lentilles ? — Quels sont les principaux instruments d'optique ? — Décrivez le miscroscope simple — Le microscope composé. — Les lunettes simples. — La lunette astronomique. — La lunette de Galilée. — Le télescope. — Qu'est-ce qu'un prisme ? — Expliquez la marche d'un rayon lumineux à travers un prisme. — Qu'appelle-t-on spectre solaire ? — Quelles sont les couleurs du spectre solaire ? — Pourquoi la lumière blanche est-elle décomposée par le prisme ? — Par quelles expériences la recomposition de la lumière blanche peut-elle se faire ? — Décrivez le disque de Newton ? — Qu'est-ce que la photographie ? — Sur quelle propriété repose-t-elle ? — Décrivez la chambre noire. — Quelles sont les deux séries d'opérations que comprend la photographie? — Décrivez les opérations servant à produire l'épreuve négative. — Décrivez celles qui servent à la production de l'épreuve positive. — Dites ce que vous savez sur la photographie de l'invisible. — Sur la fluoroscopie. — Sur la photographie des couleurs. — Sur la photographie animée.

CHIMIE

DÉFINITIONS — NOMENCLATURE

241. Objet de la chimie. — La CHIMIE a pour objet l'étude de la composition des corps, et des divers phénomènes produits par les actions qu'ils exercent les uns sur les autres.

Les phénomènes chimiques diffèrent beaucoup des phénomènes physiques. Les premiers sont permanents et modifient la constitution des corps ; ils donnent naissance à des substances différentes de celles qui ont servi à leur production. Les seconds sont passagers et n'altèrent pas la constitution des corps.

L'oxydation du fer à l'air humide est un phénomène chimique ; car elle donne naissance à la *rouille*, substance qui diffère du fer par sa composition ; en outre, le fer, une fois oxydé, ne revient pas de lui-même à son état primitif.

La dilatation du fer par la chaleur est un phénomène physique, car ce phénomène n'est que passager et n'altère pas la composition du fer.

242. Corps simples. — **Corps composés.** — Au point de vue chimique, tous les corps peuvent se partager en deux grandes divisions : les *corps simples* et les *corps composés.*

Les *corps simples* sont ceux dont on ne peut extraire qu'une seule espèce de matière, de quelque façon qu'on les traite ; l'or, le fer, le soufre sont des corps simples.

Les *corps composés* sont ceux qui sont formés par la combinaison de plusieurs corps simples ; l'eau, le sel marin, le bois sont des corps composés.

Un corps composé est dit *binaire* quand il renferme deux corps simples, *ternaire* quand il en contient trois.

243. Atomes. — Molécules. — Les corps sont considérés comme étant formés par l'assemblage de parties infiniment petites et indivisibles nommées *atomes*, et on admet que les atomes se groupent entre eux pour former des *molécules*, masses excessivement petites que l'on considère comme ayant une composition identique à celles des corps qu'elles constituent.

L'atome est la plus petite partie d'un corps simple qui puisse entrer dans une combinaison chimique, et la molécule est la plus petite partie d'un corps que l'on puisse concevoir à l'état de liberté.

244. Cohésion. — Affinité. — Les corps, mis en contact, exercent les uns sur les autres des actions très variées. Ces actions, qui sont tantôt des combinaisons et tantôt des décompositions, sont sous la dépendance de deux forces : la *cohésion* et l'*affinité*.

La *cohésion* est la force qui tend à rapprocher les molécules de même nature. Cette force est très énergique dans les solides, très faible dans les liquides, nulle dans les gaz. La chaleur, tendant à écarter les molécules des corps, diminue la cohésion. On peut encore diminuer la force de cohésion qui unit les molécules d'un corps solide, en le mettant dans un liquide capable de le dissoudre.

L'*affinité* est la force qui s'exerce entre les molécules de nature différente. Cette force joue le plus grand rôle dans les phénomènes chimiques ; c'est elle qui préside aux combinaisons des corps et qui détermine la plupart des décompositions. L'affinité est modifiée dans ses résultats par plusieurs circonstances, telles que la cohésion, la pression, la chaleur et l'électricité.

245. Analyse. — Synthèse. — L'*analyse* est la décomposition d'un corps en ses éléments. La *synthèse* est le contraire de l'analyse ; elle consiste à combiner entre eux les corps simples pour produire les corps composés. En décomposant l'eau par un courant électrique, on fait une analyse, et, si après avoir mélangé l'oxygène et l'hydrogène obtenus par cette décomposition, on détermine leur combinaison au moyen d'une flamme ou d'une étincelle électrique, on fait une synthèse.

De même, on fait une analyse quand on chauffe fortement de l'*oxyde de mercure* : ce corps, composé de mercure et d'oxygène, se décompose en ses deux éléments, quand on le chauffe à une température supérieure à *400°* ; le mercure reste dans la cornue et l'oxygène se dégage. On ferait la

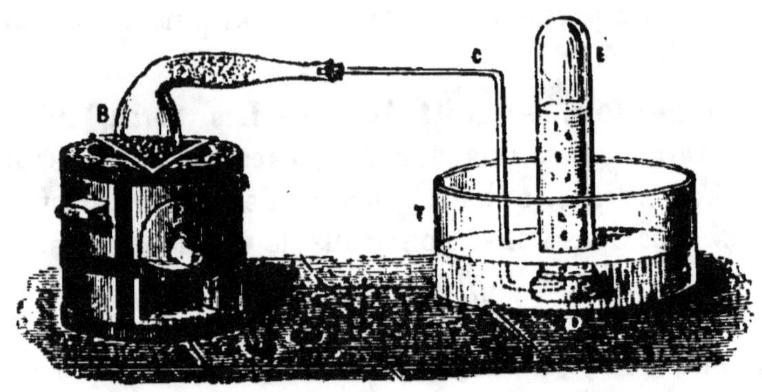

Fig. 231. — *Analyse de l'oxyde de mercure.*

synthèse de l'oxyde de mercure en chauffant du mercure pendant plusieurs heures en présence de l'oxygène : ces deux corps se combineraient, et il se formerait sur le mercure des pellicules rouges qui ne seraient autre chose que de l'oxyde de mercure.

L'analyse est dite *qualitative* quand elle a seulement pour but de déterminer la nature des éléments qui composent un corps. On la désigne sous le nom d'analyse *quantitative* quand elle a pour objet de trouver les quantités de chacun des éléments qui composent un corps.

246. Combinaisons chimiques. — Les *combinai-sons chimiques* sont des phénomènes par lesquels plusieurs corps s'unissent pour en former un autre dont les propriétés sont différentes de celles de ses éléments constitutifs. Il ne faut pas confondre les mélanges avec les combinaisons. Dans un mélange, les propriétés des éléments se conservent ; dans une combinaison, elles sont remplacées par des propriétés nouvelles. On peut, dans un mélange, séparer les éléments par des procédés mécaniques ; dans une combinaison, ils ne peuvent être séparés que par des procédés chimiques.

247. Lois des combinaisons chimiques. — Les combinaisons chimiques sont soumises à différentes lois qui portent les noms des chimistes qui les ont découvertes ; les principales sont la loi de *Proust*, la loi de *Dalton* et celles de *Gay-Lussac*.

Loi de Proust. — La *loi de Proust* est encore nommée *loi des proportions définies*. Elle s'énonce ainsi :

Deux corps, pour former un même composé, se combinent toujours dans des proportions invariables.

Ainsi, quand on chauffe *28 gr.* de fer avec *16 gr.* de soufre, les deux corps se combinent totalement pour former du *sulfure de fer*. Mais si l'on prend un poids plus grand de l'un des deux corps sans augmenter le poids de l'autre, par exemple, *30 gr.* de fer avec *16 gr.* de soufre, *2 gr.* de fer en excès ne se combinent pas.

Loi de Dalton. — La *loi de Dalton* se désigne encore sous le nom de *loi des proportions multiples*. On l'énonce de cette manière :

Lorsqu'un corps peut se combiner avec différents poids d'un autre corps, ces poids sont toujours dans un rapport simple.

L'oxygène peut se combiner avec l'azote en six proportions différentes, et pour un même poids d'azote, les poids de l'oxygène sont dans le rapport suivant : 1, 2, 3, 4, 5, 6.

Lois de Gay-Lussac. — Les *lois de Gay-Lussac* ou *lois des volumes* peuvent se formuler ainsi :

1° *Lorsque deux gaz se combinent, les volumes des gaz qui entrent en combinaison sont toujours en rapport simple.* Exemple :

Un volume de chlore se combine avec *un* volume d'hydrogène et forme *deux* volumes d'acide chlorhydrique.

2° *Le volume du corps composé, considéré à l'état gazeux, est aussi en rapport simple avec les volumes des composants.* Exemple :

Un volume d'oxygène se combine avec *deux* volumes d'hydrogène et forme *deux* volumes de vapeur d'eau.

3° *Lorsque les gaz se combinent à volumes égaux, il n'y a généralement pas de contraction.* Exemple :

Un volume de vapeur de carbone se combine avec *un* volume d'oxygène pour former *deux* volumes d'oxyde de carbone.

4° *Lorsque les gaz se combinent à volumes inégaux, il y a toujours contraction.* Exemple :

Un volume d'azote se combine avec *trois* volumes d'hydrogène et forme *deux* volumes de gaz ammoniac.

248. Équivalents. — Par *équivalents*, on entend les poids proportionnels selon lesquels les corps se combinent ou se remplacent dans les combinaisons chimiques. Ainsi, l'eau est formée, en poids, de *1 partie d'hydrogène et de 8 parties d'oxygène*. Or, si l'on fait agir sur l'eau un corps ayant de l'affinité pour l'oxygène, il s'empare de l'oxygène et l'hydrogène est mis en liberté. On a expérimenté que pour s'emparer de *8 gr.* d'oxygène, il faut *39 gr. de potassium, 23 gr. de sodium, 28 gr. de fer, 33 gr. de zinc, 6 gr. de carbone, 35 gr. 5 de chlore*, etc. Ces poids, susceptibles de se *remplacer*, de *s'équivaloir*, sont les équivalents des corps ci-dessus.

On peut dire aussi que l'équivalent d'un corps est le poids minimum de ce corps qui peut se combiner avec *1 gr. d'hydrogène* ou avec *8 gr. d'oxygène*.

La théorie des équivalents chimiques est actuellement remplacée par la théorie *atomique*, qui, au lieu de se rapporter au *poids* des corps en combinaison, indique le rapport dans lequel leurs atomes se combinent.

249. Poids atomiques. — On appelle *poids atomiques* des nombres proportionnels représentant les poids relatifs des *atomes* des corps simples comparés au poids de l'*atome d'hydrogène*, pris pour unité.

La théorie atomique repose sur l'hypothèse suivante formulée par Ampère et Avogadro :

Les volumes égaux de gaz ou de vapeur simple, considérés à une même température et sous une même pression, renferment un même nombre d'atomes et, par suite, ces atomes sont égaux.

De la propriété que, dans l'expérience de Mariotte (nº 67), les gaz et les vapeurs, à une même température, se dilatent et se compriment également, Ampère en a déduit que les atomes de ces gaz et de ces vapeurs sont tous à une même distance les uns des autres, et que, par conséquent, des volumes égaux de gaz ou de vapeur en renferment le même nombre.

Les atomes des divers gaz ou vapeurs sont donc égaux en volume, mais différents comme poids ; car les volumes égaux de ces gaz ou vapeurs ne pèsent pas également. Sans que l'on puisse trouver le poids absolu de chacun des atomes constituant les divers corps simples, on peut déterminer les *poids relatifs* de chacun d'eux en prenant pour unité le poids de l'*atome d'hydrogène* ; en effet, si des volumes égaux de gaz ou de vapeurs renferment le même nombre d'atomes, les poids respectifs de ces atomes sont dans le même rapport que les poids de ces gaz ou *leurs densités* ; par suite, *pour trouver le poids atomique des différents gaz ou vapeurs simples, il suffit de diviser leur densité par celle de l'hydrogène.*

D'après cela, la densité de l'oxygène étant 1,1056, celle du chlore 2,45 et celle de l'hydrogène 0,0692, le poids atómique de l'oxygène égale, en nombre rond, 1,1056 : 0,0692 = 16, et celui du chlore, 2,45 : 0,0692 = 35,50.

La détermination du poids atomique des corps simples qui ne peuvent se réduire en vapeur repose sur les chaleurs spécifiques, dont la loi, découverte par Dulong et Petit, s'énonce ainsi : *le produit de la chaleur spécifique d'un corps simple par son poids atomique est un nombre sensiblement constant et égale à environ 6,40.* Par suite, pour trouver le poids atomique d'un corps simple, il suffit de diviser 6,40 par le coefficient de la chaleur spécifique de ce corps.

250. Poids moléculaire. — Les *poids moléculaires* des gaz ou des vapeurs, simples ou composés, sont des nombres qui représentent les poids relatifs des *molécules* de ces corps comparés au poids de la *molécule d'hydrogène*, prise pour unité.

Par des considérations qui ne peuvent trouver place dans cet ouvrage, on arrive à conclure que la molécule d'hydrogène se compose de *deux atomes* de ce même gaz. Il en résulte que *le poids moléculaire de l'hydrogène est 2 et que celui des autres gaz ou vapeurs est aussi le double de leur poids atomique.* Il faut en excepter cependant le *phosphore* et *l'arsenic* dont le poids moléculaire des vapeurs *égale 4 fois le poids atomique ;* chaque molécule de ces deux corps se compose en effet de 4 atomes.

251. Remarque. — Le *gramme* est souvent pris comme poids atomique de l'hydrogène. Ce poids représente celui d'un volume d'hydrogène égal à 11 litres 16, à la température de 0 degré et sous la pression 0,760 ; le poids atomique des autres corps est alors le poids d'un même volume de ces corps, 11 litres 16, à l'état de vapeur, sous des conditions identiques de température et de pression.

Lorsque le poids atomique de l'hydrogène est 1 gramme, son *poids moléculaire* est celui de $11,16 \times 2 = 22$ litres 32, à la température de 0 degré et sous la pression 0,760. Le poids moléculaire des autres corps est alors celui d'un volume, 22 litres 32, de ces corps à l'état de vapeur, sous les mêmes conditions de température et de pression.

252. Notation chimique. — La *notation chimique* a pour but de représenter les corps à l'aide de *symboles* et de *formules*. Les symboles sont employés pour les corps simples et les formules pour les corps composés.

Les *symboles* représentant les corps simples sont fournis par la lettre initiale de leur nom, français ou latin, à laquelle on joint une lettre prise dans le corps du mot lorsque deux noms de corps simples commencent par la même lettre. Exemples :

O	H	S	Bo	Az	As
Oxygène	Hydrogène	Soufre	Bore	Azote	Arsenic

Au	K	Na	Hg
Or (Aurum)	Potassium (Kalium)	Sodium (Natron)	Mercure (Hydrargyrum)

Les *formules* représentant les corps composés sont établies en écrivant les uns à la suite des autres les symboles des corps composants, et en affectant chaque symbole d'un chiffre indiquant le nombre d'atomes du corps simple correspondant qui entrent dans la molécule du corps composé. Exemples :

$$HgO \qquad H^2O \qquad AzH^3 \qquad SO^3,H^2O \text{ ou } SO^4H^2$$

Oxyde de mercure	Eau	Ammoniaque	Acide sulfurique

La première de ces formules indique que la molécule d'oxyde de mercure est formée par la combinaison d'un atome de mercure avec un atome d'oxygène; la deuxième, que la molécule d'eau se compose de deux atomes d'hydrogène et d'un atome d'oxygène, etc.

Les atomes ayant tous le même volume, il en résulte que

la notation atomique a l'avantage d'indiquer la composition en volume des corps composés. Ainsi la formule AzH^3 montre que l'ammoniaque est formée par la combinaison d'un volume d'azote à trois volumes d'hydrogène.

NOMENCLATURE CHIMIQUE

La *nomenclature chimique*, créée en 1780 par Guyton de Morveau, est l'ensemble des mots employés pour désigner les différents corps dont s'occupe la chimie. Elle a été établie de manière à désigner les corps par des noms qui indiquent leur composition.

253. Nomenclature des corps simples. — Les corps simples ont gardé les noms qu'ils portaient avant la création de la nomenclature. La plupart d'entre eux sont désignés par des noms qui rappellent leur origine ou leurs propriétés. Les corps simples connus actuellement sont au nombre de *71*. On les divise en deux classes : les *métalloïdes* et les *métaux*.

MÉTALLOÏDES. — Les *métalloïdes* sont généralement dénués de l'éclat métallique ; ils sont mauvais conducteurs de la chaleur et de l'électricité ; tous les composés qu'ils forment avec l'oxygène sont des anhydriques ou des corps neutres ; ils ne peuvent jamais se combiner avec les acides pour former des sels.

Les métalloïdes sont au nombre de 16, y compris l'hydrogène qui, par ses propriétés, tient le milieu entre les métalloïdes et les métaux. On les a classés en quatre familles d'après l'aptitude de leurs atomes pour fixer ceux de l'hydrogène. Voici leurs noms et leurs symboles :

Hydrogène H			
1re Famille :	**2e Famille :**	**3e Famille :**	**4e Famille :**
Fluor...... Fl	Oxygène...... O	Azote........ Az	Carbone.... C
Chlore...... Cl	Soufre....... S	Phosphore... P	Silicium.... Si
Brome .... Br	Sélénium.... Se	Arsenic...... As	Bore........ Bo
Iode........ I	Telluré...... Te	Antimoine... Sb	

L'hydrogène, l'*oxygène*, le *chlore*, le *fluor*, l'*azote* sont gazeux à la température ordinaire, le *brome* est liquide et tous les autres sont solides.

Les corps de la 1re famille sont dits *monoatomiques* ou *monovalents*, parce qu'ils se combinent avec l'hydrogène atome par atome : HCl, HBr, HI, HFl.

Ceux de la 2e famille sont appelés *diatomiques* ou *divalents*, parce que chacun de leurs atomes peut fixer deux atomes d'hydrogène : H^2O, H^2S, H^2Se, H^2Te.

Les corps de la 3e famille sont dits *triatomiques* ou *trivalents*, parce que leurs atomes peuvent se combiner avec trois atomes d'hydrogène : H^3Az, H^3P, H^3As, H^3Sb.

Enfin, les corps de la 4e famille sont appelés *quadriatomiques* ou *quadrivalents*, parce que leurs atomes peuvent fixer chacun quatre atomes d'hydrogène : H^4C, H^4Si.

MÉTAUX. — Les *métaux* sont des corps doués d'un éclat particulier appelé *éclat métallique*. Ils sont bons conducteurs de la chaleur et de l'électricité; mais ce qui les distingue surtout des métalloïdes, c'est la propriété qu'ils ont, en se combinant avec l'oxygène, de former des *oxydes basiques*, *c'est-à-dire des oxydes capables de se combiner avec les acides pour former des sels.* Tous sont solides à la température ordinaire, à l'exception du mercure, qui est liquide.

Les *métaux* sont au nombre de 55, classés en *six familles* d'après l'aptitude de leurs atomes pour fixer ceux de l'oxygène. Voici les noms des plus usuels de chaque famille et leurs symboles :

1re Famille :		2e Famille :					
Baryum...	Ba	Magnésium..	Mg	Nickel......	Ni	Cuivre.....	Cu
Calcium...	Ca	Manganèse..	Mn	Zinc........	Zn	Plomb.....	Pl
Lithium...	Li	3e Famille :		4e Famille :		6e Famille :	
Potassium.	K			Etain.......	Sn	Argent.....	Ag
Rubidium.	Rb	Aluminium..	Al	Titane......	Ti	Iridium....	Ir
Sodium ...	Na	Chrome......	Cr	Tungstène...	Tu	Mercure ..	Hg
Strontium.	Sr	Cobalt......	Co	5e Famille :		Or.........	Au
		Fer.........	Fe	Bismuth.....	Bi	Platine ...	Pt

Les métaux de la première famille décomposent l'eau à

froid pour s'emparer de son oxygène ; ceux de la deuxième famille la décomposent lorsqu'ils sont portés à la *température de 100°* et ceux de la troisième lorsqu'ils sont portés au *rouge*. Les métaux de la dernière famille ne s'oxydent à aucune température.

254. Nomenclature des corps composés. — Dans la nomenclature des corps composés, il y a lieu de considérer les composés *binaires* et les composés *ternaires*.

Composés binaires. — On distingue deux catégories distinctes de composés binaires : les composés *oxygénés* et les composés *non oxygénés*.

1° *Composés binaires oxygénés.* — Les composés *binaires oxygénés* se divisent également en deux groupes : les *anhydrides* et les *oxydes*.

Les *anhydrides* sont les composés oxygénés qui peuvent se combiner à l'eau pour donner naissance à des acides. On les nomme en ajoutant la terminaison *ique* au nom du corps qui se combine à l'oxygène. Exemples :

$$\text{Anhydride carbonique} \dots\dots\dots\dots\dots\dots \quad CO^2$$
$$\text{Anhydride azotique} \dots\dots\dots\dots\dots\dots \quad Az^2O^3$$

Lorsque le même corps forme avec l'oxygène deux anhydrides différents, on donne la terminaison *eux* à celui qui a le moins d'oxygène, et la terminaison *ique* à celui qui en a le plus. Exemples :

$$\text{Anhydride sulfureux} \dots\dots\dots\dots\dots\dots \quad SO^2$$
$$\text{Anhydride sulfurique} \dots\dots\dots\dots\dots\dots \quad SO^3$$

Les *oxydes* sont des composés binaires oxygénés qui ne se transforment pas en acides en réagissant sur l'eau. On les nomme en faisant suivre le mot *oxyde* du nom du corps combiné avec l'oxygène. Exemples :

$$\text{Oxyde de zinc} \dots\dots\dots\dots\dots\dots\dots \quad ZnO$$
$$\text{Oxyde de carbone} \dots\dots\dots\dots\dots\dots \quad CO$$

Quand le même corps peut fournir plusieurs oxydes différents, on les distingue par les préfixes *proto, sesqui, bi, tri*, etc. Le préfixe *proto* sert à désigner celui des corps qui contient le moins d'oxygène, ou encore celui qui ne renferme qu'un atome d'oxygène pour un atome de métal ; les autres préfixes s'appliquent aux oxydes qui renferment une fois et demie, deux fois, trois fois, etc., plus d'oxygène que le premier. Exemples :

$$\text{Protoxyde de manganèse} \dots \dots \quad MnO$$
$$\text{Sesquioxyde de manganèse} \dots \dots \quad Mn^2O^3$$
$$\text{Bioxyde de manganèse} \dots \dots \quad MnO^2$$

Lorsque le même corps ne forme que deux oxydes différents, on les distingue aussi en donnant au moins oxygéné la terminaison *eux* et à l'autre la terminaison *ique*. Exemples :

$$\text{Oxyde cuivreux} \dots \dots \quad Cu^2O$$
$$\text{Oxyde cuivrique} \dots \dots \quad CuO$$

On a conservé à quelques oxydes les noms qu'ils portaient avant la création de la nomenclature. Ainsi on dit : *potasse, soude, chaux, baryte*, etc., au lieu de dire oxyde de potassium, de sodium, de calcium, etc.

Composés binaires non oxygénés. — Lorsque le composé est formé par la combinaison d'un métalloïde à un métal, on le désigne par le nom du métalloïde terminé en *ure* suivi du nom du métal. Exemples :

$$\text{Sulfure de plomb} \dots \dots \quad PbS$$
$$\text{Chlorure de sodium} \dots \dots \quad NaCl$$

Quand le composé est formé par la combinaison de deux métalloïdes, on le désigne encore par le nom de l'un de ces métalloïdes terminé en *ure* et suivi du nom de l'autre. Ex. :

$$\text{Phosphure d'hydrogène} \dots \dots \quad H^3P$$
$$\text{Sulfure de carbone} \dots \dots \quad CS^2$$

On donne le nom d'*alliage* aux corps formés par la combinaison de deux métaux et quand l'un de ces métaux est le mercure, on remplace le mot alliage par le mot *amalgame*. Ainsi on dit :

$$\text{Alliage de cuivre et d'argent}$$
$$\text{Amalgame d'or.}$$

On rencontre dans le nombre des composés binaires non oxygénés un certain nombre de combinaisons hydrogénées qui possèdent tous les caractères des acides véritables ; on les désigne sous le nom générique d'*hydracides* et on les nomme en ajoutant au mot acide le nom du métalloïde qu'ils renferment terminé en *hydrique*. Exemples :

Acide chlorhydrique.................. .... HCl
Acide sulfhydrique................ .... H^2S

255. Composés ternaires. — Les *composés ternaires* se divisent en trois groupes principaux : les *acides*, les *bases* et les *sels oxygénés*.

Acides. — On appelle *acide* tout composé ternaire hydrogéné dont un *atome d'hydrogène au moins* est remplaçable par *une quantité équivalente de métal*. Tous les acides solubles rougissent la teinture bleue de tournesol et possèdent la saveur aigre du vinaigre, lors même qu'ils sont étendus d'eau. On les nomme, comme les anhydrides dont ils dérivent, mais en substituant le mot *acide* au mot *anhydride*. Exemples :

Acide azotique....................... AzO^3H
Acide phosphorique. .... PO^4H^3
Acide sulfureux.................... SO^3H^2
Acide sulfurique........ .... SO^4H^2

Bases oxygénées. — Les *bases oxygénées* proviennent de la combinaison d'un oxyde métallique à l'eau. Celles qui sont solubles ramènent au bleu la teinture de tournesol rougie par les acides et possèdent une saveur âcre et particulière. On les distingue par le mot *hydrate* suivi du nom du métal qui les compose. Exemples :

Hydrate de cuivre......... CuO, H^2O ou CuO^2H^2
Hydrate de potassium..... K^2O, H^2O ou KOH

Sels oxygénés. — Les *sels oxygénés* dérivent des acides dont les atomes d'hydrogène ont été remplacés, en tout ou en partie, par ceux d'un métal. On obtient ordinairement cette substitution en combinant une base avec un anhydride ou un acide. Pour nommer un sel, on change en *ite* ou en *ate* la terminaison *eux* ou *ique* de l'acide et on y ajoute le nom du métal. Ainsi pour désigner les sels formés par la combinaison de l'acide sulfureux et de l'acide sulfurique à la potasse, on dit :

Sulfite de potassium....... .. .. SO^3K^2
Sulfate de potassium.................... SO^4K^2

Lorsque tout l'hydrogène de l'acide a été remplacé lors de sa transformation en sel, celui-ci est appelé *sel neutre ;* s'il en reste encore, on le nomme sel acide. Exemples :

Sulfate neutre de potassium.... ... SO^4K^2
Sulfate acide de potassium......... SO^4HK

Tableau des symboles et des poids atomiques des principaux corps simples

MÉTALLOIDES					
Arsenic	As	75	Iode	I	127
Azote	Az	14	Oxygène	O	16
Bore	Bo	11	Phosphore	P	31
Brome	Br	80	Sélénium	Se	79,2
Carbone	C	6	Silicium	Si	28
Chlore	Cl	35,5	Soufre	S	32
Fluor	Fl	19	Tellure	Te	129
Hydrogène	H	1			
MÉTAUX					
Aluminium	Al	27,5	Magnésium	Mg	24
Antimoine	Sb	120	Manganèse	Mn	55
Argent	Ag	108	Mercure	Hg	200
Barium	Ba	137	Nickel	Ni	59
Bismuth	Bi	210	Or	Au	197
Calcium	Ca	40	Platine	Pt	195
Chrome	Cr	52,2	Plomb	Pb	207
Cobalt	Co	59	Potassium	K	39
Cuivre	Cu	63	Sodium	Na	23
Etain	Sn	118	Strontium	Sr	87,5
Fer	Fe	56	Zinc	Zn	66

RÉSUMÉ

La *Chimie* a pour objet l'étude de la composition des corps et des divers phénomènes produits par les actions qu'ils exercent les uns sur les autres.

Les phénomènes chimiques sont permanents et modifient la constitution des corps. Ils donnent naissance à des substances différentes de celles qui ont servi à leur production.

On divise les corps en *corps simples* et en *corps composés*. Les *corps simples* sont ceux dont on ne peut extraire qu'une seule espèce de matière ; les *corps composés* sont formés par la combinaison de plusieurs corps simples.

Les corps sont formés par un assemblage de parties infiniment petites nommées *atomes*, qui se groupent entre elles pour constituer des *molécules*.

La *cohésion* est la force qui tend à rapprocher les molécules de même nature. On entend par *affinité* la force qui s'exerce entre des molécules de nature différente.

L'analyse est la décomposition d'un corps en ses éléments. Elle est *qualitative* ou *quantitative*, selon qu'elle a pour but de déterminer la nature ou la quantité des corps simples qui constituent les corps composés.

La *synthèse* est l'action qui consiste à combiner entre eux les corps simples pour produire les corps composés.

Les *combinaisons chimiques* sont des phénomènes par lesquels plusieurs corps s'unissent pour en former d'autres dont les propriétés sont différentes de celles de leurs éléments constitutifs. Elles sont soumises aux lois suivantes :

Loi de Proust. — *Deux corps pour former un même composé, se combinent toujours dans des proportions invariables.*

Loi de Dalton. — *Lorsqu'un corps peut se combiner avec différents poids d'un autre corps, ces poids sont toujours en rapport simple.*

Lois de Gay-Lussac. — 1° *Lorsque deux gaz se combinent les volumes des gaz qui entrent dans la combinaison sont toujours en rapport simple ;*

2° *Le volume du corps composé, considéré à l'état gazeux, est aussi en rapport simple avec les volumes des composants ;*

3° *Lorsque les gaz se combinent à volumes égaux, il n'y a généralement pas contraction ;*

4° *Lorsque les gaz se combinent à volumes inégaux, il y a toujours contraction.*

Par *équivalents*, on entend les poids proportionnels selon lesquels les corps se combinent ou se remplacent dans les combinaisons chimiques. On peut encore dire que l'équivalent d'un corps est le poids minimum de ce corps qui peut se combiner avec *1 gr.* d'*hydrogène* ou *8 gr.* d'*oxygène*.

On appelle *poids atomiques* des nombres proportionnels représentant les poids relatifs des atomes des corps simples comparés au poids de l'hydrogène pris pour moitié. Lorsque le *gramme* est pris pour unité de poids atomique, il représente le poids d'un volume de *11 litres 16* d'*hydrogène*.

Le *poids moléculaire* des divers corps simples est généralement le double de leur poids atomique.

La *notation chimique* a pour but de représenter les corps à l'aide de *symboles* et de *formules*.

Les corps simples connus jusqu'à nos jours sont au nombre de *71*. On les divise en *métalloïdes* et en *métaux*.

Les *métalloïdes*, en se combinant avec l'oxygène, forment des *acides* ou des *corps neutres*. Les métaux, en se combinant avec l'oxygène forment toujours au moins un *oxyde basique*.

Les *acides* ont la propriété de rougir la teinture *bleue de tournesol*. Les *bases*, quand elles sont solubles, ramènent au bleu la teinture de tournesol rougie par les acides.

Les *sels* sont généralement formés par la combinaison d'un acide et d'une base.

La *nomenclature chimique* est l'ensemble des mots employés pour désigner les différents corps dont s'occupe la chimie.

QUESTIONNAIRE

Quel est l'objet de la chimie ? — Qu'est-ce qu'un phénomène chimique ? — Qu'entend-on par corps simples ? — Par corps composés ? — Qu'est-ce que la cohésion ? — L'affinité ? — Qu'entend-on par analyse ? — Par synthèse ? — Définissez les combinaisons chimiques. — En quoi diffèrent-elles des mélanges ? — Citez la loi de Proust. — Celle de Dalton. — Celles de Gay-Lussac. — Qu'entend-on par équivalent ? — Qu'appelle-t-on poids atomique ? — Sur quelle hypothèse repose la théorie atomique ? — Qu'appelle-t-on poids moléculaire ? — Quel est le but de la notation chimique ? — Qu'est-ce que la nomenclature chimique ? — Combien compte-t-on de corps simples ? — Comment les divise-t-on ? — Citez quelques métalloïdes. — Comment les divise-t-on ? — Nommez ceux qui sont gazeux. — Nommez quelques métaux. — Comment les divise-t-on ? — Comment forme-t-on le nom des anhydrides ? — Des oxydes ? — Des acides ? — Des sels ? — Comment désigne-t-on les corps binaires non oxygénés formés par la réunion d'un métalloïde et d'un métal ? — De deux métalloïdes ? — Qu'est-ce qu'un alliage ? — Un amalgame ?

CHAPITRE Ier

OXYGÈNE — HYDROGÈNE — EAU

OXYGÈNE

Symbole = O. — Poids atom. (1 vol.) = 16.

L'*oxygène* a été découvert en 1774, par *Scheele* et *Priestley*.

256. Propriétés physiques. — L'oxygène est un gaz incolore, inodore et sans saveur. Il a pour densité *1,1056,* l'air étant pris pour unité; un décimètre cube de ce gaz pèse donc *1 gr. 293* × *1,1056* ou *1 gr. 430*. L'oxygène est peu soluble dans l'eau : un litre d'eau n'en dissout que *40 cent. cubes*. Il se liquéfie à — *140°*, lorsqu'il est soumis à une pression de *300 atmosphères*, et donne un liquide, un peu plus léger que l'eau, bouillant à — *182°* sous la pression ordinaire.

257. Propriétés chimiques. — Ce qui caractérise l'oxygène, c'est la propriété qu'il possède d'être éminemment propre à la combustion. En effet, si l'on plonge dans une éprou-

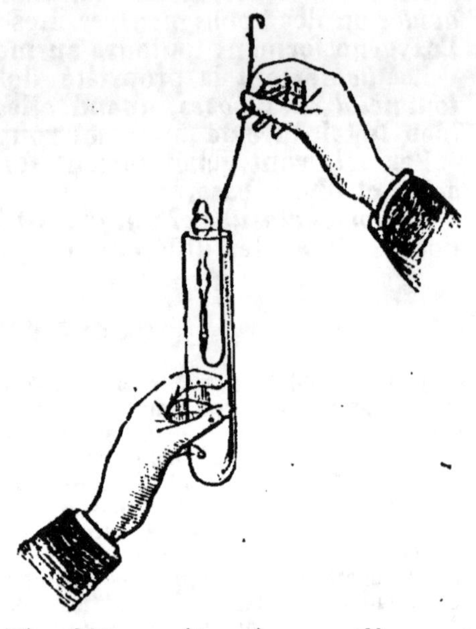

Fig. 235. — *Bougie se rallumant dans l'oxygène.*

vette remplie de ce gaz, une bougie imparfaitement éteinte, c'est-à-dire conservant encore quelques points en ignition, cette bougie se rallume instantanément en produisant une petite explosion. Les propriétés *comburantes* de l'oxygène sont encore mises en évidence par les expériences suivantes :

Dans un ballon plein d'oxygène, on plonge un charbon allumé, placé dans une petite coupelle attachée à l'extrémité d'un fil de fer. Aussitôt, on voit le charbon brûler avec une vive lumière, puis s'éteindre peu à peu. Le charbon s'éteint parce que le gaz du flacon est devenu impropre à la combustion ; ce gaz rougit faiblement la teinture de tournesol. On l'a nommé *anhydride carbonique*, CO^2.

Le soufre enflammé, placé dans les mêmes conditions, brûle avec une belle flamme bleue très intense. Le produit de la combustion est de l'*anhydride sulfureux*, SO^2.

Si, dans l'expérience précédente, on remplace le soufre par un petit morceau de phophore, on obtient une lumière éblouissante, et il se produit une poussière blanche, très acide, très soluble dans l'eau, qu'on nomme *anhydride phosphorique*, $P^2 O^5$. Cette expérience demande certaines précautions : il faut éviter de toucher le phosphore avec les doigts ; de plus, ce corps doit toujours être conservé et coupé dans l'eau, parce que le moindre frottement suffit quelquefois pour l'enflammer lorsqu'il est sec ; les brûlures produites par le phosphore sont très dangereuses.

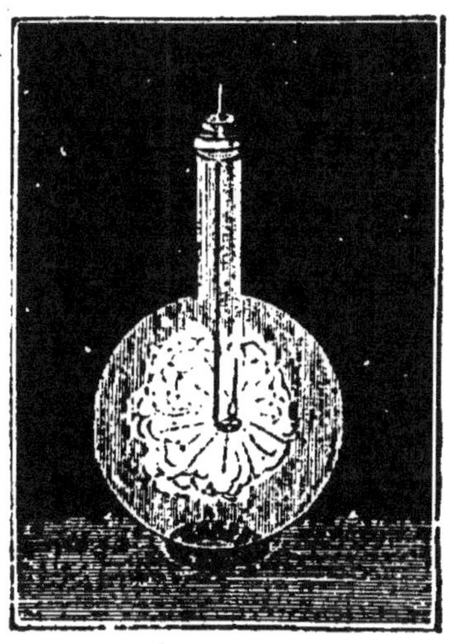

Fig. 236. — *Combustion du soufre dans l'oxygène.*

Fig. 237. — *Combustion du fer dans l'oxygène.*

Une des plus belles expériences de la chimie, c'est la combustion du fer dans l'oxygène. Pour réaliser cette expérience, on fait rougir un ressort de montre dans toute sa longueur, afin de lui enlever son élasticité, puis on le tourne en spirale. On attache ensuite un morceau d'amadou à l'une de ses extrémités, et après avoir allumé cet amadou, on plonge le ressort dans un flacon plein d'oxygène ; l'amadou y brûle avec rapidité, rougit le métal, qui brûle à son tour en lançant de tous côtés de brillantes étincelles d'*oxyde de fer*, $Fe^3 O^4$. La chaleur dégagée par la combustion du fer est si

grande que l'oxyde formé se liquéfie et tombe en globules incandescents ; ces globules vont s'incruster dans le fond du
flacon, malgré une couche d'eau de plusieurs centimètres
qu'on a eu soin d'y laisser, afin d'empêcher la rupture du verre.

Un ruban de magnésium, enflammé par l'une de ses extrémités, brûle dans l'oxygène avec un éclat qui n'a de comparable que celui de l'arc voltaïque.

Dans les expériences précédentes, il ne faut pas fermer
complétement l'ouverture des flacons. Sans cela, ces derniers pourraient être brisés à cause de la dilatation des gaz,
produite par la chaleur de la combustion.

258. Combustion lente. — L'oxygène se combine
directement avec la plupart des corps simples pour former
des *acides* ou des *oxydes*. Cette combinaison se fait le
plus souvent à une température élevée, et avec production de chaleur et de lumière ; mais il arrive quelquefois
qu'elle a lieu à la température ordinaire, sans production de
lumière et sans dégagement sensible de chaleur. On la
désigne alors sous le nom de *combustion lente*. L'oxydation
du fer à l'air humide est une combustion lente. La respiration des animaux est aussi un phénomène de combustion
lente, car cet acte a pour but d'imprégner le sang d'oxygène
qui, en circulant dans tous les organes du corps, brûle le
carbone et l'hydrogène des matières qui doivent être élimi-
nées de l'organisme. Cette combustion est l'origine de la
chaleur animale.

259. Etat naturel. — **Préparation.** — L'oxygène
est un des corps les plus répandus dans la nature. Il existe
à l'état de mélange avec l'azote dans l'air, qui en renferme
environ le 1/5 de son volume. A l'état de combinaison, il
forme les 8/9 du poids de l'eau et entre dans la constitution
de beaucoup de minéraux et de la plupart des substances
organiques.

On retire généralement l'oxygène d'une matière minérale

naturelle nommée *bioxyde de manganèse*, MnO², ou d'un produit artificiel désigné sous le nom de *chlorate de potassium*, ClO³K.

Préparation de l'oxygène par le bioxyde de manganèse. — Le bioxyde de manganèse est une substance qui se

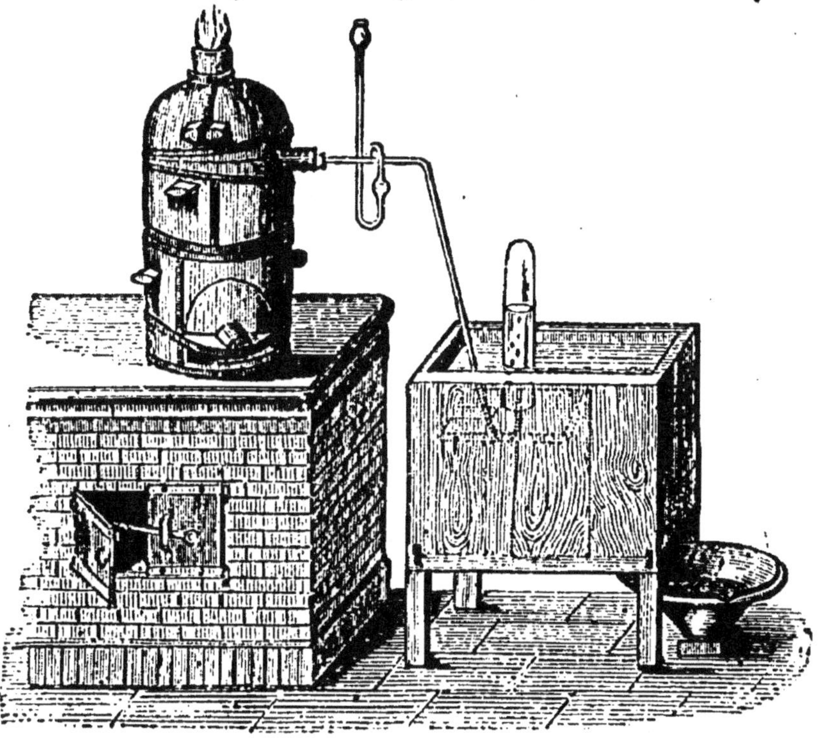

Fig. 238. — *Préparation de l'oxygène par le bioxyde de manganèse.*

présente dans la nature sous la forme d'une masse noirâtre, appelée vulgairement *manganèse*. Il se compose de *63/100* de manganèse et de *37/100* d'oxygène. Quand on le chauffe fortement, il perd *1/3* de son oxygène et laisse comme résidu une masse rougeâtre nommée *oxyde brun de manganèse*, Mn³O⁴.

La décomposition du bioxyde de manganèse par la chaleur peut se représenter par l'équation suivante :

$$3MnO^2 \quad = \quad O^2 \quad + \quad Mn^3O^4$$

Bioxyde de manganèse   Oxygène   Oxyde brun de manganèse

Cette équation indique que des 6 atomes d'oxygène contenus dans les trois molécules de bioxyde de manganèse 2 *se dégagent* et que les 4 autres se combinent aux 3 atomes de manganèse pour former une molécule d'oxyde brun de manganèse.

Pour décomposer le bioxyde de manganèse, on le réduit en poudre et on l'introduit dans une cornue en grès. Après avoir placé cette cornue dans un fourneau à réverbère, on en ferme le col avec un bouchon de liège traversé par un tube recourbé ; ce tube, appelé *tube abducteur*, est destiné à amener l'oxygène dans une éprouvette pleine d'eau, placée sur la planchette d'une cuve à eau.

On chauffe ensuite graduellement la cornue jusqu'au rouge, et on voit le gaz se dégager bulle à bulle à l'extrémité du tube abducteur. Les premières bulles gazeuses ne doivent pas être recueillies, parce qu'elles sont formées en grande partie par l'air dilaté de la cornue. On ne recueille le gaz que lorsqu'il est assez pur pour enflammer une allumette présentant quelques points en ignition. Il est bon, pour éviter la rupture de la cornue, de laisser refroidir celle-ci dans le fourneau à réverbère et de la déboucher aussitôt que le dégagement de l'oxygène a cessé.

Préparation de l'oxygène par le chlorate de potassium. — Le procédé ci-dessus donne toujours de l'oxygène impur, parce que le bioxyde de manganèse renferme des matières étrangères qui, en se décomposant par la chaleur, dégagent du gaz carbonique et de l'azote. Pour obtenir de l'oxygène pur, on se sert du chlorate de potassium.

Le chlorate de potassium, ClO^3K, est un sel blanc, en paillettes cristallines, renfermant un poids d'oxygène égal aux 40/100 du sien. Il se décompose par la chaleur, *perd tout son oxygène* et donne un résidu connu sous le nom de *chlorure de potassium.* Voici l'équation par laquelle on peut représenter cette décomposition :

$$ClO^3K \quad = \quad O^3 \quad + \quad KCl$$
Chlorate de potassium   Oxygène   Chlorure de potassium

Pour préparer l'oxygène par le chlorate de potassium, on introduit d'abord ce sel dans un petit ballon en verre, et

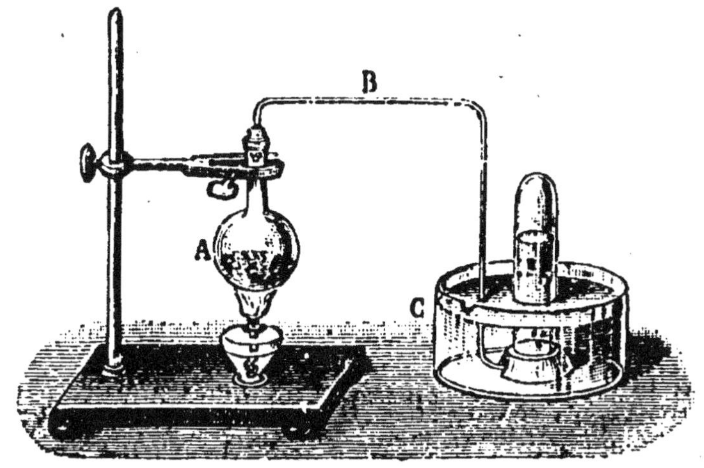

Fig. 239. — *Préparation de l'oxygène par le chlorate de potassium.*

après avoir adapté au ballon un tube à dégagement, on le place sur un fourneau ordinaire ou au-dessus d'une lampe à alcool. Le chlorate fond puis se décompose en laissant dégager son oxygène, que l'on recueille comme dans la préparation précédente. Pour abaisser la température de la décomposition du chlorate de potassium et rendre cette décomposition plus régulière, on mélange habituellement avec ce sel la moitié de son poids de bioxyde de manganèse en poudre.

260. Usages de l'oxygène. — L'oxygène pur est d'un usage assez restreint. On l'emploie cependant pour obtenir de hautes températures, et on le conseille sous forme d'inhalations contre le choléra. Si l'on considère ses propriétés et les nombreux composés qu'il forme, il est facile de voir que l'oxygène joue un grand rôle dans la nature. D'ailleurs, il suffit de se rappeler que c'est lui qui préside aux phénomènes chimiques de la végétation, de la respiration des animaux, et qu'il est l'agent par excellence de la combustion.

HYDROGÈNE

Symbole = H. — Poids atom. (1 vol.) = 1.

La découverte de l'*hydrogène* remonte au commencement du XVIII° siècle ; mais les principales propriétés de ce corps ne sont connues que depuis les recherches de *Cavendish*, en 1777.

261. Propriétés physiques. — L'hydrogène est un gaz incolore, inodore et sans saveur. Il a pour densité *0,0692*. Le poids d'un décimètre cube d'hydrogène est donc de *1,293 × 0,0692* ou *0 gr. 089*. C'est le plus léger de tous les gaz ; il pèse environ *14* fois moins que l'air. Pour mettre la légèreté de l'hydrogène en évidence, on gonfle des bulles de savon avec ce gaz, et l'on voit ces bulles s'élever d'elles-mêmes dans l'atmosphère. Une éprouvette pleine d'hydrogène, dont l'ouverture est tournée en bas, garde pendant assez longtemps le gaz qu'elle contient, mais si l'on tourne l'ouverture en haut, l'éprouvette perd aussitôt son hydrogène.

L'hydrogène est peu soluble dans l'eau qui n'en dissout que *20 cent. cubes* par litre. En 1877,

Fig. 240. — *Bulles de savon gonflées avec de l'hydrogène.*

M. Pictet, de Genève, était parvenu à le liquéfier en petite quantité en le soumettant simultanément à un froid de — *140°* et à une pression de *650 atmosphères ;* le 10 mai 1898, M. Dewar, éminent physicien de Londres, a donné le moyen de le liquéfier en quantité relativement considérable, en le refroidissant à la température de — *205°* et en le soumettant à la pression de *180 atmosphères.*

L'hydrogène se fait remarquer par la facilité avec laquelle

il traverse les membranes et les autres corps à peu près imperméables à la plupart des gaz.

262. Propriétés chimiques. —

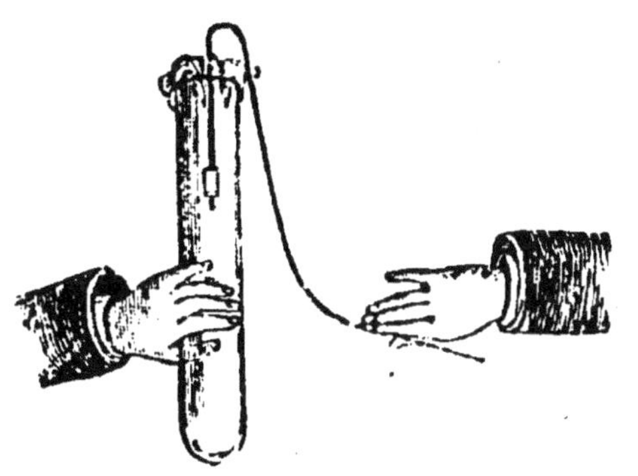
Fig. 241. — *L'hydrogène est combustible, mais non comburant.*

L'hydrogène n'est pas *comburant*, c'est-à-dire n'entretient pas la combustion, mais il est éminemment *combustible*. Si l'on introduit une bougie allumée dans une éprouvette pleine d'hydrogène, le gaz s'enflamme et brûle à l'ouverture de l'éprouvette, tandis que la bougie s'éteint en pénétrant dans l'intérieur. On peut rallumer la bougie en la ramenant à l'ouverture, puis l'éteindre de nouveau en l'enfonçant dans l'éprouvette. La combustion de l'hydrogène au contact de l'air est due à la combinaison de ce gaz avec l'oxygène. Cette combinaison *produit de l'eau.* L'hydrogène ne se combine jamais directement avec l'oxygène à la température ordinaire, mais seulement sous l'influence d'une température élevée ou d'une étincelle électrique.

L'hydrogène forme avec l'oxygène un *mélange détonant.* Si, après avoir rempli un flacon avec un mélange de *deux volumes* du premier gaz pour *un* du second, on approche son ouverture de la flamme d'une bougie, les deux gaz se combinent ; il se produit une violente détonation et bien souvent le flacon est brisé. Pour faire cette expérience, il faut se servir d'un flacon à parois très résistantes et dont la capacité ne dépasse pas un *demi-litre.* Il est bon de l'entourer d'un linge mouillé, replié plusieurs fois sur lui-même, afin de garantir l'opérateur en cas de rupture du vase.

On peut aussi remplacer l'oxygène par de l'air atmosphérique, car il contient *1/5* de son volume d'oxygène. Dans ce cas, avec *deux volumes* d'hydrogène, il faut mettre *cinq volumes* d'air.

Quand on fait dégager de l'hydrogène à l'extrémité d'un tube effilé, comme le représente la figure 242, on peut enflammer ce gaz, et, en brûlant dans l'air, il produit une flamme continue à peine visible, mais très chaude. Cet appareil est connu sous le nom de *lampe philosophique.*

Pour rendre la flamme de l'hydrogène plus éclairante, il suffit d'y introduire un fil de platine ou un morceau de craie ; ces corps deviennent bientôt incandescents et projettent une lumière vive et éblouissante.

On peut aussi rendre la flamme de l'hydrogène très éclairante en plaçant, dans le goulot du flacon d'où

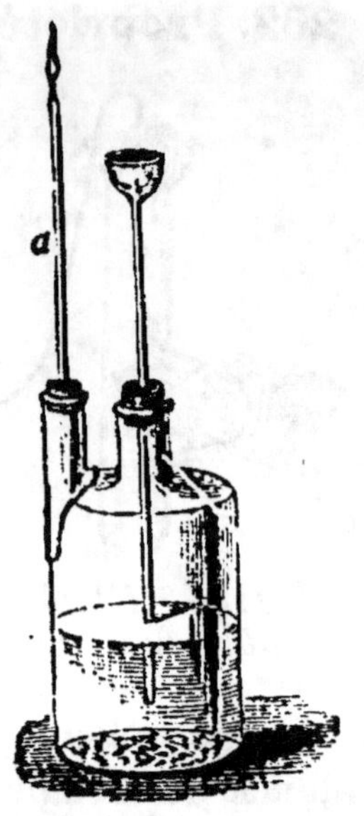

Fig. 242. — *Lampe philosophique.*

se dégage ce gaz, un tampon de coton imprégné d'un liquide riche en carbone, tel que la benzine ou l'essence de térébenthine. Ce liquide cède des vapeurs à l'hydrogène, qui brûle alors avec une belle flamme blanche.

Lorsqu'on fait l'expérience de la lampe philosophique, *il est nécessaire, avant d'enflammer l'hydrogène à l'extrémité du tube effilé, d'attendre que tout l'air du flacon ait été chassé.* Sans cette précaution, l'hydrogène et l'air du flacon, formant un mélange détonant, produiraient une violente explosion et le flacon volerait en éclats.

Quand on entoure la flamme de l'hydrogène d'un tube un peu large, on entend un son dont la hauteur et l'intensité varient avec le diamètre et la longueur du tube. Ce son est dû à une série de petites explosions, produites par des mélanges d'air et d'hydrogène, qui font entrer l'air du tube en vibration. L'appareil avec lequel on fait cette expérience est désigné sous le nom d'*harmonica chimique*.

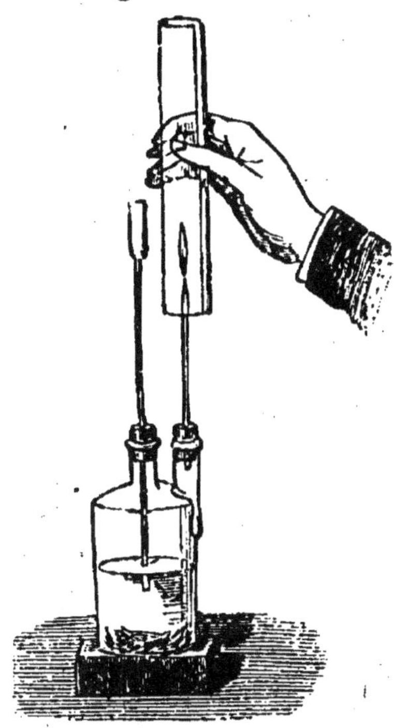

Fig. 243. — *Harmonica chimique.*

L'hydrogène, ayant beaucoup d'affinité pour l'oxygène, *réduit* la plupart des oxydes métalliques, c'est-à-dire enlève leur oxygène pour se combiner avec lui et met le métal en liberté.

L'hydrogène se combine à presque tous les métalloïdes et forme avec eux des composés très utiles. Ainsi, en se combinant à l'*azote*, il forme l'*ammoniaque* ; avec le *chlore*, il forme l'*acide chlorhydrique* ; enfin ses diverses combinaisons avec le *carbone* constituent les différents carbures *d'hydrogène*.

263. Etat naturel. — Préparation.—L'hydrogène ne se trouve presque jamais à l'état de liberté dans la nature ; mais à l'état de combinaison, il est très abondant : chaque litre d'eau en renferme *1240 litres* combinés à *620 litres* d'oxygène. Ce gaz entre aussi dans la composition de toutes les matières d'origine organique.

On prépare l'hydrogène en décomposant, au moyen du zinc, l'acide sulfurique étendu d'eau. Pour faire cette décomposition, on introduit de la grenaille de zinc dans un flacon à deux tubulures à moitié plein d'eau. L'une des tubulures porte un tube à dégagement qui se rend sous une éprouvette pleine d'eau ; l'autre est munie d'un tube à entonnoir qui plonge dans le liquide du flacon.

On verse de l'acide sulfurique par le tube à entonnoir et la réaction commence aussitôt : l'hydrogène de l'acide est mis en liberté et remplacé par le zinc, pour former du sulfate de zinc, qui reste en dissolution dans l'eau. Avec *20 gr.* de zinc

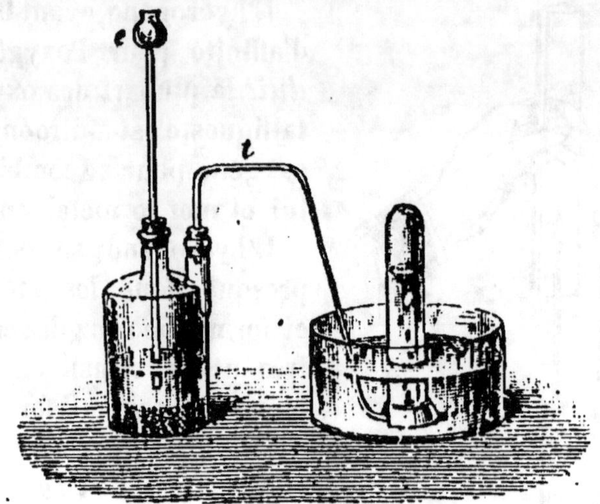

Fig. 241. — *Préparation de l'hydrogène.*

et *32 gr.* d'acide, on obtient environ *6 litres* d'hydrogène. La réaction qui se produit est représentée par l'équation :

$$Zn + SO^4H^2 = H^2 + SO^4Zn$$

Zinc   Acide sulfurique   Hydrogène   Sulfate de zinc

Pour faire cette préparation, on aurait pu remplacer le zinc par du fer ; de l'hydrogène se serait dégagé et il se serait formé du *sulfate de fer*, comme le représente l'équation suivante :

$$Fe + SO^4H^2 = H^2 + SO^4Fe$$

Fer   Acide sulfurique   Hydrogène   Sulfate de fer

Si dans les deux préparations précédentes on remplace l'acide sulfurique par de l'*acide chlorhydrique*, HCl, cet acide est décomposé par le zinc ou par le fer ; le chlore se porte sur le zinc ou sur le fer pour produire du *chlorure de zinc* ou du *chlorure de fer*, et l'hydrogène se dégage, ainsi que l'indiquent les équations ci-dessous :

$$Zn + 2HCL = H^2 + ZnCl^2$$

Zinc   Acide chlorhydrique   Hydrogène   Chlorure de zinc

$$Fe + 2HCl = H^2 + FeCl^2$$

Fer   Acide chlorhydrique   Hydrogène   Chlorure de fer

264. Usages de l'hydrogène. — La haute tempé-rature produite par la combustion de l'hydrogène dans l'oxygène sert à opérer la fusion des métaux très difficile-ment fusibles, comme le platine et l'iridium. L'appareil employé est désigné sous le nom de *chalumeau à gaz oxygène et hydrogène*, ou, par abré-viation, de *chalumeau à gaz oxhy-drique*. Il se compose de deux tubes concentriques communiquant chacun avec un réservoir à gaz ; le tube inté-rieur O amène de l'oxygène et le tube extérieur H, de l'hydrogène. Des robinets permettent de régler l'arrivée des deux gaz ; il faut une quantité d'hydrogène double de celle de l'oxy-gène.

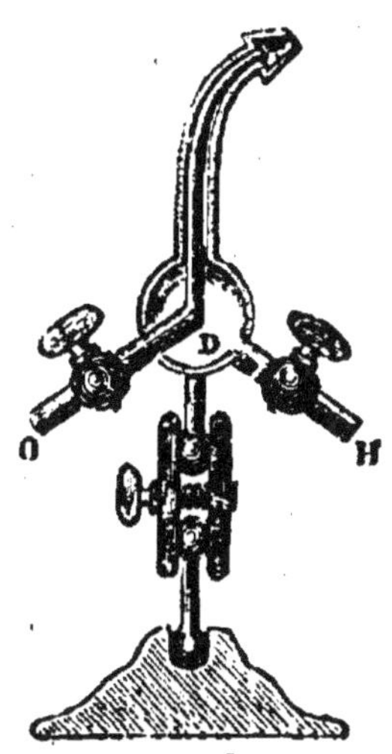

Fig. 245. — *Chalu-meau à gaz oxhy-drique.*

Pour fondre le platine avec cet appareil, on met ce métal dans une petite cavité creusée dans un morceau de chaux vive, puis on dirige sur lui le dard enflammé du chalumeau ; bientôt on voit le platine fondre et se rassembler en un culot brillant.

L'or et l'argent, placés dans ces conditions, se réduisent en vapeurs verdâtres qui, en se condensant dans l'atmosphère, produisent une épaisse fumée. Le fer fond rapidement sous l'influence du chalumeau, et si l'on augmente un peu la quantité d'oxygène, il brûle en lançant de tous côtés des gerbes de feu. C'est une très belle expérience.

Le dard du chalumeau à gaz oxhydrique, dirigé sur un cylindre de magnésie ou de craie, l'échauffe au rouge blanc et lui donne un éclat comparable à celui de la lumière élec-trique. Cette lumière, appelée du nom de son inventeur, *lumière Drummond*, sert dans quelques expériences d'op-tique. Elle pourrait être utilisée pour l'éclairage, si l'on parvenait à préparer à bas prix l'hydrogène nécessaire à sa production.

L'hydrogène, à cause de sa légèreté, peut servir à gonfler les aérostats; mais on lui préfère le gaz d'éclairage, qui est moins diffusible.

EAU

Formule $= H^2O$. — Poids moléculaire (2 vol). $= 2 + 16 = 18$.

Jusqu'à la fin du siècle dernier, l'*eau*, ou *protoxyde d'hydrogène*, avait été considérée comme un corps simple. *Lavoisier*, en 1783, démontra qu'elle est formée par la combinaison *d'un volume d'oxygène* et de *deux volumes d'hydrogène*.

265. Propriétés physiques. — A la température ordinaire, l'eau pure est un liquide sans odeur et sans saveur. Vue sous une faible épaisseur, l'eau est incolore et transparente ; mais elle a une teinte bleue très prononcée quand elle est considérée sous une grande masse. Chauffée à partir de *0°*, l'eau se contracte jusqu'à *4°*, pour se dilater ensuite si la température continue à augmenter. Sa densité à *4°* a été prise pour unité. L'eau entre en ébullition à *100°* sous la pression de $0^m,769$. La densité de sa vapeur est de *0,622*, celle de l'air étant prise pour unité. A l'état de vapeur, l'eau occupe un espace environ *1700 fois* plus grand qu'à l'état liquide.

L'eau se solidifie à *0°*, et on la désigne alors sous le nom de *glace* ou de *neige*. En se solidifiant, elle augmente de volume, et par suite sa densité diminue; la densité de la glace n'est que les *0,916* de celle de l'eau à *4°*. Cette augmentation de volume explique pourquoi la glace reste à la surface de l'eau. Elle est la cause des effets produits par la gelée sur les vases remplis d'eau, sur les jeunes rameaux des plantes et sur les pierres gélives.

L'eau émet des vapeurs à toutes les températures; aussi l'air atmosphérique en contient-il toujours une certaine quantité. La condensation de ces vapeurs produit la rosée, les brouillards, les nuages, la pluie et quelques autres phénomènes météorologiques.

Une des principales propriétés physiques de l'eau, c'est son pouvoir dissolvant pour un grand nombre de substances solides ou gazeuses. Le pouvoir dissolvant de l'eau, pour les corps solides, augmente généralement avec la température : ainsi *100 gr.* d'eau, à la température de l'ébullition, peuvent dissoudre *250 gr.* d'azotate de potassium, tandis qu'à la température ordinaire, ils n'en dissolvent que *15 à 20 gr.* Pour les gaz, c'est le contraire, le pouvoir dissolvant de l'eau devient plus faible à mesure que la température s'élève : l'eau à *0°* dissout près de *1.150 fois* son volume de gaz ammoniac, et elle perd tout ce gaz quand on la chauffe à *70°.*

266. Propriétés chimiques. — L'eau, à une température supérieure à *1.000°,* est partiellement décomposable par la chaleur. Pour le vérifier, il suffit de plonger dans ce liquide une boule de platine chauffée au rouge blanc, et on constate un dégagement d'hydrogène et d'oxygène mélangés à de la vapeur d'eau.

Les courants électriques décomposent l'eau en ses deux éléments. La plupart des métaux la décomposent aussi; ils se combinent avec son oxygène pour former des oxydes et mettent l'hydrogène en liberté. Quelques métaux, comme le potassium et le sodium, décomposent l'eau à la température ordinaire; quelques autres, tels que le fer et le zinc, ne la décomposent à froid qu'en présence des acides; d'autres enfin ne décomposent l'eau qu'à une température plus ou moins élevée. Les métaux qui ne décomposent l'eau à aucune température sont nommés *métaux précieux;* ce sont l'or, l'argent, le platine, etc.

267. Composition de l'eau pure. — L'eau est formée par la combinaison de l'*oxygène* et de l'*hydrogène* dans les proportions suivantes :

EN POIDS		EN VOLUME	
Oxygène.......	*8*	*Oxygène*.......	*1*
Hydrogène.....	*1*	*Hydrogène*.....	*2*

On peut vérifier cette composition soit par l'*analyse*, soit par la *synthèse*.

Analyse. — L'analyse de l'eau se fait par le *fer chauffé au rouge*, ou au moyen du *voltamètre* par les *courants électriques*.

L'analyse de l'eau par le fer donne la composition de l'eau en poids. Cette analyse, qui a été faite la première fois par Lavoisier, consiste à faire passer de la vapeur d'eau, dans un tube de porcelaine chauffé au rouge et contenant des faisceaux de fils de fer.

Fig. 246. — *Décomposition de l'eau par le fer.*

Les fils de fer ainsi chauffés décomposent la vapeur d'eau, se combinent avec son oxygène pour former l'oxyde de fer et laissent dégager l'hydrogène, ainsi que l'indique l'équation suivante :

$$4H^2O + 3Fe = Fe^3O^4 + H^8$$
$$\text{Eau} \qquad \text{Fer} \qquad \text{Oxyde de fer} \qquad \text{Hydrogène}$$

On recueille très exactement l'hydrogène dégagé, et son volume multiplié par le poids du décimètre cube de ce gaz donne le poids de l'hydrogène contenu dans l'eau que l'on a décomposée. On trouve le poids de l'oxygène en pesant les fils de fer avant et après l'expérience et en faisant la différence des résultats obtenus. Les poids de l'oxygène et de l'hydrogène donnés par cette analyse sont toujours dans le rapport de *8* à *1*. La décomposition de l'eau par le fer chauffé au rouge peut aussi servir à préparer l'hydrogène.

Nous avons vu en physique, page 192, comment se fait l'analyse de l'eau en volume à l'aide du *voltamètre.*

Synthèse. — La synthèse de l'eau se fait aussi en poids et en volume. Nous ne décrirons que cette dernière.

La synthèse de l'eau en volume se fait au moyen de l'*eu-diomètre.* Le plus simple de ces instruments se compose d'un tube de verre à parois très épaisses et gradué en parties d'égale capacité. A sa partie supérieure, il est traversé par deux fils de platine, maintenus dans l'intérieur du tube à une faible distance l'un de l'autre. Ces fils permettent de faire jaillir des étincelles électriques dans l'intérieur de l'instrument, soit avec un électrophore, soit avec une bouteille

Fig. 247. — *Eudiomètre.*

de Leyde.

Pour faire la synthèse de l'eau avec l'eudiomètre, on le remplit d'abord de mercure et on le renverse ensuite sur une cuve contenant également du mercure. On introduit ensuite dans son intérieur des volumes d'oxygène et d'hydrogène qui soient dans le rapport de *un* à *deux*, par exemple *50 cent. cubes* du premier gaz et *100* du second, puis on fait passer une étincelle électrique dans le mélange. La combinaison se produit aussitôt : il se forme de la vapeur d'eau qui se condense sur les parois du tube, et le mercure, remontant dans l'eudiomètre, le remplit entièrement.

268. Composition de l'eau à l'état naturel. — L'eau, jouissant d'un grand pouvoir dissolvant, ne se trouve jamais pure dans la nature..Elle contient toujours en dissolution des substances dont l'espèce varie avec celle des terrains qu'elle a traversés. Parmi les substances qui peuvent être dissoutes par l'eau, les unes sont *gazeuses* et les autres sont *solides*.

Substances gazeuses. — Les principales substances gazeuses dissoutes dans l'eau sont l'*air* et le *gaz carbonique*.

L'air dissous dans l'eau est plus riche en oxygène que l'air atmosphérique, et cela parce que l'oxygène est plus soluble dans ce liquide que l'azote. Cet air sert à la respiration des animaux et des végétaux aquatiques.

Substances solides. — Les substances solides dissoutes dans l'eau sont très nombreuses ; les principales sont le *sulfate de calcium*, le *carbonate de calcium*, le *chlorure de sodium* et des *matières organiques*.

Les eaux qui renferment beaucoup de sulfate de calcium sont appelées *eaux séléniteuses*. Elles sont indigestes, ne dissolvent pas le savon et ne cuisent pas les légumes.

On appelle *eaux calcaires* celles qui renferment du carbonate de calcium. Ces eaux ne dissolvent le carbonate de calcium que parce qu'elles ont déjà dissous du gaz carbonique. Si on les chauffe, elles perdent ce gaz et laissent déposer leur sel calcaire. Cette propriété est la cause des incrustations qui se forment au fond de certains ustensiles de cuisine et dans l'intérieur des chaudières des machines à vapeur, lorsque l'eau dont on se sert renferme trop de carbonate de calcium. Les eaux riches en sels calcaires sont aussi impropres au savonnage et à la cuisson des légumes.

Le chlorure de sodium ou sel marin se trouve en abondance dans les eaux de la mer, qui en contiennent en moyenne *27 gr.* par litre. Les eaux de certains lacs en sont saturées, elles en renferment *270 gr.* par litre.

Les eaux qui ont croupi au contact des matières organiques en putréfaction, ont généralement une odeur désagréable et repoussante ; elles renferment des germes et des ferments qui peuvent engendrer des maladies épidémiques, telles que la fièvre typhoïde et le choléra. Pour rendre ces eaux propres à

Fig. 248.— *Tonneau servant à filtrer les eaux renfermant des matières organiques et que l'on destine à l'alimentation.*

l'alimentation, il faut d'abord les filtrer sur du charbon de bois et les faire bouillir ensuite, afin de détruire les principes nuisibles qu'elles contiennent.

269. Eaux potables. — Les eaux potables, c'est-à-dire celles qui servent à notre alimentation, doivent être fraîches, sans odeur et posséder une saveur agréable. Elles doivent bien dissoudre le savon et cuire facilement les légumes. La présence d'une petite quantité de calcaire et de sel marin est nécessaire pour le développement et la nutrition du système osseux, mais cette quantité ne doit pas dépasser un *demi-gramme* par litre. Les eaux potables doivent contenir en outre de *25 à 50 cent. cubes* d'air par litre, et un peu de gaz carbonique. Une eau privée d'air est fade et d'une digestion difficile ; on dit alors qu'elle est *lourde*. L'usage comme boisson d'une eau non aérée engendre souvent le *goître*, tumeur qui se développe au devant de la gorge. On remarque surtout cette maladie chez les habitants des hautes montagnes, qui boivent l'eau résultant de la fonte des neiges avant qu'elle ait eu le temps de se saturer d'air. Sur les navires, on se procure de l'eau douce en distillant l'eau de mer. On a soin de l'agiter à l'air avant de s'en servir pour l'alimentation.

RÉSUMÉ

L'oxygène est un gaz incolore, inodore et sans saveur. Il a pour densité *1,1056*. Peu soluble dans l'eau, il se liquéfie à la température de — *140°*, lorsqu'il est soumis à une pression de *300 atmosphères*.

L'oxygène est éminemment propre à la combustion ; le charbon, le soufre, le phosphore, le fer, le magnésium plongés dans ce gaz y brûlent avec une grande énergie. Ce qui caractérise l'oxygène, c'est la propriété qu'il possède de rallumer une allumette ou une bougie conservant encore quelques points en ignition.

On prépare l'oxygène en décomposant par la chaleur le *bioxyde de manganèse* ou le *chlorate de potassium*.

Les usages de l'oxygène pur sont très restreints. Mélangé à l'azote dans l'air atmosphérique, ce gaz préside aux phénomènes de la respiration, de la végétation et de la combustion.

L'*hydrogène* est un gaz incolore, inodore et sans saveur. Sa densité est de *0,0692* ; c'est le plus léger de tous les corps connus. L'hydrogène est peu soluble dans l'eau. Refroidi à — *140°*, il se liquéfie sous la pression de *650 atmosphères*.

L'hydrogène est éminemment *combustible*, mais il n'est pas *comburant*. Sa combustion dans l'oxygène *produit de l'eau*. Il forme avec ce dernier gaz un mélange qui, sous l'action d'une flamme ou d'une étincelle électrique, détone avec une grande violence.

La flamme de l'hydrogène est peu éclairante, mais elle est très chaude. On augmente son pouvoir éclairant en mélangeant au gaz des vapeurs riches en carbone. Introduite dans un large tube, la flamme de l'hydrogène produit un son continu.

L'hydrogène *réduit* la plupart des oxydes métalliques : il enlève leur oxygène pour former de l'eau, et met le métal en liberté.

On prépare généralement l'hydrogène en décomposant l'eau par l'action simultanée du *zinc* et de l'*acide sulfurique*.

Ce gaz n'est guère employé dans l'industrie que pour alimenter le *chalumeau à gaz oxhydrique*, qui sert à fondre le platine et à produire la *lumière Drummond*.

L'*eau*, comme l'a démontré Lavoisier, en 1783, est formée par la combinaison d'*un volume d'oxygène* et de *deux volumes d'hydrogène*.

Lorsqu'elle est pure, l'eau est un liquide sans odeur et sans saveur. Elle a son maximum de densité à *4°* et son point d'ébullition à *100°*, sous la pression de *0,760*. L'eau se congèle à *0°* et augmente de volume en se solidifiant.

L'eau est partiellement décomposable par la chaleur à une température supérieure à *1000°*. Les courants électriques la décomposent ainsi que la plupart des métaux. Ces derniers s'emparent de son oxygène pour former des oxydes et mettent l'hydrogène en liberté.

La composition de l'eau se vérifie par l'*analyse* et par la *synthèse*. On fait l'analyse de l'eau par le *fer chauffé au rouge* ou au moyen du *voltamètre*. La synthèse se fait généralement à l'aide de l'*eudiomètre*.

L'eau, à l'état naturel, contient toujours des substances gazeuses et des substances solides en dissolution. Les principales de ces substances sont de l'*air*, de l'*acide carbonique*, des *sels de calcium*, du *sel marin* et des *matières organiques*. Pour avoir de l'eau pure, il faut la distiller.

Les eaux potables doivent être fraîches et sans odeur, avoir une saveur agréable et contenir de l'air en dissolution, ainsi qu'une petite quantité de sels calcaires et de sel marin.

QUESTIONNAIRE

Par qui l'oxygène a-t-il été découvert ? — Quelles sont les propriétés physiques de l'oxygène ? — Qu'est-ce qui caractérise l'oxygène ? — Décrivez les expériences que l'on fait pour prouver que ce gaz est éminemment propre à la combustion. — Qu'entend-on par combustion lente ? — Donnez des exemples de combustion lente. — Comment l'oxygène existe-t-il à l'état naturel ? — Comment prépare-t-on l'oxygène ? — Décrivez ces préparations. — Quels sont les usages de l'oxygène ? — Depuis quand l'hydrogène est-il connu ? — Quelles sont les propriétés physiques de l'hydrogène ? — Comment prouve-t-on que l'hydrogène est combustible, mais qu'il n'est pas comburant ? — Comment se fait le mélange détonant que l'hydrogène forme avec l'oxygène ? — Décrivez l'expérience de la lampe philosophique. — Celle de l'harmonica chimique. — Citez quelques composés de l'hydrogène avec les autres métalloïdes. — Comment l'hydrogène existe-t-il à l'état naturel ? — Comment le prépare-t-on ? — Décrivez ces préparations. — Quels sont les usages de l'hydrogène ? — Par qui la composition de l'eau a-t-elle été déterminée ? — Quelles sont les propriétés physiques de l'eau ? — Les propriétés chimiques ? — Dites ce que vous savez sur la composition de l'eau pure. — Quelles sont les principales substances que peut contenir l'eau naturelle ? — Quelles sont les propriétés que ces substances donnent à l'eau ? — Quelles qualités doit avoir l'eau pour être potable ? — Comment peut-on se procurer de l'eau pure ?

CHAPITRE II

AZOTE — AIR ATMOSPHÉRIQUE — ACIDE AZOTIQUE AMMONIAQUE

AZOTE

Symbole = Az. — Poids atom. (1 vol.) = 14.

L'*azote* a été découvert en 1772, par le docteur *Rutherford.*

270. Propriétés physiques et chimiques. — L'azote est un gaz incolore, inodore et sans saveur, ayant pour densité *0,971.* L'eau en dissout *25 cent. cubes* par litre. Il se liquéfie quand il est soumis à une pression de *200 atmosphères* et subitement détendu.

Les propriétés chimiques de ce gaz sont à peu près nulles : il n'est pas combustible et n'entretient ni la respiration ni la combustion. Un animal placé dans un atmosphère d'azote périt bientôt, et une bougie plongée dans ce gaz s'éteint immédiatement. L'azote, à la température ordinaire, ne se combine avec aucun corps. Sous l'influence des étincelles électriques, il se combine avec l'*oxygène,* pour former de l'*acide azotique,* et avec l'*hydrogène,* pour produire de l'*ammoniaque.*

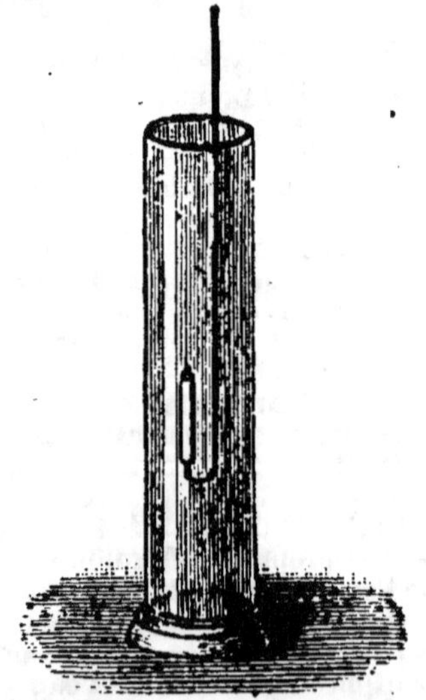

Fig. 249. — *Bougie s'éteignant dans l'azote.*

271. Etat naturel. — Préparation. — L'azote est très répandu dans la nature. Il existe à l'état de simple mélange dans l'air atmosphérique, dont il forme les 4/5 du volume. On le trouve à l'état de combinaison dans un grand nombre de substances minérales, végétales ou animales.

Fig. 250. — *Préparation de l'azote par le phosphore.*

On prépare ordinairement l'azote en absorbant l'oxygène de l'air par le phosphore. Pour cela, on place sur l'eau une rondelle de liège dans laquelle on a pratiqué une cavité capable de maintenir une petite capsule de porcelaine contenant un morceau de phosphore.

On enflamme le phosphore, puis on recouvre le liège d'une cloche de verre, de manière que les bords de celle-ci pénètrent un peu dans l'eau. En brûlant, le phosphore absorbe l'oxygène de l'air que contient la cloche, et il se forme

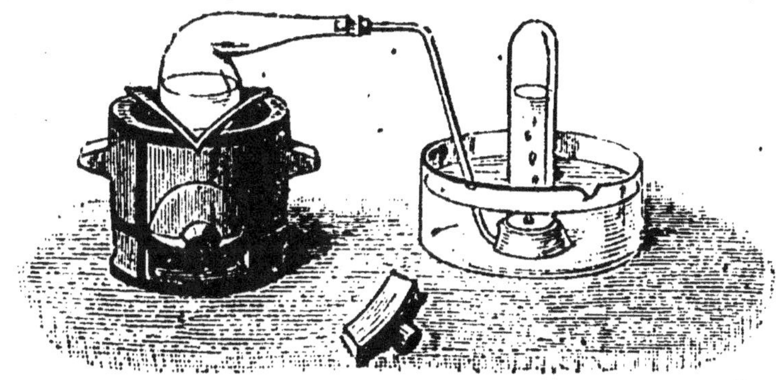

Fig. 251. — *Préparation de l'azote par l'azotite d'ammoniaque.*

d'abondantes fumées blanches d'*acide phosphorique.* Cet acide se dissout peu à peu dans l'eau, et lorsque le phosphore s'est éteint, il ne reste plus dans la cloche que de l'azote et quelques traces de gaz carbonique.

On prépare aussi l'azote en faisant bouillir, dans une cornue, une dissolution concentrée d'un sel connu sous le nom d'*azotite d'ammoniaque*, $AzO^2 (AzH^4)$. Ce sel, composé d'oxygène, d'hydrogène et d'azote, se décompose en ses trois éléments sous l'action de la chaleur : l'hydrogène et l'oxygène se combinent pour former de l'eau et l'azote se dégage, comme le représente l'équation suivante :

$$AzO^2 (AzH^4) \quad = \quad Az^2 \ + \ 2H^2O$$

Azotite d'ammoniaque Azote Eau

272. Usages de l'azote. — L'azote pur ne sert que dans les laboratoires pour mettre certaines substances à l'abri de l'oxygène. Dans la nature, ce corps joue un très grand rôle, particulièrement dans la nutrition des végétaux et des animaux : un régime alimentaire non azoté amènerait rapidement la mort. Les végétaux empruntent l'azote, soit directement à l'air, soit aux produits azotés que contient le sol ou que lui fournissent les engrais. Les animaux trouvent l'azote dans les matières végétales ou dans la chair dont ils se nourrissent.

AIR ATMOSPHÉRIQUE

Comp. en vol.	Oxygène 21	Comp. en poids	Oxygène 23
	Azote 79		Azote 77

Jusqu'en 1774, l'*air atmosphérique* a été considéré comme un corps simple. A cette époque, *Lavoisier* montra que l'air pur et sec est formé par le mélange de deux gaz, l'*oxygène* et l'*azote*.

273. Propriétés physiques. — L'air est un gaz incolore sous une petite épaisseur, bleuâtre quand il est vu sous une grande masse ; il est inodore et sans saveur. Il est *770* fois plus léger que l'eau ; un litre d'air pur et sec, sous la pression de *0,760*, pèse *1 gr. 293*. C'est à la densité de l'air, prise pour unité, que l'on compare celle des autres gaz. L'air, peu soluble dans l'eau, est très difficilement liquéfiable. Il donne par la liquéfaction un liquide bleuâtre, bouillant à — *192°*, sous la pression atmosphérique.

Jusqu'à ces derniers temps on n'avait pu obtenir que de très petites quantités d'air liquide; le 23 mai 1898, M. d'Arsonval, du collège de France, a présenté à l'Académie des Sciences, toute une bouteille d'air liquide qu'il avait obtenue avec un appareil lui permettant d'en produire, à peu de frais, plus de 50 litres à l'heure. Cette découverte permet de se procurer très facilement et à bon marché de grandes quantités d'oxygène liquide; car il suffit, pour cela, de soumettre l'air liquéfié à une distillation fractionnée : l'azote, le plus volatil des gaz qu'il renferme, distille le premier, à — 192°, et il reste l'oxygène qui ne se vaporise qu'à — 182°. On comprend tout le profit que l'industrie ne saurait manquer de tirer de la récente découverte de M. d'Arsonval.

Les propriétés chimiques de l'air sont celles de l'oxygèn dont l'activité est tempérée par l'inertie de l'azote.

274. Composition de l'air atmosphérique. —

Pour démontrer que l'air est composé d'oxygène et d'azote,

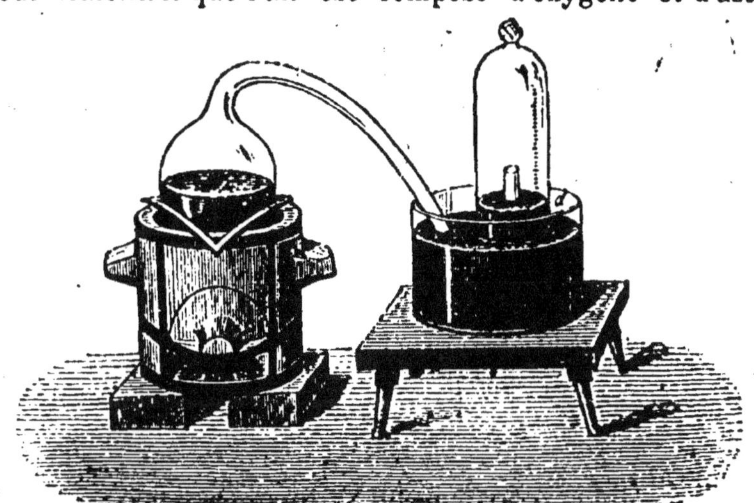

Fig. 252. — *Absorption de l'oxygène par le mercure chauffé à 300°.*

Lavoisier chauffa du mercure dans un ballon de verre dont le col, deux fois recourbé, se rendait sous une cloche pleine d'air, placée sur du mercure. Le mercure du ballon fut chauffé sans interruption durant *douze jours et douze nuits.* Pendant ce temps, le *1/6* du volume de l'air contenu dans la cloche disparut, et il se forma sur le mercure du ballon un grand nombre de pellicules rouges. Lavoisier constata que le gaz qui restait dans l'appareil était impropre à la respiration et à la combustion ; c'était donc de l'azote. Quant aux pellicules rouges, il les recueillit et les chauffa fortement dans une cornue de verre, *fig. 234*; elles donnèrent du mercure et un gaz qu'il reconnut pour être de l'oxygène.

Lavoisier, par son expérience, ne put trouver exactement la proportion de l'oxygène et de l'azote contenus dans l'air. Des analyses très précises ont démontré depuis que l'air pur et sec renferme, sur 100 parties :

EN VOLUME		EN POIDS
Oxygène.. 20,80		Oxygène.. 23
Azote..... 79,20		Azote..... 77

En 1894, deux chimistes, MM. Ramesay et Rayleigh, ont découvert dans l'air la présence d'un autre gaz, *l'argon*, inconnu jusqu'alors, qui y avait tout jours été confondu avec l'azote. L'argon a pour densité *1,382;* on le sépare de l'azote extrait de l'air par le magnésium, le lithium ou le calcium, qui absorbent l'azote sans toucher à l'argon. L'air en contient à peu près *0,90* pour *100* (1).

L'analyse de l'air en volume se fait très facilement par le *phosphore à froid* et par le *phosphore à chaud.*

Analyse de l'air par le phosphore à froid. — Pour analyser l'air par le phosphore à froid, on introduit dans une éprouvette reposant sur le

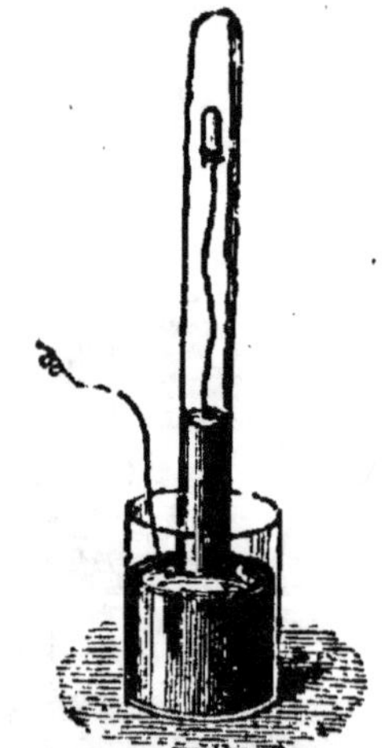

Fig. 253. — *Analyse de l'air par le phosphore à froid.*

---

(1) Par de nouvelles expériences, faites en juin 1898, M. Ramesay, secondé par M. Travers, a démontré qu'avec l'argon contenu dans l'air se trouvent trois autres gaz, auxquels il a donné les noms suivants : *krypton, néon* et *métargon.*

mercure, une quantité d'air soigneusement mesurée, par exemple *100 cent. cubes*, puis on fait pénétrer dans cette éprouvette un morceau de phosphore attaché à un fil de platine. Le phosphore se combine avec l'oxygène de l'air de l'éprouvette pour former de l'acide phosphoreux ; il répand des fumées blanches et devient lumineux dans l'obscurité ; ces phénomènes ne cessent que lorsque tout l'oxygène est absorbé, ce qui exige environ *24 heures*. On retire alors le phosphore de l'éprouvette, et, ayant mesuré le gaz restant, on n'en trouve plus qu'environ *79 cent. cubes ; 21 cent. cubes d'oxygène* ont donc été absorbés par le phosphore. De cette expérience, on conclut que *100 cent. cubes d'air* renferment à peu près *79 cent. cubes d'azote et d'argon* et *21 cent. cubes d'oxygène.*

Analyse de l'air par le phosphore à chaud. — On fait l'analyse de l'air par le phosphore à chaud en se servant d'une *cloche courbe* reposant sur l'eau. Comme dans l'expérience précédente, on introduit dans la cloche un volume d'air déterminé, puis, à l'aide d'un fil de fer, on fait arriver dans le renflement de la cloche courbe un fragment de phosphore. Celui-ci étant chauffé avec une lampe à alcool, s'enflamme et absorbe en

Fig. 251. — *Analyse de l'air par le phosphore à chaud.*

quelques instants tout l'oxygène de l'air de la cloche. Après que le phosphore s'est éteint, on constate que le volume du gaz restant, c'est-à-dire de l'azote, n'est sensiblement que les *79/100* de celui de l'air analysé.

275. Substances diverses contenues dans l'air.
— Outre l'azote, l'oxygène et l'argon, l'air contient toujours de la *vapeur d'eau* et de l'*anhydride carbonique* en quantités variables mais très faibles : de *10 à 15 millièmes* pour la vapeur d'eau et de *2 à 4 dix-millièmes* pour le gaz carbonique. La présence de la vapeur d'eau dans l'air est prouvée par la buée qui couvre aussitôt une carafe d'eau fraîche que l'on place dans une atmosphère dont la température est supérieure à celle de la carafe ; cette buée est produite par la condensation de la vapeur d'eau que renferme l'atmosphère. C'est encore la condensation de cette même vapeur contenue dans l'air qui forme sur les carreaux de vitre de nos appartements, pendant les froides nuits d'hiver, ces jolis dessins que nous y remarquons. Pour constater la présence de l'anhydride carbonique dans l'atmosphère, on expose à l'air une dissolution de chaux ; cette dissolution ne tarde pas à se couvrir d'une pellicule de *carbonate de calcium*, formée par la combinaison du gaz carbonique de l'air avec la chaux de la dissolution. L'air atmosphérique renferme aussi des *produits nitreux*, résultant de la combinaison de l'oxygène avec l'azote pendant les orages ; de l'*ammoniaque* qui joue un grand rôle dans la végétation ; des *poussières* si fines, qu'elles échappent d'ordinaire à la vue et qu'elles ne deviennent visibles que lorsqu'elles sont vivement éclairées par un rayon de soleil pénétrant dans une chambre obscure. Parmi ces poussières se trouvent aussi, en plus ou moins grande quantité, des *microbes* et des *ferments*, qui sont les germes de maladies contagieuses et de la putréfaction.

276. Composition constante de l'air. — L'air, depuis l'expérience de Lavoisier, a été analysé un très grand nombre de fois ; ces expériences ont été faites sur de l'air pris dans des lieux bien différents et des altitudes très diverses, même à *7.000 mètres de hauteur.* Toujours on lui a trouvé la même quantité d'oxygène, d'azote et d'anhydride carbonique. Seul l'air pris à la surface de la mer est un peu moins riche en oxygène que l'air ordinaire, et cela parce que la solubilité de ce gaz dans l'eau est plus grande que celle de l'azote, et aussi parce que l'oxygène dissous dans l'eau de la mer est constamment absorbé par les animaux qui y vivent.

L'invariabilité de la composition de l'air atmosphérique peut surprendre quand on songe à la quantité considérable d'oxygène enlevée chaque jour à l'atmosphère, et à la quantité non moins grande de gaz carbonique qui y est constamment déversée. En effet, un homme introduit en moyenne, par jour, *12 mètres cubes* d'air dans ses poumons ; il retient environ *530 litres* d'oxygène et rejette *450 litres* de gaz carbonique. A cette source de gaz carbonique, il faut ajouter la source bien plus considérable encore qui résulte de la respiration des animaux, de la décomposition des matières organiques et de la combustion du bois et du charbon. La combustion à elle seule enlève chaque jour à l'atmosphère des *milliards de mètres cubes* d'oxygène, qui sont remplacés par de l'anhydride carbonique.

Mais l'étonnement cesse quand on pense qu'à côté des causes qui tendent constamment à diminuer la proportion d'oxygène et à augmenter celle du gaz carbonique, le divin Créateur en a placé d'autres qui agissent en sens inverse, et qui ont pour but de ramener sans cesse l'air à sa composition primitive.

Parmi ces causes, nous citerons d'abord la fonction chlorophyllienne des végétaux. Les parties vertes des végétaux, sous l'action de la lumière solaire, absorbent le gaz carbonique de l'air, le décomposent en ses éléments, fixent le carbone dans leurs tissus et rejettent l'oxygène dans l'atmosphère. Pendant un été, une seule feuille de nénuphar exhale plus de *300 litres* d'oxygène. L'anhydride carbonique de l'air est encore dissous par les eaux pluviales ; ces eaux, chargées de gaz carbonique, dissolvent du carbonate de chaux, du phosphate de calcium et de la silice, nécessaires au développement de certains végétaux. Les eaux calcaires, entraînées dans la mer, contribuent aussi à la formation des coquillages sécrétés par la peau d'un grand nombre de mollusques et de zoophytes marins.

277. Usages de l'air. — La plupart des usages de l'air sont connus de tout le monde. C'est ce gaz qui fournit l'oxygène nécessaire à la respiration des animaux et à la combustion. Il fournit aussi le gaz carbonique, non moins nécessaire aux végétaux pour leur accroissement. L'air, par son oxygène, est indispensable à la germination des graines et au développement des fruits verts, qui l'absorbent même quand ils sont détachés de l'arbre, ce qui leur permet d'arriver encore à la maturité.

L'air a été utilisé de tout temps comme force motrice pour la marche des navires et le fonctionnement des moulins à vent. On l'emploie aussi pour mettre en activité certaines machines perforatrices destinées au percement des tunnels, et, sur les voies ferrées, pour faire fonctionner les freins Westinghouse qui permettent d'arrêter presque subitement des trains de chemin de fer lancés à toute vitesse.

ACIDE AZOTIQUE

Formule AzO^3H. — Poids moléculaire $= 14 + 16 \times 3 + 1 = 63$.

L'azote, en se combinant avec l'oxygène, forme six composés. Le plus important est l'*acide azotique*, qui a été découvert, en 1225, par *Raymond Lulle*, et dont la nature et la composition ne furent exactement fixées qu'en 1784, par *Cavendish*.

278. Propriétés physiques et chimiques. — L'*acide azotique* connu aussi sous les noms d'*acide nitrique* et d'*eau forte* est un liquide incolore, quand il est pur, d'une odeur forte et pénétrante, bouillant à *86°* et se solidifiant à — *50°*. Sa densité est *1,52*. Il est souvent coloré en jaune par des vapeurs d'acide hypoazotique qu'il tient en dissolution.

L'acide azotique est un corps peu stable, la chaleur le décompose en acide hypoazotique et en oxygène. Il est caractérisé par la facilité avec laquelle il cède son oxygène aux autres corps. *C'est un oxydant très énergique.* Ainsi, lorsque l'on verse de l'acide azotique concentré sur du *noir de fumée,* celui-ci devient incandescent et se transforme en anhydride carbonique. Un morceau de *phosphore* plongé dans de l'acide azotique s'enflamme avec explosion, et ses éclats jaillissent dans toutes les directions. Cette expérience est dangereuse. Si l'acide est très étendu et légèrement chauffé, le phosphore disparaît peu à peu pour se transformer en acide phosphorique.

Presque tous les métaux sont oxydés par l'acide azotique. Avec le *potassium* et le *sodium* la réaction est très violente et même dangereuse. Le *cuivre* est fortement attaqué par l'acide azotique ; des torrents de vapeurs rouges d'acide hypoazotique se dégagent, et il se forme de l'oxyde de cuivre, qui se combine avec l'acide non décomposé pour produire de l'azotate de cuivre. Le *fer* est aussi vivement attaqué par l'acide azotique étendu d'eau.

Beaucoup de matières organiques sont oxydées par cet acide. Le *crin* prend feu dans les vapeurs d'acide azotique ; l'essence de térébenthine s'enflamme quand on verse sur elle de l'acide azotique concentré mélangé avec un peu d'acide sulfurique. Le même acide transforme le *coton* cardé en *coton-poudre* et la glycérine en *nitro-glycérine,* corps excessivement explosif et qui est la base de la *dynamite.* L'acide azotique colore en jaune la peau, la soie, la laine et les plumes ; on utilise cette propriété dans l'industrie.

Les azotates sont aussi facilement décomposables par la chaleur. Une fois allumés, des charbons de bois ayant trempé quelques heures dans une dissolution *d'azotate de plomb, 150 gr.* par litre, brûlent lentement sans s'éteindre, à cause de l'oxygène dégagé par la décomposition de l'azotate dont ils sont imprégnés. On se sert de ces charbons pour garnir les encensoirs et certains chauffe-pieds.

279. Etat naturel. — Préparation. — L'acide azotique n'existe guère dans la nature qu'à l'état de combinaison avec la potasse, la soude ou la magnésie. C'est un de ces composés qui sert habituellement à sa préparation.

Pour préparer l'acide azotique, on décompose *l'azotate de potassium* par *l'acide sulfurique* : l'acide sulfurique, plus puissant que l'acide azotique, s'empare du potassium et met ce dernier en liberté. L'équation suivante représente la réaction qui se produit :

$$AzO^3K \quad + \quad SO^4H^2 \quad = \quad AzO^3H \quad + \quad SO^4HK$$

Azotate de potassium   Acide sulfurique   Acide azotique   Sulfate de potassium

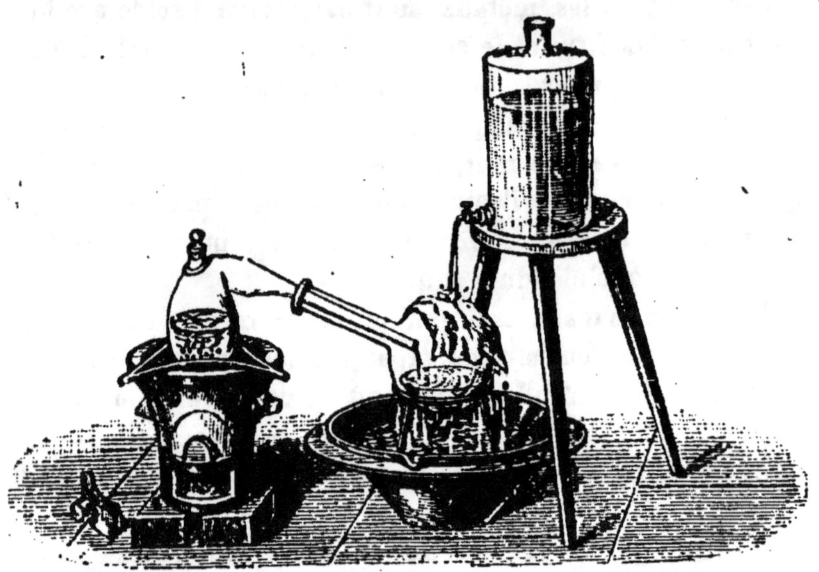

Fig. 255. — *Préparation de l'acide azotique.*

Pour faire cette préparation, on introduit *50 gr.* d'azotate de potassium bien sec dans une cornue en verre, puis on y ajoute *40 gr.* d'acide sulfurique. On dispose la cornue sur un fourneau, et on introduit son col dans le goulot d'un ballon recouvert d'un linge qui est continuellement arrosé par un filet d'eau. On chauffe légèrement et la réaction indiquée plus haut a lieu : les vapeurs d'acide azotique se distillent et se condensent dans le ballon refroidi, tandis que le sulfate de potassium reste dans la cornue.

Dans l'industrie, on remplace l'azotate de potassium par *l'azotate de sodium*, qui est moins cher, et au lieu de cornues de verre, on se sert de cylindres de fonte qui communiquent avec des bonbonnes où l'acide va se condenser. L'équation qui représente la préparation est semblable à la précédente :

$$AzO^3Na + SO^4H^2 = AzO^3H + SO^4HNa$$

Azotate de sodium   Acide sulfurique   Acide azotique   Sulfate de sodium

280. Usages de l'acide azotique. — Les usages de l'acide azotique sont fort nombreux. En médecine, on s'en sert pour détruire les verrues et certaines tumeurs. Dans l'industrie, il sert à décaper les métaux et à préparer une foule de produits chimiques, tels que l'acide sulfurique, l'acide oxalique, le coton-poudre, la nitro-glycérine, la fuschine, etc. Dans les arts, on l'emploie pour la gravure sur cuivre et sur acier. Pour graver une plaque de cuivre, on commence par la couvrir d'une légère couche de cire, puis, avec un burin, on dessine sur la cire l'objet à représenter, en ayant soin de mettre le métal à nu. On verse ensuite de l'acide azotique sur la plaque de cuivre, et toutes les parties du métal non protégées par la cire sont attaquées par l'acide.

AMMONIAQUE

Formule = AzH^3. — Poids moléculaire (2 vol.) : $= 14 + 3 = 17$.

L'ammoniaque est un composé d'*azote* et d'*hydrogène*. Elle a été découverte en 1612, par *Kunckel*.

281. Propriétés physiques. — L'ammoniaque est un gaz incolore, d'une saveur âcre et brûlante, d'une odeur vive et piquante, qui provoque les larmes. Sa densité est *0,596.* Le gaz ammoniac est très soluble dans l'eau, qui en dissout près de *1150 fois* son volume à *0°*. Chauffée à *70°*

ou placée dans le vide, la dissolution ammoniacale perd tout son gaz. L'ammoniaque se liquéfie à 0°, sous la pression de *5 atmosphères*, ou à $- 10^o$, sous la pression ordinaire.

Pour démontrer la grande solubilité de l'ammoniaque dans l'eau, on remplit une éprouvette de ce gaz, puis on met son ouverture en contact avec ce liquide; le gaz est absorbé instantanément et l'eau s'élance dans l'éprouvette avec une force si grande que bien souvent elle est brisée par le choc. Un morceau de glace introduit dans une cloche pleine d'ammoniaque absorbe ce gaz et fond très rapidement.

La dissolution de gaz ammoniac, que l'on appelle *alcali volatil*, possède la plupart des propriétés de l'ammoniaque à l'état gazeux. Cette dissolution est très caustique : mise en contact avec la peau, elle produit rapidement la vésication.

282. Propriétés chimiques. — L'ammoniaque est une base très énergique. Elle ramène au bleu la teinture de tournesol rougie par les acides. Un bouquet de violettes exposé à l'action de ce gaz acquiert bientôt une belle couleur verte.

L'ammoniaque se décompose par l'action de la chaleur et de l'électricité en ses deux éléments, azote et hydrogène. Un jet de gaz ammoniac peut être enflammé dans l'oxygène et y brûler avec une flamme jaunâtre. *Quatre volumes* d'ammoniaque et *trois volumes* d'oxygène forment un mélange qui détone avec violence quand on l'approche d'une flamme, ou quand on y fait passer une étincelle électrique.

283. Etat naturel. — Préparation. — L'ammoniaque se forme dans la décomposition des matières organiques qui contiennent de l'azote : les eaux de vidange des fosses d'aisances, les urines putréfiées, les fumiers de ferme déga-gent beaucoup d'ammoniaque. Ce gaz se répand dans l'atmo-sphère, où on le retrouve, soit à l'état libre, soit à l'état de combinaison avec l'acide carbonique ou l'acide azotique. Les eaux de pluie dissolvent le gaz ammoniac ainsi que les sels

ammoniacaux contenus dans l'air atmosphérique et les ramènent dans le sol pour le fertiliser. L'ammoniaque se trouve
aussi en grande quantité dans les eaux d'épuration du gaz
d'éclairage.

Pour préparer l'ammoniaque, on décompose le *chlorhydrate d'ammoniaque* par la *chaux*. La chaux chasse
l'ammoniaque et s'empare de son acide chlorhydrique, pour
former du chlorure de calcium et de l'eau :

$$2AzH^4Cl \;+\; CaO = 2AzH^3 \;+\; CaCl^2 \;+\; H^2O$$

Chlorhydrate d'ammoniaque   Chaux   Ammoniaque Chlorure de calcium Eau

Lorsque l'on veut obtenir l'ammoniaque à l'état gazeux, on
mélange intimement *60 gr.* de sel ammoniac avec *40 gr.*

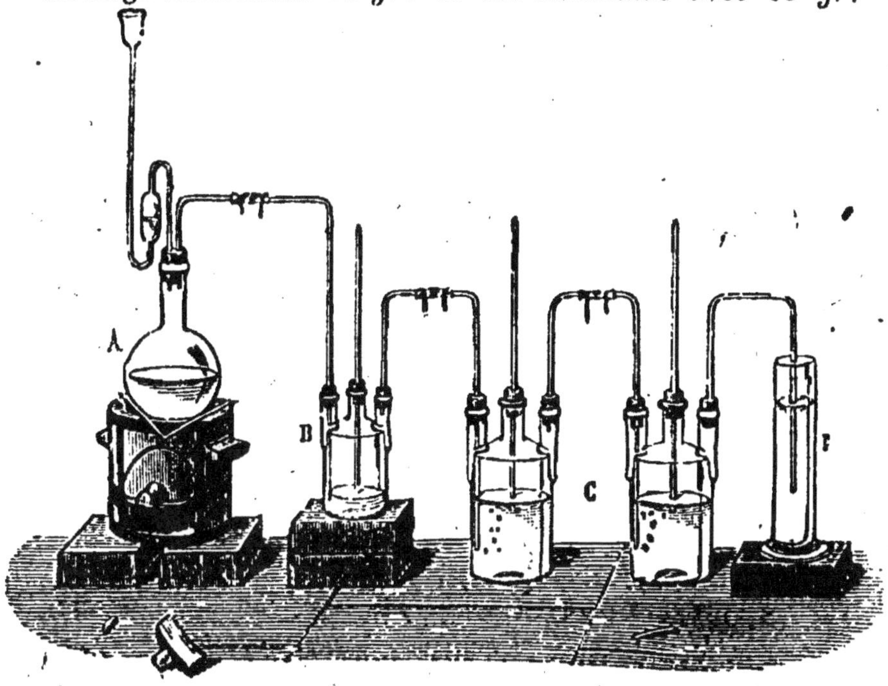

Fig. 256. — *Appareil de Woolf pour la préparation de la
dissolution ammoniacale.*

de chaux vive ; le tout étant bien pulvérisé, on l'introduit
dans un petit ballon que l'on achève de remplir avec
des fragments de chaux vive. Le dégagement commence

aussitôt que le ballon est légèrement chauffé. Le gaz, à cause de sa grande solubilité, doit être recueilli sur le mercure.

Pour obtenir l'ammoniaque à l'état de dissolution, on se sert de l'*appareil de Woolf*, qui a pour but de diriger le gaz dans une série de flacons contenant de l'eau. L'ammoniaque, obtenue comme précédemment, traverse d'abord un petit flacon, où elle se purifie dans une dissolution de potasse, puis elle se rend dans des flacons plus grands et aux trois quarts remplis d'eau. Les tubes qui amènent le gaz doivent plonger presque jusqu'au fond du liquide, car l'eau saturée d'ammoniaque est plus légère que l'eau pure.

284. Usages de l'ammoniaque. — Respirée en petite quantité, l'ammoniaque fait revenir à elles les personnes évanouies. La médecine utilise les propriétés caustiques de l'alcali volatil pour combattre les effets funestes des piqûres et des morsures des animaux venimeux. Quelques gouttes d'ammoniaque dans un verre d'eau sucrée dissipent rapidement l'ivresse. Les vétérinaires emploient l'ammoniaque avec succès contre le gonflement des bestiaux. Ce gonflement, connu sous le nom de *météorisation*, se manifeste lorsque les bestiaux mangent trop de fourrages frais ; leur appareil digestif se remplit alors de gaz carbonique et d'acide sulfhydrique. Pour faire disparaître ce gonflement, une trentaine de grammes d'alcali volatil, mélangés avec quelques litres d'eau, suffisent pour un bœuf. L'ammoniaque est encore employée pour dégraisser les étoffes de soie ou de laine, pour préparer certaines matières colorantes et pour fabriquer de la glace artificielle.

RÉSUMÉ

L'*azote* est un gaz incolore, inodore et sans saveur, ayant pour densité *0,971*. Il est peu soluble dans l'eau, et ne se liquéfie que difficilement.

Les propriétés chimiques de ce gaz sont à peu près nulles. Il n'est pas combustible et n'entretient ni la combustion ni la respiration. Sous l'influence des étincelles électriques, il se combine avec l'*oxygène*, pour former de l'*acide azotique*, et avec l'*hydrogène*, pour produire de l'ammoniaque.

L'azote est très répandu dans la nature. On le prépare ordinairement en absorbant l'oxygène de l'air par le *phosphore*, ou en décomposant la dissolution d'*azotite d'ammoniaque* par la chaleur.

L'azote joue un très grand rôle dans la nutrition des animaux et des végétaux. Un régime alimentaire non azoté amènerait rapidement la mort.

L'*air* est un gaz incolore sous une petite épaisseur, inodore et sans saveur. Il pèse *770 fois* moins que l'eau; un litre d'air pur et sec sous la pression de *0 m. 760* pèse *1 gr. 293*. Peu soluble dans l'eau, l'air ne se liquéfie que très difficilement.

Les propriétés chimiques de l'air sont celles de l'oxygène dont l'activité est tempérée par l'inertie de l'azote.

En volume, l'air se compose d'environ *21 parties d'oxygène* et de *79 d'azote*; en poids, de *23 parties d'oxygène* et de *77 d'azote*. L'air renferme en outre : 0,90 pour 100 d'*argon*, de *2 à 4 dix-millièmes d'anhydride carbonique*, et de *10 à 15 millièmes de vapeur d'eau*. L'analyse de l'air en volume se fait par le *phosphore à chaud*.

L'air renferme toujours la même quantité d'oxygène et de gaz carbonique. La respiration des animaux, la décomposition des matières organiques, la combustion du bois et du charbon tendent constamment à diminuer la proportion de l'oxygène de l'atmosphère et à augmenter celle du gaz carbonique. La fonction chlorophyllienne des végétaux a pour but de ramener sans cesse l'air à sa composition primitive.

L'air est l'agent de la respiration, de la combustion et de la végétation. Il est aussi utilisé comme force motrice.

L'*acide azotique* est un liquide incolore, d'une odeur forte et pénétrante, bouillant à *68°* et se congelant à − *50°*; sa densité est *1,52*.

Il est peu stable : la chaleur le décompose en acide *hypoazotique* et en *oxygène*. *C'est un oxydant très énergique.* Presque tous les métaux sont oxydés par l'acide azotique; il en est de même de la plupart des matières organiques.

On prépare l'acide azotique en décomposant l'*azotate de potassium* ou l'*azotate de sodium* par l'*acide sulfurique*.

L'acide azotique a quelques usages en médecine; dans l'industrie, il sert à préparer un grand nombre de produits chimiques; dans les arts, on l'emploie pour la gravure sur cuivre et sur acier.

L'*ammoniaque* est un gaz incolore, d'une saveur âcre et brûlante et d'une odeur vive et piquante qui provoque les larmes. Sa densité est *0,596*; l'eau en dissout environ *1150 fois* son volume à *0°*. Ce gaz se liquéfie facilement; sa dissolution est connue sous le nom d'*alcali volatil*.

L'ammoniaque est une base énergique; elle est décomposée par la chaleur et l'électricité; elle brûle dans l'oxygène et forme avec lui un mélange détonant.

L'ammoniaque se dégage de toutes les matières organiques en décomposition. On la prépare en décomposant le *chlorhydrate d'ammoniaque* par la *chaux*.

L'alcali volatil sert principalement à rappeler à elles les personnes évanouies, à cautériser les piqûres et les morsures des animaux venimeux, à dissiper l'ivresse, à combattre la météorisation des bestiaux, à dégraisser les étoffes et à la fabrication de la glace artificielle.

QUESTIONNAIRE

Par qui l'azote a-t-il été découvert? — Quelles sont les propriétés physiques de ce corps? — Les propriétés chimiques? — Comment l'azote existe-t-il à l'état naturel? — Comment le prépare-t-on? — Quels sont les usages de l'azote? — Quel est le chimiste qui le premier a démontré que l'air n'est pas un corps simple? — Quelles sont les propriétés de l'air? — Quelle est sa composition? — Décrivez l'expérience de Lavoisier. — Comment fait-on l'analyse de l'air par le phosphore à froid? — Par le phosphore à chaud? — Quelles sont les diverses matières contenues dans l'air, autres que l'oxygène et l'azote? — Expliquez comment l'atmosphère conserve constamment la même composition? — Quels sont les usages de l'air? — Quels sont les divers composés que l'azote forme avec l'oxygène? — Par qui l'acide azotique a-t-il été découvert? — Quelles sont les propriétés de cet acide? — Comment l'acide azotique existe-t-il dans la nature? — Comment le prépare-t-on? — Quels sont ses usages? — Par qui l'ammoniaque a-t-elle été découverte? — Quelles sont ses propriétés physiques? — Ses propriétés chimiques? — Quel est l'état naturel de l'ammoniaque? — Comment se fait sa préparation? — Quels sont ses usages?

CHAPITRE III

SOUFRE — ANHYDRIDE SULFUREUX — ACIDE SULFURIQUE — ACIDE SULFHYDRIQUE

SOUFRE

Symbole = S. — Poids atom. (1 vol.) = 32.

285. Propriétés physiques et chimiques. — Le *soufre* est un corps solide à la température ordinaire, sans odeur et d'un jaune citron ; sa densité est environ 2. Il fond vers *110°* et bout à *440°*. Insoluble dans l'eau, le soufre se dissout très bien dans le *sulfure de carbone*, qui est son meilleur dissolvant.

Le soufre cristallise de deux manières différentes : en *octaèdres* et en *prismes*. On obtient des octaèdres, lorsque, après avoir fait dissoudre du soufre dans du sulfure de carbone, on laisse évaporer la dissolution. Pour faire cristalliser le soufre en prismes, on le fait fondre dans un creuset, puis, dès qu'il est liquide, on retire le creuset du feu afin de le laisser se refroidir. Une croûte solide se forme à la surface du soufre fondu. Cette croûte étant enlevée, on vide le soufre liquide qui reste, et on a sur les parois du creuset de magni-

Fig. 257.— *Cristaux pris-*
matiques de soufre.

fiques aiguilles prismatiques de soufre.

Quand on fait fondre du soufre, il se produit un phénomène particulier à ce corps : le soufre fond à *110º*, en donnant un liquide très fluide, jaune et transparent ; mais, si l'on continue à chauffer, ce liquide s'épaissit vers *220º* et devient brun ; à *300º*, il reprend sa fluidité première tout en restant brun. Refroidi lentement, le soufre passe par les mêmes phases, mais en sens contraire. Lorsqu'on verse dans de l'eau froide du soufre parfaitement liquide, il redevient cassant comme avant sa fusion ; mais versé à l'état visqueux, il reste pendant quelque temps mou et élastique.

Le soufre brûle à l'air avec une flamme bleuâtre et répand une odeur tout à fait caractéristique. Cette odeur est due au dégagement du composé qui se forme, l'*anhydride sulfu-reux*.

Le soufre se combine avec le carbone pour former du *sul-fure de carbone*, avec l'hydrogène pour produire de l'*acide sulfhydrique*, et avec la plupart des métaux pour donner naissance à des *sulfures métalliques*.

286. État naturel. — Extraction. — A l'état natif,

c'est-à-dire à l'état de liberté, on trouve le soufre au voisinage des volcans, où, mélangé avec des matières terreuses, il forme des dépôts connus sous le nom de *solfatares*. Certains de ces dépôts en renferment des assises très puissantes ; ceux de la Sicile fournissent plus de *200.000 tonnes* de soufre chaque année. Ce corps existe aussi à l'état de combinaison, principalement dans les sulfates et dans les sulfures métalliques. On extrait le soufre des solfatares par deux distillations successives. La première de ces distillations donne du *soufre brut* et la seconde du *soufre raffiné*.

Pour obtenir du soufre brut, on emploie le procédé de *Sicile*, ou des *calcaroni*, et le procédé de *Pouzzoles*. En Sicile, on dispose en forme de cône, sur un plan incliné

Fig. 258. — *Coupe d'un fourneau de galère.*

imperméable, de *250 à 600 mètres cubes* de minerai, puis on allume ce minerai sur plusieurs points à la fois. Le feu se propage dans l'intérieur du cône, une partie du soufre brûle, l'autre fond et coule dans des réservoirs, où il se solidifie, au moyen de rigoles pratiquées sur le plan incliné. Ce procédé est très expéditif et peu coûteux, mais il occasionne une perte de soufre estimée à *25 pour cent*.

A Pouzzoles, on introduit le minerai dans de grands pots de terre rangés sur deux files dans un long *fourneau de galère*. Ces vases, au nombre d'une vingtaine, communiquent avec d'autres pots placés en dehors du fourneau. Sous l'influence de la chaleur, le soufre du minerai se vaporise, il se rend dans les vases extérieurs, s'y condense et coule dans des baquets contenant de l'eau, où il se solidifie.

Le soufre extrait par les deux procédés ci-dessus renferme beaucoup d'impuretés. Pour le purifier, on le distille une seconde fois, et on fait arriver ses vapeurs dans une grande chambre en maçonnerie. Tant que la température de la chambre reste froide, les vapeurs de soufre se condensent en une fine poussière nommée *fleur de soufre*; mais lorsque la température dépasse *110°*, le soufre ne se solidifie plus, il se réunit à l'état liquide sur le sol de la chambre. Ce soufre, coulé dans des moules légèrement coniques, donne le *soufre en canon*.

287. Usages du soufre. — Le soufre a de nombreux usages. Dans l'industrie, on s'en sert pour la fabrication de la poudre, des allumettes, de l'anhydride sulfureux, de l'acide sulfurique, et pour la vulcanisation du caoutchouc. On vulcanise le caoutchouc en l'immergeant pendant quelques minutes dans du sulfure de carbone contenant du soufre en dissolution ; le soufre se combine avec le caoutchouc, augmente son élasticité et surtout lui donne la propriété de conserver cette élasticité par le froid et par la chaleur. On fait également usage du soufre pour prendre des empreintes, pour sceller le fer et pour combattre l'*oïdium* de la vigne. La France en emploie annuellement plus de *10 millions de kilogr*.

ANHYDRIDE SULFUREUX

Formule = SO^2. — Poids moléc. (2 vol.) $= 32 + 16 \times 2 = 64$

Le soufre, en se combinant avec l'oxygène, forme *huit* composés différents. Les deux principaux sont l'*anhydride sulfureux* et *l'acide sulfurique*. L'anhydride sulfureux est connu depuis aussi longtemps que le soufre. C'est *Lavoisier* qui en a déterminé la nature et la composition.

288. Propriétés physiques et chimiques. —

L'anhydride sulfureux est un gaz incolore, d'une odeur vive et pénétrante qui provoque la toux. Sa densité est *2,234.* Un litre d'eau en dissout *50 fois* son volume à la température ordinaire. Il se liquéfie à — *8°* sous la pression atmosphérique et se solidifie à — *75°*.

L'anhydride sulfureux liquide bout à — *8°*, et, en se vaporisant, absorbe une grande quantité de chaleur. Quand il s'évapore sur l'ampoule d'un thermomètre à alcool, il en abaisse la température à — *68°*. Lorsqu'on vide de l'anhydride sulfureux liquide dans une cap-

Fig. 259. — *Décoloration d'une violette par l'anhydride sulfureux.*

sule de platine chauffée au rouge, il prend une forme sphéroïdale et reste liquide pendant assez longtemps ; si alors on laisse tomber quelques gouttes d'eau dans ce liquide, elles se congèlent, ce qui permet de préparer des glaçons faits sur le feu.

L'anhydride sulfureux n'est pas combustible et il éteint les corps en combustion. Il possède un grand pouvoir décolorant, qui s'exerce sur la plupart des couleurs d'origine organique. Des violettes exposées à ce gaz ne tardent pas à devenir entièrement blanches, mais leur couleur se régénère quand on les plonge dans l'ammoniaque. Ce fait prouve que le gaz sulfureux en blanchissant les matières colorantes ne les détruit pas.

289. Préparation. — On peut préparer l'anhydride sulfureux en brûlant du soufre en présence de l'oxygène ; mais, dans les laboratoires, on préfère désoxyder en partie *l'acide sulfurique* à l'aide du *mercure*, du *cuivre* ou du *charbon*.

Pour cela, on introduit dans une cornue de *1/2 litre*,

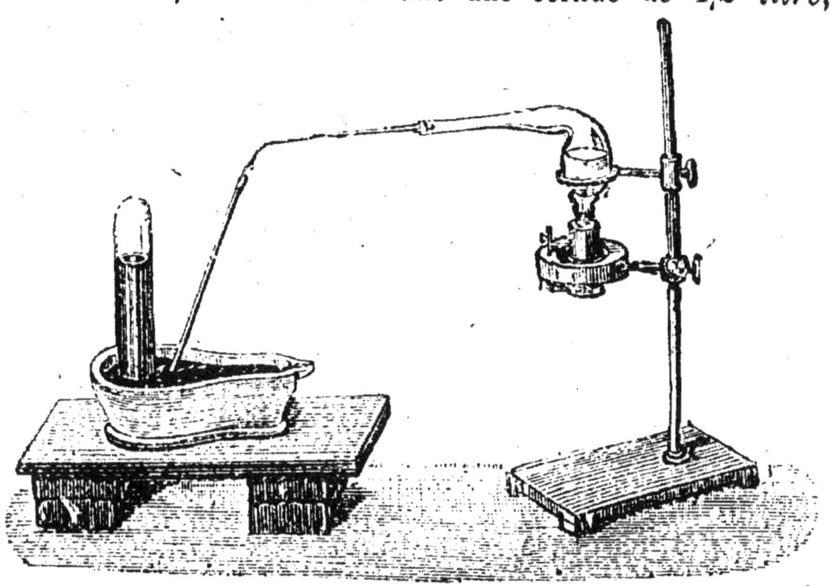

Fig. 260. — *Préparation de l'anhydride sulfureux.*

25 gr. de mercure et *150 gr.* d'acide sulfurique. On adapte à la cornue un tube abducteur se rendant dans une éprouvette placée sur une cuve à mercure et on chauffe. Une partie de l'acide sulfurique se décompose en anhydride sulfureux, qui se dégage, et en oxygène, qui se porte sur le mercure pour l'oxyder ; cet oxyde de mercure se combine avec l'acide sulfurique non décomposé et forme avec lui du *sulfate de mercure*.

$$Hg + 2SO^4H^2 = SO^2 + SO^4Hg + 2H^2O.$$

Mercure   Acide sulfurique   Anhydride sulfureux   Sulfate de mercure   Eau

Avec le cuivre et le charbon, les formules de réaction sont les suivantes :

$$Cu + 2SO^4H^2 = SO^2 + SO^4Cu + 2H^2O$$
$$C + 2SO^4H^2 = 2SO^2 + CO^2 + 2H^2O.$$

290. Usages de l'anhydride sulfureux. — Le gaz sulfureux est employé en médecine contre les maladies de peau et surtout contre la gale. Dans l'industrie, on s'en sert pour blanchir les objets d'origine animale, tels que la laine, la soie, les plumes, les éponges, la colle de poisson, etc. Pour blanchir les tissus avec ce gaz, il suffit, après les avoir mouillés, de les exposer dans des salles où l'on fait brûler du soufre.

L'anhydride sulfureux peut servir à enlever les taches de fruits sur le linge. A cet effet, on mouille d'abord les taches avec de l'eau, puis on fait brûler au-dessous d'elles un peu de soufre ou quelques allumettes soufrées.

On se sert du gaz sulfureux pour assainir les lieux infectés de miasmes putrides, comme les lazarets et les cales des navires ; pour désinfecter les effets qui ont servi aux personnes atteintes de maladies contagieuses, telles que le choléra, la gale, la petite vérole, etc.

En faisant brûler des mèches soufrées dans l'intérieur des vieux tonneaux, on détruit les germes des moisissures et on prévient ainsi l'altération du vin.

Le gaz sulfureux est encore employé pour éteindre les feux de cheminées. Dans ce but, on jette du soufre dans le foyer et on bouche l'ouverture de la cheminée afin d'obliger le gaz sulfureux à rester en contact avec la suie enflammée.

ACIDE SULFURIQUE

Formule : SO_4H^2. — Poids moléc. $= 32 + 16 \times 4 + 2 = 98$.

L'*acide sulfurique*, connu depuis le xv° siècle, est aussi désigné sous le nom d'*huile de vitriol*, parce qu'on l'obtenait autrefois en distillant du sulfate de fer appelé *vitriol vert*.

291. Différentes espèces d'acide sulfurique. — Il existe trois espèces d'acide sulfurique : l'acide sulfurique *anhydre* ou *anhydride sulfurique*, l'acide sulfurique de *Nordhausen* et l'acide sulfurique *ordinaire*.

L'anhydride sulfurique, SO^3, est un corps solide, blanc, cristallisé en longues aiguilles soyeuses. Il est très avide d'eau ; projeté dans ce liquide, il s'y dissout en faisant entendre un bruit analogue à celui que produit le fer rouge dans les mêmes circonstances. Il n'a pas d'usages.

L'acide sulfurique de Nordhausen, $SO^3 + SO^4H^2$ ou $S^2O^7H^2$, est de l'anhydride sulfurique dissous dans de l'acide sulfurique ordinaire. C'est un liquide oléagineux, qui fume beaucoup à l'air. Il jouit des propriétés de l'acide sulfurique ordinaire, mais il est plus énergique.

292. Propriétés de l'acide sulfurique ordinaire.

— *L'acide sulfurique ordinaire*, SO^4H^2, ou acide sulfurique *normal*, est un liquide incolore, inodore et d'une consistance oléagineuse. Sa densité est *1,84*. Il bout à *325°* et se congèle à — *34°*.

L'acide sulfurique est décomposable par la chaleur en acide sulfureux et en oxygène mélangés avec de la vapeur d'eau. L'hydrogène, le charbon et le soufre le décomposent aussi. Presque tous les métaux, à une température plus ou moins élevée, sont attaqués par cet acide ; avec les uns, comme le fer et le zinc, il se dégage de l'hydrogène ; avec les autres, tels que le cuivre et le mercure, il se dégage de l'anhydride sulfureux.

L'acide sulfurique est un acide très énergique : étendu de *1.000 fois* son volume d'eau, il rougit encore la teinture de tournesol. Il est très avide d'eau et se combine avec elle en dégageant beaucoup de chaleur : *quatre parties* d'acide sulfurique versées dans *une partie* d'eau peuvent en élever la température jusqu'à *100°*. C'est à son affinité pour ce liquide que l'on attribue l'action corrosive que l'acide sulfurique exerce sur les tissus animaux et végétaux. Sous son action, l'oxygène et l'hydrogène, qui, avec le carbone, constituent la plupart des tissus organiques, se combinent pour former de l'eau, et le carbone est mis en liberté. Pour ce motif, un morceau de bois, un morceau de sucre se carbonisent rapidement au contact de l'acide sulfurique. Exposé à l'air humide, cet acide prend une teinte brune et peut absorber plusieurs fois son poids d'eau. Sa coloration est due aux poussières qu'il reçoit et qu'il réduit en charbon.

Les brûlures par l'acide sulfurique sont très dangereuses ; on paralyse une partie de leurs effets en les lavant immédiatement avec de l'eau légèrement ammoniacale.

293. Etat naturel. — Préparation. — L'acide sulfurique n'existe à l'état de liberté dans la nature que dans les eaux de quelques rivières qui ont leur source près des volcans. On le trouve très abondamment en combinaison avec la chaux, la baryte, la magnésie, l'alumine, etc. On le prépare en oxydant l'*anhydride sulfureux* par l'*acide azotique* en présence de l'*air* et de la *vapeur d'eau :* on combine à la molécule d'anhydride sulfureux *un atome d'oxygène et une molécule d'eau.*

Cette préparation se fait dans de grandes chambres dont les parois sont tapissées de feuilles de plomb. L'acide azotique se régénère de lui-même, de sorte que la même quantité d'acide peut servir indéfiniment à préparer de l'acide sulfurique. Le gaz sulfureux s'obtient en brûlant du soufre au contact de l'air ou en grillant des pyrites sulfureuses.

294. Usages de l'acide sulfurique. — De tous les acides, l'acide sulfurique est le plus fréquemment employé. Il sert à la production des courants électriques nécessaires à la télégraphie et à la galvanoplastie. Dans l'industrie, on l'emploie pour la préparation de presque tous les acides et d'un grand nombre d'autres corps, tels que l'hydrogène, le chlore, l'éther, l'alun, la soude, le sulfate de cuivre, le sucre d'amidon, les bougies stéariques, etc. En médecine, on en fait usage comme caustique. La France consomme annuellement *70 millions de kilogr.* d'acide sulfurique, et l'Angleterre encore davantage.

ACIDE SULFHYDRIQUE

Formule = H^2S. — Poids moléc. (2 vol.) = 2 + 32 = 34

L'acide sulfhydrique, appelé encore *hydrogène sulfuré*, est formé par la combinaison du *soufre* et de l'*hydrogène*, dans la proportion d'un atome du premier de ces corps pour deux du second. Cet acide, découvert par *Baumé*, a été étudié en 1777, par *Scheele*, qui en détermina la nature et la composition.

295. Propriétés physiques et chimiques. — L'acide sulfhydrique est un gaz incolore, d'une odeur fétide, qui rappelle celle des œufs pourris. Sa densité est *1,191*. L'eau en dissout environ *trois fois* son volume à la température ordinaire. Il se liquéfie sous la pression de *16 atmosphères* et donne un liquide qui se solidifie à — *80°*, en cristaux transparents et incolores.

L'acide sulfhydrique est combustible : il brûle à l'air avec une flamme bleue en donnant de l'eau et de l'anhydride sulfureux. *Deux volumes* d'acide sulfhydrique et *trois volumes* d'oxygène forment un mélange qui détone violemment au contact d'un corps incandescent. Voici la réaction qui se produit :

$$H^2S \quad + \quad O^3 \quad = \quad H^2O \quad + \quad SO^2$$

Acide sulfhydrique   Oxygène   Eau   Anhydride sulfureux

Aussi, est-il dangereux de jeter des papiers enflammés dans les fosses d'aisances, car il s'y trouve toujours de l'acide sulfhydrique et on s'expose à mettre le feu au mélange détonant qui peut s'y être formé.

L'acide sulfhydrique est un poison des plus violents. Mélangé avec l'air dans la proportion de *1/1500*, il détermine presque instantanément la mort d'un oiseau : dans la proportion de *1/300*, il suffit pour faire périr en quelques minutes un animal de forte taille. Heureusement que son odeur fétide avertit de sa présence. C'est lui qui, sous le nom de *plomb*, produit l'asphyxie des ouvriers employés au curage des fosses d'aisances. Le meilleur contre-poison de l'acide sulfhydrique consiste à faire respirer aux personnes asphyxiées par ce gaz de très petites quantités de chlore, produit par du chlorure de chaux arrosé d'un peu de vinaigre.

On peut détruire l'acide sulfhydrique des fosses d'aisances en y vidant une dissolution de chlorure de chaux ou de sulfate de fer additionné d'un peu de chaux.

296. État naturel. — Préparation. — L'acide sulfhydrique se forme dans la décomposition de toutes les substances organiques qui contiennent du soufre, telles que les œufs, les matières fécales, certaines plantes de la famille des crucifères, la vase des marais, etc. Ce gaz se trouve aussi en dissolution dans les eaux de quelques sources.

On prépare l'acide sulfhydrique en décomposant le *sulfure de fer* par l'*acide sulfurique* étendu d'eau. Le soufre du sulfure de fer se combine avec l'hydrogène de l'eau pour former de l'acide sulfhydrique, qui se dégage; le fer du sulfure s'oxyde au contact de l'oxygène devenu libre et se combine avec l'acide sulfurique pour produire du *sulfate de fer*:

$$FeS + SO^4H^2 = H^2S + SO^4Fe$$

Sulfure de fer	Acide sulfurique	Acide sulfhydrique	Sulfate de fer

La réaction se fait à froid, et l'appareil dont on se sert est identique à celui qui est employé pour la préparation de l'hydrogène.

297. Usages de l'acide sulfhydrique. — Les usages de ce gaz sont bien restreints. Dans les laboratoires, on s'en sert comme réactif pour l'analyse des dissolutions métalliques. En médecine, il est employé pour combattre les affections du larynx et les maladies de peau.

RÉSUMÉ

Le *soufre* est solide à la température ordinaire ; il fond à *110°*, devient visqueux à *220°* et bout à *440°*, après avoir repris sa fluidité primitive. Insoluble dans l'eau, le soufre se dissout très bien dans le sulfure de carbone. Il cristallise en *prismes* et en *octaèdres*.

Le soufre brûle avec une flamme bleue et produit de l'anhydride sulfureux.

A l'état natif, le soufre se trouve abondamment dans le voisinage des volcans, où il forme quelquefois des dépôts très considérables, connus sous le nom de *solfatares*.

On extrait le soufre des solfatares par deux procédés, celui de Sicile ou des *calcaroni* et celui de *Pouzzoles*. Ces deux procédés ne donnent que du *soufre brut ;* on raffine le soufre brut par une seconde distillation, et on obtient de la *fleur de soufre* ou du *soufre en canon*.

Le soufre est employé à la fabrication de la poudre, des allumettes, de l'anhydride sulfureux et de l'acide sulfurique. Il sert aussi pour vulcaniser le caoutchouc, pour prendre des empreintes, pour sceller le fer et pour combattre l'oïdium de la vigne.

L'anhydride sulfureux est un gaz incolore, d'une odeur vive et pénétrante qui provoque la toux. Sa densité est *2,234*. Il est très soluble dans l'eau et se liquéfie facilement. Son évaporation, lorsqu'il est liquide, produit un froid considérable.

Ce gaz n'est pas combustible, il éteint les corps en combustion et possède un grand pouvoir décolorant.

On prépare l'anhydride sulfureux en brûlant du soufre en présence de l'air, ou en désoxydant *l'acide sulfurique* par le *mercure*, le *cuivre* ou le *charbon*.

L'anhydride sulfureux est employé pour combattre les maladies de peau et principalement la gale, pour blanchir les objets d'origine animale et pour enlever les taches de fruits. On s'en sert encore pour assainir les lieux infectés de miasmes putrides, pour désinfecter les objets qui ont servi aux personnes atteintes de maladies contagieuses, pour détruire les germes de moisissure dans les vieux tonneaux et pour éteindre les feux de cheminée.

Il y a trois espèces d'*acide sulfurique :* l'acide sulfurique *anhydre*, l'acide sulfurique de *Nordhausen* et l'acide sulfurique *ordinaire*.

L'acide sulfurique *ordinaire* est un liquide incolore, inodore et oléagineux. Sa densité est *1,84*. Il bout à *325°* et se congèle à — *34°*. L'acide sulfurique est décomposable par la chaleur, par quelques métalloïdes et par la plupart des métaux. Il est très avide d'eau. En se combinant avec elle, il dégage beaucoup de chaleur. Il désorganise les tissus et produit des brûlures très dangereuses. On le prépare en oxydant *l'anhydride sulfureux* par *l'acide azotique* en présence de *l'air* et de la *vapeur d'eau*.

De tous les acides, l'acide sulfurique est le plus fréquemment employé. Il sert à la production des courants électriques et à la préparation d'une foule de corps. La France en consomme annuellement *70 millions de kilogr.*

L'acide sulfhydrique est un gaz incolore, d'une odeur fétide qui rappelle celle des œufs pourris. Sa densité est *1,191.* Assez soluble dans l'eau, il se liquéfie facilement et se solidifie à —*80°.*

L'acide sulfhydrique brûle avec une flamme bleue et forme avec l'oxygène un mélange détonant. C'est un poison des plus violents ; c'est lui qui produit l'asphyxie des ouvriers employés au curage des fosses d'aisances. On le détruit à l'aide du *chlorure de chaux* ou du *sulfure de fer.*

On prépare l'acide sulfhydrique en décomposant le *sulfure de fer* par l'*acide sulfurique.* Ce corps a peu d'usages.

QUESTIONNAIRE

Quelles sont les propriétés du soufre ? — Quels sont les principaux composés qu'il forme ? — Comment le trouve-t-on dans la nature ? — Décrivez les deux procédés d'extraction du soufre. — Comment le raffine-t-on ? — Quels sont les usages du soufre ? — Quelles sont les propriétés de l'anhydride sulfureux ? — Comment le prépare-t-on ? — Quels sont ses usages ? — Nommez les trois espèces d'acide sulfurique. — Quelles sont leurs propriétés ? — Comment l'acide sulfurique existe-t-il à l'état naturel ? — Comment le prépare-t-on ? — Quels sont les usages de l'acide sulfurique ? — Par qui l'acide sulfhydrique a-t-il été découvert ? — Quelles sont les propriétés de ce corps ? — Que savez-vous sur ses propriétés toxiques ? — Comment détruit-on l'acide sulfhydrique ? — Comment existe-t-il à l'état naturel ? — Décrivez sa préparation. — Quels sont ses usages ?

CHAPITRE IV

CARBONE. — OXYDE DE CARBONE. — ANHYDRIDE CARBONIQUE

CARBONE

Symbole = C. — Poids atomique = 12.

298. Propriétés du carbone. — Le *carbone* est un corps solide, inodore et sans saveur. On n'a pu, jusqu'à présent, en fondre que de très petites quantités, même en se servant de la plus haute température que l'on puisse produire, celle de l'arc voltaïque. Le carbone est insoluble dans tous les liquides, excepté dans la fonte de fer en fusion. Ses autres propriétés physiques diffèrent selon les diverses variétés de carbone.

Le carbone brûle à une température élevée et produit de l'*anhydride carbonique*, CO^2, ou de l'*oxyde de carbone*, CO. Ce second composé se forme quand l'oxygène n'est pas en quantité suffisante pour le brûler entièrement. Lorsqu'il est porté au rouge, le carbone décompose l'eau, et il se produit de l'oxyde de carbone et de l'hydrogène, deux gaz très combustibles. Voici l'équation qui représente la réaction :

$$H^2O \;+\; C \;==\; CO \;+\; H^2$$

Eau   Carbone   Oxyde de carbone   Hydrogène

Ce fait explique pourquoi les forgerons aspergent leur foyer avec un peu d'eau afin d'en activer la combustion. Il fait aussi comprendre le danger qu'il y a d'éteindre un feu avec de l'eau, dans un appartement où l'air ne se renouvelle pas facilement, car il se forme de l'oxyde de carbone, qui est un gaz très délétère.

299. Variétés de carbone. — Le carbone se présente à nous sous les aspects les plus divers. Ses nombreuses variétés peuvent se diviser en deux groupes : les *charbons naturels* et les *charbons artificiels*.

CHARBONS NATURELS

Les charbons naturels sont le *diamant*, le *graphite*, la *houille*, l'*anthracite*, le *lignite* et la *tourbe*.

300. Diamant. — Le *diamant* est du carbone pur et cristallisé. Sa densité est 3,5. C'est le plus dur de tous les corps : il les raye tous et ne peut être rayé par aucun. Il est généralement limpide et incolore ; quelquefois cependant on en trouve de jaunes, de roses, de bleus, de verts et même de noirs. Il est cristallisé le plus souvent en cubes, en octaèdres ou en dodécaèdres.

Le diamant est le plus précieux de tous les corps. Sa valeur

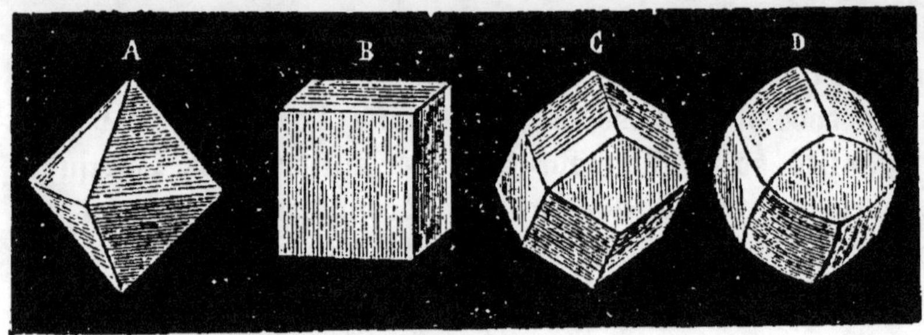

Fig. 261. — *Cristaux de diamant.*

dépend de son poids et de sa transparence. L'unité de poids dont on se sert dans la vente des diamants est le *carat*, qui vaut *205 milligrammes.*

Le plus gros diamant connu est celui du rajah de Bornéo ; il pèse *300 carats.* Celui de l'empereur du Mongol en pèse *270,* et celui de l'empereur de Russie *193.* Le *Régent* de France pèse *137 carats ;* il en pesait *410* avant d'être taillé ;

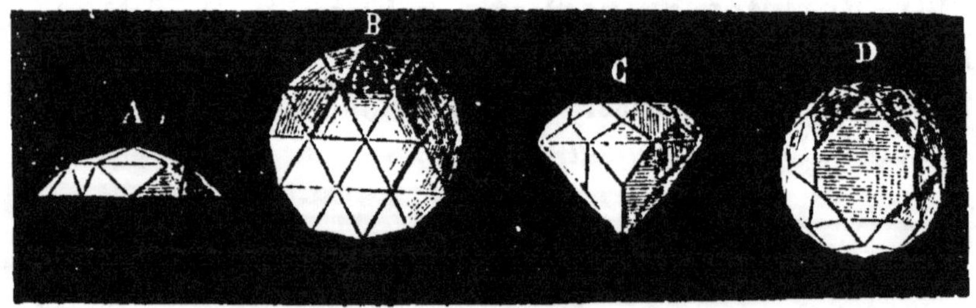

Fig. 262. — *Diamants taillés.*

A et B, Diamants taillés en rose. — C et D, Diamants taillés en brillants.

cette opération a demandé deux années de travail. La valeur de ce dernier diamant est actuellement estimée de *10 à 12 millions de francs.*

La taille du diamant se fait en usant ce corps avec sa propre poussière, connue sous le nom d'*égrisée.* Le diamant se taille en *rose* ou en *brillant*. Dans la taille en rose, le dessus du diamant porte *24* facettes et le dessous est plat ; dans la taille en brillant, les deux côtés sont taillés, et le dessous, que l'on nomme culasse est terminé en pointe.

Les diamants se trouvent dans les sables d'alluvion, principalement aux Indes, au Brésil, au Cap et en Sibérie. Il ne s'en extrait que quelques kilogrammes chaque année. Très peu d'entre eux sont assez gros pour être taillés. Ceux qui sont trop petits pour subir cette opération, servent à faire de l'égrisée ou des pivots pour l'horlogerie. On les emploie aussi pour faire des pointes d'outils propres à graver les pierres très dures et à couper le verre.

301. Graphite. — Le *graphite*, nommé encore *mine de plomb* ou *plombagine*, est du carbone presque pur. C'est le moins combustible de tous les carbones. Il se présente sous la forme de paillettes brillantes, onctueuses, douces au toucher, s'attachant facilement aux doigts et laissant sur le papier une trace d'un gris de plomb.

On se sert du graphite pour confectionner les crayons, pour préserver la fonte et la tôle de la rouille, pour faire des creusets infusibles, pour adoucir le frottement des engrenages, et pour rendre conductrice de l'électricité la surface de certains corps que l'on veut soumettre à la galvanoplastie.

302. Houille. — La *houille* ou *charbon de terre* ne contient que *80 pour cent* de carbone. Elle est d'un noir brillant, à surface quelquefois irisée. Elle s'allume facilement et brûle avec une flamme d'un blanc jaunâtre. Sa fumée est caractérisée par une odeur bitumineuse.

Précieux combustible pour le chauffage de nos habitations, la houille est surtout l'agent indispensable de l'industrie, car elle est sa source ordinaire de chaleur. Elle joue un rôle important dans la métallurgie de la fonte et du fer ; elle sert à la production de la vapeur, à la fabrication du coke et à la préparation du gaz d'éclairage. On en retire le *goudron*, la *benzine*, l'*ammoniaque*, et un grand nombre de belles couleurs connues sous le nom de *couleurs chimiques*.

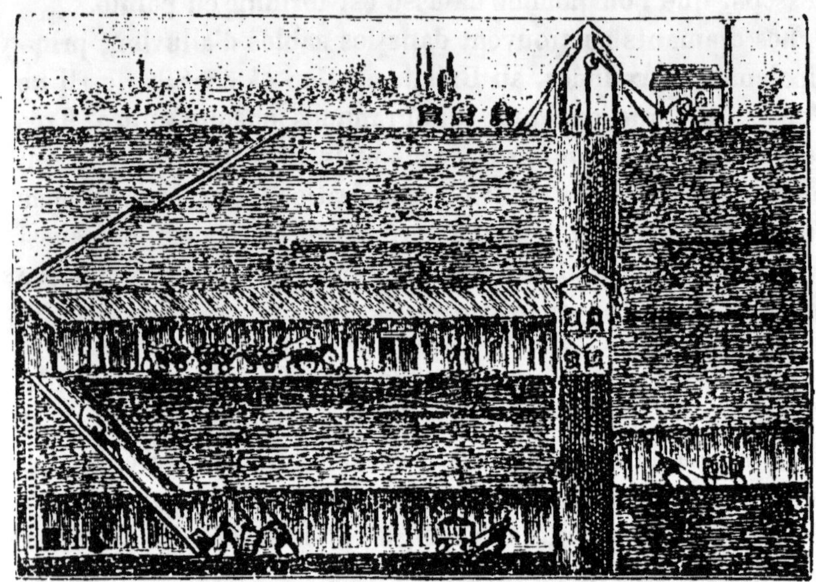

Fig. 263. — *Mine de houille en exploitation.*

303. Anthracite. — L'*anthracite* ou *charbon de pierre* renferme *90 pour cent* de carbone. Il a assez de ressemblance avec la houille, mais il brûle bien moins facilement. Sa combustion, entretenue par un vif courant d'air, produit beaucoup de chaleur. Cette propriété le fait assez rechercher pour le chauffage.

304. Lignite. — Les *lignites* sont des végétaux carbonisés qui ont conservé leur forme et leur structure. Le *jais* ou *jayet*, dont on se sert pour confectionner les ornements de deuil, est un lignite compact, assez dur pour être poli.

305. Tourbe. — La *tourbe* est une matière d'un brun foncé, formée par des plantes marécageuses qui se sont décomposées sous l'eau. Elle sert au chauffage domestique dans les pays où le combustible est peu abondant.

Les *charbons artificiels* sont le *charbon de bois*, le *noir animal*, le *noir de fumée*, le *coke* et le *charbon des cornues*.

306. Charbon de bois. — Le *charbon de bois* est produit par la combustion incomplète du bois. Il se fabrique par deux procédés différents : celui de la *distillation* et celui des *meules*.

Le procédé de la *distillation* consiste à chauffer fortement du bois dans des cornues métalliques. Il se dégage des produits gazeux, qu'on laisse perdre et des produits liquides, tels que de l'*acide acétique*, de l'alcool *méthylique* et des *goudrons*, qui sont soigneusement recueillis. Le charbon obtenu par

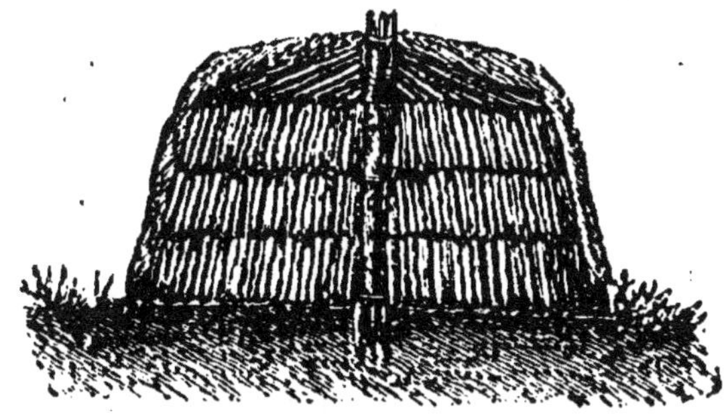

Fig. 204. — *Coupe d'une meule.*

ce procédé représente à peu près le *27/100* du bois employé.

Le procédé des *meules* se pratique au milieu des forêts où le bois a été coupé. Il est plus expéditif que le précédent et moins coûteux ; aussi est il le plus employé, bien que le rendement ne soit que de *18 pour cent*. Pour le mettre en application, on construit sur le sol, avec des bûches d'un demi-mètre de longueur, des meules coniques ; à leur centre, on ménage une cheminée communiquant avec des conduits situés à la surface du sol et débouchant à l'extérieur. On recouvre ces meules de mousse, de feuilles, de gazon et d'une forte couche de terre, puis on jette du bois enflammé dans la cheminée. La combustion se propage de proche en

procho et lés meules s'affaissent. La carbonisation est suffi_
santo quand il no so dégage plus quo des fumées transpa-

Fig. 265. — *Meule en combustion.*

rentes d'un bleu clair. On boucho alors toutes les ouvertures
des meule;{ et on laisso celles-ci s'étoindro et so refroidir.

Le charbon do bois a la propriété remarquablo d'absorber les gaz. Un morceau do co charbon fraîchoment
éteint absorbo :

90 *fois* son volumo do gaz ammoniac ;

85 *fois* son volumo d'acide chlorhydrique ;

55 *fois* son volumo d'acide sulfhydrique, etc.

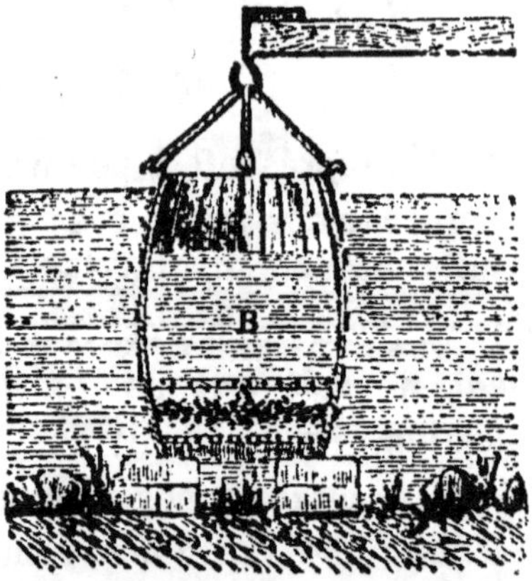

On utilise cotte propriété

Fig. 266. — *Tonneau filtre.*

pour purifier les eaux corrompues et pour s'opposer à la
putréfraction des matières animales. Dans un tonneau, dont
lo fond est percé do petites ouvertures, uno couche de charbon

placée entre deux lits de sable, constitue un excellent filtre, qui permet de se procurer de l'eau pure même au milieu d'une mare bourbeuse.

Lorsque la viande a subi un commencement de putréfaction, elle communique une odeur et un goût désagréables au bouillon dans lequel on la fait cuire. Pour faire disparaître cette odeur et ce goût, il suffit de mettre dans le bouillon quelques morceaux de charbon récemment rougis au feu.

Nettoyées et entretenues avec du charbon de bois, les dents conservent leur blancheur et perdent la fétidité qui s'en exhale par la respiration. Le meilleur charbon pour cet usage est celui qui se forme par la calcination d'un morceau de mie de pain.

307. Noir animal. — Le *noir animal*, appelé aussi *noir d'ivoire*, est un charbon que l'on obtient en calcinant des os à l'abri de l'air. Il est incombustible et ne contient que les *12/100* de son poids de carbone. Il a la propriété d'absorber certaines matières colorantes. Ainsi, la teinture de tournesol, l'encre, le vin rouge, agités avec du noir animal, donnent des liquides incolores quand on les filtre. Cette propriété le fait employer dans les raffineries pour décolorer les jus sucrés. On l'utilise aussi dans l'agriculture comme engrais, à cause du phosphate de chaux qu'il renferme.

308. Noir de fumée. — Le *noir de fumée* est une poussière excessivement fine, formée par du carbone à peu près pur mélangé avec une faible quantité de substances résineuses ou huileuses. On l'obtient en brûlant des matières riches en carbone, telles que la résine, les huiles, le goudron, etc. On dirige la fumée produite par la combustion de ces matières dans de grandes chambres dont les parois sont tapissées de toiles grossières ; le noir de fumée s'y dépose et on le recueille au moyen d'un cône métallique, qui, en descendant, fait fonction de racloir. Le noir de fumée est employé dans la peinture ; il sert aussi à la fabrication du cirage, de l'encre de Chine et de l'encre d'imprimerie.

Fig. 267. — *Préparation du noir de fumée.*

309. Coke. — Charbon des cornues. — Le *coke* est le résidu de la combustion incomplète de la houille. Il se présente sous la forme d'une masse grise et plus ou moins compacte. Moins combustible que la houille, le coke brûle sans flamme et sans fumée, en dégageant une chaleur intense.

Le *charbon des cornues* est celui qui se dépose sur les parois intérieures des cornues lorsqu'on distille la houille pour la production du gaz d'éclairage. Ce charbon est bon conducteur de l'électricité ; cette propriété le fait employer dans la construction des piles.

REMARQUE. — Les différentes variétés de carbone peuvent encore se diviser en *carbones purs* et en *carbones impurs*.

Les *carbones purs* sont le *diamant*, le *graphite*, le *coke*, le *charbon des cornues* et le *noir de fumée*.

Les *carbones impurs* sont la *houille*, l'*anthracite*, le *lignite*, la *tourbe*, le *charbon de bois* et le *noir animal*.

OXYDE DE CARBONE

Formule = CO. — Poids moléc. (2 vol.) = 12 + 16 = 28.

L'*oxyde de carbone* a été découvert par Priestley en chauffant au rouge vif un mélange de charbon et d'oxyde de zinc.

310. Propriétés physiques et chimiques. — L'oxyde de carbone est un gaz incolore, inodore et sans saveur, qui brûle à l'air avec une flamme bleue en donnant de l'anhydride carbonique. Sa densité, $0,967$, est égale à celle de l'azote ; il est presque insoluble dans l'eau, qui n'en absorbe que les $0,033$ de son volume à la température de 0 degré, et il est très difficilement liquéfiable. On l'a considéré pendant longtemps comme un gaz permanent.

L'oxyde de carbone est un corps très stable, qu'on ne décompose qu'à la température du rouge blanc. Il brûle dans l'oxygène avec une flamme bleue, très pâle, mais à peu près aussi chaude que celle de l'hydrogène : il en résulte qu'il exerce sur les corps oxygénés, à chaud, les mêmes influences réductrices que l'hydrogène lui-même :

$$CuO + CO = CO^2 + Cu$$

| Oxyde de cuivre | Oxyde de carbone | Anhydride carbonique | Cuivre |

A ce point de vue, il joue un rôle considérable dans la métallurgie : c'est lui qui, le plus souvent, réduit les oxydes métalliques dans les fours industriels.

311. Effets vénéneux de l'oxyde de carbone. — L'oxyde de carbone est un véritable poison, d'autant plus à craindre qu'il est inodore et que rien ne vient déceler sa présence dans l'air que l'on respire. Il produit avec l'hémoglobine du sang une combinaison lentement dissociable, sur laquelle l'oxygène de l'air a peu d'action, et qui, en conséquence, lui empêche d'exercer sur le sang ses fonctions vivifiantes.

Il suffit d'une très petite quantité d'oxyde de carbone, quelques millièmes seulement, pour rendre l'atmosphère dangereuse à respirer et produire même des accidents mortels. C'est à l'oxyde de carbone qu'il faut rapporter les asphyxies que l'on attribue si souvent et à tort au gaz carbonique.

312. Préparation de l'oxyde de carbone. — L'oxyde de carbone n'existe pas dans la nature : on le prépare ordinairement en traitant l'acide oxalique, $C^2O^4H^2$, par l'acide sulfurique concentré : l'acide sulfurique, très avide d'eau, déshydrate l'acide oxalique, et ce dernier se décompose en oxyde de carbone et en anhydride carbonique.

$$C^2O^4H^2 + SO^4H^2 = CO + CO^2 + SO^4H^2 + H^2O$$

Acide oxalique   Acide sulfur.   Ox. de carbone Anhy. carb.   Ac. sulf. hyd.

Pour faire cette préparation, on chauffe dans une cornue de verre un peu d'acide oxalique cristallisé sur lequel on verse cinq ou six fois son poids d'acide sulfurique concentré ; le gaz qui se dégage est un mélange à volumes égaux d'oxyde de carbone et de gaz carbonique ; on absorbe ce dernier en le faisant passer dans un flacon laveur renfermant une dissolution de potasse.

313. Usages de l'oxyde de carbone. — L'oxyde de carbone pur n'a pas d'usages ; mélangé avec l'air, il sert d'agent réducteur dans les hauts-fourneaux et de combustible dans les fours Siemens ; il permet ainsi d'obtenir de très hautes températures, qui dépassent facilement celle de la fusion de l'acier.

ANHYDRIDE CARBONIQUE

Poids moléculaire : $CO^2 = 12 + 16 \times 2 = 44$

L'*anhydride carbonique*, appelé longtemps *acide carbonique*, a été découvert en 1648, par *Van Helmont*.

314. Propriétés physiques et chimiques. —

L'anhydride carbonique est un gaz incolore, d'une saveur aigrelette et d'une odeur légèrement piquante. Sa densité est *1,529*. Il pèse *22 fois* plus que l'hydrogène. L'eau en dissout son volume à la température et sous la pression ordinaires. Il se liquéfie à *0°* sous la pression de *36 atmosphères* et donne un liquide incolore très mobile.

Aujourd'hui, la fabrication de l'anhydride carbonique liquide est devenue industrielle et on le trouve dans le commerce enfermé dans des cylindres en fer forgé à parois très résistantes. Lorsqu'on laisse échapper dans l'atmosphère un jet de gaz carbonique liquide, une partie de ce gaz s'évapore en prenant de la chaleur à la partie non vaporisée, et celle-ci se solidifie sous forme de neige. Cette neige a la température de — *80°* ; pincée entre les doigts elle désorganise la peau comme le ferait un fer rouge.

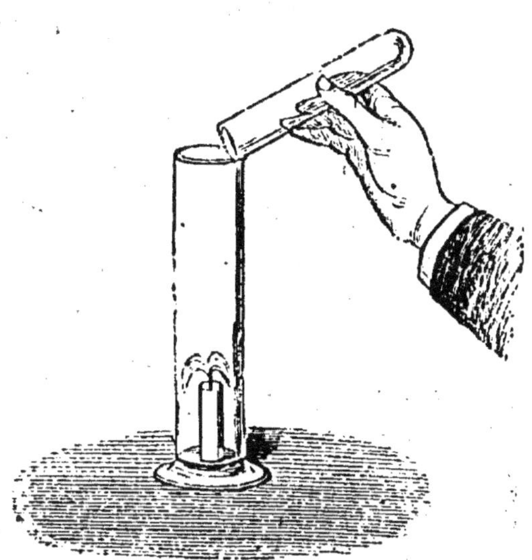

Fig. 208. — *Gaz carbonique versé sur une bougie allumée.*

Pour montrer la grande densité de l'anhydride carbonique, on remplit une cloche de ce gaz, puis, après avoir fermé son ouverture avec une feuille de verre, on la retourne. On fait ensuite tomber dans la cloche des bulles de savon gonflées d'air, et l'on voit ces bulles rebondir au contact du gaz, comme le fait le liège à la surface de l'eau.

L'anhydride carbonique n'entretient pas la combustion ; un corps enflammé plongé dans ce gaz s'y éteint immédiatement. Une bougie allumée étant placée au fond d'une éprouvette, si l'on incline au-dessus d'elle une autre éprouvette pleine d'anhydride carbonique, cet acide, grâce à sa grande densité, tombe au fond de l'éprouvette, comme le ferait un liquide, et éteint la bougie.

Le gaz carbonique est impropre à la respiration, mais il n'est pas délétère. La plupart des animaux périssent rapidement dans une atmosphère qui renferme la *moitié* de son volume de ce gaz. Il y a asphyxie et non empoisonnement.

315. Sources de gaz carbonique. — Le phénomène de la respiration chez l'homme et chez les animaux est une source de gaz carbonique. Pour le montrer, il suffit de faire passer dans une dissolution de chaux une certaine quantité d'air venant des poumons. On voit cette dissolution se troubler à cause du carbonate de chaux qui se forme et qui reste en suspension dans le liquide.

La production de l'anhydride carbonique dans l'acte de la respiration montre le danger qu'il y a de rester longtemps dans une salle fermée où se trouvent de

Fig. 269. — *Expérience servant à reconnaître que la respiration produit du gaz carbonique.*

nombreuses personnes; l'air finit par se vicier au point de produire des asphyxies partielles qui, souvent répétées, peuvent engendrer de graves maladies.

La combustion du bois et du charbon est aussi une source très abondante de gaz carbonique. Pour cette raison, on ne saurait trop se mettre en garde contre les chaufferettes et les réchauds au charbon de bois, qui, chaque année, font un certain nombre de victimes par le gaz carbonique et l'oxyde de carbone qui s'en dégagent. Il est aussi très imprudent de fermer complètement la clef d'un poêle pour en conserver la chaleur, car, dans ce cas, le gaz carbonique qui résulte de la combustion se répand dans l'appartement et peut donner lieu à l'asphyxie ou au moins à de graves accidents.

La fermentation produit une quantité considérable d'anhydride carbonique. Ce gaz se dégage en abondance des cuves pleines de vendange ; aussi doit-on éviter de trop s'approcher de ces cuves et encore plus d'y pénétrer.

Ce même gaz se dégage constamment du sol. Certaines grottes mal aérées, certaines carrières abandonnées en sont remplies. Il ne faut donc jamais pénétrer dans une cavité souterraine inconnue sans s'être assuré auparavant de la pureté de son atmosphère. Pour cela, on porte devant soi une bougie allumée attachée à l'extrémité d'un long bâton. Si la bougie brûle comme à l'ordinaire, on peut avancer sans crainte ; mais si elle s'éteint, il faut rétrograder sur-le-champ, car ce serait s'exposer à une mort certaine que d'aller plus avant.

On purifie une atmosphère viciée par le gaz carbonique, soit en établissant une bonne ventilation, soit en absorbant ce gaz au moyen de l'ammoniaque ou de la chaux délayée dans de l'eau.

316. Préparation.— Le gaz carbonique est très répandu dans la nature surtout en combinaison avec la chaux, avec laquelle il forme le *carbonate de calcium.* C'est de ce corps qu'on l'extrait habituellement, en le décomposant par un acide énergique, qui s'empare de la chaux et met le gaz carbonique en liberté.

Pour faire cette préparation, on introduit quelques morceaux de *craie* ou de *marbre* dans un flacon à deux tubulures, muni d'un tube à entonnoir et d'un tube à dégagement ; on y ajoute de l'eau, puis on verse peu à peu, par le tube à enton-

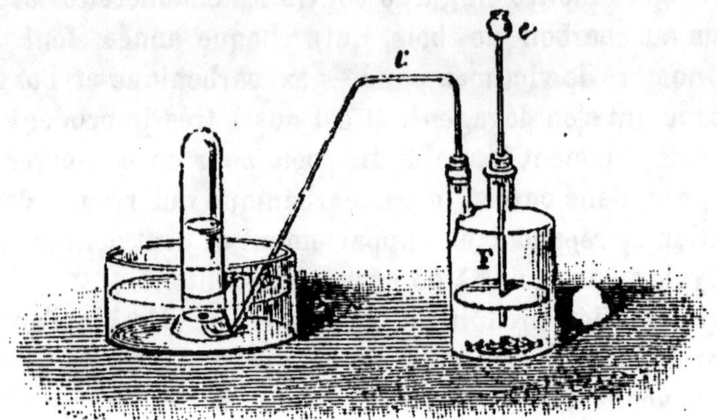

Fig. 270. — *Préparation de l'anhydride carbonique.*

noir, de *l'acide chlorhydrique* ou de *l'acide sulfurique*. Le gaz carbonique se dégage aussitôt et, suivant l'acide employé, il reste dans le flacon une dissolution de *chlorure de calcium* ou de *sulfate de calcium*, comme l'indiquent les équations suivantes :

$$CO_3Ca \quad + \quad 2HCl \quad = \quad CO_2 \quad + \quad HO_2 + \quad CaCl_2$$
Carbonate de calcium   Acide chlorh.   Anh. carb.   Eau   Ch. de cal.

$$CO_3Ca \quad + \quad SO_4H_2 \quad = \quad CO_2 \quad + \quad H_2O + SO_4Ca$$
Carbonate de calcium   Acide sulfurique   Anhydride carbonique   Eau   Sulfate de calc.

317. Usages. — Nous avons dit que l'eau dissout son volume d'anhydride carbonique à la température et sous la pression ordinaires ; mais lorsqu'elle est soumise à une pression supérieure, elle en dissout un volume qui augmente avec la pression qu'elle supporte. Cette propriété est utilisée dans la fabrication de *l'eau de Seltz* artificielle. Pour fabriquer cette eau, on comprime, à l'aide d'une pompe foulante, du gaz carbonique dans de l'eau pure que contiennent des vases à parois très résistantes ; puis on introduit ce liquide dans des appareils spéciaux, connus sous le nom de *siphons*, pour être ensuite livré à la consommation.

La bière, la limonade gazeuse, le champagne, etc., doivent leur propriété de mousser au gaz carbonique que ces liquides tiennent en dissolution. Les eaux minérales gazeuses telles que celles de Saint-Galmier, de Condilhac, de Vals, de Vichy, etc., sont employées pour faciliter la digestion à cause du gaz carbonique et des sels minéraux qu'elles renferment.

RÉSUMÉ

Le *carbone* est un corps solide, inodore et sans saveur. Il est infusible et ne se dissout que dans la fonte de fer en fusion. Il brûle à une température élevée, et, par sa combustion, il produit de l'*anhydride carbonique* ou de l'*oxyde de carbone*.

Le carbone se présente sous des aspects très divers. Ses nombreuses variétés peuvent se diviser en deux groupes : les *charbons naturels* et les *charbons artificiels*.

Les charbons naturels sont : le *diamant*, le *graphite*, la *houille* ou *charbon de terre*, l'*anthracite* ou *charbon de pierre*, le *lignite* et la *tourbe*. Les charbons artificiels sont : le *charbon de bois*, le *noir animal*, le *noir de fumée*, le *coke* et le *charbon des cornues*.

L'*oxyde de carbone* est un gaz incolore, inodore et sans saveur, qui brûle à l'air avec une flamme bleue, très chaude, en donnant de l'anhydride carbonique comme produit de sa combustion. Sa densité, *0,967*, est égale à celle de l'azote et, comme ce dernier gaz, il est peu soluble dans l'eau et très difficilement liquéfiable.

L'oxyde de carbone est un véritable poison : il produit avec les globules du sang une combinaison sur laquelle l'oxygène de l'air a peu d'action et qui lui empêche de remplir ses fonctions vivifiantes. On le prépare en traitant l'*acide oxalique* par l'*acide sulfurique*; sa principale application est dans l'industrie, où on l'emploie comme combustible dans les fours Siemens et comme réducteur des oxydes métalliques dans les hauts-fourneaux.

L'*anhydride carbonique* est un gaz incolore, d'une saveur aigrelette et d'une odeur légèrement piquante. Sa densité est *1,529*; il se liquéfie à la température de *0°*, sous la pression de *36 atmosphères*.

Le gaz carbonique est un acide faible; il est impropre à la respiration et éteint les corps en combustion.

La respiration, la combustion du bois et du charbon, la fermentation, le sol même sont des sources très abondantes de gaz carbonique. On purifie une atmosphère viciée par ce gaz, soit en établissant une bonne ventilation, soit en absorbant l'acide carbonique au moyen de la chaux délayée dans de l'eau.

On prépare ordinairement l'anhydride carbonique en décomposant le *carbonate de calcium* par un acide énergique, tel que l'*acide chlorhydrique* ou l'*acide sulfurique*.

L'anhydride carbonique sert à préparer l'eau de *Seltz artificielle*. C'est à ce gaz que la bière, la limonade, le champagne, etc., doivent leur propriété de mousser, et que certaines eaux minérales gazeuses doivent une partie de leurs propriétés digestives.

QUESTIONNAIRE

Quelles sont les propriétés du carbone? — Comment divise-t-on les diverses variétés de carbone? — Nommez les charbons naturels. — Quels sont les propriétés et les usages du diamant? — Du graphite? — De la houille? — De l'anthracite? — Du lignite? — De la tourbe? — Nommez les charbons artificiels. — Dites ce que vous savez sur le charbon de bois. — Sur le noir animal. — Sur le noir de fumée. — Sur le coke et le charbon des cornues. — Nommez les variétés de carbones purs. — De carbones impurs. — Par qui a été découvert l'oxyde de carbone? — Quelles sont les propriétés de cet acide? — Comment agit-il sur les oxydes métalliques? — Que savez-vous de ses propriétés toxiques? — Comment le prépare-t-on? — Quels sont ses usages? — Par qui l'anhydride carbonique a-t-il été découvert? — Quelles sont ses propriétés? — Quelles sont les principales sources de l'anhydride carbonique? — Quelles sont les précautions à prendre contre les funestes effets de ce gaz? — Comment le prépare-t-on? — Quels sont ses usages?

CHAPITRE V

CARBURES D'HYDROGÈNE — GAZ D'ÉCLAIRAGE

CARBURES D'HYDROGÈNE

318. — On trouve dans la nature un grand nombre de corps composés exclusivement de carbone et d'hydrogène ; tels sont le caoutchouc, la gutta-percha, l'essence de térébenthine, la benzine, les pétroles, etc. Tous ces corps brûlent avec une flamme éclairante, fuligineuse lorsque l'accès de l'air n'est pas suffisant, en produisant du gaz carbonique et de l'eau. Les uns sont solides, d'autres sont liquides et plusieurs sont gazeux. Nous ne décrirons que ces derniers dans ce chapitre, réservant les autres pour la chimie organique.

Les carbures d'hydrogène gazeux sont le *formène*, l'*éthylène* et l'*acétylène*.

319. Formène, CH^4. — Le *formène* ou *protocarbure d'hydrogène* est un gaz qui se forme dans toutes les décompositions des matières riches en carbone et en hydrogène. Il se dégage de certaines houilles, même à la température ordinaire ; mélangé avec l'air, il constitue ce gaz, si redouté des mineurs, qui est connnu sous le nom de *grisou*. On le nomme aussi *gaz des marais* parce qu'il se dégage spontanément des végétaux en décomposition au fond des eaux bourbeuses. Il suffit de remuer ces eaux pour voir le gaz des marais se dégager en grosses bulles que l'on peut enflammer à leur sortie de l'eau.

Fig. 271. — *Combustion du gaz des marais.*

Le formène est un gaz incolore, inodore, sans saveur, très peu soluble dans l'eau et très difficilement liquéfiable. A l'état liquide, il bout à — 164°, sous la pression ordinaire, et se solidifie à — 186°. Sa densité est 0,559.

Le formène brûle au contact de l'air avec une flamme jaunâtre. Mélangé avec deux fois son volume d'oxygène, il détone violemment à l'approche d'une flamme, en produisant, comme dans sa combustion, de l'anhydride carbonique et de l'eau.

$$CH^4 \quad + \quad O^4 \quad = \quad CO^2 \quad + \quad 2H^2O$$

2 vol.   4 vol.   Anhy. carb.   Eau

On peut obtenir du formène en remuant avec un bâton la vase des marais et en recueillant dans un flacon plein d'eau et muni d'un entonnoir les bulles qui s'en dégagent. Dans les laboratoires, on le prépare en chauffant dans une cornue en verre un mélange *d'une* partie d'acétate de sodium avec *quatre* parties de chaux sodée, soude fondue avec de la chaux. Sous l'influence de la chaleur, l'acide acétique se dédouble en formène et en gaz carbonique; ce dernier est retenu par la soude contenue dans la chaux sodée, pour former avec elle du carbonate de sodium, et le formène se dégage.

$$C^2H^3O^2Na \quad + \quad NaOH \quad = \quad CH^4 \quad + \quad CO^3Na^2$$

Acétate de sodium   Soude   Formène   Carbonate de sodium

320. Éthylène, C^2H^4. — L'*éthylène*, que l'on appelle aussi *bicarbure d'hydrogène* et *gaz oléfiant*, est un gaz incolore, à odeur éthérée et sans saveur. Il a pour densité 0,976 et se liquéfie à 0 degré sous la pression de 40 atmosphères, en produisant un liquide qui bout à — 102 degrés sous la pression ordinaire. L'eau n'en dissout que le quart de son volume.

L'éthylène brûle en présence de l'air avec une belle flamme blanche, très éclairante, en produisant de l'anhydride carbonique et de l'eau, comme l'indique l'équation ci-dessous :

$$C^2H^4 \quad + \quad O^6 \quad = \quad 2CO^2 \quad + \quad 2H^2O$$

2 vol.   6 vol.   Anhy. carb.   Eau

Un volume d'éthylène et *trois* volumes d'oxygène forment un mélange qui détone avec une extrême violence à l'approche d'une flamme ou sous l'influence de l'étincelle électrique. Cette expérience exige les plus grandes précautions.

Un mélange d'*un* volume d'éthylène et de *deux* volumes de chlore brûle, à l'approche d'une bougie allumée, en produisant de l'acide chlorhydrique et un abondant dépôt de charbon. Voici l'équation exprimant la réaction qui se produit :

$$C^2H^4 \quad + \quad 4Cl \quad = \quad 4HCl \quad + \quad C^2$$

2 vol. — 4 vol. — Acide chlorhydrique — Carbone

Lorsque l'on expose à la lumière diffuse un mélange à volumes égaux d'éthylène et de chlore, les deux gaz se combinent rapidement et donnent naissance à un produit huileux, d'une odeur éthérée, connu sous le nom de *liqueur des Hollandais;* c'est de là que vient à l'éthylène le nom de gaz oléfiant.

L'éthylène n'existe pas dans la nature à l'état de liberté ; on le prépare en chauffant, vers 180 degrés, dans un ballon de verre, un mélange d'alcool et d'acide sulfurique concentré ; ce dernier déshydrate complètement l'alcool.

$$C^2H^6O \quad + \quad SO^4H^2 \quad = \quad C^2H^4 \quad + \quad SO^4H^2 + H^2O$$

Alcool — Acide sulfurique — Éthylène — Acide sulfurique hydraté

Les proportions à employer sont, en poids, de une partie d'alcool et quatre parties d'acide sulfurique concentré.

321. Acétylène, C^2H^2. — Découvert en 1836, par Davy, *l'acétylène* n'a guère été connu que dans les laboratoires jusqu'en 1894, date à laquelle M. Moissan a trouvé un moyen de le préparer aussi facile que peu coûteux.

L'acétylène est un gaz incolore d'une odeur alliacée caractéristique décelant facilement sa présence. Sa densité est 0,92; l'eau en dissout à peu près son volume, à la température ordinaire ; il se liquéfie à 0 degré, sous la pression de 21 atmosphères.

Enfermé dans une éprouvette que l'on approche d'une bougie allumée, l'acétylène brûle avec une flamme fuligineuse, parce que l'accès de l'oxygène n'est pas suffisant pour sa complète combustion ; mais au sortir d'un tube effilé ou d'une fente très étroite, il brûle avec une flamme extrêmement brillante, dont le pouvoir éclairant, à volume égal, est environ 15 fois supérieur à celui du gaz ordinaire. Il renferme 92 % de son poids de carbone et 8 % d'hydrogène.

L'acétylène fortement comprimé se décompose avec explosion sous l'influence des autres explosifs ; ses mélanges avec l'air détonent violemment au contact des corps incandescents, en produisant de l'eau et de l'anhydride carbonique.

$$C^2H^2 \ + \ O^5 \ = \ 2CO^2 \ + \ H^2O$$

Acétylène   Oxygène   Anhydride carbonique   Eau

On prépare l'acétylène en faisant agir à froid de l'*eau* sur du *carbure de calcium*, obtenu lui-même par l'action du carbone sur la chaux dans des fours électriques dont la température dépasse 3.000 degrés. La réaction de la préparation de l'acétylène est représentée par l'équation suivante :

$$CaC^2 \ + \ 2H^2O = C^2H^2 \ + \ CaO,H^2O$$

Carbure de calcium   Eau   Acétylène   Chaux hydratée

Un kilo de carbure de calcium se combine avec 560 gr. d'eau et dégage *300 litres d'acétylène.*

Dans les laboratoires, cette préparation s'effectue, comme celle de l'hydrogène, à l'aide d'un flacon à tubulures muni d'un tube à entonnoir ainsi que d'un tube abducteur débouchant dans une cuve à mercure ou à eau. Dans l'économie domestique, on se sert d'appareils très variés, nommés *générateurs d'acétylène*, où ce gaz est produit automatiquement au fur et à mesure qu'il est brûlé aux becs d'éclairage. Dans quelques-uns de ces générateurs, l'acétylène est produit par de l'eau tombant goutte à goutte sur une masse de carbure de calcium, et dans d'autres, par du carbure tombant grain par grain dans une grande quantité d'eau. Ces derniers appareils sont ceux qui offrent le plus de sécurité, car ils évitent toute surproduction de gaz, et de plus, la chaleur engendrée par l'hydratation de la chaux vive, provenant de la décomposition du carbure, ne cause qu'une élévation de température beaucoup trop faible pour amener la décomposition du gaz. Parmi les nombreux générateurs automatiques d'acétylène construits jusqu'à ce jour, un de ceux qui offrent les meilleures garanties de sécurité et de bon fonctionnement est, sans contredit, celui de MM. Berger, à Vienne (Isère).

L'acétylène est déjà bien employé pour l'éclairage domestique, de même que pour celui des édifices publics, et son usage, pour cet objet, tend de plus en plus à se généraliser ; car, outre que l'acétylène est doué d'un grand pouvoir éclairant, sa lumière, fixe et très hygiénique pour la vue, est d'un prix de revient inférieur à celui de tous les autres systèmes d'éclairage.

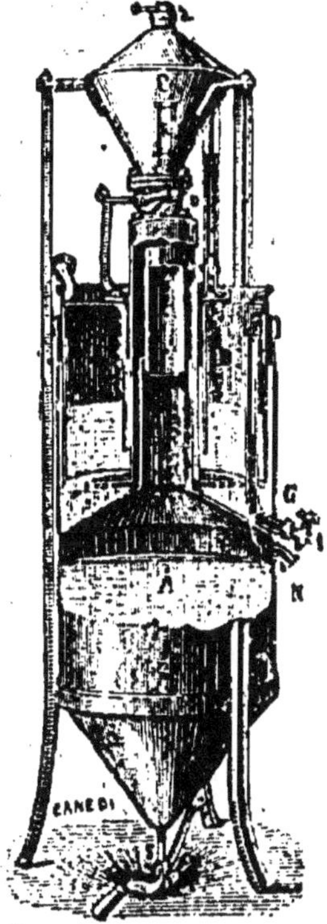

Fig. 272. — *Générateur Berger* (1).

A, Réservoir d'eau divisé en deux compartiments : le compartiment inférieur sert à la fabrication du gaz, et le compartiment supérieur, à l'épuration. — B, Cloche annulaire qui se meut dans le compartiment supérieur. — C, Récipient à carbure, muni d'un regard R. — D, Distributeur du carbure. — G, Robinet distributeur de l'acétylène. — S, Soupape de vidange du compartiment A.

GAZ D'ÉCLAIRAGE

L'éclairage au gaz fut proposé pour la première fois, en 1785, par un ingénieur français, *Philippe Lebon* ; mais ce ne fut qu'en 1817 qu'il fut adopté en France. L'Angleterre l'avait introduit depuis 1805.

322. Composition. — Le gaz d'éclairage renferme :

50 pour cent de protocarbure d'hydrogène,
de 30 à 35 pour cent d'hydrogène,
de 7 à 8 pour cent d'oxyde de carbone.

(1) Le fonctionnement de ce générateur est très simple : le distributeur D est articulé à la cloche B de telle façon que le carbure est admis lorsque celle-ci arrive au bas de sa course ; le carbure tombe dans la masse d'eau

Il contient, en outre, un peu d'azote, des traces d'acide sulfhydrique ainsi que des vapeurs de sulfure de carbone et de divers carbures, dont on ne peut le débarrasser et qui lui donnent son odeur.

Le gaz d'éclairage renfermant une forte proportion d'hydrogène et de protocarbure d'hydrogène, possède la plupart des propriétés de ces deux gaz. Il brûle avec une flamme très éclairante et forme avec l'air un mélange détonant. Aussi est-il très dangereux d'entrer avec une bougie allumée dans un appartement où l'on craint qu'il n'y ait une fuite de gaz ; il faut, dans ce cas, établir un courant d'air avant d'y pénétrer.

323. Préparation. — Le gaz d'éclairage peut s'obtenir par la distillation de toutes les matières organiques contenant beaucoup de carbone et d'hydrogène,

Fig. 273. — *Distillation de la houille dans une pipe en terre.*

telles que les graisses, les huiles, etc.; mais on l'extrait habituellement de la houille, parce que cette matière, indépendamment du gaz, donne du *coke*, du *goudron*, des *sels ammoniacaux* et beaucoup d'autres produits commerciaux,

---

du compartiment inférieur; aussitôt le gaz se dégage, passe entre l'enveloppe et le cylindre central, se disperse sous un disque percé de petits trous et se lave en traversant l'eau du compartiment supérieur; il se rend ensuite sous la cloche B, laquelle, par son mouvement d'ascension, ferme le distributeur D.

quand l'appareil a épuisé sa provision de carbure, pour le mettre de nouveau en service, il faut : 1° Fermer le distributeur D en déclanchant son levier; 2° Ouvrir le tampon N, vidanger par la soupape S la chaux hydratée et la remplacer par de l'eau versée sur la cloche B, jusqu'à ce qu'elle coule par le tampon N, que l'on ferme; 3° Remplir de carbure le récipient C, par le tampon T, et enclancher le levier du distributeur D.

dont la valeur atteint presque celle de la houille employée. *Cent kilos* de houille donnent :

> *25 mèt. cubes de gaz,*
> *4 kilogr. 1/2 de goudron,*
> *1 hectol. 2/3 de coke.*

La distillation de la houille se fait dans de grandes *cornues* en fonte ou en terre réfractaire placées horizontalement dans un même foyer en maçonnerie (Fig. 274). Chacune d'elles est fermée par un obturateur en fonte et communique par un tube abducteur T avec un grand cylindre B, nommé *barillet*, placé au-dessus du foyer. Les cornues étant aux deux tiers remplies de houille, sont portées au rouge cerise; la houille qu'elles renferment se décompose et le gaz qui s'en dégage se rend dans une suite d'appareils servant à le purifier.

324. Epuration.—Le gaz, lorsqu'il se dégage de la houille, contient, en outre des corps cités plus haut, de *l'anhydride carbonique*, de *l'acide sulfhydrique*, de *l'ammoniaque*, de la *vapeur d'eau* et des *vapeurs* de *sulfure de carbone*, de *goudron*, de *sels ammoniacaux volatils*, etc. On le débarrasse de ces corps en lui faisant subir deux épurations successives : *l'épuration physique* et *l'épuration chimique*.

Epuration physique. — Le gaz arrive d'abord dans le barillet où, au contact de l'eau sans cesse renouvelée que celui-ci contient, il dépose les produits les moins volatils. Le gaz passe ensuite dans une série de tubes verticaux dont l'ensemble porte le nom de *jeu d'orgue;* là se condensent le goudron et les sels ammoniacaux qui ont échappé au barillet, ces produits se rassemblent dans la caisse V du jeu d'orgue et tombent dans la fosse à goudron. Le gaz traverse encore une double colonne de coke où s'achève l'épuration physique.

Epuration chimique. — Après sa sortie de la double colonne de coke, le gaz se rend dans de grandes caisses contenant des claies superposées; sur ces claies se trouve un

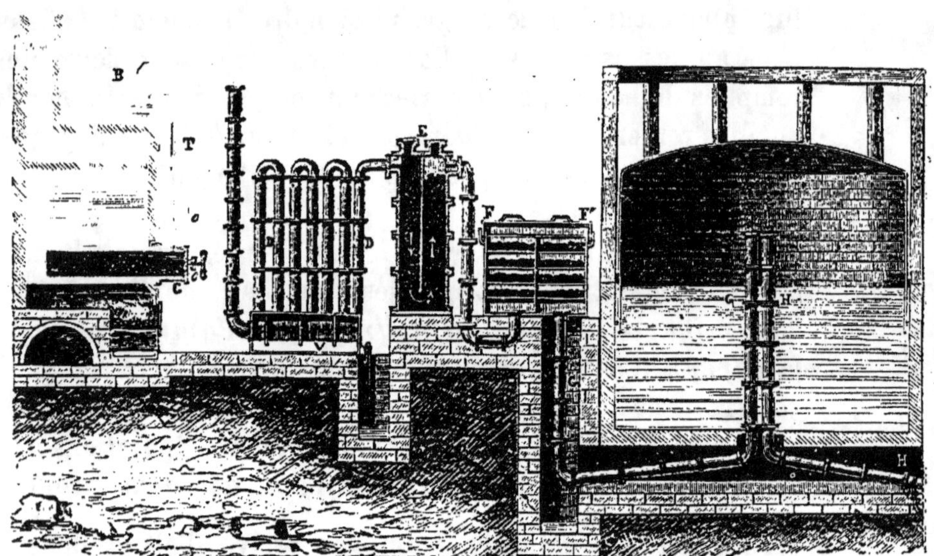

Fig. 274. — *Coupe des appareils d'une usine à gaz d'éclairage.*

mélange de *sulfate de calcium* et de *sesquioxyde de fer*, maintenu divisé par de la *sciure de bois*. La chaux du sulfate se combine à l'anhydride carbonique du gaz, et son acide sulfurique, à l'ammoniaque ; le sesquioxyde de fer absorbe l'acide sulfhydrique et se transforme en sulfure de fer.

Le gaz, aussi purifié que possible, se rend par le tuyau G dans une grande cloche en tôle, appelée *gasomètre*, où il s'accumule pour être ensuite distribué, par des tuyaux de conduite, aux différents becs de consommation.

325. Usages du gaz d'éclairage. — On utilise le gaz de la houille pour l'éclairage et le chauffage ; son usage pour le chauffage tend à se généraliser. Le gaz d'éclairage remplace très souvent l'hydrogène dans le chalumeau à gaz oxhydrique et pour le gonflement des aérostats. Depuis quelques années, on se sert beaucoup des *moteurs à gaz*. Dans ces appareils, la force motrice est produite par l'inflammation d'un mélange détonant formé par de l'air et du gaz d'éclairage en proportions convenables.

RÉSUMÉ

On trouve dans la nature un grand nombre de corps composés exclusivement de carbone et d'hydrogène qui tous brûlent avec une flamme éclairante, en produisant du gaz carbonique et de l'eau. Les uns sont solides, d'autres sont liquides et d'autres sont gazeux ; parmi ces derniers se trouvent le *formène*, l'*éthylène* et l'*acétylène*.

Le *formène*, appelé aussi *protocarbure d'hydrogène* et *gaz des marais*, est incolore, inodore et sans saveur. Il brûle au contact de l'air avec une flamme jaunâtre et forme avec l'oxygène un mélange qui détone violemment à l'approche d'une flamme. On peut en recueillir de la vase des marais, mais on le prépare généralement en chauffant un mélange d'*acétate de sodium* et de *chaux sodée*.

L'*éthylène*, que l'on appelle aussi *bicarbure d'hydrogène* et *gaz oléfiant*, est un gaz incolore, à odeur éthérée et sans saveur, qui brûle avec une flamme blanche très éclairante. Comme le formène, il forme avec l'oxygène un mélange qui détone violemment ; avec le chlore, il produit un liquide huileux connu sous le nom de *liqueur des Hollandais*. On le prépare en chauffant vers 180° un mélange d'*alcool* et d'*acide sulfurique*.

L'acétylène, découvert en 1836 par Davy, n'est bien connu que depuis 1894, date à laquelle M. Moissan a trouvé un moyen très facile de le préparer. C'est un gaz d'une odeur alliacée caractéristique, qui brûle avec une flamme extrêmement brillante, dont le pouvoir éclairant, à volume égal, est environ 15 fois celui du gaz ordinaire. L'acétylène forme aussi un mélange détonant lorsqu'il se trouve en présence de l'oxygène et d'un corps incandescent. On le prépare en faisant agir à froid de l'*eau* sur du *carbure de calcium*.

L'usage de l'acétylène pour l'éclairage domestique tend de plus en plus à se généraliser, à cause de son grand pouvoir éclairant, de la facilité de sa préparation et de son prix de revient inférieur à celui de tous les autres systèmes d'éclairage.

Le *gaz d'éclairage* renferme *50 pour cent de protocarbure d'hydrogène, de 30 à 35 pour cent d'hydrogène pur, de 7 à 8 pour cent d'oxyde de carbone*, un peu *d'azote* et quelques autres corps qui lui communiquent son odeur particulière.

Le gaz d'éclairage brûle avec une flamme très éclairante et forme avec l'air un mélange détonant. On l'extrait habituellement de la houille, qui, indépendamment du gaz, donne du *coke*, du *goudron*, des *sels ammoniacaux* et beaucoup d'autres produits industriels.

La distillation de la houille se fait dans de grandes *cornues* en fonte ou en terre réfractaire. Le gaz, en sortant de ces cornues, subit deux opérations successives : l'*épuration physique* et l'*épuration chimique*.

L'épuration physique se fait dans le *barillet*, le *jeu d'orgue* et la *double colonne de coke* ; l'épuration chimique s'effectue dans de grandes caisses où se trouve un mélange de *sulfate de chaux* et de *sesquioxyde de fer*, maintenu divisé par de la *sciure de bois*.

Le gaz produit par de la houille sert pour l'éclairage et le chauffage ; il est aussi utilisé pour le gonflement des ballons et pour actionner des moteurs mécaniques.

QUESTIONNAIRE

Qu'est-ce qui caractérise les différents carbures d'hydrogène que l'on trouve dans la nature ? — Quels sont les produits de leur combustion en présence de l'air ? — Quels sont les trois carbures d'hydrogène gazeux ? — Dites ce que vous savez sur les propriétés du formène. — Comment se fait sa préparation ? — Quelles sont les propriétés de l'éthylène ? — Comment le prépare-t-on ? — Par qui l'acétylène a-t-il été découvert ? — Quelles sont ses principales propriétés ? — Comment le prépare-t-on ? — Qui a trouvé le moyen actuel de le préparer ? — Quel usage en fait-on ? — Par qui le gaz d'éclairage a-t-il été proposé ? — En quelle année a-t-il été adopté en France ? — Quelle est sa composition ? — De quel corps extrait-on ordinairement le gaz d'éclairage ? — Comment se fait la distillation de la houille ? — Quelles sont les impuretés que renferme le gaz en sortant des cornues ? — Décrivez l'épuration physique. — L'épuration chimique. — Quels sont les usages du gaz d'éclairage ?

CHAPITRE VI

PHOSPHORE — CHLORE — ACIDE CHLORHYDRIQUE

PHOSPHORE

Poids atom. (1/2 vol.) : $P = 31$ Poids moléc. (2 vol.) : $P^2 = 124$

Le phosphore a été découvert en 1669, par Brandt.

326. Propriétés physiques. — Le phosphore est un corps solide à la température ordinaire, incolore, translucide, lumineux dans l'obscurité, assez mou pour être rayé avec l'ongle et d'une odeur qui rappelle celle de l'ail. Sa densité est *1,83*. Il fond à *44°* et bout à *290°*.

Complètement insoluble dans l'eau, le phosphore se dissout très bien dans le sulfure de carbone. Cette dissolution, lorsqu'elle est versée sur des corps facilement combustibles, a la propriété de les enflammer spontanément; car le sulfure de carbone s'évapore, et il reste à la surface de ces corps du phosphore extrêmement divisé, qui prend feu au contact de l'air. Conservé sous l'eau, le phosphore se couvre d'une poussière blanche formée par de très petits cristaux de phosphore.

Soumis à l'action directe des rayons solaires ou porté à une température de *240°*, en vase clos, il subit une modification moléculaire et prend une teinte rouge, qui lui a valu le nom de *phosphore rouge*. Le phosphore rouge n'a pas les mêmes propriétés physiques que le phosphore ordinaire : il est plus dense que celui-ci, n'est pas phosphorescent dans l'obscurité, ne fond qu'à *260°* et n'est pas soluble dans le sulfure de carbone. Le phosphore rouge n'est pas vénéneux tandis que le phosphore ordinaire est un poison très violent.

327. Propriétés chimiques. — Le phosphore a une très grande affinité pour l'oxygène. Il l'absorbe à la température ordinaire pour se combiner avec lui et former de l'*anhydride phosphoreux*.

Dans l'oxygène pur, il s'enflamme à la température de *30°*, dans l'air, il prend feu à *60°* et répand, en brûlant, d'abondantes fumées blanches, qui sont de l'*anhydride phosphorique*. La combustion du phosphore par l'oxygène peut s'obtenir même au sein de l'eau. Pour cela, on fait arriver ce gaz sur du phosphore placé dans de l'eau ayant une température de *50°*, et on voit de vives lueurs se produire dans le liquide.

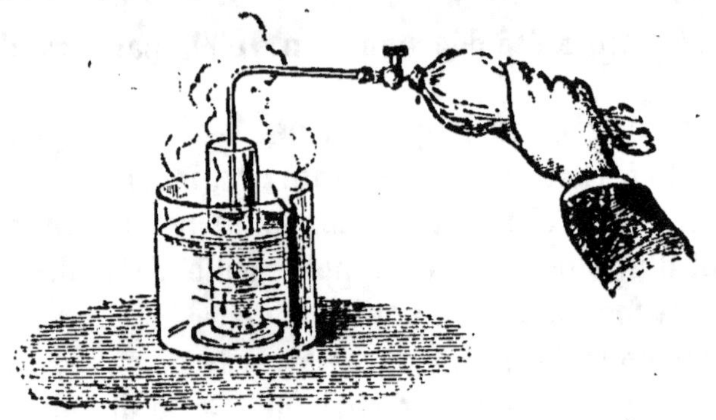

Fig. 275. — *Combustion du phosphore au sein de l'eau.*

L'affinité du phosphore pour l'oxygène est telle que l'on ne peut conserver ce corps que dans l'eau privée d'air. Le choc, le frottement, la chaleur des mains suffisent quelquefois pour l'enflammer quand il est sec. Aussi doit-on toujours le manier avec précaution. Il produit des brûlures très graves par suite de l'anhydride phosphorique qui se forme, corps très avide d'eau et qui désorganise les tissus pour s'emparer de celle qu'ils renferment. On traite ces brûlures en les lavant immédiatement avec une eau légèrement ammoniacale, et en y appliquant un mélange d'huile et de chaux pulvérisée.

Le phosphore prend feu spontanément dans le chlore et au contact de l'iode. Nous avons vu qu'il s'enflamme avec explosion dans l'acide azotique monohydraté; dans le brome l'action est bien plus énergique encore.

328. Etat naturel. — Préparation. — Le phosphore n'existe dans la nature qu'à l'état de *phosphate*. On le trouve à l'état de phosphate de chaux dans les os et dans certains terrains. L'urine, la substance nerveuse des mammifères, la laitance de beaucoup de poissons, les grains de quelques céréales contiennent aussi des phosphates.

Les os sont un mélange de matières organiques, graisse et osséine, et de matières minérales, parmi lesquelles domine le phosphate tribasique de calcium. Pour extraire le phosphore de ce phosphate tricalcique, on soumet d'abord les os à l'action prolongée de l'acide chlorhydrique ; cet acide transforme le phosphate tricalcique insoluble en phosphate monocalcique, qu'il dissout, et en chlorure de calcium également soluble, tandis qu'il n'attaque pas l'osséine.

$$(PO^4)^2Ca^3 \; + \; 4HCl \; = \; (PO^4)^2H^4Ca \; + \; 2CaCl^2$$

Phosphate tricalcique Acide chlorhydrique Phosphate monocalcique Chlorure de calcium

L'osséine est mise à part pour la fabrication de la colleforte, et un lait de chaux est ajouté à la dissolution précédemment obtenue. La chaux transforme le phosphate monocalcique soluble en phosphate bicalcique insoluble, qui se précipite et se sépare ainsi du chlorure de calcium.

$$(PO^4)^2H^4Ca \; + \; CaO,H^2O \; = \; (PO^4)^2H^2Ca^2 \; + \; 2H^2O$$

Phosphate monocalcique   Chaux   Phosphate bicalcique   Eau

Le précipité de phosphate bicalcique étant recueilli par décantation, on le traite par l'acide sulfurique, qui se combine avec son calcium, pour former du sulfate de calcium insoluble, et laisse l'acide phosphorique en liberté.

$$(PO^4)^2H^2Ca^2 \; + \; 2SO^4H^2 \; = \; 2SO^4Ca \; + \; 2PO^4H^3$$

Phosphate bicalcique   Acide sulfurique   Sulfate de calcium   Acide phosphorique

La dissolution d'acide phosphorique est ensuite séparée du sulfate de calcium précipité, puis concentrée par l'évaporation et mélangée avec du charbon de bois réduit en poudre, de manière à former une pâte consistante ; après avoir desséché cette pâte, on la porte au rouge blanc durant près de trois jours, dans des cornues en grès, et, sous l'influence de cette chaleur et du charbon, l'acide phosphorique se décompose en hydrogène, en oxyde de carbone et en vapeurs de phosphore ; ces dernières viennent se condenser dans des récipients remplis d'eau froide.

$$PO^4H^3 \;+\; C^4 \;=\; H^3 \;+\; 4CO \;+\; P$$

Acide phosphorique   Carbone   Hydrogène   Oxyde de carbone   Phosphore

On prépare annuellement en France plus de 60.000 kilog. de phosphore.

329. Usages du phosphore. — Le principal usage du phosphore est dans la fabrication des allumettes. Pour préparer les allumettes, on les soufre d'abord à une de leurs extrémités, puis on trempe la partie soufrée dans une pâte formée par un mélange de phosphore, de colle forte, d'eau, de sable fin et d'une matière colorante. On remplace quelquefois par de la stéarine le soufre qui, en brûlant, répand une odeur désagréable ; on ajoute alors un peu de chlorate de potasse à la pâte phosphorée afin d'en faciliter la combustion.

Les allumettes ainsi préparées s'enflamment facilement ; à cause de cette propriété, elles donnent très souvent lieu à des incendies ; de plus, elles peuvent être une cause d'empoisonnement. On peut remédier à ces inconvénients en remplaçant le phosphore ordinaire par le phosphore rouge, qui s'enflamme plus difficilement et qui n'est pas vénéneux.

330. Anhydride phosphorique, P^2O^5. — Le phosphore, en se combinant à l'oxygène, forme un corps qui se présente sous l'aspect d'une poudre brillante, neigeuse et qui a reçu le nom d'*anhydride phosphorique*. La propriété la plus intéressante de cet anhydre est son extrême avidité pour l'eau : lorsqu'on le jette dans ce liquide, il fait entendre un sifflement comme le ferait un fer rouge et se transforme immédiatement en *acide métaphosphorique*. On le prépare en faisant brûler du phosphore dans de l'air très sec : les fumées produites par la combustion se déposent peu à peu au fond de l'appareil, sous la forme d'une poudre blanche qui est de l'anhydride phosphorique. Son principal emploi est dans les laboratoires, où il sert à dessécher les gaz ; c'est le plus énergique de tous les déshydratants connus.

331. Acides phosphoriques. — Suivant qu'il se combine à une, deux ou trois molécules d'eau, l'anhydride phosphorique donne lieu à trois acides différents, qui sont :

$$L'acide\ métaphosphorique\ldots\quad P^2O^5 + H^2O = 2PO^3H$$
$$L'acide\ pyrophosphorique\ldots\quad P^2O^5 + 2H^2O = P^2O^7H^4$$
$$L'acide\ orthophosphorique\ldots\quad P^2O^5 + 3H^2O = 2PO^4H^3$$

Les deux premiers de ces acides sont des poudres blanches, d'apparence vitreuse, difficilement cristallisables et très solubles dans l'eau ; ils sont sans importance. *L'acide orthophosphorique* est *l'acide phosphorique ordinaire ;* il se présente sous la forme de prismes rhomboïdaux transparents très solubles dans l'eau, qui peut en dissoudre cinq fois son volume ; cette dissolution porte le nom *d'acide phosphorique liquide.* On prépare l'acide orthophosphorique ou acide phosphorique

Fig. 270. — *Préparation de l'anhydride phosphorique.*

trihydraté, en chauffant dans une cornue du phosphore rouge et de l'acide azotique légèrement étendu d'eau ; le phosphore s'oxyde en prenant une partie de l'oxygène de l'acide azotique et il en résulte de l'acide phosphorique, de l'oxyde d'azote et de l'eau.

$$P + 5AzO^3H = PO^4H^3 + 5AzO^2 + H^2O$$

Phosphore   Acide azotique   Acide orthophosphorique   Oxyde d'azote   Eau

L'acide orthophosphorique est un acide tribasique, car, ayant trois atomes d'hydrogène, il peut former avec un même métal trois sels différents, suivant qu'un, deux ou trois atomes d'hydrogène sont remplacés par un, deux ou trois atomes du métal. Ainsi, on a :

$$PO^4H^2K \qquad\qquad PO^4HK^2 \qquad\qquad PO^4K^3$$

Phosphate monopotassique   Phosphate bipotassique   Phosphate tripotassique

332. Phosphure d'hydrogène, PH^3. — Le phosphore, en se combinant avec l'hydrogène, donne naissance à un composé gazeux remarquable par la propriété qu'il possède de s'enflammer spontanément au contact de l'air. En brûlant, il

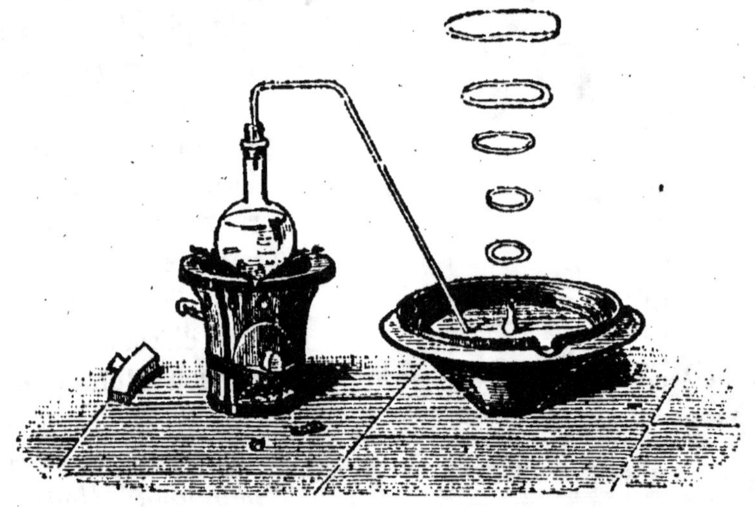

Fig. 277. — *Préparation du phosphure d'hydrogène.*

produit une fumée blanche disposée en couronnes qui vont en s'élargissant à mesure qu'elles montent dans l'atmosphère.

Ce composé, connu sous le nom de *phosphure d'hydro-*

gène, s'obtient en faisant bouillir dans un petit ballon une dissolution concentrée de potasse contenant quelques fragments de phosphore. On peut remplacer la dissolution de potasse par une dissolution de soude ou par de la chaux éteinte. Le tube abducteur ne doit être mis en place que lorsque le liquide est en ébullition et que le goulot du ballon se couvre de flammes phosphorescentes. Cette précaution est indispensable pour éviter toute explosion.

Lorsqu'on projette dans l'eau un morceau de *phosphure de calcium*, P'Ca, il se forme au sein du liquide des bulles gazeuses de phosphure d'hydrogène, qui viennent s'enflammer à la surface en faisant entendre une légère détonation. Ce gaz se forme aussi dans les lieux où sont enfouies des matières organiques contenant du phosphore. Ces matières, en se décomposant, produisent du phosphure d'hydrogène, qui s'échappe à travers les fissures du sol et donne lieu aux flammes que l'on désigne sous le nom de *feux follets*. Ces feux se voient particulièrement dans les marais et dans les cimetières humides.

CHLORE

Symbole = Cl. — Poids atom. (1 vol). = 35,50.

Le *chlore* a été découvert en 1774, par *Scheele*.

333. Propriétés physiques. — Le chlore est un gaz jaune verdâtre, d'une odeur suffocante et caractéristique. Il attaque vivement les voies respiratoires, produit une grande oppression, provoque la toux et peut même amener des crachements de sang. Sa densité est 2,45. L'eau en dissout 3 *fois* son volume ; saturée de sel marin, elle n'en dissout que la moitié de son volume. Ce gaz se liquéfie à 0° sous la pression de *4 atmosphères* et donne un liquide jaune foncé, bouillant à — *40°* et se solidifiant à — *50°*.

334. Propriétés chimiques. — Le chlore se combine

directement avec *tous les métalloïdes*, excepté l'oxygène, le carbone et l'azote. Il a une si grande affinité pour l'*hydrogène* que la lumière solaire suffit pour déterminer la combinaison de ces deux gaz. En effet, si après avoir rempli un flacon d'un mélange de volumes égaux d'hydrogène et de chlore préalablement desséchés, on l'expose au soleil, ces gaz se combinent brusquement et le flacon vole en éclats. L'expérience peut être faite sans danger de la manière suivante : on fait d'abord le mélange des gaz dans une demi-obscurité, et, après avoir recouvert le flacon d'un linge noir auquel on a fixé un cordon, on le place au soleil ; puis, s'étant mis à l'abri, on retire l'enveloppe au moyen du cordon et le mélange détone aussitôt. On peut également placer le flacon à l'ombre et, au moyen d'un miroir, diriger sur lui des rayons solaires. L'action de la lumière solaire

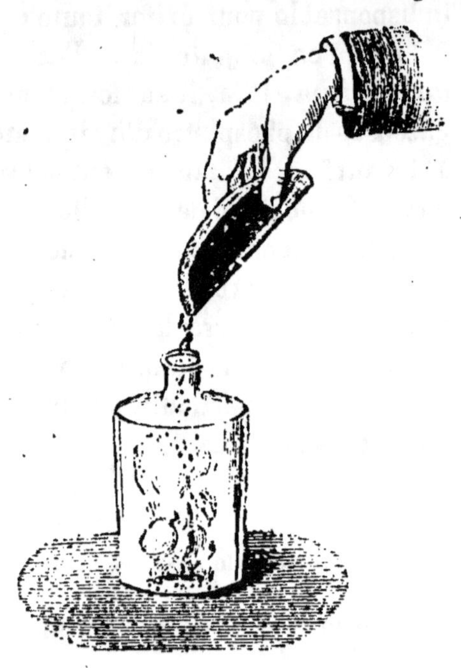

Fig. 278. — *Combustion de l'arsenic ou de l'antimoine dans le chlore.*

sur un mélange de chlore et d'hydrogène est tellement prompte, qu'un flacon rempli de ce mélange, jeté au soleil par une fenêtre, éclate avant d'arriver à terre.

Sous l'action de la lumière diffuse, le chlore et l'hydrogène se combinent lentement. Dans l'obscurité, ils ne se combinent pas.

Un morceau de *phosphore* introduit dans un flacon de chlore s'y enflamme immédiatement et brûle avec une flamme livide. L'*arsenic* en poudre projeté dans le chlore y prend feu également et produit des vapeurs de chlorure d'arsenic très dangereuses à respirer. Un jet de *gaz ammoniac* s'enflamme spontanément dans une atmosphère de chlore et y brûle avec une flamme blanche en produisant du chlorhydrate d'ammoniac.

Presque tous les métaux se combinent directement avec le chlore. Le *potassium* et le *sodium* s'enflamment dans ce gaz. Si dans un flacon de chlore on projette de l'*antimoine* en poudre, chaque parcelle de ce métal devient incandescente, et il se produit une pluie de feu accompagnée d'abondantes vapeurs de chlorure d'antimoine. Plongée dans le chlore, une spirale de *cuivre* y brûle comme une spirale de fer dans l'oxygène.

335. Pouvoir décolorant du chlore. — Toutes les matières colorantes d'origine organique sont détruites par le chlore. Tantôt ce gaz s'empare de leur hydrogène, tantôt il s'empare de celui de l'eau qu'elles renferment, alors l'oxygène de ce liquide se porte sur elles pour les oxyder. Dans les deux cas, les matières colorantes sont transformées en d'autres substances généralement incolores. Ainsi, si l'on fait arriver du chlore dans des dissolutions d'indigo, de carmin, de tournesol, etc., ces dissolutions sont rapidement décolorées. Une feuille de papier humectée et garnie d'écriture à l'encre ordinaire, plongée dans un flacon de chlore, en ressort presque aussi blanche que si elle n'avait jamais servi. L'encre de Chine et l'encre d'imprimerie, fabriquées avec du noir de fumée, ne sont pas attaquées par le chlore.

Ce gaz possède aussi un grand *pouvoir désinfectant ;* car il agit sur les matières putrides d'origine organique répandues dans l'air et les détruit en s'emparant de leur hydrogène.

336. État naturel. — Préparation. — Le chlore n'existe pas à l'état de liberté dans la nature ; mais on le trouve très abondamment en combinaison avec le sodium, avec lequel il forme le *chlorure de sodium* vulgairement appelé *sel marin*.

On peut extraire le chlore du sel marin, mais on préfère généralement le préparer en traitant le *bioxyde de manganèse* par *l'acide chlorydrique*. Voici l'équation qui représente la réaction qui se produit :

$$MnO^2 \quad + \quad 4HCl \quad = \quad Cl^2 + 2H^2O \quad + \quad MnCl^2$$

Bioxyde de manganèse   A. chlorhydrique   Chlore   Eau   Chlorure de manganèse

Pour faire cette préparation, on introduit dans un ballon environ *50 gr.* de bioxyde de manganèse et *150 gr.* d'acide chlorhydrique. On chauffe modérément et le dégagement du chlore commence aussitôt.

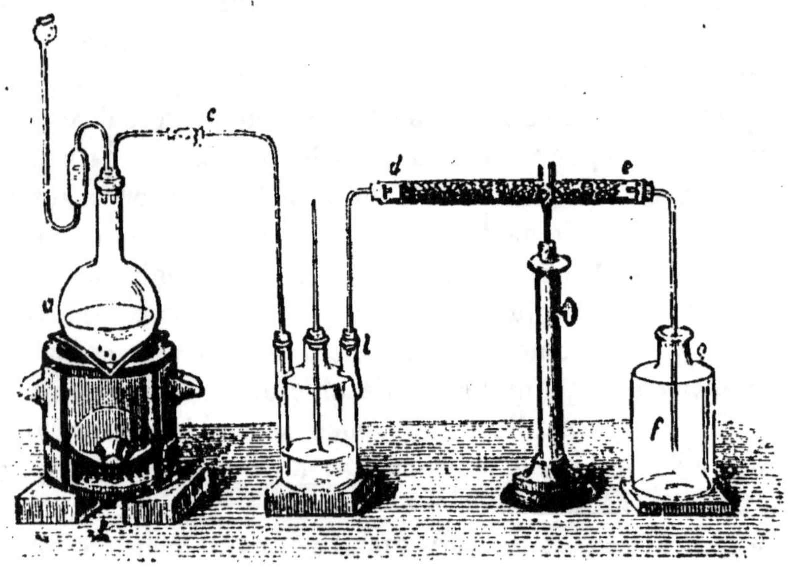

Fig. 270. — *Préparation du chlore.*

Le chlore se recueille habituellement sur de l'eau saturée de sel ; mais à cause de sa grande densité, on peut le recueillir par simple déplacement. A cet effet, on fait arriver le tube à dégagement au fond du flacon dans lequel on se propose de recevoir le chlore : ce gaz déplace l'air peu à peu et finit par remplir le flacon.

337. Usages du chlore. — Le chlore et un de ses composés, le *chlorure de chaux*, sont spécialement employés pour blanchir les étoffes d'origine végétale, telles que les tissus de lin, de coton et de chanvre. Avant l'emploi du chlore pour blanchir ces tissus, on les étendait sur des prairies et on les soumettait à l'action simultanée du soleil, de la rosée et du lavage. Il fallait beaucoup de temps pourque cette opération fût achevée; aujourd'hui, en vingt-quatre heures, à l'aide du chlore ou du chlorure de chaux, on blanchit plus de tissus qu'on en blanchissait en un mois par l'ancien procédé. Le chlore est aussi employé pour purifier les lieux infectés de miasmes putrides, tels que les salles d'hôpitaux et les fosses d'aisances.

ACIDE CHLORHYDRIQUE

Formule = HCl. — Poids moléc. (2 vol.) = 1 + 35,5 = 36,50.

L'*acide chlorhydrique* est formé par la combinaison de volumes égaux de *chlore* et d'*hydrogène*. Il est connu depuis très longtemps; les alchimistes le désignaient sous les noms d'*esprit de sel* et d'*acide muriatique*.

338. Propriétés physiques et chimiques. — L'acide chlorhydrique est un gaz incolore, d'une odeur forte et piquante; il irrite les bronches, provoque la toux et répand à l'air d'abondantes fumées blanches. Sa densité est *1,247*. L'eau en dissout près de *500 fois* son volume. Ce gaz se liquéfie à *15°* sous la pression de *40 atmosphères* ou à — *80°* sous la pression ordinaire, en produisant un liquide incolore, très mobile, qui se prend en une masse cristalline vers — *115°*.

L'acide chlorhydrique du commerce est une simple dissolution du gaz chlorhydrique dans l'eau; il contient environ *40 pour cent* d'acide réel. Il est un peu plus dense que l'eau et incolore quand il est pur. Ce liquide possède la plupart des propriétés de l'acide chlorhydrique gazeux.

L'acide chlorhydrique est un acide très énergique ; il est
incombustible et éteint les corps en ignition. Il attaque tous
les métaux, excepté
l'or et le platine : il
forme avec eux des
chlorures métalli-
ques et son hydro-
gène est mis en
liberté. Nous avons
vu que cette propriété
est utilisée pour la
préparation de l'hy-
drogène.

Le gaz chlorhydri-
que et le gaz ammo-
niac se combinent à
volumes égaux pour
former un corps so-

Fig. 280. — *Combinaison de l'acide
chlorhydrique avec l'ammoniaque.*

lide, le *chlorhydrate d'ammoniaque.* Pour constater la
production de ce corps, il suffit d'approcher l'un de l'autre
deux verres contenant le premier une dissolution d'ammoniaque, et le second une dissolution d'acide chlorhydrique ;
on voit aussitôt se former d'épaisses fumées blanches de
chlorhydrate d'ammoniaque.

339. Préparation. — On prépare l'acide chlorhydrique
en décomposant le *chlorure de sodium* par l'*acide sulfurique* ordinaire : l'eau de l'acide sulfurique est décomposée ;
son oxygène se combine avec le sodium pour former de la
soude, qui se combine à son tour avec l'acide sulfurique pour
produire du sulfate de soude ; l'hydrogène se porte sur le
chlore et forme avec lui de l'acide chlorhydrique, qui se
dégage.

$$NaCl + SO^4H^2 = HCl + SO^4NaH$$

Chlorure de sodium   Acide sulfurique   Acide chlorhydrique   Sulfate de sodium

Pour faire cette préparation, on introduit dans un ballon des poids égaux de sel marin et d'acide sulfurique, puis on chauffe modérément. Si l'on veut obtenir l'acide chlorhydrique gazeux, on le recueille sur le mercure ; pour avoir une dissolution de cet acide, on se sert de l'appareil de Woolf.

340. Usages de l'acide chlorhydrique. — A l'état de dissolution, l'acide chlorhydrique a de nombreuses applications. Il sert à la préparation de l'hydrogène de l'anhydride carbonique, du chlore et des différents chlorures. Mélangé avec le tiers de son poids d'acide azotique, il forme l'*eau régale*, ainsi nommée parce qu'elle a la propriété de dissoudre tous les métaux, même l'or, appelé autrefois le *roi des métaux*. L'acide chlorhydrique est aussi employé pour décaper les métaux, pour extraire la gélatine des os et pour approprier les murs des édifices noircis par le temps.

RÉSUMÉ

Le *phosphore* est un corps de la consistance de la cire ; il est incolore, translucide, lumineux dans l'obscurité et possède une odeur alliacée. Sa densité est *1,83*. Il fond à *44°* et bout à *290°*. Complètement insoluble dans l'eau, il se dissout très bien dans le sulfure de carbone. Exposé aux rayons directs du soleil ou à une température de *240°*, en vase clos, il se transforme en *phosphore rouge*, dont la plupart des propriétés sont différentes de celles du phosphore ordinaire.

Le phosphore est très avide d'oxygène. Il absorbe ce gaz à la température ordinaire. Dans l'oxygène pur, le phosphore s'enflamme à la température de *30°*, et dans l'air, à celle de *60°*. La combustion du phosphore par l'oxygène peut avoir lieu même au sein de l'eau.

On ne trouve le phosphore dans la nature qu'à l'état de *phosphate*. On l'extrait des os, qui le renferment à l'état de phosphate de chaux. Il sert principalement à la fabrication des allumettes chimiques.

En se combinant avec l'oxygène, le phosphore forme de l'*anhydride phosphorique* et trois acides phosphoriques différents, suivant la quantité d'eau qu'ils contiennent : l'acide *métaphosphorique*, l'acide *pyrophosphorique* et l'acide *ortophosphorique*.

Le phosphore, en se combinant avec l'hydrogène, forme un composé qui a la propriété de s'enflammer spontanément au contact de l'air; on le nomme *phosphure d'hydrogène*. C'est ce composé qui produit les *feux follets*.

Le *chlore* est un gaz jaune verdâtre d'une odeur suffocante. Sa densité est *2,45*. L'eau en dissout *3 fois* son volume. Il se liquéfie à *0°* sous la pression de *4 atmosphères*, et donne un liquide jaune foncé, bouillant à — *40°* et se solidifiant à — *50°*.

Le chlore se combine directement avec tous les métalloïdes excepté l'oxygène, le carbone et l'azote. La lumière solaire suffit pour le faire combiner brusquement avec l'*hydrogène*. Le *phosphore*, l'*arsenic* et l'*ammoniaque* s'enflamment spontanément dans le chlore. Presque tous les métaux se combinent directement avec lui; le *potassium*, le *sodium* et l'*antimoine* prennent feu dans ce gaz; le *cuivre* y brûle de la même manière que le fer brûle dans l'oxygène.

A cause de sa grande affinité pour l'hydrogène, le chlore détruit toutes les matières colorantes ainsi que les miasmes putrides d'origine organique.

On prépare le chlore en traitant le *bioxyde de manganèse* par l'*acide chlorhydrique*. Ce gaz est employé pour blanchir les étoffes d'origine végétale; on s'en sert aussi comme désinfectant.

L'*acide chlorhydrique*, formé par la combinaison de volumes égaux de *chlore* et d'*hydrogène*, est un gaz fumant à l'air, d'une odeur forte et piquante. Sa densité est *1,247*. L'eau en dissout près de *500 fois* son volume. Il se liquéfie à *0°* sous la pression de *40 atmosphères* ou à — *80°*, sous la pression ordinaire. L'acide chlorhydrique du commerce est une simple dissolution de ce gaz dans l'eau; il contient environ *40 pour cent* d'acide réel.

L'acide chlorhydrique est un acide énergique. Presque sans action sur les métalloïdes, il attaque tous les métaux excepté l'or et le platine.

On le prépare en traitant le *sel marin* par l'*acide sulfurique* ordinaire. A l'état de dissolution, il a de nombreux usages.

QUESTIONNAIRE

En quelle année et par qui le phosphore a-t-il été découvert? — Quelles sont les propriétés physiques du phosphore? — Ses propriétés chimiques? — Comment traite-t-on les brûlures faites par le phosphore? — Comment le phosphore se trouve-t-il à l'état naturel? — Décrivez sa préparation. — Quel est le principal usage du phosphore? — Comment fabrique-t-on les allumettes? — Quels sont les inconvénients que présentent les allumettes et comment y remédie-t-on? — Nommez les différents acides phosphoriques. — Que savez-vous sur le phosphure d'hydrogène? — En quelle année et par qui le chlore a-t-il été découvert? — Quelles sont les propriétés physiques du chlore? — Ses propriétés chimiques? — Dites ce que vous savez sur son pouvoir décolorant. — Comment le chlore se trouve-t-il à l'état naturel?

— Décrivez sa préparation. — Quels sont ses usages? — Quelle est la composition de l'acide chlorhydrique? — Quelles sont ses propriétés physiques? — Ses propriétés chimiques? — Comment le prépare-t-on? — Quels sont ses usages?

CHAPITRE VII

PROPRIÉTÉS GÉNÉRALES DES MÉTAUX. — ALLIAGES. — POTASSIUM. — SODIUM.

341. Propriétés générales des métaux. — Les *métaux* sont des corps opaques, doués, lorsqu'ils sont polis, d'un éclat particulier appelé *éclat métallique*. Ils conduisent bien la chaleur et l'électricité, et, en outre, possèdent, pour la plupart, certaines propriétés physiques qui leur sont communes. Ces propriétés sont la *densité*, la *ductilité*, la *dureté*, la *malléabilité*, et la *ténacité*.

Densité. — Tous les métaux, excepté le potassium, le sodium et le lithium, sont plus denses que l'eau. Les métaux usuels ont une densité variant entre 7 et 9; l'or a pour densité *19, 25*; la platine, *21,5* et l'iridium *22, 4*.

Ductilité. — La *ductilité* est la propriété que possèdent les métaux de se laisser étirer, au moyen de la *filière*, en fils plus ou moins fins. La filière est une plaque d'acier percée de trous de diamètres de plus en plus petits par lesquels on fait passer les fils métalliques. L'or est le métal le plus ductile; après lui se placent l'argent, le platine, l'aluminium, le fer, le cuivre, le zinc, l'étain et le plomb.

Dureté. — La *dureté* est la résistance que présentent les métaux quand on essaye de les rayer. La dureté des métaux est très variable : le potassium, le sodium et le plomb peuvent être rayés avec l'ongle; le zinc, l'étain, le cuivre, le platine, l'or et l'argent ont une dureté moyenne; le fer, le chrome et le manganèse sont très durs.

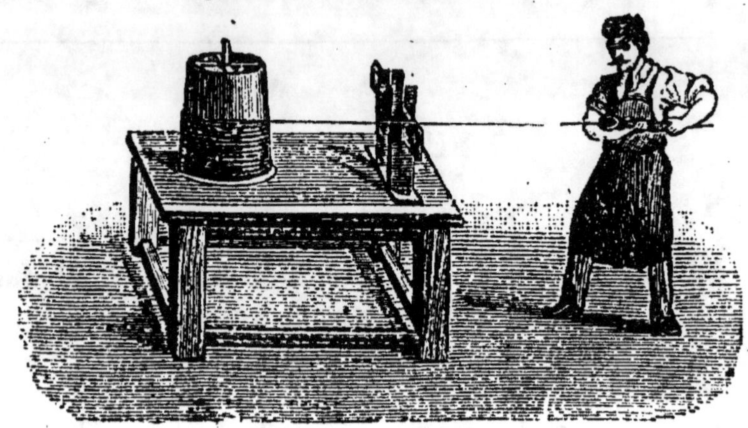

Fig. 281. — *Filière*.

Malléabilité. — La *malléabilité* est la propriété dont jouissent les métaux de pouvoir être réduits en lames minces par l'action du marteau ou du *laminoir*.

Le laminoir se compose de deux cylindres de fonte ou d'acier que l'on peut rapprocher à volonté, et qui tournent en sens contraire. L'or est le plus malléable de tous les métaux;

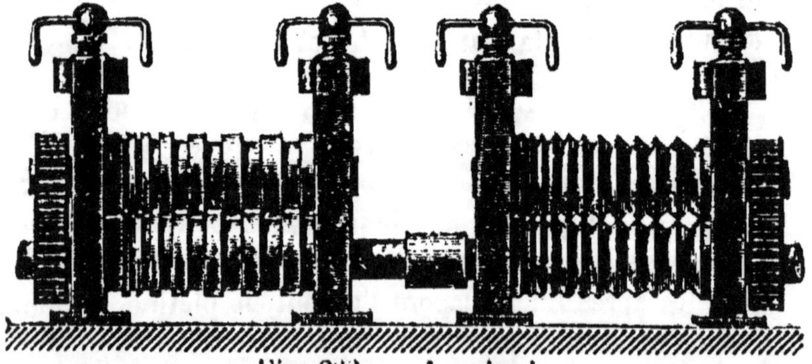

Fig. 282. — *Laminoir*.

après lui viennent l'argent, l'aluminium, le cuivre, l'étain, le plomb, le zinc et le fer.

Ténacité. — La *ténacité* est la résistance que les fils

métalliques opposent à la rupture, lorsqu'ils sont soumis à des tractions exercées dans le sens de leur longueur. Le fer est le métal le plus tenace ; après lui se rangent, par ordre décroissant de ténacité, le cuivre, le platine, l'argent, le zinc, l'étain et le plomb.

ALLIAGES

On désigne sous le nom d'*alliage* la combinaison ou le simple mélange de plusieurs métaux. Lorsqu'un des métaux est le mercure, l'alliage prend le nom d'*amalgame*.

342. Propriétés des alliages. — Peu de métaux sont employés seuls, car la plupart d'entre eux ne possèdent pas l'ensemble des qualités exigées pour les usages auxquels on les destine. Ainsi l'or et l'argent purs ne sont pas assez durs pour constituer à eux seuls les pièces monétaires et les objets d'orfèvrerie ; on leur donne la dureté nécessaire en y ajoutant un peu de cuivre. Aucun métal isolé n'est assez *fusible*, assez *dur* et assez *résistant* pour servir à la fabrication des caractères d'imprimerie ; mais un alliage de *80 parties de plomb* et de *20 parties d'antimoine* possède toutes les qualités exigées pour cet usage.

Les principaux caractères des alliages sont généralement semblables à ceux des métaux qui entrent dans leur composition ; cependant ils s'en distinguent par des propriétés spéciales sur lesquelles reposent leurs applications. Ces propriétés sont la *fusibilité*, la *dureté* et la *densité*.

Fusibilité. — Les alliages sont toujours plus fusibles que le moins fusible des métaux qui les constituent, et souvent même ils sont plus fusibles que chacun d'eux en particulier. En effet, le plomb fond à 335° et l'étain à 228°, or, un alliage formé d'une partie de plomb et de deux parties d'étain fond à 196°. Cinq parties de plomb, trois parties d'étain et huit parties de bismuth forment l'*alliage Darcet*, qui est fusible à la température de *94°*. Le potassium et le sodium forment un alliage *liquide à la température ordinaire.*

Dureté. — Les alliages sont généralement plus durs et plus cassants que ne l'est chacun des métaux qui les forment. Ainsi, le bronze des canons est bien plus dur que chacun de ses éléments constitutifs, le cuivre et l'étain.

Densité. — La densité des alliages est tantôt plus forte et tantôt plus faible que la densité moyenne des métaux qui entrent dans leur composition. Les métaux qui ont beaucoup d'affinité entre eux constituent des alliages dont la densité est plus grande que la moyenne des densités de leurs éléments constitutifs. Le contraire a lieu pour les alliages formés par les métaux ayant peu d'affinité.

PRINCIPAUX ALLIAGES

Monnaies d'or...	or... 900 part.	Monnaies de bronze.	cuiv... 95 part.
	cuiv.. 100 —		étain.. 4 —
			zinc... 1 —
Bijoux d'or 1ᵉʳ titre	or.... 920 —	Bronze des canons	cuiv... 90 —
	cuiv.. 80 —		étain.. 10 —
— 2ᵉ titre	or.... 840 —	Bronze des cloches.	cuiv... 78 —
	cuiv.. 160 —		étain.. 22 —
— 3ᵉ titre	or.. . 750 —	Laiton.... ...	cuiv... 65 —
	cuiv.. 250 —		zinc... 35 —
Monnaies d'arg. pièces de 5 fr.	arg... 900 —	Maillechort...	cuiv... 50 —
	cuiv.. 100 —		zinc... 25 —
Pièces division- naires.	arg... 835 —		nickel . 25 —
	cuiv.. 165 —	Soudure des plombiers.	plomb. 60 —
Bijoux d'arg...	arg... 800 —		étain.. 35 —
	cuiv.. 200 —		

POTASSIUM

Symbole = K. — Poids atomique = 39.

343. Propriétés physiques et chimiques. — Le *potassium* est un métal qui a la consistance de la cire. Sa densité est 0,865 et son point de fusion 62°,5.

De tous les métaux, le potassium est le plus avide d'oxygène; il est le seul qui s'oxyde dans l'air sec à la température ordinaire. Fraîchement coupé, il a l'éclat de l'argent, mais il ne tarde pas à se ternir au contact de l'air et à se couvrir d'une couche de potasse. On ne peut le conserver que dans les liquides qui, comme l'*huile de naphte*, ne renferment pas d'oxygène dans leur composition.

L'avidité du potassium pour l'oxygène est si grande, qu'un fragment de ce métal projeté dans l'eau la décompose pour s'emparer de ce gaz. La chaleur dégagée par la combinaison est suffisante pour enflammer l'hydrogène mis en liberté ; aussi voit-on le potassium s'entourer d'une belle flamme purpurine et courir dans tous les sens à la surface du liquide. Le fragment de potassium diminue peu à peu de volume et bientôt il ne reste plus qu'un petit globule de potasse très chaud, qui éclate en produisant une légère explosion.

Fig. 283. — *Action du potassium sur l'eau.*

Le potassium s'obtient en décomposant la *potasse caustique* par le *fer* porté au rouge, ou en décomposant le *carbonate de potassium* par le *charbon* porté à une haute température. Ce métal n'a pas d'usages ; il n'est utile que par les composés qu'il forme. Les principaux de ces composés sont la *potasse caustique*, le *carbonate de potassium* et l'*azotate de potassium.*

344. Potasse caustique, KOH. — La *potasse caustique* n'est autre chose que l'*oxyde de potassium hydraté.*

$$K^2O \quad + \quad H^2O \quad = \quad K^2O,H^2O \text{ ou } 2KOH$$

Oxyde de potassium   Eau   Potasse.

C'est une base très énergique, qui se présente sous la forme d'une matière solide, blanche, onctueuse au toucher. Elle est très déliquescente : exposée à l'air, elle en absorbe rapidement l'humidité et se liquéfie, puis se combine peu à peu avec l'anhydride carbonique de l'atmosphère pour se convertir en carbonate de potassium.

La potasse est très soluble dans l'eau ; sa dissolution concentrée est extrêmement corrosive : aucune matière organique ne lui résiste. A l'état solide, la potasse constitue la *pierre à cautère*, employée par les médecins pour cautériser les chairs. Mélangée avec son poids de chaux vive et délayée dans un peu d'alcool, elle forme la *pâte de Vienne*, dont se servent très souvent les chirurgiens.

On prépare la potasse caustique en décomposant par la *chaux* le *carbonate de potassium* dissous dans *dix fois* son poids d'eau.

$$CO^3K^2 \quad + \quad CaO,H^2O \; = \; 2KOH \quad + \quad CO^3Ca$$

Carbonate de potassium	Chaux hydratée	Potasse	Carbonate de calcium

345. Carbonate de potassium, CO^3K^2. — Le *carbonate de potassium* est un sel qui, dans le commerce, est désigné par le seul nom de *potasse*. On l'extrait des cendres de bois. Les végétaux renferment abondamment de la potasse combinée avec des acides organiques. Lorsqu'on brûle les végétaux, ces acides organiques se décomposent et se transforment en anhydride carbonique. Cet anhydride se combine avec la potasse pour former du carbonate de potassium, qui reste mélangé avec les cendres. Il suffit donc de soumettre les cendres de bois à un lavage méthodique, et de faire évaporer le liquide qui a servi à cette opération, pour obtenir un résidu contenant beaucoup de carbonate de potassium. Ce résidu, nommé *salin*, soumis à une énergique calcination, qui lui fait perdre une bonne partie de ses impuretés, constitue la potasse du commerce.

On extrait encore une quantité considérable de carbonate

de potassium des *résidus des mélasses fermentées* et du *suint* obtenu par le dégraissage des laines.

Le carbonate de potassium a de nombreux usages. On l'emploie principalement pour la fabrication du verre blanc, du savon mou, de l'alun et du salpêtre ; on s'en sert aussi pour le dégraissage du linge. Les cendres de bois sont employées dans la lessive à cause du carbonate de potassium qu'elles renferment.

346. Azotate de potassium, AzO^3K. — *L'azotate de potassium* est vulgairement connu sous le nom de *salpêtre*. C'est un sel blanc qui cristallise en longs prismes hexagonaux. Il a une saveur fraîche et piquante. Sa solubilité est bien plus grande à chaud qu'à froid. L'azotate de potassium est un oxydant énergique : projeté sur des charbons incandescents, il en active la combustion en leur cédant de son oxygène et brûle lui-même avec une vive lumière.

Le salpêtre est assez abondant dans la nature. Dans les pays chauds, il apparaît à la surface du sol sous la forme d'efflorescences blanches qui ont l'apparence d'une légère couche de neige. Le salpêtre forme aussi les efflorescences qui tapissent les vieux murs, les voûtes des caves et les débris de démolitions. On le prépare ordinairement en traitant l'*azotate de sodium* par le *chlorure de potassium*.

$$AzO^3Na \;+\; KCl \;=\; AzO^3K \;+\; NaCl$$

Azotate de sodium Chlorure de potassium Azotate de potassium Chlorure de sodium

L'azotate de potassium a quelques usages en médecine et dans l'industrie ; mais il sert surtout pour la confection de certaines pièces d'artifice et pour la fabrication de la *poudre*.

347. Poudre. — La *poudre* est un mélange intime de *salpêtre*, de *soufre* et de *charbon*. Dans la poudre, le soufre facilite l'inflammation et le salpêtre fournit de l'oxygène au charbon, qui, en brûlant, produit un volume considérable de gaz ; *100 gr.* de poudre dégagent *33 litres* de gaz, mesurés

à *0°* et sous la pression de *0,760*; la combustion de la poudre
en vase clos produit une température d'environ *2000°* ; à
cette température, les gaz dégagés acquièrent une force
expansive énorme, qui est utilisée pour lancer des projectiles
ou pour briser les matières les plus dures.

La poudre s'enflamme à la température de *300°* ou sous
l'action d'une étincelle électrique ou encore par l'explosion
d'une capsule de fulminate de mercure. On distingue trois
espèces de poudre : la *poudre de guerre*, la *poudre de
chasse* et la *poudre de mine*. Elles ont la composition suivante :

POUDRE DE GUERRE	POUDRE DE CHASSE	POUDRE DE MINE
Salpêtre..... 75	Salpêtre...... 78	Salpêtre....... 62
Charbon..... 12,5	Charbon..... 12	Charbon....... 18
Soufre 12,5	Soufre........ 10	Soufre......... 20

Pour fabriquer la poudre, on emploie du salpêtre très pur,
du soufre pulvérisé et du charbon obtenu en calcinant du bois
de bourdaine en vase clos. Afin de rendre leur mélange aussi
intime que possible, on humecte ces trois substances avec de
l'eau et on les pulvérise pendant une douzaine d'heures dans
des mortiers en bois. La pâte qu'elles forment est ensuite
desséchée dans des étuves, puis réduite en petits grains
dont la grosseur varie suivant les usages auxquels on destine
la poudre.

Les feux colorés des artificiers résultent de la combustion
de mélanges où entrent quelques-uns des éléments de la
poudre et divers corps destinés à colorer la flamme.

SODIUM

Symbole = Na. — Poids atomique = 23.

348. Propriétés. — Le *sodium* est un métal qui ressemble beaucoup au potassium. Il est mou, malléable et
possède l'éclat de l'argent quand il est fraîchement coupé
Sa densité est *0,97* et son point de fusion 95°.

L'air sec n'a pas d'action sur le sodium à la température ordinaire, mais l'air humide l'oxyde rapidement. On le conserve dans l'huile de naphte. Comme le potassium, ce métal décompose l'eau à froid pour se combiner avec son oxygène ; mais la combinaison ne dégage pas assez de chaleur pour enflammer l'hydrogène libre. On peut cependant déterminer cette inflammation en employant de l'eau gommeuse dont la viscosité s'oppose au déplacement du sodium à la surface du liquide.

Le sodium s'obtient en décomposant la *soude caustique* par le *fer* chauffé au rouge ou en décomposant le *carbonate de sodium* par le *charbon*. Ce métal est surtout utile par ses composés, dont les principaux sont la *soude caustique*, le *carbonate de sodium* et le *chlorure de sodium*.

349. Soude caustique, NaOH. — La *soude caustique* est de l'oxyde de sodium hydraté. Elle a exactement les mêmes propriétés que la potasse caustique. On la prépare en décomposant par la *chaux* le *carbonate de sodium* dissous dans l'eau. Voici l'équation qui représente la réaction qui se produit :

$$CO^3Na^2 \ + \ CaO,H^2O \ = \ 2NaOH \ + \ CO^3Ca$$

Carbonate de sodium	Chaux hydratée	Soude	Carbonate de calcium

350. Carbonate de sodium, CO^3Na^2. — Dans le commerce, on désigne sous le nom de *soudes* des *carbonates de sodium* plus ou moins impurs. On divise les soudes en *soudes naturelles* et en *soudes artificielles*.

Soudes naturelles. — Pendant longtemps, on a extrait le carbonate de sodium exclusivement des cendres produites par l'incinération des végétaux qui, comme les *barilles*, les *salicors* et les *salsolas*, croissent au bord de la mer. Ces plantes absorbent par leurs racines le chlorure de sodium dont le sol est imprégné, et le transforment partiellement en sels organiques à base de soude. Lorsqu'on fait brûler ces végétaux, leurs sels organiques se convertissent en carbonate de sodium, qui reste mêlé avec les cendres et d'où on l'extrait par des lavages successifs, comme on le fait pour le carbonate de potassium.

Soudes artificielles. — On obtient actuellement la plus grande partie du carbonate de sodium par le *procédé Leblanc.* Ce procédé consiste à chauffer fortement, dans des fours à réverbère, un mélange de *sulfate de sodium,* de *carbonate*

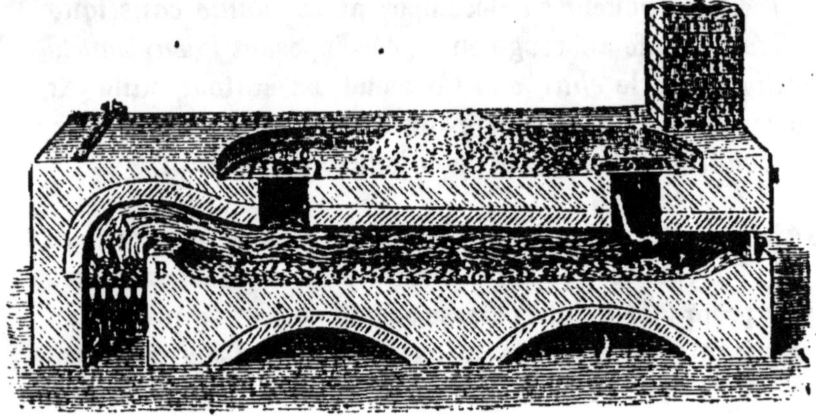

Fig. 234. — *Four à réverbère pour la fabrication de la soude.*

de calcium et de *charbon.* Les deux sels échangent leurs bases ; il se forme du carbonate de sodium et du sulfate de calcium.

$$SO^4Na^2 \ + \ CO^3Ca \ = \ CO^3Na^2 \ + \ SO^4Ca$$

Sulfate de sodium   Carbonate de calcium   Carbonate de sodium   Sulfate de calcium

Mais ce dernier corps est lui-même décomposé par le charbon à mesure qu'il se produit. Il en résulte de l'anhydride carbonique, qui se dégage, et du sulfure de calcium, qui reste mêlé avec le carbonate de sodium.

$$SO^4Ca \ + \ 2C \ = \ CaS \ + \ 2CO^2$$

Sulfate de calcium   Carbone   Sulfure de calcium   Anhydride carbonique

L'opération est terminée quand il ne se dégage plus de gaz carbonique ; alors on retire du four la masse fondue et on la laisse refroidir. Cette masse constitue la *soude brute*, que l'on utilise directement pour la fabrication du verre à bouteille et des savons ordinaires, dits *savons de Marseille*.

La soude brute, soumise à un lavage méthodique, donne une dissolution qui, par l'évaporation, laisse déposer du carbonate de sodium cristallisé en prismes obliques. Ces cristaux de soude, désignés bien souvent par le seul nom de *cristaux*, sont employés pour le dégraissage du linge ainsi que pour la fabrication du verre blanc et des savons de toilette.

351. Chlorure de sodium, NaCl. — Le *chlorure de sodium* ou *sel marin* est un corps solide, blanc, d'une saveur agréable et caractéristique. Sa solubilité varie peu avec la température ; un litre d'eau dissout environ *370 gr.* de sel. Il cristallise en petits cubes qui se superposent de manière à former des pyramides creuses à quatre faces nommées *trémies*.

Le chlorure de sodium est très abondant dans la nature ; les eaux de la mer en contiennent environ *27 gr.* par litre ; de plus, il forme dans le sol des amas considérables, d'où on le retire sous le nom de *sel gemme*. On se procure le chlorure de sodium soit en exploitant les mines de sel gemme, soit en faisant évaporer les eaux de la mer et celles des sources salées.

Quand le sel gemme est pur, on l'extrait directement de la mine, et, après l'avoir pulvérisé, on le livre au commerce, comme cela se pratique à Vieliczka, en Pologne, et à Cordoue, en Espagne.

En Bavière, en Wurtemberg et en Souabe, il se trouve des mines où le sel gemme est mêlé avec des matières terreuses. Dans ces mines, on pratique des trous de sonde dans lesquels on établit des pompes aspirantes. Entre le tuyau d'aspiration de chaque pompe et les parois du trou de sonde, on fait arriver de l'eau douce ; cette eau dissout le sel, et à mesure qu'elle se sature, devenant plus dense, elle descend au fond du trou de sonde, la pompe aspirante l'en retire et la conduit dans des chaudières, où une rapide évaporation lui fait déposer le sel qu'elle a dissous.

Pour extraire le sel des eaux de la mer, on fait arriver ces eaux dans une série de vastes bassins peu profonds, creusés

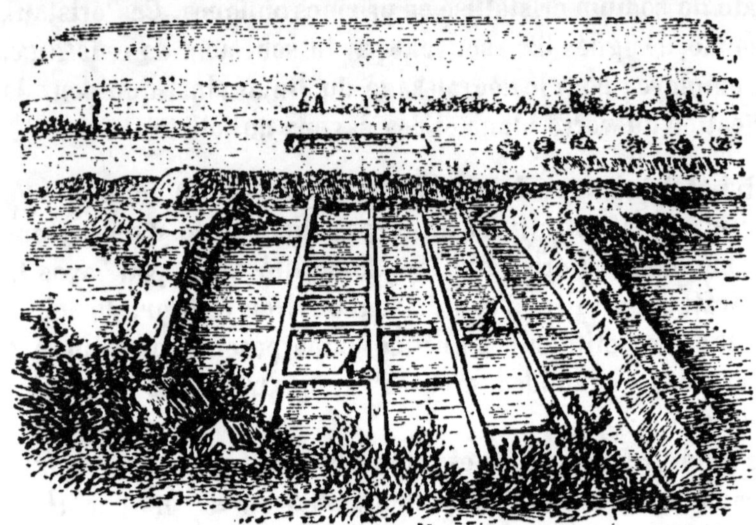

Fig. 285. — *Marais salants.*

sur le littoral et rendues imperméables au moyen d'une couche d'argile. Ces bassins, appelés *marais salants*, sont divisés en un grand nombre de compartiments communiquant entre eux. Dans les premiers compartiments, les eaux se clarifient tout en s'évaporant ; dans les suivants, elles se concentrent de plus en plus et dans les derniers, elles laissent déposer le sel qu'elles tiennent en dissolution. On retire avec des râteaux le sel déposé, et, après l'avoir fait égoutter, on le livre au commerce. Les marais salants sont abondants sur les côtes de France ; ils ne donnent pas moins de *trois millions de quintaux* de sel chaque année.

Le chlorure de sodium sert à assaisonner les aliments et à les conserver. On l'emploie aussi pour amender certains terrains, pour vernir les poteries communes et pour préparer un grand nombre de produits chimiques, tels que le chlore, l'acide chlorhydrique, le sulfate de sodium, le sel ammoniac, etc.

RÉSUMÉ

Les *métaux* sont des corps doués d'un éclat particulier, appelé *éclat métallique*. Ils conduisent bien la chaleur et l'électricité et possèdent, en outre, certaines propriétés physiques qui leur sont communes, telles que la *densité*, la *ductilité*, la *dureté*, la *malléabilité* et la *ténacité*.

On désigne sous le nom d'*alliage* la combinaison ou le simple mélange de plusieurs métaux. Les alliages se distinguent des métaux qui les composent, par des propriétés spéciales sur lesquelles reposent leurs applications. Ces propriétés sont principalement la *fusibilité*, la *dureté* et la *densité*.

Le *potassium* est un métal qui a la consistance de la cire et lorsqu'il est fraîchement coupé, a l'éclat de l'argent. Sa densité est *0,865* et son point de fusion *62°*. De tous les métaux, le potassium est le plus avide d'oxygène. Il décompose l'eau à froid pour s'emparer de ce gaz, et la chaleur de la combinaison est suffisante pour enflammer l'hydrogène mis en liberté. Les principaux composés du potassium sont la *potasse caustique*, le *carbonate de potassium* et l'*azotate de potassium*.

La potasse caustique est de l'*oxyde de potassium hydraté*. C'est une base énergique qui se présente sous la forme d'une matière solide, blanche, onctueuse au toucher, très déliquescente et très corrosive.

Le *carbonate de potassium* est désigné dans le commerce par le seul nom de *potasse*. C'est un sel blanc, déliquescent, que l'on extrait des *cendres de bois*, des *résidu... les mélasses fermentées* et du *suint* obtenu par le dégraissage des laines. Il sert principalement pour la fabrication du verre blanc, du savon mou, de l'alun et du salpêtre. On l'emploie aussi pour le lessivage du linge.

L'*azotate de potassium* ou *salpêtre*, est un sel qui se décompose facilement sous l'action de la chaleur. Projeté sur des charbons incandescents, il fuse et en active la combustion en leur cédant de son oxygène. L'azotate de potassium est surtout employé pour la fabrication de la *poudre* et de certains *mélanges pyrotechniques*.

La *poudre* est un mélange intime de *salpêtre*, de *soufre* et de *charbon*. Dans la poudre, le soufre facilite l'inflammation, et le salpêtre fournit de l'oxygène au charbon qui, en brûlant, produit un volume considérable de gaz. Ce gaz porté à une haute température par la combustion de la poudre, possède une force expansive énorme, qui est utilisée soit pour lancer des projectiles, soit pour briser des rochers.

Le *sodium* est un métal qui ressemble beaucoup au potassium. Sa densité est *0,97* et son point de fusion *95°*. Il décompose l'eau à froid pour s'emparer de son oxygène ; mais la chaleur de la combinaison n'enflamme pas l'hydrogène mis en liberté. Les principaux composés du sodium sont la *soude caustique*, le *carbonate de sodium* et le *chlorure de sodium*.

La *soude caustique* a la plus grande analogie avec la potasse caustique.

Dans le commerce, on désigne sous le nom de *soude* un *carbonate de soude* plus ou moins impur. On extrait ce corps des cendres obtenues par l'incinération des plantes marines ; on le prépare aussi par le *procédé Leblanc*, qui consiste à décomposer le *sulfate de sodium* par le *carbonate de calcium* et le *charbon*. Le carbonate de soude est employé pour la fabrication du verre ordinaire et des savons dits *savons de Marseille* ; sous le nom de *cristaux*, il sert aussi pour le dégraissage du linge.

Le *chlorure de sodium* ou *sel marin* est un corps solide, blanc, doué d'une saveur agréable et caractéristique. Il se trouve très abondamment en dissolution dans les eaux de la mer ; dans le sol, il forme des amas considérables, d'où on l'extrait sous le nom de *sel gemme*. On retire aussi le chlorure de sodium des eaux de la mer, en faisant évaporer ces eaux dans de vastes bassins ou *marais salants* creusés sur le littoral.

Le chlorure de sodium est employé pour assaisonner nos aliments, et pour préparer un grand nombre de produits chimiques.

QUESTIONNAIRE

Quelles sont les propriétés physiques qui sont communes à la plupart des métaux ? — Définissez ces propriétés. — Qu'entend-on par alliage ? — Quelles sont les propriétés des alliages ? — Nommez les principaux alliages et indiquez leur composition. — Quelles sont les propriétés du potassium ? — Nommez les principaux composés du potassium. — Dites ce que vous savez sur la potasse caustique. — Sur le carbonate de potassium. — Sur l'azotate de potassium. — Sur la poudre. — Quelles sont les propriétés du sodium ? — Quels sont les principaux composés du sodium ? — Dites ce que vous savez sur la soude caustique. — Sur le carbonate de sodium. — Sur le chlorure de sodium.

CHAPITRE VIII

CALCIUM. — ALUMINIUM. — FER

CALCIUM

Symbole = Ca. — Poids atomique = 40.

352. Propriétés du calcium. — Le *calcium* est un métal jaune, très brillant, mais qui se ternit facilement à l'air humide et qui se convertit peu à peu en hydrate et en carbonate de calcium. Sa densité est *1,55*. Il fond au rouge sombre et brûle avec une flamme blanche d'un éclat extraordinaire. Les principaux composés du calcium sont la *chaux*, le *carbonate de calcium*, le *sulfate*, le *phosphate* et le *chlorure de calcium*.

353. Chaux, CaO. — La *chaux* est l'oxyde du calcium. Lorsqu'elle est fraîchement préparée, elle est anhydre et porte le nom de *chaux vive*. La chaux vive est une substance très caustique, indécomposable par la chaleur et infusible aux plus hautes températures. Lorsqu'on projette de l'eau sur de la chaux vive, elle se combine avec ce liquide, augmente de volume, produit une élévation de température que l'on évalue à *300°*, et se convertit en chaux hydratée ou *chaux éteinte*.

$$CaO + H^2O = CaO,H^2O \text{ ou } CaO^2H^2$$

Exposée à l'air, la chaux vive en absorbe l'humidité et l'acide carbonique ; elle se désagrège et tombe en poussière ; on dit alors qu'elle se *délite*.

On prépare la chaux vive en décomposant le *carbonate de calcium* par la chaleur : il se dégage de l'anhydride carbonique et il reste de la chaux, comme l'indique l'équation suivante :

$$CO^3Ca = CaO + CO^2$$
$$\text{Carbonate de calcium} \quad \text{Chaux} \quad \text{Anhydride carbonique}$$

Variétés de chaux. — On distingue trois variétés principales de chaux : la *chaux grasse*, la *chaux maigre* et la *chaux hydraulique*.

La *chaux grasse* est produite par la calcination des pierres à chaux, constituées par du carbonate de calcium presque pur. Elle forme avec l'eau une pâte très liante ; au contact de ce même liquide, elle s'échauffe beaucoup et augmente considérablement de volume.

On donne le nom de *chaux maigres* à celles qui proviennent de calcaires renfermant des proportions assez fortes de matières étrangères. Ces chaux ne donnent qu'une pâte courte et peu liante ; elles ne s'échauffent que faiblement et n'augmentent presque pas de volume au contact de l'eau.

La *chaux hydraulique* provient de la calcination de pierres à chaux renfermant de *10 à 25 pour cent* d'argile. Elle a la propriété de durcir au contact de l'eau. Le *ciment* est une chaux hydraulique qui contient de *30 à 60 pour cent* d'argile.

La chaux sert à la fabrication du verre, des bougies, du sucre, au tannage des peaux et à la purification du gaz d'éclairage. Dans l'agriculture, on emploie la chaux pour amender les terres sablonneuses ou bourbeuses. Mais le principal usage de la chaux consiste dans la fabrication des *mortiers* et des *bétons*.

Mortiers. — On distingue deux sortes de mortiers : le *mortier ordinaire* et le *mortier hydraulique*.

Le *mortier ordinaire* est formé par un mélange de chaux éteinte et de sable. Il durcit à l'air, mais il résiste mal à l'action de l'eau.

Le *mortier hydraulique* est un mélange de chaux hydraulique et de sable. Sa propriété de durcir au contact de l'eau le fait employer pour la maçonnerie des constructions situées dans un milieu humide.

Bétons. — Les *bétons* sont formés par des mélanges de chaux ordinaire ou de chaux hydraulique et de petites pierres. Ils sont utilisés dans les fondations des édifices ; on les emploie aussi dans la construction des ponts, des digues, des canaux, des réservoirs d'eau, etc.

354. Carbonate de calcium, CO_3Ca. — Le carbonate de calcium est très abondant dans la nature. Il constitue presque tous les terrains sédimentaires et forme les différents calcaires, dont les plus importants sont les *marbres*, les *pierres à bâtir*, la *pierre à chaux*, la *pierre lithogra-*

phique et la *craie* (*Voir notre* Histoire naturelle, *page 210*).

355. Sulfate de calcium, SO⁴Ca. — Le *sulfate de calcium* existe dans la nature à l'état anhydre, mais il est

Fig. 286. — *Four à plâtre.*

beaucoup plus abondant à l'état hydraté. Le sulfate de calcium hydraté est connu sous le nom de *gypse* et de *pierre à plâtre*. Le gypse, chauffé à la température de *140°*, perd l'eau qu'il renferme, et se laisse facilement réduire en une poudre blanche désignée sous le nom de *plâtre*. Gâché avec de l'eau, le plâtre possède la propriété de se solidifier très vite en s'hydratant de nouveau.

Le plâtre est employé pour le moulage et sert à revêtir les plafonds et les murs des appartements. Il constitue un excellent engrais pour les prairies artificielles. Répandu dans les écuries ou sur les fumiers, le plâtre s'oppose à la déperdition de l'ammoniaque, un des agents les plus précieux des engrais. Lorsqu'il est gâché avec de la colle forte, le plâtre forme le *stuc*, matière dure, susceptible de recevoir un beau poli.

356. Phosphate de calcium $(PO^4)^2Ca^3$. — Le phosphate de calcium le plus abondant dans la nature est le *phosphate tribasique*. Ce phosphate forme les *80/100* de la partie minérale des os et entre dans la composition de beaucoup de végétaux, particulièrement dans celle des céréales. On trouve dans quelques contrées des amas de nodules formés par des ossements et des excréments fossiles, qui contiennent beaucoup de phosphate tribasique de calcium.

Le phosphate de calcium est un excellent engrais, surtout s'il a été converti auparavant en *superphosphate de calcium* par l'action de l'*acide sulfurique*. Le *guano* du Pérou doit la plupart de ses propriétés fertilisantes au phosphate de calcium qu'il renferme.

357. Chlorure de calcium. — On désigne sous le nom de *chlorure de calcium* le produit que l'on obtient en faisant passer un courant de chlore sur de la chaux éteinte. Ce produit se présente sous la forme d'une masse blanche, pulvérulente, qui a beaucoup de ressemblance avec la chaux ordinaire. C'est un réservoir de chlore : il en renferme plus de *200 fois* son volume; aussi l'emploie-t-on de préférence à ce gaz, car il est plus facile à conserver et à transporter.

Le chlorure de calcium sert principalement pour assainir les lieux infectés de miasmes putrides, pour blanchir les étoffes de fil et de coton, et pour décolorer les chiffons qui doivent servir à la fabrication du papier.

Deux autres chlorures, *l'eau de Javelle* et la *liqueur de Labarraque*, sont aussi journellement employés. L'eau de Javelle s'obtient en faisant passer un courant de chlore dans une dissolution étendue de potasse. Ce liquide sert souvent pour le blanchissage du linge. La liqueur de Labarraque s'obtient d'une manière analogue en remplaçant la potasse par de la soude. Elle est employée en médecine pour panser les plaies de mauvaise nature.

ALUMINIUM

Symbole = Al. — Poids atomique = 27,50.

358. Propriétés et usages. — L'*aluminium* a une belle couleur blanche qui se rapproche beaucoup de celle de l'argent. Il est très sonore, très malléable et très ductile. Sa densité est 2,55 ; il pèse donc à volume égal *quatre fois moins* que l'argent. L'aluminium fond à *700°*. Il est inaltérable à l'air, même aux températures les plus élevées.

L'aluminium est très répandu dans la nature. On l'extrait des argiles, qui en contiennent les *25/100* de leur poids.

L'éclat de l'aluminium, son inaltérabilité à l'air, sa malléabilité et sa légèreté spécifique le font ranger parmi les métaux les plus utiles. Ses composés les plus importants sont l'*alumine* et les *aluns*.

359. Alumine, Al^2O^3. — L'*alumine* est l'oxyde de l'aluminium. Lorsqu'elle est pure, l'alumine se trouve dans le commerce sous la forme d'une poudre blanche qui happe à la langue. Elle est très abondante dans la nature ; c'est elle qui forme la base des *argiles*, qui sont des *silicates d'aluminium*. On la trouve aussi quelquefois sous la forme de magnifiques cristaux tantôt incolores, tantôt colorés par des oxydes métalliques. Ces cristaux, appelés *corindons*, constituent les *pierres précieuses*, telles que le *rubis*, le *saphir*, la *topaze* et l'*améthyste*. L'*émeri* n'est autre chose que du corindon réduit en poudre.

L'alumine a une grande affinité pour les matières colorantes ; avec ces matières, elle forme des composés insolubles désignés sous le nom de *laques*. Les laques sont très employées dans la peinture et pour l'impression des étoffes.

360. Aluns. — On donne le nom d'*aluns* à des sulfates doubles, c'est-à-dire à des sels dans la composition desquels entrent deux sulfates différents. L'*alun ordinaire* est formé par la combinaison du *sulfate d'aluminium* et du *sulfate de potassium*. C'est un sel blanc, d'une saveur astringente et amère, qui cristallise sous la forme de volumineux cristaux octaédriques ou cubiques.

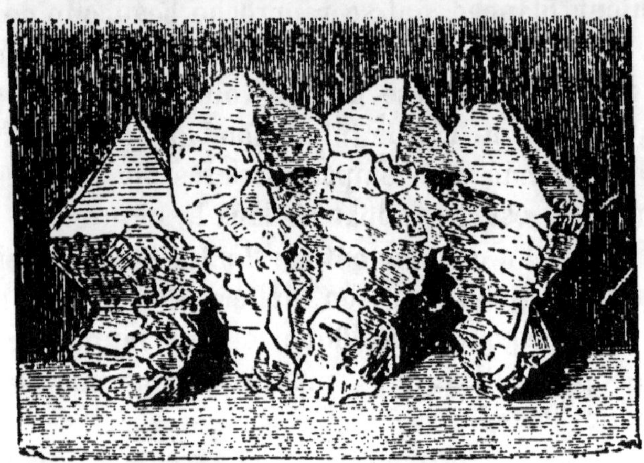

Fig. 287. — *Cristaux d'alun.*

On prépare l'alun en attaquant à chaud de l'*argile* pure par de l'*acide sulfurique;* il se forme une dissolution de sulfate d'aluminium à laquelle on ajoute du *sulfate de potassium*. La dissolution des deux sulfates donne par l'évaporation des cristaux d'alun.

Les usages de l'alun sont nombreux : la teinture l'utilise comme mordant, à cause des laques que forme l'alumine avec les matières colorantes; il sert à conserver les cuirs, à coller la pâte à papier, à clarifier les suifs et les eaux troubles; en médecine, on emploie l'alun calciné comme caustique dans le traitement des ulcères.

FER

Formule = Fe. — Poids atomique = 56.

361. Propriétés physiques. — Le *fer* est un métal d'un gris bleuâtre, très ductile, assez malléable et remarquable par sa grande ténacité. Soumis à l'action de la cha-

leur, il se ramollit et peut alors être façonné sous le marteau
et se souder à lui-même. Il fond entre *1500* et *1600°*. Le fer
est extrêmement magnétique ; il possède la propriété de
s'aimanter instantanément sous l'influence des aimants et des
courants électriques, et de perdre son aimantation aussitôt
que cette influence cesse.

Le fer, lorsqu'il a été martelé, possède une texture *fibreuse*,
mais cette texture se modifie lentement avec le temps et
devient *cristalline*. Cette modification, qui a pour effet de
faire perdre au fer une grande partie de sa ténacité, se produit rapidement lorsque ce métal est soumis à de fréquentes
vibrations. C'est à ce changement de structure que l'on
attribue les ruptures des essieux des voitures.

362. Propriétés chimiques. — L'air sec n'a pas d'action sur le fer à la température ordinaire, mais l'air humide
l'oxyde rapidement et le convertit en *rouille*. On préserve le
fer de la rouille en recouvrant sa surface d'une légère couche
de zinc ou d'étain ; dans le premier cas, on obtient le *fer
galvanisé*, et dans le second, le *fer étamé* ou *fer-blanc*.
On arrive encore au même résultat en employant la peinture
à l'huile.

Chauffé au rouge, le fer s'oxyde rapidement au contact de
l'air : il se couvre d'une pellicule noire formée par un composé auquel on a donné le nom d'*oxyde des battitures*,
Fe^3O^4. Nous avons vu que le fer décompose l'eau à la chaleur rouge, ou à froid en présence de l'acide sulfurique, et
que l'acide sulfurique, l'acide azotique et l'acide chlorhydrique
agissent vivement sur lui.

363. Métallurgie du fer. — Le fer, le plus important
des métaux par ses applications, est aussi celui qui se trouve
le plus abondamment dans l'écorce terrestre ; il n'est presque
aucun terrain qui en soit complètement dépourvu. On ne le
trouve à l'état natif que dans les aérolithes. Le fer s'extrait de
ses différents oxydes naturels, dont les plus exploités sont les
suivants :

1° L'*oxyde de fer magnétique*, Fe³O⁴, qui se trouve en Suède et en Norwège, et qui donne un fer très pur et très estimé ;

2° Le *sesquioxyde de fer anhydre*, Fe^2O^3, qui prend les noms de *fer oligiste*, quand il est cristallisé, d'*hématite rouge*, quand il est fibreux, et d'*ocre rouge*, quand il est amorphe. On le trouve principalement en Allemagne et dans les Vosges ;

3° Le *sesquioxyde de fer hydraté*, Fe^2O^3,H^2O, auquel on donne les différents noms d'*hématite brune*, de *limonite* et de *fer oolithique*. Ce minerai est assez abondant en Bourgogne et dans le midi de la France.

Le *carbonate de fer* ou *fer spathique*, CO^3Fe, est aussi un excellent minerai de fer. Il se trouve principalement dans les Alpes, dans les Pyrénées et dans le nord de la France.

Au sortir de la mine, le minerai doit subir deux traitements successifs : un *traitement mécanique* et un *traitement chimique*.

Fig. 288. — *Bocardage du minerai.*

364. Traitement mécanique. — Le traitement mécanique a pour but de débarrasser le minerai de la plus grande partie de sa *gangue*, c'est-à-dire des matières étrangères avec lesquelles il se trouve mêlé. Le minerai est d'abord *trié à la main;* cette opération a pour but de diviser les fragments de minerai en trois catégories : ceux de gangue pure, ceux de minerai pur et ceux qui sont formés par un mélange de gangue et de minerai. Les premiers sont rejetés, les seconds sont soumis directement au traitement chimique, et les troisièmes sont d'abord *broyés* entre deux cylindres cannelés, puis *bocardés*, c'est-à-dire pulvérisés dans une auge en bois, où un courant d'eau entraîne la plus grande partie des impuretés.

365. Traitement chimique. — Le traitement chimique a pour but d'extraire le métal de son minerai. Si les minerais étaient purs, il suffirait de les chauffer avec du charbon à une haute température pour les réduire et en dégager le fer qu'ils renferment; mais les minerais les plus riches contiennent toujours de la gangue qu'il faut rendre fusible, afin de pouvoir en séparer le métal.

La gangue du minerai de fer est ordinairement de l'argile, substance infusible tant qu'elle reste seule, mais qui forme un composé assez fusible lorsqu'elle est chauffée en présence du carbonate de calcium. Ce composé, appelé *laitier*, est un silicate double d'aluminium et de calcium. Lorsque la gangue est calcaire, on ajoute de l'argile au minerai afin de convertir la gangue en un silicate fusible. La matière que l'on ajoute au minerai afin de faciliter la fusion de sa gangue, est désignée sous le nom de *fondant;* le carbonate de calcium se nomme *castine* et l'argile, *erbue*.

Mais comme on est obligé de porter le minerai à une température élevée pour déterminer la fusion de sa gangue, il arrive que cette chaleur fait combiner le fer avec un peu de carbone et de silicium et le convertit en *fonte*. Une seconde opération est donc nécessaire pour enlever à la fonte son carbone ainsi que son silicium et la ramener à l'état de fer pur ou de *fer doux*. Cette opération est désignée sous le nom d'*affinage*.

Le traitement chimique du fer se fait dans les *hauts four-neaux*.

366. Haut fourneau. — Un *haut fourneau* se com-

Fig. 289. — *Coupe d'un haut fourneau.*

posé de deux troncs de cône réunis par leur grande base. Le tronc du cône supérieur, appelé *cuve*, est construit avec des briques réfractaires. C'est par son ouverture, nommée *gueulard*, que l'on fait le chargement du haut fourneau. Le gueulard est généralement fermé par un couvercle, que l'on soulève au moment du chargement; des ouvertures latérales permettent de recueillir les gaz combustibles qui se produisent au moment de la réduction du minerai par le charbon. Le tronc du cône inférieur constitue les *étalages;* il est construit avec des pierres siliceuses infusibles. Au-dessous des étalages, se trouve une partie cylindrique nommée *ouvrage,* dans la partie inférieure de laquelle viennent aboutir les orifices de trois *tuyères,* alimentées par une puissante *machine soufflante.* Enfin, au-dessous de l'ouvrage, se trouve le *creuset,* dont la paroi antérieure, nommée *dame,* se termine par un plan incliné. Le creuset est muni à sa partie inférieure d'un *trou de coulée,* qui, pendant l'opération, est bouché avec un tampon d'argile. La hauteur d'un haut fourneau est de *10 mètres,* lorsqu'il est alimenté par du charbon de bois, et de *18 à 20 mètres,* quand il est alimenté par du coke.

On introduit d'abord dans le haut fourneau une quantité de combustible suffisante pour remplir l'ouvrage et les étalages, puis on achève de le garnir avec des couches alternatives de combustible et de minerai mêlé avec son fondant. Cela fait, on met le feu au combustible qui se trouve dans l'ouvrage et on fait fonctionner la machine soufflante. L'air qui s'échappe des tuyères brûle le charbon et produit de l'anhydride carbonique; cet anhydride, à mesure qu'il s'élève dans l'ouvrage et dans les étalages, rencontre du charbon incandescent qui le fait passer à l'état d'oxyde de carbone. L'oxyde de carbone rencontre à son tour le minerai, déjà fortement chauffé, lui enlève son oxygène et repasse à l'état de gaz carbonique.

Le minerai ainsi réduit descend avec sa gangue et son fondant dans les étalages. C'est là que le fondant réagit sur la gangue pour la transformer en un silicate double d'aluminium et de calcium, et que le fer se combine avec un peu de carbone et de silicium pour se convertir en fonte. La fonte et le laitier continuent à descendre, traversent l'ouvrage, où ils achèvent de se liquéfier, et tombent dans le creuset, à l'état de fluidité parfaite. La fonte, en vertu de sa densité, gagne le fond du creuset; le laitier surnage, déborde la dame et s'écoule par le plan incliné.

Lorsque le creuset est plein de fonte, on retire le tampon d'argile qui ferme le trou de coulée, et la fonte incandescente se répand à l'intérieur de petits canaux creusés dans le sable, sur le sol de l'usine. Elle forme, après son refroidissement, des demi-cylindres auxquels on a donné le nom de *gueuses*.

Le haut fourneau, une fois allumé, marche d'une manière continue; on ne l'arrête que pour y faire des réparations. Autrefois, on laissait perdre les gaz qui se dégagent par le gueulard; actuellement, ces gaz, pour la plupart combustibles, sont utilisés pour le chauffage de l'air qui est introduit dans le haut fourneau par les tuyères. A cet effet, on dirige ces gaz dans des chambres à demi-cloisonnées, nommées *récupérateurs*, où ils sont complètement brûlés au moyen de l'air que l'on y introduit en même temps. Cette combustion porte au rouge les cloisons des récupérateurs, qui deviennent ainsi aptes à chauffer fortement l'air que l'on y fait ensuite passer avant de l'introduire dans le haut fourneau.

367. Fonte. — La *fonte* est formée par du fer renfermant environ 5 *pour cent* de carbone et un peu de silicium. Le même minerai, suivant la température à laquelle il a été porté dans le haut fourneau, donne deux variétés de fonte : la *fonte blanche* et la *fonte grise;* la première se forme à une température moins élevée que la seconde.

La *fonte blanche* possède une couleur argentine. Elle est très dure et très cassante. Elle fond entre *1.050* et *1.100°*, en donnant une masse pâteuse, impropre au moulage. La fonte grise a une couleur qui varie du noir au gris clair. On peut la travailler à la lime et au tour. Elle fond à *1288°* et devient très fluide, ce qui la rend très propre au moulage. C'est avec cette fonte que l'on fabrique les pièces des machines, les tuyaux de conduite d'eau, les poêles, les marmites et un grand nombre d'autres objets. La fonte blanche est utilisée pour la fabrication du fer, par les différents procédés d'affinage.

Affinage de la fonte. — Pour *affiner* la fonte, c'est-à-dire pour la convertir en fer, on la fait fondre dans un creuset ou dans un four à réverbère, puis on la soumet à un fort courant d'air. Ce courant d'air oxyde le carbone et le silicium qu'elle contient ; le premier se convertit en anhydride carbonique, qui se dégage, et le second, en acide silicique, qui se combine avec une petite quantité d'oxyde de fer et produit un silicate de fer fusible, qui passe à l'état de scorie. Le fer, à mesure qu'il se sépare du carbone, devient de moins en moins fusible ; il se rassemble en petites masses spongieuses qui, réunies à l'aide d'un ringard, forment une masse plus volumineuse appelée *loupe*. La loupe est soumise à un énergique martelage, qui a pour but d'en expulser toutes les scories qu'elle contient, et de souder le fer à lui-même.

368. Acier. — L'*acier* est du fer moins riche en carbone que la fonte : il n'en renferme que de *8 à 15 millièmes*. C'est un métal blanc, brillant, qui est susceptible de recevoir un beau poli. Lorsque, après avoir porté l'acier à une haute température, on le laisse refroidir lentement, il devient aussi ductile et aussi malléable que le fer ; mais si on le refroidit brusquement, en le trempant dans de l'eau froide, il devient très cassant, très dur et très élastique. On lui donne alors le nom d'*acier trempé*.

On prépare l'acier soit en *décarburant* la fonte, soit en *carburant* le fer. Le premier procédé donne de l'*acier naturel* ou *de fonte*, et le second de l'*acier de cémentation*.

L'*acier naturel* ou *de fonte* se prépare en exposant pendant plusieurs heures de la fonte en fusion à l'action d'un courant d'air, qui brûle une partie de son carbone. Autrefois, cette opération se faisait uniquement dans les fours à réverbère ; mais depuis quelques années, on prépare une grande quantité d'acier naturel par le *procédé Bessemer* et par le *procédé Martin*.

Le *procédé Bessemer* consiste à faire passer au travers de la fonte en fusion un certain nombre de jets d'air fortement comprimé. Cet air, en traversant le métal, brûle une partie de son carbone et de son silicium et le convertit promptement en acier. L'opération se fait dans de grandes cornues en tôle garnies intérieurement de terre réfractaire et pouvant tourner autour d'un axe horizontal. L'air comprimé arrive par un tube latéral, comme le représente la figure 290, et descend dans les tuyères qui débouchent au fond de la cornue. Lorsque la décarburation est suffisante, on coule l'acier dans une *poche* située à proximité ; celle-ci sert à le vider dans les moules.

Fig. 290. — *Convertisseur Bessemer*.

Le *procédé Martin* donne de l'acier très homogène. Il consiste à fondre ensemble du fer doux et de la fonte en quantité telle que le carbone contenu dans la masse totale soit dans la même proportion que celle que doit contenir l'acier. Cette opération se fait dans des fours à réverbère appelés fours *Siemens*, chauffés par un mélange d'air et de gaz et en particulier d'oxyde de carbone, provenant de la distillation de la houille.

L'acier *de cémentation* s'obtient en chauffant pendant une quinzaine de jours des lames de fer placées au milieu d'un *cément* composé de charbon de bois pulvérisé et de suie de cheminée. Les lames de fer et le cément, rangés par couches alternatives, sont placés dans de grandes caisses en briques réfractaires, situées dans un four que l'on maintient à une haute température. Peu à peu le fer se combine avec le cément et se transforme en acier.

L'acier de cémentation ne possède pas une texture bien homogène. Pour lui donner une homogénéité parfaite, on le fond dans des creusets en argile réfractaire, puis on le coule dans des lingotières. On obtient ainsi de l'*acier fondu*.

Les usages de l'acier sont très nombreux : l'acier naturel sert à la fabrication des sabres, des épées, des fleurets, des scies, des instruments aratoires, etc. L'acier Bessemer et l'acier Martin sont employés pour fabriquer les ressorts de voiture, les plaques de blindage, les canons, les projectiles, etc. L'acier fondu sert à la fabrication des ressorts de montre, des burins, des limes, des objets de coutellerie, des instruments de chirurgie, etc.

RÉSUMÉ

Le *calcium* est un métal jaune très brillant, mais qui se ternit facilement à l'air humide. Sa densité est de *1,55*. Il brûle avec une belle flamme blanche. Ses principaux composés sont la *chaux*, le *carbonate*, le *sulfate*, le *phosphate* et le *chlorure de calcium*.

La *chaux* est l'oxyde du calcium. Fraîchement préparée, elle prend le nom de *chaux vive*; lorsqu'elle est hydratée, on la nomme *chaux éteinte*. On distingue trois variétés de chaux : la *chaux grasse*, la *chaux maigre* et la *chaux hydraulique*. Le principal usage de la chaux consiste dans la fabrication des *mortiers* et des *bétons*.

Le *carbonate de calcium* est un des corps les plus répandus dans la nature. Il constitue les différents calcaires, dont les plus importants sont le *marbre*, les *pierres à bâtir*, les *pierres à chaux*, la *pierre lithographique* et la *craie*.

On trouve dans la nature du *sulfate de calcium* à l'état anhydre et à l'état hydraté. Lorsqu'il est hydraté, il est désigné par les noms de *gypse* et de *pierre à plâtre*. Le gypse chauffé à *130°* perd son eau d'hydratation et se convertit en *plâtre*.

Le *phosphate tribasique de calcium* forme les *80/100* de la partie minérale des os; il entre aussi dans la composition de beaucoup de végétaux. C'est un excellent engrais surtout quand il est transformé en *superphosphate de calcium* par l'action de l'acide sulfurique.

Le *chlorure de calcium* s'obtient en faisant passer un courant de chlore sur de la chaux éteinte. Il est très employé dans l'industrie comme *décolorant* et comme *désinfectant*.

L'*aluminium* a une belle couleur blanche. Son inaltérabilité à l'air, son éclat, sa malléabilité et sa légèreté spécifique en font un des métaux les plus précieux. Les composés de l'aluminium les plus importants sont l'*alumine* et l'*alun ordinaire*.

L'*alumine* est l'oxyde de l'aluminium. C'est la base des argiles, qui ne sont autre chose que des *silicates d'aluminium*. On la trouve quelquefois sous la forme de magnifiques cristaux appelés *corindons*. Ces corindons constituent les *pierres précieuses*.

L'*alun ordinaire* est formé par la combinaison du *sulfate d'aluminium* et du *sulfate de potassium*. C'est un sel qui a beaucoup d'usages.

Le *fer* est un métal d'un gris bleuâtre, qui se fait remarquer par sa grande ténacité et par ses propriétés magnétiques. Il s'oxyde promptement à l'air humide et se convertit en *rouille*. On préserve le fer de l'oxydation en le couvrant d'une couche de zinc (*fer galvanisé*), ou d'une couche d'étain (*fer étamé*), ou encore d'une couche de peinture à l'huile.

Les principaux minerais de fer sont l'*oxyde magnétique de fer*, le *sesquioxyde de fer anhydre*, le *sesquioxyde de fer hydraté* et le *carbonate de fer*.

Au sortir de la mine, le minerai subit deux traitements successifs : un *traitement mécanique*, et un *traitement chimique*. Le traitement mécanique, qui a pour but de débarrasser le minerai d'une grande partie de sa *gangue*, comprend trois opérations : le *triage à la main*, le *broyage* et le *bocardage*. Le traitement chimique qui a pour but d'extraire le métal de son minerai, consiste à réduire l'oxyde de fer par le charbon, et à en séparer la gangue qu'il renferme encore, en la rendant fusible au moyen d'un *fondant*. Ce fondant est du carbonate de calcium (*castine*) ou de l'argile (*erbue*), suivant que la gangue est siliceuse ou calcaire. Le traitement chimique se fait dans les *hauts fourneaux*.

Les différentes parties d'un haut fourneau sont, en allant de haut en bas, la *cuve*, dont l'ouverture porte le nom de *gueulard*, les *étalages*, l'*ouvrage*, les *tuyères*, qui amènent le vent de la *soufflerie*, le *creuset*, muni d'un *trou de coulée* et dont la paroi antérieure est nommée *dame*.

Le traitement chimique du minerai ne donne que de la *fonte*. La fonte est convertie en *fer doux* ou en *acier* par les différents procédés d'*affinage*. Ces procédés consistent à enlever à la fonte une partie de son carbone et de son silicium par l'action oxydante de l'air.

La *fonte* est formée par du fer renfermant 5 pour cent de carbone et un peu de silicium. Il existe deux variétés de fonte, la *fonte grise* et la *fonte blanche*.

L'acier est du fer moins riche en carbone que la fonte ; il n'en contient que *8 à 15 millièmes*. On le prépare soit en *décarburant* la fonte, soit en *carburant* le fer. Le premier procédé donne de l'acier *naturel* ou de *fonte* et le second, de l'acier de *cémentation*. Depuis quelques années, on prépare beaucoup d'acier par le procédé *Bessemer* et par le procédé *Martin*.

QUESTIONNAIRE

Quelles sont les propriétés du calcium? — Quels sont ses principaux composés? — Qu'est-ce que la chaux? — Qu'appelle-t-on chaux vive?— Chaux éteinte? — Quelles sont les différentes variétés de chaux? — Quels sont les usages de la chaux? — Combien distingue-t-on de sortes de mortiers? — Comment sont formés les bétons? — Quelles sont les différentes variétés de carbonate de calcium? — Dites ce que vous savez sur le sulfate de calcium. — Sur le phosphate de calcium. — Sur le chlorure de calcium. — Quelles sont les propriétés et les usages de l'aluminium? — Quels sont ses principaux composés? — Dites ce que vous savez sur l'alumine? — Sur l'alun ordinaire. — Quelles sont les propriétés physiques et chimiques du fer? — Quels sont les principaux minerais de fer? — Décrivez le traitement mécanique du minerai. — En quoi consiste le traitement chimique? — Décrivez un haut fourneau. — Expliquez les réactions chimiques qui se produisent dans un haut fourneau en activité. — Qu'est-ce que la fonte? Quelles sont les deux variétés de fonte? — Quels sont leurs usages? — Qu'est-ce que l'acier? — Quelles sont ses propriétés? — Quelles sont les différentes sortes d'aciers? — Comment les prépare-t-on? — Quels sont les usages de l'acier?

CHAPITRE IX

ZINC. — ÉTAIN. — PLOMB. — CUIVRE. — MERCURE

ZINC

Symbole = Zn. — Poids atomique = 66.

369. Propriétés du zinc. — Le *zinc* est un métal d'un blanc bleuâtre et d'une texture cristalline. Cassant à la température ordinaire, il devient ductile et malléable quand on le chauffe entre *100* et *150°*. Si on le chauffe jusqu'à *200°*, il redevient cassant ; il peut alors être pulvérisé dans un mortier. Le zinc est le plus dilatable de tous les métaux. Sa densité varie entre 6,80 et 7,2, suivant qu'il a été fondu ou laminé. Il fond à *450°* et se volatilise à *1040°*.

Au contact de l'air humide, le zinc se couvre rapidement d'une couche blanchâtre de carbonate de zinc, qui préserve de l'oxydation le reste du métal. Chauffé au contact de l'air à sa température d'ébullition, le zinc prend feu, et brûle avec une flamme blanche éblouissante; il se convertit tout entier en oxyde de zinc, qui se répand dans l'air sous la forme de légers flocons appelés autrefois *fleurs de zinc* et *lana philosophica*.

Cet oxyde est connu dans le commerce sous le nom de *blanc de zinc*. On le prépare dans l'industrie en brûlant du

Fig. 291. — *Combustion du zinc.*

zinc en présence d'un courant d'air. Il est très employé dans la peinture en blanc, et présente sur la *céruse* l'avantage de n'être pas vénéneux et de ne pas noircir lorsqu'il est en contact avec des émanations sulfureuses.

370. Usages du zinc. — Le zinc sert à préparer l'hydrogène, à construire la plupart des piles voltaïques, à faire des toitures, des bassins, des baignoires, des arrosoirs, etc. Il entre dans la composition du *laiton*, du *bronze moné-taire*, du *maillechort* et du *fer galvanisé*. Le zinc ne peut être employé pour la confection des ustensiles de cuisine, car il forme avec les acides des composés vénéneux.

On l'extrait de deux de ses minerais, la *calamine* et la *blende*. La calamine est du *carbonate de zinc* plus ou moins impur, et la blende, du *sulfure de zinc* mélangé avec un peu de sulfure de fer. On grille d'abord les minerais afin de les convertir en oxyde de zinc, puis on réduit cet oxyde par le charbon.

ÉTAIN

Symbole = Sn. — Poids atomique = 118.

371. Propriétés de l'étain. — L'*étain* est un métal blanc à reflets jaunâtres. Frotté entre les doigts, il acquiert une odeur désagréable. Il est très malléable, mais il est peu ductile et peu tenace. Sa texture est cristalline ; quand on le ploie, il fait entendre un bruit particulier, nommé *cri· de l'étain*, provenant du frottement et du déchirement des cristaux enchevêtrés. La densité de l'étain est 7,29 et son point de fusion à 228°.

L'étain exposé à l'air n'éprouve, à la température ordinaire, aucune altération sensible ; mais lorsqu'il est fortement chauffé, il se transforme en protoxyde et en bioxyde d'étain.

372. Usages de l'étain. — L'inaltérabilité de l'étain à l'air et l'innocuité de ses sels, pris en petite quantité, expliquent pourquoi on recouvre d'une mince couche de ce métal les ustensiles de cuivre et de fer employés pour la cuisine. Pour étamer ces ustensiles, on commence par les décaper en les frottant vivement à chaud avec un tampon d'étoupe saupoudré de sel ammoniac ou de sable, puis on promène de l'étain fondu sur tous les points de leur surface. Le *fer-blanc* n'est autre chose que de la tôle étamée. On se sert aussi de l'étain, réduit en feuilles très minces, pour envelopper le chocolat, les fromages, les saucissons et diverses autres matières alimentaires. Ce métal entre dans la composition des différents *bronzes*, et constitue, lorsqu'il est allié avec le mercure, le *tain des glaces*.

L'étain s'extrait d'un de ses minerais, connu sous le nom de *cassitérite*, qui est formé par du *bioxyde d'étain*. Il suffit de chauffer ce minerai avec du charbon pour le réduire et le convertir en étain.

PLOMB

Symbole = Pb. — Poids atomique = 207.

373. Propriétés du plomb. — Le *plomb* est un métal d'un gris bleuâtre, très brillant lorsqu'il est fraîchement coupé. Il est le plus doux des métaux usuels : on peut le plier sous les doigts, le rayer avec l'ongle et le couper avec un couteau. Le plomb est peu tenace et peu ductile, mais il est très malléable. Sa densité est *11,35* et son point de fusion à *335°*.

Le plomb n'est pas attaqué par l'air sec et froid, mais sous l'influence de l'air humide, il se couvre promptement d'une mince couche de carbonate de plomb hydraté ; ce carbonate de plomb forme comme un vernis imperméable qui protège le reste du métal contre l'oxydation. Sous l'influence de la chaleur, le plomb s'oxyde très rapidement et se convertit en une poudre jaune nommée *litharge*.

374. Usages du plomb. — Le plomb est employé pour la fabrication des tuyaux qui servent à la conduite des eaux et du gaz d'éclairage. On obtient ces tuyaux en comprimant du plomb fondu à l'aide d'une presse hydraulique, de manière à l'obliger à passer dans un moule annulaire, à l'extrémité duquel il sort sous la forme d'un tuyau continu, que l'on enroule au fur et à mesure.

Ce métal sert aussi à fabriquer les balles et le plomb de chasse. Les balles se font dans des moules. Pour fabriquer le plomb de chasse, on verse du plomb fondu, mélangé avec une faible quantité d'arsenic, dans des passoires métalliques placées à une grande hauteur. Les gouttes de plomb qui en découlent, prennent en tombant une forme parfaitement sphérique, grâce à l'arsenic qu'elles contiennent. Pour les refroidir et pour amortir la vitesse de leur chute, on les reçoit dans des réservoirs pleins d'eau.

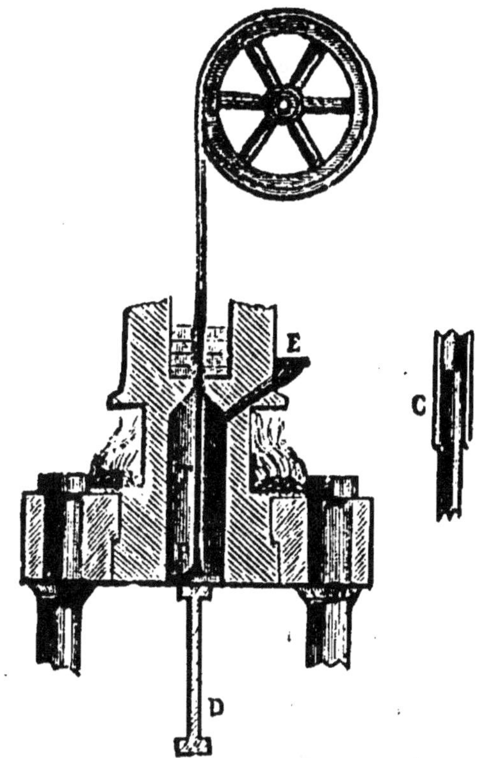

Fig. 292. — *Fabrication des tuyaux de plomb.*

La malléabilité du plomb permet de le réduire en feuilles plus ou moins minces, qui servent à couvrir les toits, à tapisser l'intérieur de certains réservoirs et les parois des chambres où se fabrique l'acide sulfurique.

Le plomb entre dans la composition de quelques alliages, principalement dans celui qui sert à faire les caractères d'imprimerie. Une grande quantité de ce métal est aussi employée pour la préparation de deux de ses composés très importants, le *minium* et la *céruse*.

Le plomb s'extrait de la *galène*, minerai formé par du *sulfure de plomb* plus ou moins impur.

375. Minium, Pb^3O^4. — On désigne par le nom de

minium un oxyde de plomb que l'on trouve dans le commerce sous la forme d'une poudre d'un rouge très vif. On l'obtient en brûlant de la litharge au contact de l'air. Le minium, à cause de sa belle couleur, est employé pour colorer les papiers de tenture et la cire à cacheter; mais il sert surtout dans la peinture à l'huile pour préserver le fer de la rouille. La fabrication du cristal, du flint-glass et des vernis dont on recouvre certaines poteries, en absorbe une quantité considérable.

376. Céruse, $2CO^3Pb+PbO,H^2O$. — La *céruse*, désignée encore sous les noms de *blanc de plomb* et de *blanc d'argent*, est un carbonate de plomb hydraté. On l'obtient ordinairement par le *procédé de Clichy*, qui consiste à faire dissoudre de l'oxyde de plomb dans l'acide acétique, puis à faire passer un courant d'anhydride carbonique dans cette dissolution. Sous l'influence de ce courant, la dissolution blanchit, et il se forme du carbonate de plomb hydraté, qui se dépose.

La céruse est le corps le plus employé dans la peinture à l'huile. On la mélange avec toutes les couleurs, car elle possède la propriété de bien *couvrir*, c'est-à-dire de bien masquer la couleur des objets sur lesquels on l'étend. Broyée avec une petite quantité d'huile, la céruse forme le *mastic* des vitriers, qui devient très dur en séchant à l'air. Malheureusement la céruse a l'inconvénient de noircir lorsqu'elle est au contact des émanations sulfureuses, et d'exposer les ouvriers qui l'emploient à de graves accidents, connus sous le nom de *coliques saturnines* ou *coliques des peintres*.

CUIVRE

Symbole = Cu. — Poids atomique = 63.

377. Propriétés du cuivre. — Le cuivre est un métal d'une belle couleur rouge. Il est très ductile, très malléable et très bon conducteur de la chaleur et de l'électricité. Lors-

qu'il est frotté, il acquiert une odeur désagréable et caractéristique. Sa densité est *8,90*. Il fond vers *1.150°* et se vaporise lentement en donnant des vapeurs qui brûlent avec une
flamme verte.

Le cuivre ne s'oxyde pas à l'air sec et froid ; à l'air humide,
il se couvre promptement d'une couche de carbonate de
cuivre hydraté, nommé *vert-de-gris*, qui préserve le reste
du métal. Chauffé au contact de l'air, le cuivre se couvre
d'abord d'une pellicule rougeâtre de sous-oxyde de cuivre,
puis d'une couche noire de protoxyde.

Sous l'influence des acides faibles, tels que le vinaigre et
les corps gras, le cuivre s'oxyde rapidement et produit avec
ces acides des sels solubles très vénéneux, ce qui explique le
danger qu'il y a de conserver des aliments dans des ustensiles
de cuivre non étamés.

378. Usages du cuivre. — Employé seul, le cuivre
sert à la fabrication des alambics, des ustensiles de cuisine

Fig. 293. — *Cristaux de sulfate de cuivre.*

et des lames dont on garnit extérieurement la coque des
navires afin de la préserver des *tarets*, espèce de mollusques
marins qui la perforeraient sans cette précaution. Allié avec
le zinc, le cuivre forme le *laiton* vulgairement nommé *cuivre
jaune*. Le laiton est, après le fer, celui des métaux dont
l'usage est le plus fréquent : il sert à la fabrication des ins-

truments de physique et de musique, des garnitures de meubles, des boutons, des épingles, des jouets d'enfants et d'une infinité d'autres objets. Le cuivre entre encore dans la composition de quelques autres alliages, tels que les différents *bronzes* et le *maillechort.*

On extrait le cuivre de la *pyrite cuivreuse,* minerai formé par un mélange de *sulfure de cuivre* et de *sulfure de fer.*

379. Sulfate de cuivre, SO^4Cu. — En se combinant avec les autres corps, le cuivre forme un grand nombre de composés. Le plus important et le plus employé de ces composés est le *sulfate de cuivre.* Le sulfate de cuivre porte dans le commerce les noms de *vitriol bleu* et de *couperose bleue.* Il se dissout très bien dans l'eau et cristallise en gros prismes d'un beau bleu. Il est vénéneux, propriété qu'il partage avec tous les autres sels cuivriques. On l'emploie en agriculture pour *chauler* les grains de blé avant de les semer, pour combattre les maladies de la vigne connues sous les noms de *mildiou* et de *black-rot* et pour détruire le *doryphora,* qui, en Amérique, produit des ravages considérables dans les champs de pommes de terre. Dans l'industrie, il sert à former un grand nombre de couleurs, telles que les *cendres bleues* et les *verts* de *Scheele* et de *Schweinfurt,* utilisés pour la teinture de la laine et de la soie, ainsi que pour la fabrication des papiers peints. La galvanoplastie fait aussi un grand usage du sulfate de cuivre.

MERCURE

Symbole = Hg. — Poids atomique = 200.

380. Propriétés du mercure. — Le *mercure* est le seul métal liquide à la température ordinaire. Il est blanc comme de l'argent fondu ; de là vient le nom de *vif argent* qu'on lui donnait autrefois. Il possède la propriété de dissoudre l'or et l'argent et de s'en séparer par la distillation. Sa densité est *13,59*. Il se congèle à — *40°* et bout à *350°*.

Le mercure exposé à l'air s'oxyde lentement à la température ordinaire; mais à la température de *300°* il s'oxyde rapidement et se couvre d'une pellicule rouge de bioxyde de mercure. Cet oxyde se décompose quand on le chauffe à plus de *400°* et régénère le mercure.

381. Usages du mercure. — Le mercure est employé en physique pour construire des thermomètres, des baromètres et des manomètres. En chimie, on s'en sert pour recueillir les gaz très solubles dans l'eau. Le mercure est aussi employé dans l'industrie pour extraire l'or et l'argent et pour fabriquer des amalgames.

Ce métal se trouve quelquefois à l'état natif dans la nature, mais on le rencontre bien plus souvent à l'état de *sulfure*. C'est de ce minerai, nommé *cinabre*, que l'on extrait le mercure.

RÉSUMÉ

Le *zinc* est un métal d'un blanc bleuâtre. Il est cassant à la température ordinaire, malléable entre *100* et *150°*, et il redevient très cassant quand on le chauffe à *200°*. C'est le plus dilatable de tous les métaux. Sa densité varie entre *6,80* et *7,2*. Il fond à *450°*, et se volatilise à *1040°*.

A la température de son ébullition, le zinc brûle au contact de l'air avec une flamme blanche d'un éclat éblouissant. Le produit de cette combustion est de l'*oxyde de zinc* ; cet oxyde est employé dans la peinture, sous le nom de *blanc de zinc*, pour remplacer la *céruse*. Au contact de l'air humide, le zinc se couvre rapidement d'une couche de carbonate de zinc, qui préserve le reste du métal.

Le zinc est employé pour construire la plupart des piles voltaïques ; il sert à confectionner des baignoires, des bassins et quelques autres ustensiles. Le zinc entre aussi dans la composition du *bronze monétaire*, du *maillechort* et du *fer galvanisé*.

On extrait le zinc de la *blende* et de la *calamine*. La blende est formée par du *sulfure de zinc* et la calamine par du *carbonate de zinc*.

L'*étain* est un métal blanc à reflets jaunâtres. Il est très malléable, peu ductile et peu tenace. Lorsqu'on le ploie, il fait entendre un bruit particulier, nommé *cri de l'étain*, qui est dû à sa texture cristalline. Sa densité est *7,29* et son point de fusion à *228°*.

À la température ordinaire, l'étain n'éprouve aucune altération sensible au contact de l'air. C'est pour cette raison qu'on l'emploie pour *étamer* les ustensiles de cuisine et pour fabriquer le *fer blanc*. L'étain entre dans la composition des différents *bronzes* et du *tain* des glaces. On l'extrait de la *cassitérite*, minerai formé par du *bioxyde d'étain*.

Le *plomb* est un minerai d'un gris bleuâtre, très brillant. Il est assez mou pour être rayé avec l'ongle. Sa densité est *11,35* et son point de fusion à *335°*. Exposé à l'air humide, il se couvre d'une couche de carbonate de plomb, qui préserve le reste du métal. Sous l'influence de la chaleur, il se convertit en *litharge*.

Le plomb sert à fabriquer les balles, le plomb de chasse, et des tuyaux servant à conduire les eaux ou le gaz d'éclairage. Réduit en feuilles, il sert à couvrir les toitures, à tapisser l'intérieur de certains réservoirs et les parois des chambres où se fabrique l'acide sulfurique. Deux de ses composés, le *minium* et la *céruse*, sont très employés dans l'industrie.

On extrait le plomb de la *galène*, minerai formé par du *sulfure de plomb*.

Le *cuivre* est un métal d'une belle couleur rouge, très ductile, très malléable et très bon conducteur de la chaleur et de l'électricité. Sa densité est *8,9* et son point de fusion vers *1150°*. Dans l'air humide, la surface du cuivre se couvre d'une mince couche d'un carbonate de cuivre, nommé *vert-de-gris*, qui préserve le reste du métal. Les composés que le cuivre forme avec les acides sont tous très vénéneux.

Employé seul, le cuivre a peu d'usages ; mais en combinaison avec le zinc, c'est-à-dire à l'état de *laiton* ou de *cuivre jaune*, il est, après le fer, le métal qui a le plus d'usages. Un de ses composés, le *sulfate de cuivre*, est aussi très employé.

Le cuivre s'extrait de la *pyrite cuivreuse*, qui est formée par un mélange de *sulfure de cuivre* et de *sulfure de fer*.

Le *mercure* est le seul métal liquide à la température ordinaire. Sa densité est *13,59*. Il se congèle à — *40°* et bout à *350°*. Il s'oxyde rapidement lorsqu'il est chauffé à *300°* au contact de l'air.

Ce métal est employé pour la construction de quelques instruments de physique. Dans les laboratoires, on s'en sert pour recueillir les gaz très solubles dans l'eau, et en métallurgie, pour extraire l'or et l'argent.

On extrait le mercure du *cinabre*, minerai formé par du *sulfure de mercure*.

QUESTIONNAIRE

Quelles sont les propriétés physiques du zinc ? — Ses propriétés chimiques ? — Dites ce que vous savez sur le blanc de zinc. — Quels sont les usages du zinc ? — De quels minerais l'extrait-on ? — Quelles sont les propriétés physiques de l'étain? — Ses propriétés chimiques? — Ses usages? — De quel minéral l'extrait-on? — Quelles sont les propriétés physiques du plomb? — Ses propriétés chimiques? — Ses usages? — De quel minéral l'extrait-on? — Dites ce que vous savez sur le minium. — Sur la céruse. — Quelles sont les propriétés physiques du cuivre? — Ses propriétés chimiques? — Ses usages? — De quel minéral l'extrait-on? — Dites ce que vous savez sur le sulfate de cuivre. — Quelles sont les propriétés physiques du mercure? — Ses propriétés chimiques? — Ses usages? — De quel minéral l'extrait-on?

CHAPITRE X

ARGENT. — OR. — PLATINE. — ARGILES ET POTERIES VERRES

ARGENT

Symbole = Ag. — Poids atomique = 108.

382. Propriétés de l'argent. — L'*argent* est le plus blanc de tous les métaux. Après l'or, il est le métal le plus malléable et le plus ductile; on peut le réduire en feuilles si minces, que *5.000* de ces feuilles font à peine l'épaisseur *d'un millimètre; un gramme* de ce métal peut être étiré en un fil de plus de *2.600 mètres* de longueur. L'argent est soluble dans le mercure. Sa densité est de *10,50*. Il fond à la température de *1000°*.

Exposé à l'air, l'argent est inoxydable, même aux plus hautes températures. L'acide sulfurique n'a d'action sur l'argent que lorsqu'il est bouillant; l'acide azotique le dissout à froid, et l'acide chlorhydrique ne l'attaque que superficiellement, parce qu'il forme avec lui un chlorure insoluble qui protège le reste du métal. L'acide sulfhydrique le noircit. Il faut attribuer à cette cause la teinte noire que prend l'argenterie au contact des œufs qui ne sont pas frais, et des champignons vénéneux. Le sel marin agit de même;

aussi dore-t-on toujours l'intérieur des salières d'argent pour les préserver de cette altération.

383. Usages de l'argent. — Les usages de l'argent sont connus de tout le monde. Ce métal n'est pas employé seul, parce qu'il n'est pas assez dur. Mais allié avec un peu de cuivre, il sert à fabriquer des pièces de monnaie et des objets d'orfèvrerie.

L'argent existe dans la nature à l'état natif; mais il est bien plus abondamment répandu à l'état de sulfure isolé ou combiné en petite quantité avec le minerai de plomb; ce dernier prend alors le nom de *galène argentifère*. A l'état natif, l'argent se présente quelquefois en masses d'un poids considérable, nommées *pépites*. Dernièrement, on a trouvé dans les mines du Mexique une pépite d'argent du poids de *18 kilogr. 825*. On extrait l'argent principalement de son sulfure.

OR

Symbole = Au. — Poids atomique = 197.

384. Propriétés de l'or. — L'*or* est doué d'une belle couleur jaune caractéristique. Réduit en feuilles minces, il devient perméable à la lumière, qui, en le traversant, prend une teinte verte. L'or est le plus malléable et le plus ductile de tous les métaux. Par le martelage, il peut être réduit en feuilles tellement minces, que l'épaisseur de chacune d'elles atteint à peine *1/10.000 de millimètre; un gramme* d'or peut former un fil de plus de *3 kilomètres* de longueur. Il est soluble dans le mercure. Sa densité est *19,25* et son point de fusion *1250°*.

L'or ne s'oxyde au contact de l'air à aucune température. Les acides, même les plus énergiques, sont sans action sur lui. Seule l'eau régale l'attaque et le transforme en chlorure d'or.

385. Usages de l'or. — L'or pur est employé pour la

dorure. Il existe un grand nombre de procédés différents de dorure ; les trois principaux sont la dorure à l'*huile*, la dorure au *trempé* et la dorure *galvanique*.

Pour dorer à l'*huile*, on dépose d'abord sur les objets que l'on veut soumettre à cette opération, une couche de céruse délayée dans de l'huile de lin et une couche de *mordant*, puis on applique sur ce mordant des feuilles d'or très minces.

La dorure au *trempé* consiste à plonger pendant quelques minutes les objets à dorer dans un bain bouillant de *chlorure d'or* dissous dans du *bicarbonate de potasse*. Le chlorure métallique se décompose et l'or se porte sur les objets. Cette dorure réussit très bien sur le cuivre.

La dorure *galvanique* a été décrite à la page 194.

Allié avec un peu de cuivre, l'or est employé pour fabriquer des pièces de monnaie, des médailles et un grand nombre d'articles d'orfèvrerie.

386. Extraction de l'or natif. — L'or n'existe dans la nature qu'à l'état natif ou à l'état d'alliage avec d'autres métaux, tels que l'argent, le plomb, le cuivre, etc. A l'état natif, on le trouve en pépites ou en paillettes mêlées avec du sable. Le poids habituel des plus lourdes pépites d'or est seulement de quelques grammes ; cependant, on en a trouvé dont le poids atteignait plusieurs kilogrammes.

Pour extraire l'or natif des sables aurifères, on place ces sables sur une longue planche inclinée contenant un grand nombre de traverses en saillie, puis on vide sur la partie la plus élevée de la planche une quantité d'eau assez considérable pour entraîner le plus de sable possible. Les paillettes d'or, à cause de leur densité, sont retenues par les traverses. On les sépare des sables non entraînés par le lavage, en traitant le mélange par le mercure, qui dissout l'or et forme avec lui un amalgame. Cet amalgame, porté à une haute température, laisse dégager tout le mercure à l'état de vapeur et donne de l'or pur comme résidu.

PLATINE

Symbole = Pl. — Poids atomique = 195.

387. Propriétés du platine. — Le *platine*, lorsqu'il a été fondu ou forgé, est un métal d'un blanc grisâtre un peu moins dur que l'argent, très malléable, très ductile et très tenace. Il ne fond pas au feu de forge ordinaire, mais seulement au chalumeau à gaz oxhydrique ou entre les deux pôles d'une forte pile. Le platine est le plus lourd de tous les corps connus, sa densité est *21,50*.

Ce métal se présente aussi sous la forme d'une masse spongieuse grisâtre, nommée *mousse de platine*, et sous la forme d'une poudre noire impalpable, qui porte le nom de *noir de platine*. Sous ces deux formes, le platine possède la propriété de condenser les gaz et les vapeurs combustibles, et, par l'effet de cette condensation, de dégager assez de chaleur pour les enflammer. Ainsi, quand on introduit du noir de platine dans une éprouvette contenant de l'hydrogène et de l'oxygène, cette poudre devient incandescente et détermine la combinaison des deux gaz. Lorsqu'on dirige un jet d'hydrogène sur de la mousse de platine, celle-ci absorbe jusqu'à *800 fois* son volume de gaz; cette absorption dégage assez de chaleur pour enflammer le jet d'hydrogène. Cette propriété a été utilisée dans la construction d'un appareil connu sous le nom de *briquet à hydrogène*.

Lorsqu'il a été forgé, le platine possède aussi la propriété d'absorber les gaz et les vapeurs. Ainsi, une spirale de platine placée dans la flamme d'une lampe à alcool devient incandescente et conserve son incandescence pendant très longtemps après qu'on a éteint la flamme de la lampe, grâce aux vapeurs d'alcool qu'elle absorbe et qu'elle brûle au contact de l'air.

Le platine ne s'oxyde à aucune température. Les acides, même les plus énergiques, sont sans action sur lui.

388. Usages du platine. — Le platine possédant une grande résistance à l'action de la chaleur et des agents chimiques, est employé pour faire des capsules, des creusets et des cornues, qui sont d'un usage fréquent dans les laboratoires de chimie. Il sert aussi à garnir les pointes des paratonnerres, à faire des étalons pour les mesures et à confectionner des pièces d'horlogerie. Il est à regretter que son prix élevé, *900 fr. le kilo*, ne permette pas de l'employer dans l'industrie, car il rendrait de grands services à cause de ses propriétés.

ARGILES ET POTERIES

389. Propriétés des argiles. — On donne le nom d'*argiles* à des matières terreuses, composées de *silice* et d'*alumine*, qui proviennent pour la plupart de roches siliceuses réduites en limon par les eaux. Les argiles sont généralement tendres, douces au toucher et diversement colorées par des oxydes métalliques. Elles forment avec l'eau une pâte plus ou moins liante selon leur degré de pureté. Cette pâte, sous l'action de la chaleur, éprouve un retrait considérable et devient extrêmement dure. C'est sur cette dernière propriété que repose l'emploi des argiles dans la fabrication des *poteries*.

Les principales espèces d'argiles sont le *kaolin* ou terre à porcelaine, l'*argile plastique* ou terre glaise, l'*argile figuline* ou terre à brique, l'*argile smectique* ou terre à foulon et la *marne*.

390. Poteries. — Sous le nom de *poteries*, on désigne tous les objets fabriqués avec de l'argile et durcis ensuite par l'action de la chaleur. Il y a quatre espèces principales de poteries : la *porcelaine*, la *faïence*, les *poteries communes* et les *terres cuites*.

391. Porcelaine. — La *porcelaine* se fait avec le *kaolin*, qui est de l'argile très pure. Le kaolin est une substance blanche, compacte, douce au toucher et difficilement fusible ; on le trouve en grande abondance à Saint-Yrieix, près de Limoges, et en Saxe. Avec le kaolin, on ajoute un *fondant*, qui a pour objet de diminuer son retrait pendant la cuisson et de lui faire éprouver un commencement de fusion, ce qui le rend vitreux et translucide. Le fondant employé est du *feldspath*, silicate double d'aluminium et de potassium.

Le kaolin et le feldspath, finement pulvérisés, sont délayés avec de l'eau, de manière à former une pâte liante que l'on malaxe pendant très longtemps, afin de la rendre parfaitement homogène. Avec cette pâte, on confectionne les pièces, soit au tour, soit au moule, puis on les fait sécher et on les soumet à une première cuisson, que l'on appelle le *dégourdi*.

Fig. 291. — *Tour du potier.*

Le dégourdi donne aux pièces une certaine consistance, mais il leur laisse une grande porosité. Après la première cuisson, on applique à la surface des pièces un vernis fusible et vitrifiable que l'on nomme *couverte* ou *émail*. Ce vernis est formé par de la *pegmatite*, mélange de feldspath et de quartz que l'on réduit en poudre très fine et que l'on délaye avec de l'eau, de manière à former une bouillie claire, appelée *barbotine*. On plonge les objets à venir dans la barbotine et on les retire aussitôt. Au sortir du bain, ils se trouvent couverts d'une mince couche de liquide tenant en suspension de la pegmatite très divisée ; l'eau est rapidement absorbée par la matière poreuse, et la surface reste enduite d'une couche très homogène de poudre vitrifiable.

Une fois munies de leur couverte, les pièces sont soumises à une seconde cuisson dans des fours spéciaux. Pour les protéger contre l'action de la fumée et des cendres, on les place dans des cylindres en terre réfractaire, nommés *cazelles*.

392. Faïence. — On fabrique la *faïence* avec de l'argile plastique à laquelle on ajoute du quartz réduit en poudre impalpable. La faïence contient quelquefois de la chaux ; elle prend alors le nom de *terre de pipe*. Les objets, après leur fabrication, sont d'abord soumis à une première cuisson, puis recouverts d'un vernis fusible, composé

Fig. 295. — *Coupe d'un four pour la cuisson de la porcelaine et de la faïence.*

de quartz, de carbonate de potassium, de minium et d'oxyde d'étain. Une seconde

cuisson fait fondre le vernis qui forme à la surface des objets
une couche d'émail très blanc.

393. Poteries communes. — Les *poteries communes*, qui servent pour les usages culinaires, sont fabriquées avec des argiles ferrugineuses auxquelles on ajoute
une certaine quantité de sable siliceux. Elles sont recouvertes
d'un vernis à base de plomb. Pour cette raison, il faut éviter
de laisser séjourner dans ces poteries des matières grasses ou
des acides, car ces corps dissoudraient le vernis plombifère
et formeraient avec lui des composés vénéneux.

394. Terres cuites. — On désigne sous le nom de
terres cuites les briques, les tuiles, les pots à fleurs, etc.
Ces objets sont faits avec des argiles marneuses mêlées de
sable. Ils sont d'abord façonnés au tour et dans des moules,
puis, après une dessication plus ou moins complète, ils sont
soumis à la cuisson.

VERRES

395. Propriétés du verre. — Les *verres* sont des
matières dures, fragiles et transparentes, formées par des
combinaisons de l'acide silicique avec des bases variables,
telles que la potasse, la soude, la chaux et de l'oxyde de
plomb.

Sous l'influence de la chaleur, le verre se ramollit d'abord,
puis entre en fusion. Une fois ramolli, il possède une plasti-
cité qui permet de le façonner aisément. Lorsqu'on le
refroidit brusquement, le verre subit une espèce de *trempe*
qui le rend très cassant ; les *larmes bataviques* en sont un
exemple.

Les larmes bataviques, que l'on obtient en faisant tomber,
dans de l'eau froide, des gouttes de verre fondu, ont la forme
d'un ovoïde terminé par une pointe effilée. Leur fragilité est
telle que, lorsqu'on les raye ou qu'on brise leur pointe, elles
se réduisent en poussière en produisant une détonation.

Toutes les pièces en verre subissent un *recuit* avant d'être livrées au commerce. Pour recuire le verre, on le chauffe à une température voisine de celle où il se ramollit et on le refroidit très lentement. C'est à un recuit insuffisant que l'on doit attribuer la rupture, sans cause matérielle apparente, d'un grand nombre d'objets en verre.

Le verre se dilate beaucoup et conduit mal la chaleur ; cette propriété explique pourquoi le verre se brise lorsqu'il n'est échauffé ou refroidi qu'en un point.

Depuis quelques années, on a trouvé le moyen de faire subir aux objets en verre une trempe qui diminue beaucoup leur fragilité. Dans ce but, on les porte au rouge sombre, puis on les plonge dans un bain de matières grasses fluidifiées par la chaleur. Les objets en verre acquièrent par cette opération une si grande résistance qu'ils peuvent être violemment jetés à terre sans être brisés.

On distingue plusieurs espèces de verres ; les principale sont le *verre ordinaire*, le *verre à bouteilles*, le *cristal* e le *flint-glass*.

396. Verre ordinaire. — Le *verre ordinaire* est un silicate double de sodium et de calcium. On le prépare en faisant

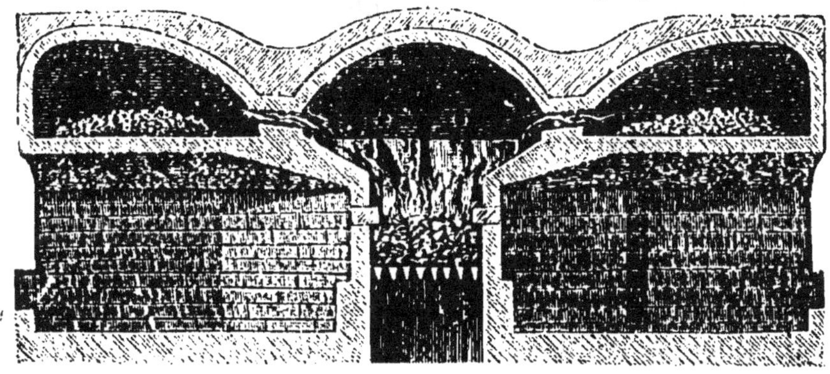

Fig. 206. — *Coupe d'un four de verrerie.*

fondre ensemble *10 parties* de sable blanc, *4 parties* de craie et *3 parties* de carbonate de sodium. Ces matières, intimement mélangées, sont soumises à une première calcination, nommée *fritte*, qui détermine un commencement de combinaison. Une fois fritté, le mélange est introduit dans des creusets en terre réfractaire placés au milieu d'un four circulaire chauffé au rouge vif. Il fond peu à peu et les éléments qui le composent se combinent entre eux pour former le verre. Lorsque le verre est parfaitement liquide, on le met en œuvre soit par le *soufflage*, soit par le *moulage* et le plus souvent par les deux procédés à la fois.

En Allemagne, on remplace le carbonate de sodium par le carbonate de potassium, qui est très abondant dans cette contrée. On obtient ainsi un verre parfaitement incolore et très estimé, connu sous le nom de *verre de Bohême*.

Le verre ordinaire sert à fabriquer les objets de gobeletterie, le verre à vitre et les glaces.

397. Verre à bouteilles. — Le *verre à bouteilles* est un mélange de silicates de sodium, de calcium, d'aluminium et de fer. On l'obtient en chauffant avec de la soude brute des sables qui, étant à la fois calcaires, argileux et ferrugineux, donnent un verre très fusible et par conséquent de production économique. Le verre à bouteilles doit sa couleur verte à l'oxyde de fer qu'il renferme. On fabrique les bouteilles par le soufflage et par le moulage exécutés simultanément.

398. Cristal. — Le *cristal* est un silicate double de potassium et de plomb. On l'obtient en fondant ensemble *30 parties* de sable pur, *20 parties* de minium et *10 parties* de carbonate de potassium. Il est complètement incolore : sa transparence et sa limpidité sont parfaites. Le cristal n'est employé que pour la fabrication des objets de luxe.

399. Flint-glass. — On distingue sous le nom de *flint-glass* un cristal plus riche en oxyde de plomb que le cristal ordinaire. Il est très réfringent et, pour cette raison, il est employé pour la construction des instruments d'optique.

RÉSUMÉ

L'argent est le plus blanc de tous les métaux. Il est très ductible et très malléable. Sa densité est *10,50* et son point de fusion à *1000°*. L'argent est inoxydable à l'air, même aux plus hautes températures. L'acide azotique le dissout à froid ; l'acide chlorhydrique ne l'attaque que superficiellement et l'acide sulfhydrique le noircit.

Allié avec un peu de cuivre, l'argent sert à fabriquer des pièces de monnaie et des objets d'orfèvrerie. On trouve l'argent à l'état natif, mais surtout à l'état de sulfure.

L'or est doué d'une belle couleur caractéristique. Il est le plus ductile et le plus malléable de tous les métaux. Sa densité est *19,50* et son point de fusion à *1250°*. Il ne s'oxyde au contact de l'air à aucune température. Seule, l'eau régale l'attaque et le transforme en chlorure d'or.

Quand il est pur, l'or est employé pour la dorure. Il existe trois procédés principaux de dorure : la dorure à l'*huile*, la dorure au *trempé* et la dorure *galvanique*. Lorsqu'il est allié avec un peu de cuivre, l'or sert à fabriquer des pièces de monnaie et des objets d'orfèvrerie. On trouve l'or à l'état natif et à l'état d'alliage avec d'autres métaux, tels que l'argent, le plomb, le cuivre, etc.

Le *platine*, lorsqu'il est fondu ou forgé, est un métal blanc, grisâtre, très malléable, très ductile et très tenace. Sa densité est *21.50* et son point de fusion à *1700°*. Il se présente aussi sous la forme d'une masse spongieuse nommée *mousse de platine*, et sous la forme d'une poudre noire qui porte le nom de *noir de platine*. Sous ces deux états, il a la propriété de condenser les gaz et d'enflammer ceux qui sont combustibles.

Exposé à l'air, le platine ne s'oxyde à aucune température. Les acides n'ont pas d'action sur lui ; l'eau régale le dissout et le convertit en chlorure de platine.

Le platine est principalement employé pour faire des creusets, des capsules, des cornues, etc., qui sont d'un usage fréquent dans les laboratoires.

Les *argiles* sont des matières terreuses, composées de silice et d'alumine, qui forment avec l'eau une pâte plus ou moins liante suivant leur degré de pureté. Cette pâte, sous l'action de la chaleur, éprouve un retrait considérable et devient très dure.

Les principales variétés d'argile sont le *kaolin*, l'*argile plastique*, l'*argile figuline*, l'*argile smectique* et la *marne*.

On désigne sous le nom de *poteries* tous les objets fabriqués avec de l'argile et durcis par l'action de la chaleur. Il y a quatre espèces principales de poteries : la *porcelaine*, la *faïence*, les *poteries communes* et les *terres cuites*.

Les verres sont des matières dures, fragiles et transparentes, formées par des combinaisons de l'acide silicique avec des bases variables, telles que la potasse, la soude, la chaux et l'oxyde de plomb. Le verre se ramollit et fond sous l'action de la chaleur. En se refroidissant brusquement, il subit une espèce de trempe qui augmente beaucoup sa fragilité.

On distingue plusieurs espèces de verres ; les principales sont : le *verre ordinaire*, le *verre à bouteilles*, le *cristal* et le *flint-glass*.

QUESTIONNAIRE

Quelles sont les propriétés de l'argent ? — Quels sont ses usages ? — Comment existe-t-il dans la nature ? — Quelles sont les propriétés de l'or ? — Quels sont ses usages ? — Comment extrait-on l'or natif ? — Quelles sont les propriétés du platine ? — Quels sont ses usages ? — De quoi se composent les argiles ? — D'où proviennent-elles ? — Quelles sont les principales espèces d'argiles ? — Qu'entend-on par poteries ? — Quelles sont les principales espèces de poteries ? — Comment se fabriquent ces poteries ? — De quoi se compose le verre ? — Quelles sont les propriétés du verre ? — Nommez les principales espèces de verres. — Comment se fabriquent ces différents verres ?

NOTIONS DE CHIMIE ORGANIQUE

CHAPITRE I

SUBSTANCES INDUSTRIELLES

400. — La *Chimie organique* a pour objet l'étude des substances d'origine végétale ou animale. Parmi ces substances, les unes sont formées exclusivement de *carbone* et d'*hydrogène ;* d'autres ne renferment que du *carbone*, de l'*hydrogène* et de l'*oxygène ;* d'autres enfin, et principalement celles qui proviennent du règne animal, sont composées de *carbone*, d'*hydrogène*, d'*oxygène* et d'*azote*. On rencontre aussi dans quelques corps organiques de faibles proportions de *soufre*, de *phosphore*, d'*iode*, de *fer*, de *silice*, etc.

Malgré le nombre si restreint des éléments qui entrent dans leur constitution, les diverses espèces de matières organiques sont excessivement nombreuses, et cela à cause des combinaisons très multiples auxquelles peut donner lieu le groupement de ces éléments. Nous ne décrirons que les plus importantes de ces substances et celles qui donnent lieu aux opérations pratiques les plus intéressantes.

ACIDES ORGANIQUES

401. — Les *acides organiques* sont des corps qui peuvent se combiner avec les *bases* pour former des *sels*. Ils sont généralement formés de carbone, d'hydrogène et d'oxygène en proportions très variables. Presque tous sont solides et cristallisés à la température ordinaire ; quelques-uns restent liquides ; tous sont incolores. Les acides organiques les plus employés sont :

1° L'acide *acétique*, l'acide *oxalique*, l'acide *tartrique*, l'acide *tannique* et l'acide *phénique*, que l'on retire des végétaux.

2° Les *acides gras* que l'on extrait des matières grasses.

402. Acide acétique, $C^2H^4O^2$. — *L'acide acétique* est le principe acide du vinaigre. Lorsqu'il est pur, il reste solide et cristallisé jusqu'à la température de *17°*. A cette température, il fond et donne un liquide incolore, d'une saveur très acide et qui produit des ampoules lorsqu'il est mis en contact avec la peau.

L'acide acétique existe à l'état de combinaison dans tous les végétaux. Il se forme dans la distillation du bois et surtout par l'oxydation de l'alcool. Trois procédés différents sont en usage dans l'industrie pour le préparer à l'état de dissolution plus ou moins étendue : le *procédé d'Orléans*, le *procédé allemand* et le *procédé de la distillation du bois*.

1° *Procédé d'Orléans*. — Le procédé d'Orléans consiste à oxyder l'alcool du vin en présence de l'air. Pour cela, on introduit dans un tonneau *100 litres* de bon vinaigre et *10 litres* de vin. On laisse le tonneau ouvert et on le place dans un appartement dont la température est de *30°*. Peu à peu, le liquide se couvre d'un végétal microscopique nommé *micoderma aceti* ou *fleur du vinaigre*. Ce végétal a la propriété d'absorber l'oxygène de l'air et de le fixer sur l'alcool du vin, pour le convertir en acide acétique. Au bout de quelques jours, tout le vin du tonneau est transformé en vinaigre. On tire alors *10 litres* de ce liquide que l'on remplace par *10 litres* de vin. Cette opération peut se continuer indéfiniment. Dans l'économie domestique, on prépare le vinaigre d'une manière analogue.

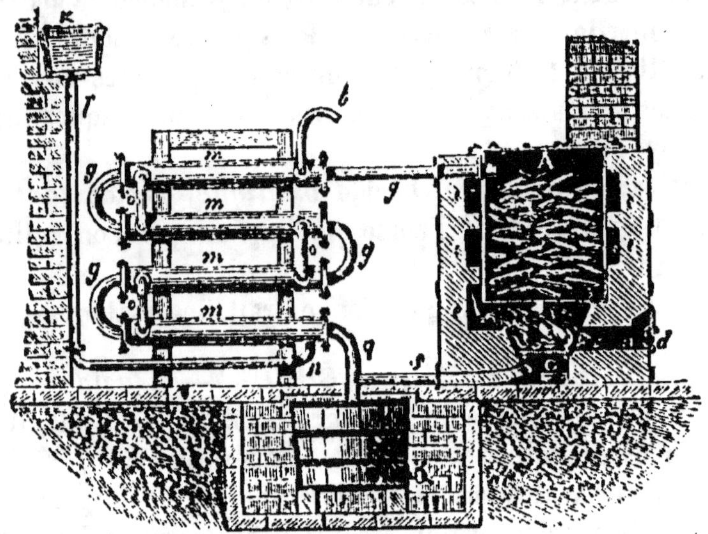

Fig. 207. — *Distillation du bois.*

2° *Procédé allemand.* — En Allemagne, on prépare le vinaigre en faisant passer à travers un tonneau plein de copeaux de hêtre, un mélange de *cinq parties* d'eau et d'*une partie* d'alcool. Les copeaux de hêtre ont pour but de diviser le liquide alcoolique, de favoriser son contact avec l'air et par conséquent d'activer son oxydation. Ce procédé est plus rapide que celui d'Orléans, mais il donne un vinaigre de qualité inférieure.

3º *Procédé de la distillation du bois.* — En distillant
le bois en vase clos et en faisant passer dans un réfrigérant
les vapeurs qui s'en dégagent, on obtient un mélange d'huiles
diverses, de goudron, d'alcool méthylique et d'acide acétique.
On isole ce dernier par un traitement à la soude et à l'acide
sulfurique.

L'acide acétique étendu d'eau est employé, sous le nom de
vinaigre, pour assaisonner nos aliments. A l'état de combinaison avec le fer et l'alumine, il est d'une grande utilité
pour la teinture et l'impression des étoffes. On se sert aussi
de l'acide acétique pour la préparation de la céruse.

403. Acide oxalique, $C^2O^4H^2+2H^2O$. — L'*acide oxalique* est un corps solide et cristallisé. Il possède une saveur
aigre et piquante; il devient vénéneux lorsqu'il est pris en
quantité un peu considérable. A l'état libre, on le trouve
dans les poils du pois chiche; à l'état de combinaison, il
existe dans un grand nombre de plantes marines et dans
l'oseille. C'est de cette dernière plante qu'on l'extrait ordinairement.

L'acide oxalique est très employé en teinture. Sa dissolution, connue sous le nom d'*eau de cuivre*, sert pour écurer
le cuivre et pour effacer sur le linge les taches d'encre et de
rouille.

404. Acide tartrique, $C^4H^6O^6$. — L'*acide tartrique*
est un corps qui se présente sous la forme de gros cristaux
ayant une saveur acide assez agréable. Il existe à l'état de
combinaison dans un grand nombre de végétaux; le jus de
raisin contient beaucoup de bitartrate de potasse. C'est ce
sel qui, sous le nom de *crème de tartre*, forme les dépôts
que l'on trouve sur les parois des tonneaux ayant contenu du
vin.

La crème de tartre est le plus important de tous les composés de l'acide tartrique; elle est souvent employée pour la
teinture de la laine. On fait un usage fréquent de l'acide tar-

trique pour préparer des boissons rafraîchissantes et pour améliorer les vins.

405. Acide tannique, $C^{14}H^{10}O^9$. — *L'acide tannique* ou *tanin* est un corps solide que l'on trouve dans le commerce sous la forme d'une masse spongieuse jaunâtre et incristallisable. Il est très soluble dans l'eau et possède une saveur astringente.

On trouve l'acide tannique dans beaucoup de végétaux, et principalement dans l'écorce du chêne et dans la *noix de galle*, excroissance qui se développe sur les feuilles de chêne par suite de la piqûre d'un insecte, le *cynips*.

L'acide tannique a la propriété de se combiner avec la peau animale et de former avec elle un composé imputrescible, insoluble et imperméable, que l'on désigne sous le nom de *cuir*.

Pour préparer le cuir, on commence par débarrasser les peaux de leurs poils et des graisses qui peuvent y être adhérentes ; pour cela, on les fait tremper pendant quelques jours dans un lait de chaux, puis on les râcle avec un couteau et on les lave à grande eau. Après cette opération, les peaux sont placées dans de grandes fosses en maçonnerie, où on les dispose en couches alternatives avec du *tan*, c'est-à-dire avec de l'écorce de chêne réduite en fragments plus ou moins fins. On fait arriver de l'eau dans ces fosses de manière à maintenir les peaux ainsi que l'écorce de chêne constamment mouillées. Ce liquide dissout le tanin et en détermine la combinaison avec les peaux. Il faut près d'une année pour que cette opération soit terminée.

L'acide tannique précipite les sels de sesquioxyde de fer en noir bleuâtre ; on utilise cette propriété pour la fabrication de l'encre ordinaire. Pour obtenir de la bonne encre, on fait bouillir pendant quelques heures, dans *15 litres d'eau*, *1 kilogr. de noix de galle* concassées ; on filtre la liqueur, puis on ajoute *500 gr. de gomme arabique*, *500 gr. de sulfate de fer*, que l'on a fait dissoudre auparavant dans

2 litres d'eau, et si l'on veut donner à l'encre un beau brillant, on y ajoute encore un peu de *sucre* et un peu de *sulfate de cuivre*. Pour que l'encre noircisse, il faut la laisser pendant quelques jours au contact de l'air en ayant soin de la remuer de temps en temps ; cette précaution est nécessaire pour transformer le sulfate de protoxyde de fer en sulfate de sesquioxyde, qui seul donne une couleur noire en se combinant avec le tannin.

406. Acide phénique, C^6H^6O. — L'*acide phénique* ou *phénol* est un corps solide qui, lorsqu'il est pur, cristallise en aiguilles incolores, d'une odeur caractéristique et d'une saveur brûlante. Il fond à *35°*, bout à *186°* et brûle avec une flamme fuligineuse.

Traité par l'acide azotique, l'acide phénique donne de l'*acide picrique*, qui est très employé en teinture. Chauffé en vase clos avec de l'ammoniaque, il produit de l'*aniline*, substance qui sert à préparer un grand nombre de couleurs artificielles, telles que les différentes *fuchsines* et les *bleus*, les *verts*, les *noirs*, les *jaunes* d'aniline.

L'acide phénique est un désinfectant très énergique. Il sert à assainir les salles des hôpitaux, les salles de dissection, les casernes, les cales des navires, les abattoirs, les curies, etc. On l'extrait des goudrons fournis par la distillation de la houille.

407. Acides gras. — Les *acides gras* sont au nombre de trois : l'*acide stéarique*, l'*acide margarique*, l'*acide oléique*.

L'*acide stéarique*, $C^{13}H^{36}O^2$, est un corps solide, blanc, cristallisé en longues aiguilles brillantes ; il fond à *70°* et brûle avec une flamme blanche très éclairante.

L'*acide margarique*, $C^{17}H^{34}O^2$, ne diffère du précédent que par son point d'ébullition qui est à *60°*.

L'*acide oléique*, $C^{18}H^{34}O^2$, est un liquide incolore qui se solidifie à *4°*, et qui s'épaissit et devient brun au contact de l'air.

Les corps gras tels que les huiles, le suif, la graisse, etc., sont formés par le mélange en proportions variables de trois substances connues sous les noms de *stéarine*, de *margarine* et d'*oléine*. Les deux premières sont solides et la troisième est liquide. Lorsqu'on met la stéarine, la margarine et l'oléine en présence d'une base énergique, elles se transforment en acides gras, qui se combinent avec la base, et en une matière huileuse, qui a reçu le nom de *glycérine*. Ainsi, en présence de la chaux, la *stéarine* se convertit en *stéarate de calcium* et en *glycérine* ; la *margarine* se convertit en *margarate de calcium* et en *glycérine ;* l'*oléine* se convertit en *oléate de calcium* et en *glycérine.*

L'action des bases sur les corps gras a reçu le nom de *saponification*. C'est sur la saponification que repose la fabrication des *savons* et des *bougies.*

SAPONIFICATION

408. Fabrication des savons. — On désigne sous le nom général de *savons* toutes les combinaisons des acides gras avec les bases minérales. Il n'y a que les savons à base de potasse, de soude ou d'ammoniaque qui soient solubles dans l'eau. Les savons à base de potasse sont *mous*, les savons à base de soude sont *durs* ; un savon est d'autant plus dur que le corps gras qui l'a formé est moins fusible.

Pour fabriquer le savon ordinaire, appelé *savon de Marseille*, on commence par porter à l'ébullition une dissolution de soude très étendue ; puis on y ajoute une certaine quantité de sel marin et les matières grasses à saponifier ; ces matières sont ordinairement du *suif*, de la *graisse*, de l'*huile de palme* ou de l'*huile d'olive* de qualité inférieure. La combinaison des acides gras avec la soude se fait presque aussitôt. Il en résulte de la glycérine, qui surnage à la surface du liquide, et du savon, qui, étant insoluble dans l'eau salée, se précipite à l'état de grumeaux au fond de la dissolution. On enlève ce savon pour le couler dans les moules, où il se prend en masse.

Le *savon marbré* doit ses veines colorées à des composés d'alumine et de fer qui se trouvent mélangés avec la soude. On l'obtient en refroidissant rapidement les grumeaux de manière que le savon qui se forme avec l'alumine et l'oxyde de fer n'ait pas le temps de se séparer du savon à base de soude. Le savon marbré est plus estimé que le savon blanc, parce qu'il ne contient guère que *25 à 30 pour cent* d'eau ; le savon blanc peut en contenir jusqu'à *50 pour cent.*

Les *savons mousseux* se fabriquent en saponifiant de l'huile de palme. En dissolvant du savon blanc dans de l'alcool bouillant, on obtient, après l'évaporation de ce liquide, un savon complètement transparent.

409. Fabrication des bougies. — Les *bougies* sont formées par de l'acide stéarique et de l'acide margarique fondus ensemble et coulés dans des moules. Dans l'axe de ces moules se trouve une mèche de coton tressée et imprégnée d'acide borique. Le tressage de la mèche a pour but de la faire recourber à mesure que la bougie brûle ; cette propriété lui permet de se consumer entièrement au contact de l'air, ce qui évite l'inconvénient de la moucher ; l'acide borique transforme les cendres de la mèche en un verre fusible.

On fabrique les bougies principalement avec du suif de bœuf ou de mouton, avec de l'huile de palme ou avec des graisses de qualité inférieure. Les matières grasses sont d'abord chauffées à l'aide de la vapeur d'eau dans de grandes cuves en bois doublées de plomb. Lorsque leur fusion est complète, on y ajoute de la chaux en poudre. Sous l'influence de cette chaux, la stéarine, la margarine et l'oléine des matières grasses se décomposent. Il se forme de la glycérine, qui se sépare, de l'acide margarique, de l'acide stéarique et de l'acide oléique, qui se combinent avec la chaux pour former un savon calcaire insoluble.

On laisse déposer ce savon calcaire ; la partie liquide est

décantée ; la partie solide est lavée, pulvérisée et soumise à l'action de l'acide sulfurique étendu et légèrement chauffé.

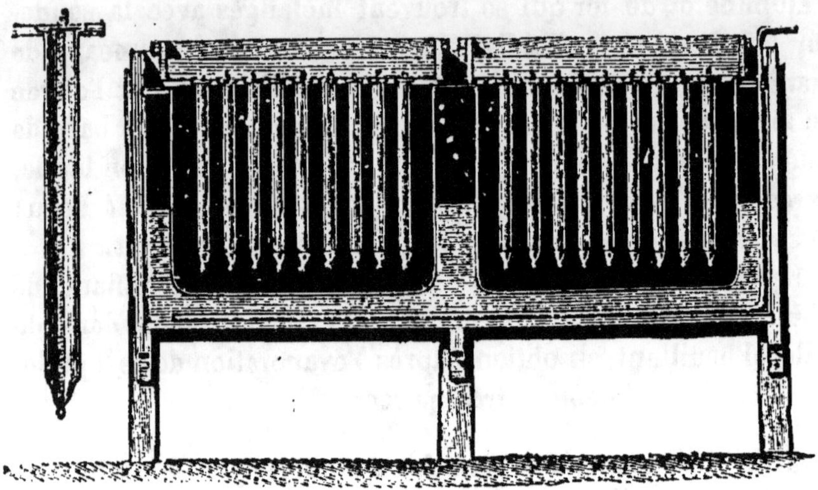

Fig. 298. — *Moules à bougies.*

L'acide sulfurique s'empare de la base du savon calcaire et produit en se combinant avec elle, du sulfate de calcium, qui se dépose au fond de la cuve. Les acides gras, devenus libres, viennent alors former une couche huileuse à la surface du liquide. On décante ces acides, on les lave avec de l'eau acidulée pour enlever les dernières traces de chaux, puis, lorsqu'ils sont refroidis, on les soumet à l'action d'une presse hydraulique, afin d'en extraire l'acide oléique qui est liquide. On obtient ainsi des tourteaux d'acide stéarique et d'acide margarique, que l'on fond de nouveau pour les couler dans les moules à bougies.

410. Glycérine, $C^3H^8O^3$. — La *glycérine* est un liquide incolore, d'une consistance assez épaisse et qui brûle avec une flamme éclairante. On la trouve en grande abondance dans le commerce, car elle est un des produits accessoires de la fabrication des bougies et des savons. On l'emploie en médecine pour le pansement des plaies et des gerçures de la peau ;

dans l'industrie elle sert à fabriquer la *nitroglycérine* et la *dynamite*.

La *nitroglycérine*, $C^3H^5 (AzO^3)^3$, est un liquide huileux, jaunâtre, que l'on obtient en faisant tomber goutte à goutte de la glycérine dans un mélange à volumes égaux d'acide azotique et d'acide sulfurique. Le mélange étant versé dans une grande quantité d'eau froide, laisse déposer une couche de nitroglycérine, que l'on isole en décantant le liquide qui surnage. Cette préparation est des plus dangereuses; elle demande des manipulateurs habiles et exercés, car la nitro-glycérine est un corps très explosif, qui détone sous l'in-fluence du moindre choc et quelquefois même sans cause apparente.

La *dynamite* est formée par le mélange de *75 parties* de nitroglycérine et de *25 parties* d'une matière poreuse et inerte, telle que le sable, ou la brique pilée. Elle ne détone que par un choc violent ou par l'explosion d'une capsule de fulminate de mercure. Elle fait explosion sous l'eau et pro-duit des effets bien plus puissants que ceux de la poudre; aussi l'emploie-t-on de préférence à celle-ci dans tous les travaux de mine.

RÉSUMÉ

La *chimie organique* a pour objet l'étude des substances d'origine végétale ou animale. Parmi ces substances, les unes sont formées exclusivement de *carbone* et d'*hydrogène* ; d'autres ne renferment que du *carbone*, de l'*hydrogène* et de l'*oxygène*; d'autres enfin sont composées de *carbone*, d'*hydrogène*, d'*oxy-gène* et d'*azote*.

Les *acides organiques* sont des corps qui peuvent se com-biner avec les *bases* pour former des *sels*. Les principaux sont l'acide *acétique*, l'acide *oxalique*, l'acide *tartrique*, l'acide *tannique* et les *acides gras*.

L'*acide acétique* est le principe acide du vinaigre. Lorsqu'il est pur, il reste solide jusqu'à la température de *16°*. À cette température, il fond et donne un liquide incolore d'une saveur très acide et qui produit des ampoules lorsqu'il est en contact avec la peau. On le prépare à l'état de dissolution par trois procédés différents, savoir : le *procédé d'Orléans*, le *procédé allemand* et le *procédé de la distillation du bois*. Ses usages sont assez nombreux dans l'économie domestique et dans l'industrie.

L'*acide oxalique* est un corps solide et cristallisé, qui possède une saveur aigre et piquante. On le trouve dans les poils du pois chiche et dans l'oseille. Il est très employé en teinture, et sa dissolution, connue sous le nom d'*eau de cuivre*, sert pour écurer le cuivre et pour effacer sur le linge les taches d'encre ou de rouille.

L'*acide tartrique* se présente sous la forme de gros cristaux ayant une saveur agréable. Il existe à l'état de combinaison dans beaucoup de végétaux. On l'extrait principalement du jus du raisin. Le bitartrate de potasse ou *crème de tartre* est le plus important des sels de l'acide tartrique : il est employé en teinture ; on s'en sert aussi pour préparer des boissons rafraîchissantes et pour améliorer les vins.

L'*acide tannique* est un corps solide, spongieux, jaunâtre et incristallisable. Il est très soluble dans l'eau et possède une saveur astringente. On le trouve dans beaucoup de végétaux et principalement dans l'écorce du chêne et dans la noix de galle. En se combinant avec la peau animale, l'acide tannique forme un composé imputrescible, insoluble et imperméable, que l'on désigne sous le nom de *cuir*. L'acide tannique précipite les sels de sesquioxyde de fer en noir bleuâtre. On utilise cette propriété pour la fabrication de l'*encre ordinaire*.

L'*acide phénique* ou *phénol*, lorsqu'il est pur, est un corps solide d'une odeur caractéristique et d'une saveur brûlante. On s'en sert comme désinfectant. Quelques-uns de ses dérivés, tels que l'*acide picrique*, l'*aniline* et les différentes *fuschines*, sont des composés très employés en teinture. On extrait l'acide phénique des goudrons fournis par la distillation de la houille.

Les *acides gras* sont au nombre de trois : l'*acide stéarique*, l'*acide margarique* et l'*acide oléique*. Les deux premiers sont solides et le troisième est liquide. On les extrait des corps gras, qui sont formés par le mélange, en proportions très variables, de trois substances appelées *stéarine*, *margarine* et *oléine*. Au contact des bases énergiques, ces substances se dédoublent en acides gras, qui se combinent avec les bases, et en une matière huileuse, qui a reçu le nom de *glycérine*.

L'action des bases sur les corps gras prend le nom de *saponification*. C'est sur la saponification que repose la fabrication des *savons* et des *bougies*.

On désigne sous le nom général de *savons* toutes les combinaisons des acides gras avec les bases minérales. On distingue les *savons mous* et les *savons durs*. Les premiers sont à base de potasse, et les seconds à base de soude. Les savons mousseux se fabriquent avec de l'*huile de palme*.

Les *bougies* sont formées par de l'acide stéarique et de l'acide margarique fondus ensemble, et coulés dans des moules contenant une mèche de coton tressée et imprégnée d'acide borique. L'acide stéarique et l'acide margarique qui doivent servir à la fabrication des bougies, sont préparés en traitant les matières grasses d'abord par la *chaux*, puis par l'*acide sulfurique*.

La *glycérine* est un liquide incolore, d'une consistance assez épaisse et qui brûle avec une flamme fuligineuse. Elle a quelques usages en médecine; dans l'industrie, elle sert à préparer la *nitroglycérine* et la *dynamite*.

La *nitroglycérine* est un liquide huileux très explosif, elle détone sous l'influence du moindre choc et quelquefois même sans cause apparente. Mélangée avec le *tiers* de son poids de sable ou de brique pilée, elle constitue la *dynamite*, qui est moins explosible.

QUESTIONNAIRE

Quel est l'objet de la chimie organique? — Quels sont les éléments qui entrent dans la composition des corps organiques? — Qu'est-ce que les acides organiques? — Nommez les principaux acides organiques. — Dites ce que vous savez sur l'acide acétique. — Sur l'acide oxalique. — Sur l'acide tartrique. — Sur l'acide tannique. — Comment se fait le tannage des peaux? — Comment se fabrique l'encre ordinaire? — Dites ce que vous savez sur l'acide phénique. — Sur les acides gras. — Qu'entend-on par saponification? — Qu'appelle-t-on savon? — Comment se fabrique le savon ordinaire? — Comment se fabriquent les bougies? — Dites ce que vous savez sur la glycérine. — Sur la nitroglycérine. — Sur la dynamite.

CHAPITRE II

SUBSTANCES INDUSTRIELLES

(*Suite*)

CARBURES D'HYDROGÈNE

411. — On donne le nom de *carbures d'hydrogène* à des corps qui ne sont composés que de carbone et d'hydrogène. Ces corps sont très nombreux dans la nature. Les uns sont gazeux, comme le *formène*, l'*éthylène* et l'*acétylène*, qui ont été décrits précédemment; d'autres sont liquides comme la *benzine*, l'*essence de térébenthine* et les *pétroles*; d'autres enfin sont solides, comme le *caoutchouc* et la *gutta-percha*, etc.

412. Benzine, C^6H^6. — Lorsqu'elle est pure, la *benzine* se présente sous la forme d'un liquide incolore ayant une odeur assez agréable. Elle se solidifie à *0°*, bout à *81°* et brûle avec une flamme fuligineuse, mais brillante. Elle est très inflammable ; sa vapeur forme avec l'air un mélange détonant, aussi ne doit-on pas manier la benzine sans précautions.

La benzine dissout le soufre, le phosphore, les résines et surtout les corps gras. Cette dernière propriété est souvent utilisée pour enlever les taches de graisse sur les étoffes de laine. Un des principaux usages de la benzine est de servir à la fabrication de la *nitrobenzine* et de l'*aniline*.

On extrait la benzine des goudrons de houille.

La *nitrobenzine*, $C^6H^5AzO^2$, est un liquide jaunâtre, d'une saveur agréable, qui rappelle celle des amandes amères. On l'obtient en faisant réagir par petites portions de la benzine sur de l'acide azotique concentré. Sous le nom d'*essence de Mirbane*, elle est employée pour parfumer les savons, mais elle sert surtout à fabriquer l'*aniline*, substance des plus importantes à cause des belles couleurs que l'on en retire.

413. Essence de térébenthine, $C^{10}H^{16}$. — L'*essence de térébenthine* est un liquide incolore, très fluide, d'une odeur caractéristique. Sa densité est *0,86* et son point d'ébullition à *156°*. Elle brûle avec une flamme fuligineuse. Elle s'oxyde au contact de l'air et se transforme en résine.

L'essence de térébenthine se prépare par la distillation de la *térébenthine*, liqueur visqueuse qui s'écoule des incisions faites à la tige de certains végétaux de la famille des conifères, tels que les pins, les sapins, les mélèzes, etc. La térébenthine est formée par la dissolution d'une résine, nommée *colophane*, dans l'essence de térébenthine.

L'essence de térébenthine dissout le soufre, le phosphore, le caoutchouc, les corps gras et les matières résineuses. Elle est employée pour enlever les taches de graisse sur les habits et surtout pour fabriquer les *vernis*.

414. Vernis. — Les *vernis* sont des dissolutions de diverses résines dans l'essence de térébenthine, dans l'alcool ou dans l'huile de lin ; de là, trois espèces de vernis : les vernis à l'*essence*, les vernis à l'*alcool*, et les vernis à l'*huile*. Appliqués en couches minces sur les objets, les vernis durcissent et préservent les objets de l'action de l'humidité et des autres causes qui pourraient les détériorer.

415. Résines. — Les *résines* sont des corps solides, plus ou moins transparents, colorés le plus souvent en jaune ou en brun. On les extrait généralement du suc de certains végétaux, où elles existent à l'état de dissolution dans les essences. Les résines se divisent en trois groupes, savoir :

1º *Les résines proprement dites*, dont les principales sont : le *mastic*, la *sandaraque*, le *copal*, l'*élémi*, la *colophane*, l'*ambre*, le *gayac*, le *jalap*, etc.

2º Les *baumes*, tels que le *baume du Pérou*, le *baume de Tolu*, le *benjoin*, le *styrax*, etc.

3º Les *gommes-résines*, comme l'*assa-fœtida*, la *gomme-gutte*, l'*encens*, la *myrrhe*, la *scammonée*, etc.

416. Pétroles. — Les *pétroles* sont des liquides jaunâtres, d'une odeur assez désagréable, qui brûlent avec un grand éclat. Les *pétroles bruts*, désignés sous le nom de *naphtes*, s'extraient du sol. On les trouve en grande quantité sur les bords de la mer Caspienne, à Java et en Amérique. Dans ces contrées, ils forment des sources très abondantes qui alimentent des puits peu profonds. Certains de ces puits sont jaillissants et versent par leur orifice des gaz inflammables mélangés avec des pétroles et de l'eau salée. La plupart d'entre eux sont exploités à l'aide de pompes qui amènent les pétroles à la surface du sol.

Les pétroles, tels qu'ils existent dans la nature, sont constitués par le mélange en proportions très diverses d'un grand nombre de carbures d'hydrogène ; les points d'ébullition de ces carbures varient depuis *400* jusqu'à *500º*. Les pétroles bruts sont trop inflammables pour être employés directement et même pour être transportés sans danger; on est obligé de les distiller avant de les livrer au commerce.

Le liquide qui passe à la distillation entre 35 et 70° constitue l'*huile légère de pétrole*. C'est un produit très inflammable et très dangereux à manier. On l'utilise en le transformant en benzine; sa vapeur mélangée avec l'air forme un gaz d'éclairage connu sous le nom de *gaz Mille*.

Le second produit, recueilli entre *70 et 120°*, porte le nom d'*essence minérale de pétrole*. A la température ordinaire, cette essence émet des vapeurs qui s'enflamment très facilement; elle ne doit être maniée qu'avec beaucoup de précautions. L'essence minérale est fort employée pour l'éclairage dans les *lampes à éponge;* elle sert aussi à remplacer l'essence de térébenthine pour la fabrication des vernis.

Le troisième produit de la distillation, celui qui passe entre *120 et 280°*, forme le *pétrole pour lampe;* c'est le *pétrole ordinaire*. Ce liquide, avant de servir pour l'éclairage, doit être *rectifié* par un traitement à l'acide sulfurique et à la soude. Le pétrole rectifié ne doit pas renfermer des matières volatiles afin de n'être pas d'un maniement dangereux. Si, étant chauffé à *35°*, il prenait feu à l'approche d'un corps enflammé, ce serait une preuve qu'il contiendrait encore de l'essence; il faudrait le redistiller avant de s'en servir. Le pétrole est un désinfectant puissant; pour ce motif, on s'en sert pour la conservation des bois. Il peut être employé pour le chauffage. Au Canada, on le transforme en gaz d'éclairage.

Après la distillation du pétrole, il ne reste plus dans les cornues que les *huiles lourdes de pétrole;* on emploie ces huiles pour le chauffage et pour le graissage des machines.

417. Caoutchouc, C^4H^7. — Le *caoutchouc* est formé par le suc laiteux qui s'écoule des incisions faites à l'écorce de certains arbres, et notamment de l'*hevea guyanensis* et du *siphonia cautchu*.

Le caoutchouc a ordinairement une couleur brunâtre; mais

lorsqu'il est pur, il est blanc et demi-transparent. Il est mou, flexible et d'autant plus élastique que sa température est plus élevée. Lorsqu'il est *vulcanisé*, c'est-à-dire combiné avec un peu de soufre, il conserve son élasticité à toutes les températures. Soumis à l'action de la chaleur, le caoutchouc se ramollit d'abord, puis il fond et prend la consistance du goudron. Il brûle avec une flamme brillante et fuligineuse. Insoluble dans l'eau et dans l'alcool, il se dissout dans le sulfure de carbone, dans la benzine et dans l'essence de térébenthine. Il résiste à l'action de la plupart des produits chimiques, ce qui explique la cause de son fréquent emploi dans les laboratoires.

Le caoutchouc sert encore pour effacer le crayon, pour faire des balles élastiques, pour confectionner des vêtements, pour fabriquer des instruments de chirurgie, des conduits acoustiques, des chaussons, des ressorts, etc.

418. Gutta-percha. — La *gutta-percha* est le suc durci au contact de l'air d'un arbre qui croît spécialement dans la presqu'île de Malacca, l'*isonandra percha*. Elle se présente sous la forme d'une masse rousse ou grisâtre, ayant beaucoup de ressemblance avec le cuir.

A la température ordinaire, la gutta-percha possède une grande solidité et une grande ténacité, mais elle n'a pas l'élasticité du caoutchouc. Lorsqu'elle est légèrement chauffée, elle devient poreuse, molle et adhésive; on peut alors la réduire en lame, l'étirer en tube, la mouler, la souder à elle-même, etc.

On emploie la gutta-percha pour faire des tubes, des courroies, des vases et divers autres objets; on s'en sert aussi pour préparer des moules destinés à la galvanoplastie et pour isoler les câbles sous-marins, car elle ne conduit pas l'électricité.

RÉSUMÉ

La *benzine* est un liquide incolore, ayant une odeur assez agréable. Elle est très inflammable et brûle avec une flamme fuligineuse. La benzine dissout le soufre, le phosphore, les résines et surtout les corps gras. Elle sert pour enlever les taches graisseuses des habits et pour préparer la *nitrobenzine* et l'*aniline*. On l'extrait des goudrons de houille.

L'*essence de térébenthine* est un liquide incolore, très fluide, ayant une odeur caractéristique et brûlant avec une flamme très fuligineuse. Elle dissout aussi le soufre, le phosphore, les résines et les corps gras. L'essence de térébenthine sert pour dégraisser les habits et surtout pour fabriquer les vernis. On l'extrait de la *térébenthine*, liquide spiritueux qui s'écoule des incisions faites à certains arbres de la famille des conifères.

Les *vernis* sont des dissolutions de diverses résines dans l'*essence de térébenthine*, dans l'*alcool* ou dans l'*huile de lin*. Les *résines* sont des corps solides que l'on extrait généralement des sucs de certains végétaux.

Les *pétroles* sont des liquides jaunâtres, d'une odeur assez désagréable, qui brûlent avec un grand éclat. On extrait les pétroles *bruts* du sol et on les désigne sous le nom de *naphtes*. Les naphtes doivent être distillés avant d'être livrés au commerce. Les différents liquides qui passent à la distillation sont l'*huile légère de pétrole*, l'*essence minérale de pétrole*, le *pétrole pour lampes*, et les *huiles lourdes de pétrole*.

Le *caoutchouc* est formé par le suc laiteux qui s'écoule des incisions faites à l'écorce de certains arbres et notamment de l'*hevea guyanensis* et du *siphonia cautchu*. Il est mou, flexible et d'autant plus élastique que sa température est plus élevée. Il résiste à l'action de la plupart des produits chimiques, ce qui explique son fréquent emploi dans les laboratoires et ses nombreux usages dans l'industrie.

La *gutta-percha* est formée par le suc durci de l'*isonandra percha*. Elle a assez de ressemblance avec le cuir. Solide et tenace à la température ordinaire, elle se ramollit lorsqu'elle est légèrement chauffée. Cette propriété permet de l'utiliser pour la fabrication d'un grand nombre d'objets. On s'en sert en galvanoplastie, et on l'emploie pour isoler les conducteurs électriques.

QUESTIONNAIRE

Quels sont les principaux carbures d'hydrogène ! — Quelles sont les propriétés de la benzine ! — Quels sont ses usages! — De quoi l'extrait-on ! — Dites ce que vous savez sur la nitrobenzine. — Quelles sont les propriétés de l'essence de térébenthine ! — Comment la prépare-t-on! — Quels sont ses usages ! — Qu'appelle-t-on vernis! — Résines! — Quelles sont les principales résines ! — Qu'est-ce que les pétroles! — Où trouve-t-on les pétroles ? — Quels sont les différents produits que l'on retire de la distillation des pétroles bruts ? — Quels sont les usages de ces produits ? — Qu'est-ce que le caoutchouc ? — Quelles sont ses propriétés ? — Ses usages ? — D'où retire-t-on la gutta-percha ? — Quelles sont ses propriétés ? — Ses usages ?

CHAPITRE III

SUBSTANCES INDUSTRIELLES

(Suite.)

419. Amidon, $C^6H^{10}O^5$. — *L'amidon* est composé de carbone, d'hydrogène et d'oxygène. Il se présente sous la forme d'une matière blanche, constituée par des granules excessivement fins. Il est très abondant dans le règne végétal. On l'extrait principalement des céréales ; mais on le retire aussi des fruits du marronnier, du châtaignier, du chêne et de toutes les légumineuses, de la tige du palmier et des tubercules de la pomme de terre, du topinambour, du manioc, etc. L'amidon que l'on extrait des pommes de terre et des autres tubercules, porte plus particulièrement le nom de *fécule.*

Pour extraire l'amidon des graines des céréales, on réduit ces graines en farine, et avec cette farine, on fait une pâte que l'on soumet à un lavage continu, sur un tamis placé au-dessus d'une terrine ; l'amidon est entraîné par l'eau et se dépose au fond de la terrine. La matière qui reste après le lavage est nommée *gluten ;* c'est un substance grisâtre, molle et très élastique ; le gluten constitue la partie essentiellement nutritive des farines.

La fécule de la pomme de terre est obtenue par un procédé semblable. La pulpe de ce tubercule est malaxée sur un tamis en présence d'un courant d'eau, et la fécule est entraînée mécaniquement par le liquide.

L'amidon est insoluble dans l'eau froide. Au contact de l'eau chaude, il se convertit en une matière collante et mucilagineuse appelée *empois*. L'empois est le résultat du gonflement et non d'une dissolution des grains d'amidon. Sous l'influence des acides étendus, l'amidon devient soluble dans l'eau et se transforme d'abord en *dextrine* puis en *glucose* ou *sucre d'amidon*. La même transformation a encore lieu sous l'action de la *levure de bière*, de la *salive* et du *suc pancréatique*; mais la matière qui la produit le plus promptement est la *diastase*, substance qui se trouve dans toutes les graines des céréales qui ont éprouvé un commencement de germination, et particulièrement dans l'orge. La diastase a pour fonction de rendre solubles, c'est-à-dire assimilables, les matières amylacées que contiennent les graines et qui doivent être les premiers aliments de la plante.

420. Usages de l'amidon et de la fécule. — L'amidon du blé sert à préparer l'empois qui est employé pour donner de l'apprêt au linge blanchi. La fécule entre dans le collage du papier et sert pour l'épaississement de quelques couleurs destinées à l'impression des tissus. Converti en glucose, l'amidon est employé pour la fabrication de la bière et de l'alcool, ainsi que pour la préparation de certains sirops. Beaucoup de fécules servent à notre alimentation: les plus importantes, après la fécule de pomme de terre, sont l'*arrow-root*, que l'on extrait des racines de certaines plantes de la famille des marantacées; le *tapioca*, qui provient d'une plante vénéneuse nommée manioc ou cassave; le *sagou*, que l'on retire de la moelle de certains palmiers, et enfin le *salep*, que l'on extrait des tubercules de quelques orchis.

421. Dextrine, $C^6H^{10}O^5$. — La *dextrine* a la même composition chimique que l'amidon, mais elle possède des propriétés bien différentes. Elle ressemble beaucoup à la gomme arabique; comme cette dernière, elle est incolore,

transparente et soluble dans l'eau. On la prépare ordinairement en traitant l'amidon par de l'acide azotique très étendu
et porté à la température de *120°*.

La dextrine est employée pour apprêter les tissus. Elle
entre aussi dans la fabrication des étiquettes, des timbres-
poste, des enveloppes et de tous les autres papiers gommés.

SUCRES

Les *sucres* sont des substances douées d'une saveur douce,
et qui sont susceptibles de se transformer en alcool et en
acide carbonique par l'action de la levure de bière ou
d'un autre ferment. On distingue deux espèces de sucres :
les sucres *difficilement cristallisables* et les sucres *facile-*
ment cristallisables. Tous sont formés par du carbone,
de l'hydrogène et de l'oxygène.

422. Sucres difficilement cristallisables. — Les
sucres difficilement cristallisables sont la *glucose* et le *sucre*
de fruits appelé aussi *lévulose*.

Glucose, $C^6H^{12}O^6 + H^2O$. — La *glucose* ou *sucre d'ami-*
don, est une substance jaunâtre, molle, soluble dans l'eau
et dans l'alcool, ayant une saveur bien moins sucrée que
celle du sucre ordinaire. On prépare habituellement la glucose du commerce en faisant agir de l'acide sulfurique
bouillant très étendu sur de l'amidon ou sur de la fécule.
Ces substances se transforment d'abord en dextrine, puis en
glucose.

La glucose sert à la fabrication de la bière, des liqueurs et
de l'eau-de-vie dite *eau-de-vie de fécule;* on l'utilise aussi
pour améliorer les vins trop peu sucrés ou trop peu alcooliques. Sous le nom de *sucre de fécule*, la glucose est
employée en quantité considérable dans la pâtisserie et dans
la confiserie.

Sucre de fruits, $C^6H^{12}O^6$. — Ce sucre se trouve à l'état
liquide dans un grand nombre de végétaux et principalement

dans les fruits, tels que les raisins, les prunes, les groseilles, les framboises, etc. Lorsqu'il est exposé au contact de l'air, il se transforme peu à peu en glucose. Les petits grains blancs que l'on remarque à la surface des pruneaux et des raisins secs sont formés par du sucre de fruits qui s'est converti en glucose par l'action prolongée de l'air atmosphérique.

Sous l'influence des ferments, le sucre de fruits, comme tous les sucres, se transforme en alcool et en acide carbonique; c'est sur cette propriété que repose la fabrication du vin.

423. Sucres facilement cristallisables, $C^{12}H^{22}O^{11}$.

— Les sucres facilement cristallisables sont le *sucre de canne* et le *sucre de betterave*. Ces deux variétés de sucres

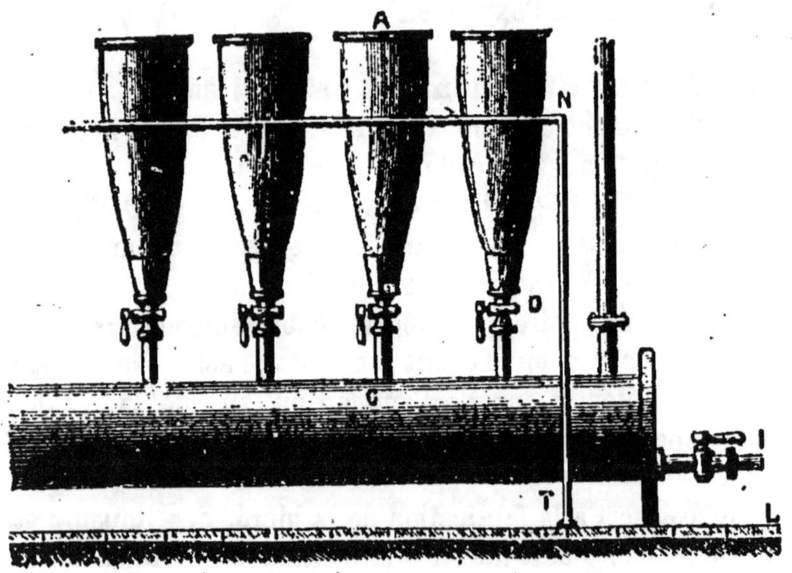

Fig. 299. — *Mise en forme du sucre raffiné.*

ont une composition identique, ils jouissent des mêmes propriétés et forment le sucre ordinaire.

Le sucre ordinaire est un corps solide, blanc, qui cristallise en gros prismes obliques; c'est ainsi qu'il se présente lorsqu'il est désigné sous le nom de *sucre candi*. Le sucre est soluble dans le tiers de son poids d'eau, mais il est complètement insoluble dans l'alcool pur. Sa densité est 1,525. Il fond à *160°* et donne un liquide gluant et incolore qui, par le refroidissement, se prend en une masse transparente, appelée *sucre d'orge*. Lorsqu'il a été chauffé à 220°, le sucre se transforme en un corps brun, connu sous le nom de *caramel*. A une température élevée, il se décompose et laisse pour résidu un charbon boursouflé, nommé *charbon de sucre*.

Pour extraire le sucre des betteraves, on les réduit en pulpe, puis on soumet cette pulpe à l'action d'une presse afin d'en retirer le jus. Après avoir porté ce jus à l'ébullition, on y ajoute un peu de chaux, qui précipite un grand nombre de matières étrangères au sucre. Ce traitement par la chaux se nomme *défécation*. On concentre ensuite la liqueur sucrée par une rapide évaporation, et lorsqu'elle a pris la consistance d'un sirop, on la vide dans des cristallisoirs coniques dont la pointe est tournée en bas. Une fois la cristallisation terminée, on fait écouler la partie qui ne s'est pas solidifiée, appelée *mélasse*, en débouchant une ouverture pratiquée à la pointe des cristallisoirs. Après cette opération, connue sous le nom d'*égouttage*, on procède au *clairçage*, qui a pour but de chasser tout ce qui peut rester de mélasse mélangée avec le sucre. Le clairçage consiste à faire passer, à travers le sucre cristallisé, une dissolution de sucre pur très concentrée. Le produit obtenu après cette opération prend le nom de *cassonade;* on lui fait subir un dernier traitement, connu sous le nom de *raffinage*. Pour cela, après avoir dissous la cassonade dans de l'eau, on la traite par le noir animal afin de la décolorer, puis on la fait cristalliser de nouveau dans des moules coniques, qui donnent au sucre la forme sous laquelle on le trouve dans le commerce.

Le sucre de canne s'obtient d'une manière analogue.

ALCOOLS

Les *alcools* sont tous formés par du carbone, de l'hydrogène et de l'oxygène. Les variétés en sont très nombreuses : nous ne décrirons que l'*alcool ordinaire* et l'*alcool méthylique* ou *esprit de bois*.

424. Alcool ordinaire, C^2H^6O. — *L'alcool ordinaire*, lorsqu'il est pur, est nommé *alcool absolu*. C'est un liquide incolore, très volatil, d'une saveur brûlante et d'une odeur agréable, sa densité est *0,79*. Il bout à *78°*, devient visqueux à — *80°* et se solidifie à — *130°*.

L'alcool pur est très combustible; il brûle avec une flamme bleue en produisant de l'eau et de l'acide carbonique. A la température ordinaire, quand il est placé au contact de l'air et de certaines matières poreuses, telles que le noir de platine, l'alcool s'oxyde et se convertit en acide acétique. Nous avons vu qu'il se transforme aussi en acide acétique sous l'influence d'un petit végétal, le *micoderma aceti*, qui se développe spontanément à la surface des liquides alcooliques exposés à l'air libre. Cette transformation explique la raison pour laquelle le vin, la bière, le cidre et toutes les boissons qui contiennent de l'alcool, s'aigrissent si promptement au contact de l'air.

L'alcool dissout les résines, les essences, les matières colorantes et surtout les corps gras; on utilise cette dernière propriété pour enlever les taches graisseuses des habits.

On prépare l'alcool en distillant le vin, la bière, le cidre et toutes les liqueurs qui proviennent de la fermentation des matières sucrées. Ces liquides sont formés principalement par de l'eau mélangée avec une quantité plus ou moins considérable d'alcool. Ce dernier corps distille à une température inférieure à *100°*, en entraînant avec lui une certaine quantité d'eau. On concentre l'alcool par une deuxième et une troisième distillation ; pour l'obtenir pur, on le distille en le mélangeant avec des substances très avides d'eau, comme la chaux vive ou le carbonate de potassium.

Le produit de la distillation des liquides alcooliques prend le nom d'*eau-de-vie* quand il renferme moins de *55 pour cent* d'alcool; s'il en contient davantage, il est appelé *esprit-de-vin*. Dans le commerce, on désigne par le nom de *trois-six* de l'alcool marquant *85°* à l'alcoomètre de Gay-Lussac, c'est-à-dire ne contenant que *15 pour cent* d'eau. On l'appelle ainsi, parce que *trois parties* de cet alcool, mélangées avec un poids égal d'eau, produisent *six parties* d'eau-de-vie ordinaire.

On retire aussi l'alcool de tous les jus sucrés que l'on extrait des racines, des tiges et des fruits des végétaux. Nous avons vu que l'amidon et la fécule peuvent être convertis en glucose et la glucose en alcool. Cette propriété des matières amylacées est très utilisée dans l'industrie; aussi prépare-t-on de grandes quantités d'alcool avec les graines des céréales et avec les tubercules de la pomme de terre.

Pour transformer la *glucose* en *alcool*, on ajoute à sa dissolution une certaine quantité de *levure de bière*, on soumet le mélange à une température de 25 à *30°*, et on voit bientôt le sucre se décomposer en anhydride carbonique, qui se dégage, et en alcool qui reste dans la dissolution. La réaction qui se produit peut être représentée par l'équation suivante :

$$C^6H^{12}O^6 + H^2O = 2CO^2 + 2C^2H^6O + H^2O$$

Glucose — Anhydride carbonique — Alcool — Eau

Les principaux produits alcooliques sont l'*eau-de-vie de Cognac*, que l'on obtient par la distillation des vins des Charentes et du Midi; le *rhum*, que l'on extrait des mélasses du sucre de canne; le *kirsch*, qui est donné par des cerises écrasées avec leurs noyaux; le *genièvre*, qui est préparé avec les baies du genévrier, et le *whisky*, que l'on retire d'un mélange de seigle, de fécule de pommes de terre et de prunelles sauvages.

425. Alcool méthylique, CH⁴O. — *L'alcool méthylique* est un liquide incolore, très fluide, doué d'une odeur pénétrante et d'une saveur brûlante. Sa densité est 0,84. Il bout à 76°, et, par sa combustion, il produit une flamme bleuâtre très chaude. On le prépare par la distillation du bois. L'alcool méthylique est moins cher que l'alcool ordinaire ; aussi est-il très employé pour la fabrication des vernis et comme combustible. Il ne peut pas servir à l'alimentation, car il est vénéneux.

CELLULOSE — FABRICATION DU PAPIER

426. Cellulose, C⁶H¹⁰O⁵. — La *cellulose* est une substance composée de carbone, d'hydrogène et d'oxygène. Elle est très abondante dans le règne végétal ; c'est elle qui constitue les parois des cellules, des fibres et des vaisseaux de toutes les plantes. Les fibres de chanvre, de lin et de coton, qui ont subi de nombreux lavages, sont de la cellulose à peu près pure.

La cellulose est blanche, diaphane, insoluble dans l'eau et dans l'alcool. Sa composition est identique à celle de l'amidon, et, comme ce dernier corps, elle est transformée d'abord en *dextrine*, puis en *glucose* par l'action de l'acide sulfurique. L'acide azotique monohydraté, additionné de la moitié de son poids d'acide sulfurique, convertit la cellulose en un produit très explosif nommé *coton-poudre* ou *fulmicoton*, En faisant dissoudre du fulmicoton dans de l'éther, on obtient du *collodion*, qui est très employé en chirurgie et surtout en photographie.

427. Fabrication du papier. — Le papier se fabrique avec toutes les matières végétales riches en cellulose. Les meilleurs papiers se font avec les chiffons de lin ou de chanvre ; ceux de coton donnent un papier mou et sans corps. Les chiffons, après avoir été lavés, d'abord dans une lessive de soude, puis dans de l'eau pure, sont *effilochés*, c'est-à-dire réduits en pâte au moyen d'un cylindre armé de lames. Cette pâte est ensuite blanchie par du chlore gazeux ou par du chlorure de chaux. Après le blanchiment, la pâte est soumise de nouveau à l'action des cylindres, et lorsqu'elle est parfaitement homogène, on la met en feuilles, soit à la main, soit à la mécanique ; de là, deux espèces de papier : le *papier à la main* et le *papier à mécanique*.

Papier à la main. — La pâte à papier, après avoir subi les opérations ci-dessus, est mise dans une cuve où on la réduit en une bouillie claire. On plonge dans cette cuve un châssis, portant une toile métallique très fine, soutenue par

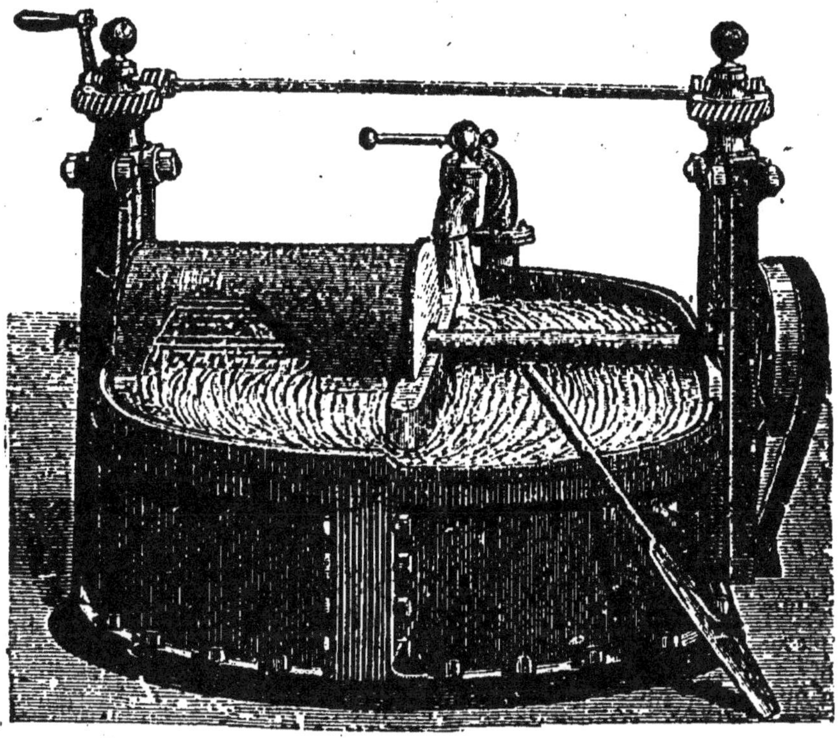

Fig. 300. — *Machine pour effilocher les chiffons.*

des traverses nommées *vergeures*. Lorsqu'on retire le châssis de la cuve, il reste sur la toile une mince couche de pâte ; cette pâte, en s'égouttant, prend une certaine consistance et forme une feuille de papier, que l'on dessèche entre des pièces de drap. Le papier qui est destiné à recevoir de l'écriture doit être collé ; pour cela, on trempe chaque feuille dans une dissolution d'alun et de gélatine. On ne fabrique plus guère à la main que le papier à dessin et le papier timbré.

Papier à la mécanique. — Au lieu de préparer le papier à la main, on se sert aujourd'hui d'une machine au moyen de laquelle on l'obtient en rouleaux, que l'on découpe en feuilles de la dimension voulue. La pâte est d'abord encollée dans toute sa masse par un mélange d'amidon, de savon résineux et d'alun ; puis elle est versée à l'état de bouillie claire sur une toile métallique sans fin. Elle est entraînée par cette toile et s'égoutte pendant son trajet. Lorsqu'elle a acquis une certaine consistance, elle passe entre deux cylindres garnis de feutre, qui lui enlèvent une grande partie de son eau, puis entre une série de cylindres métalliques chauds et polis, qui la dessèchent complètement et égalisent sa surface. *Deux minutes* après que la pâte a été versée sur la toile métallique, le papier sort de la machine entièrement fabriqué.

RÉSUMÉ

L'*amidon* se présente sous la forme d'une matière blanche, constituée par des granules excessivement fins. Il est très abondant dans la nature. On l'extrait principalement des céréales et des tubercules de la pomme de terre. L'amidon que l'on extrait des pommes de terre porte plus particulièrement le nom de *fécule*.

L'amidon est insoluble dans l'eau froide. Au contact de l'eau chaude, il se convertit en *empois*. Sous l'influence des acides étendus, il se transforme d'abord en *dextrine*, puis en *glucose*.

Les usages de l'amidon sont assez nombreux. Il sert à préparer l'empois, la dextrine et la glucose. Beaucoup de fécules entrent dans notre alimentation, principalement la fécule de la pomme de terre, l'*arrow-root*, le *tapioca*, le *sagou* et le *salep*.

La *dextrine* a beaucoup de ressemblance avec la gomme arabique. On s'en sert pour apprêter les tissus ; elle entre aussi dans la fabrication de la plupart des papiers gommés.

Les *sucres* sont des substances douées d'une saveur douce et *qui sont susceptibles de se transformer en alcool et en acide carbonique sous l'influence de la levure de bière ou d'un autre ferment.*

On distingue deux sortes de sucres : les sucres *difficilement cristallisables* et les sucres *facilement cristallisables*. Les sucres difficilement cristallisables sont la *glucose* et le *sucre de fruits*, appelé aussi *lévulose*. Les sucres facilement cristallisables sont le *sucre de canne* et le *sucre de betterave*. Ces deux sucres ont une composition identique ; ils jouissent des mêmes propriétés et forment le *sucre ordinaire*.

Le sucre ordinaire, lorsqu'il est sous la forme de gros cristaux, est appelé *sucre candi*. Il fond à *160°* et, en se refroidissant, il produit le *sucre d'orge* ; lorsqu'il est chauffé à *220°*, il se convertit en *caramel* ; à une température plus élevée, il se décompose et donne pour résidu du *charbon de sucre*.

On extrait le sucre ordinaire du jus des betteraves ou des cannes à sucre, par une série d'opérations qui portent successivement les noms de *défécation*, d'*égouttage*, de *clairçage* et de *raffinage*.

L'*alcool ordinaire* est un liquide incolore, très volatil, d'une saveur brûlante et d'une odeur agréable. Sa densité est *0,79*. Il bout à *78°*, devient visqueux à — *80°* et se solidifie à — *130°*. L'alcool pur est très combustible et a beaucoup d'affinité pour l'eau. En présence de certains corps poreux ou du *micoderma aceti*, il se transforme en acide acétique.

On prépare l'alcool en distillant les liqueurs qui proviennent de la fermentation des matières sucrées. Les principaux produits alcooliques qui ont un nom particulier sont le *cognac*, le *rhum*, le *kirsch*, le *genièvre*, le *whisky*.

L'*alcool méthylique* est un liquide incolore, très fluide, doué d'une odeur pénétrante et d'une saveur brûlante. Il bout à *76°*, et, par sa combustion, produit beaucoup de chaleur. On le prépare par la distillation du bois. Il est très employé pour la fabrication des vernis et comme combustible.

La *cellulose* est très abondante dans le règne végétal ; elle constitue les parois des cellules, des fibres et des vaisseaux de toutes les plantes. La cellulose a la même composition que l'amidon, et, comme lui, elle peut se transformer en *dextrine* et en *glucose*. Par l'action de l'acide azotique monohydraté, elle se convertit en *coton-poudre* ou *fulmicoton*, qui, en se dissolvant dans l'éther, donne le *collodion*.

On fabrique ordinairement le *papier* avec de vieux chiffons de lin, de chanvre ou de coton. On réduit ces chiffons en pâte. Cette pâte, après avoir été blanchie par le chlore ou par le chlorure de chaux, est mise en feuilles soit *à la main*, soit *à la mécanique*.

QUESTIONNAIRE

De quoi se compose l'amidon ? — De quels corps l'extrait-on ? — Qu'appelle-t-on fécule ? — Comment extrait-on l'amidon des céréales ? — Qu'est-ce que le gluten ? — Quelles sont les propriétés de l'amidon ? — Qu'est-ce que la diastase ? — Quels sont les usages de l'amidon et de la fécule ? — Quelles sont les principales fécules alimentaires ? — Dites ce que vous savez sur la dextrine. — Qu'appelle-t-on sucres ? — Comment

divise-t-on les sucres ? — Quels sont les sucres difficilement cristallisables?
— Dites ce que vous savez sur la glucose. — Sur le sucre de fruits. —
Quels sont les sucres facilement cristallisables ? — Quelles sont les propriétés
du sucre ordinaire ? — Comment le prépare-t-on ? — Quelles sont les propriétés de l'alcool ordinaire ? — Comment le prépare-t-on ? — Quels sont
les différents noms qu'on lui donne relativement à sa concentration ? —
Nommez les principaux produits alcooliques. — De quelles substances les
retire-t-on ? — Dites ce que vous savez sur l'alcool méthylique. — Sur la
cellulose. — Avec quoi fabrique-t-on le papier ? — Comment prépare-t-on
la pâte à papier ? — Comment se fait le papier à la main ? — Le papier à
la mécanique ?

CHAPITRE IV

SUBSTANCES ALIMENTAIRES

Les principaux aliments de l'homme sont le *pain*, les *boissons alcooliques*, les *œufs*, le *lait*, le *beurre*, le *fromage*, la *chair des animaux* et quelques *végétaux*.

PAIN

428. Fabrication du pain. — La *panification* a pour objet de transformer la farine en *pain*. Un pain est d'autant plus léger et d'autant plus nourrissant que la farine avec laquelle il a été fait contient plus de *gluten*. Pour cette cause, le meilleur pain est celui qui provient de la farine de *froment*. La farine de froment renferme *10 à 20 pour cent* de gluten et de *60 à 70 pour cent* d'amidon ; elle contient en outre de la glucose, de la dextrine, de l'eau et des matières minérales. Le pain est un aliment complet ; car le gluten qu'il renferme forme l'aliment plastique, et l'amidon, l'aliment respiratoire.

On fait aussi du pain avec de la farine de seigle, d'avoine, de maïs, d'orge, de riz, etc., mais ce pain est de qualité inférieure. Le *pain blanc* est fait avec la fleur de farine de froment, c'est-à-dire avec une farine don' le son a été entièrement enlevé par le blutage ; le *pain bis* doit sa couleur grise au son dont on n'a pas suffisamment débarrassé la farine.

La panification comprend quatre opérations distinctes : la *mise du levain*, le *pétrissage*, la *fermentation* et la *cuisson*.

Mise du levain. — La *mise du levain* consiste à pétrir, avec une certaine quantité de farine et d'eau, de la pâte fermentée provenant d'un pétrissage antérieur. Sous l'influence de cette pâte, le levain entre lui-même en fermentation, et lorsqu'on juge celle-ci suffisante, on procède au pétrissage.

Pétrissage. — Le *pétrissage* a pour but de répartir le levain dans toute la pâte et d'y introduire l'air qui est néces-

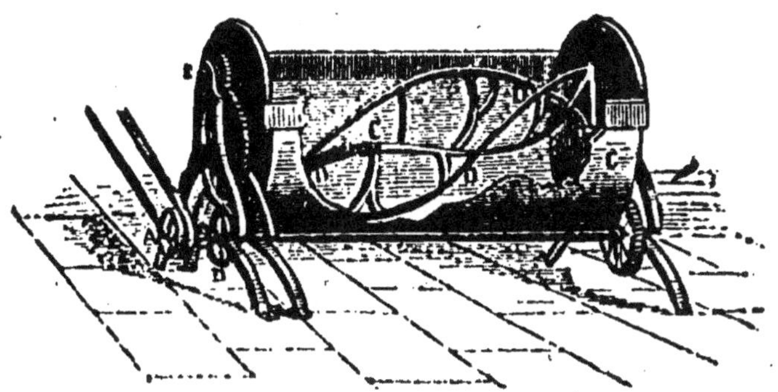

Fig. 301. — *Pétrin Balland.*

saire à la fermentation. Pour cela, on ajoute au levain une quantité de farine et d'eau en rapport avec la quantité de pain que l'on veut obtenir, puis on pétrit le tout soit avec les mains, soit à la mécanique, jusqu'à ce que la pâte soit bien homogène et bien liante.

Fermentation. — Quand la pâte est bien pétrie, on la laisse quelque temps dans le pétrin, où elle commence à fermenter, puis on la divise en *pâtons* plus ou moins gros, que l'on place dans des corbeilles d'osier dont le fond est garni d'une toile saupoudrée de farine. Sous l'action du levain, une partie de la dextrine que renferme la farine est transformée en glucose. Cette glucose, ainsi que celle que contient déjà la pâte, se convertit en alcool et en anhydride carbonique. Le gaz carbonique qui se forme reste emprisonné dans la pâte, la soulève de toutes parts et la rend spongieuse. Dès qu'on expose cette pâte à la température du four, la fermentation s'arrête, mais les petites bulles d'acide carbonique se dilatent et forment ce qu'on appelle les *trous du pain*. Quand un pain est bien fait, les trous y sont également répartis et presque égaux ; de petits trous alternant avec de plus grands indiquent un pain mal pétri.

Cuisson. — La *cuisson* se fait dans des fours en briques réfractaires que l'on a chauffés en y brûlant du bois. Depuis quelques années cependant, on fait usage, surtout dans les villes, de fours chauffés à la houille ou au coke. Si le four n'est pas trop chaud et si la pâte ne renferme pas trop d'eau, la croûte du pain acquiert par la cuisson une couleur jaune doré et une odeur très agréable ; mais lorsque la pâte est trop aqueuse ou la température du four trop élevée, la croûte du pain se fonce en couleur, devient épaisse et empêche l'évaporation de l'eau que contient la mie. On a alors un pain trop cuit à l'extérieur et peu cuit à l'intérieur : il est lourd, indigeste, exposé à se moisir et même, dans quelques cas, à se putréfier.

429. Pâtes alimentaires. — Les *pâtes d'Italie*, telles que le *macaroni*, le *vermicelle*, la *semoule*, etc., se préparent avec de la farine de froment très riche en gluten. On pétrit d'abord cette farine avec le quart de son poids d'eau chaude, puis on place la pâte obtenue dans une caisse où une presse l'oblige à sortir par des ouvertures qui lui donnent des formes très variées.

BOISSONS ALCOOLIQUES

Les principales boissons alcooliques sont le *vin*, la *bière* et le *cidre*. Ces boissons ne sont que des aliments respiratoires, car elles ne renferment presque pas de substances azotées, qui seules constituent les aliments plastiques.

430. Vin. — Le *vin* est la liqueur que l'on obtient par la fermentation du jus des raisins. Ce jus renferme de l'eau, du sucre, des matières albumineuses, du tanin, des matières colorantes, plusieurs sels minéraux et principalement du bitartrate de potassium.

Les manipulations particulières à la fabrication du vin diffèrent suivant les localités ; on peut dire cependant que généralement elles se réduisent à quatre : le *foulage des raisins*, la *fermentation du moût*, le *décuvage* et le *pressurage*.

Foulage des raisins. — Le *foulage des raisins* a pour but d'extraire le jus qu'ils contiennent, de le mêler avec le ferment, dont les germes se trouvent sur la pellicule des grains, et de le mettre au contact de l'air. Toutes ces conditions sont indispensables pour que la fermentation puisse se produire. Cette opération se fait au fur et à mesure que l'on introduit la vendange dans la cuve.

Fermentation du moût. — La *fermentation du moût* commence presque aussitôt après le foulage. Sous l'influence du ferment, le *micoderma vini*, la partie sucrée du jus des raisins se transforme en alcool et en anhydride carbonique. Le dégagement du gaz carbonique soulève peu à peu les pellicules des grains et les rafles des grappes ; ces matières s'accumulent à la surface et forment ce que l'on appelle le *chapeau*. On enfonce ce chapeau et on brasse ce mélange quand la fermentation se ralentit ; elle se ranime aussitôt, et lorsqu'elle est sur le point de s'arrêter, on procède au décuvage.

Décuvage. — Le *décuvage* consiste à soutirer le vin dans des fûts. On doit laisser les fûts débouchés pendant quelques jours, car le vin fermente encore pendant un certain temps après le décuvage, et il faut que le gaz carbonique qui se produit puisse se dégager. Le vin s'éclaircit peu à peu ; les matières qui le troublent se déposent et forment la *lie*.

Quand le vin est à peu près clair, on le soutire une

seconde fois afin de le séparer de la lie, qui ne peut que nuire à ses qualités, puis on le *colle*. Le collage a pour but de débarrasser le vin de toutes les matières solides qu'il peut tenir en suspension, et de le rendre parfaitement clair. Habituellement on colle le vin avec du blanc d'œuf ; mais on peut aussi le faire avec du sang de bœuf ou avec de la gélatine. Ces substances renferment beaucoup d'albumine, qui se coagule au contact de l'alcool contenu dans le vin et forme comme une espèce de filet qui emprisonne entre ses mailles les matières en suspension et les entraîne avec lui au fond du liquide.

Pressurage. — Le *pressurage* a pour but d'extraire la plus grande partie du vin contenu dans le résidu solide qui reste dans la cuve après le décuvage. A cet effet, on soumet ce résidu à l'action d'un pressoir ; le premier vin qui en découle est généralement plus riche en alcool et en couleur que le vin donné par le décuvage ; celui que l'on obtient ultérieurement est de qualité inférieure, mais il contient plus de tanin.

431. Vins blancs. — Les *vins blancs* se font ordinairement avec des raisins blancs ; mais beaucoup sont obtenus avec des raisins noirs. La matière colorante du vin rouge, l'*œnoline*, est fournie par la pellicule des grains ; cette substance ne se dissout dans le jus du raisin que lorsque ce dernier contient de l'alcool ; dès lors, si, par le pressurage, on sépare les pellicules du jus avant que celui-ci ait fermenté, on aura un moût qui donnera du vin blanc.

Les *vins mousseux* s'obtiennent en ajoutant un peu de sucre candi au vin quand on le met en bouteilles. Sous l'action du ferment qui existe toujours dans le vin, le sucre produit de l'alcool et de l'acide carbonique ; comme ce gaz ne peut s'échapper, il se dissout dans le vin et le rend mousseux.

432. Maladies des vins. — Les vins sont sujets à

plusieurs maladies qui, pour la plupart, proviennent d'un manque de soin dans leur conservation. Les principales de ces maladies sont l'*acidité*, la *pousse*, la *graisse* et le *goût de fût.*

Acidité. — L'*acidité* provient de l'accès de l'air dans les fûts ou de la température trop élevée des celliers. On y remédie en ajoutant au vin un peu de tartrate neutre de potassium.

Pousse. — La *pousse* se développe dans les vins peu alcooliques qu'on a renfermés dans des fûts non soufrés préalablement. Par cette maladie, ils acquièrent une saveur amère qui est due à une nouvelle fermentation ; le résultat de cette fermentation est de détruire le sucre qui avait échappé à la première. On arrête la maladie de la pousse en transvasant immédiatement le vin dans des tonneaux où l'on a fait brûler une mèche soufrée. Le soufre, en brûlant, produit de l'acide sulfureux, qui reste dans les tonneaux, et qui, en se dissolvant dans le vin, paralyse l'action des ferments.

Graisse. — La *graisse* est produite par une matière azotée, nommée *glaïadine*, qui rend les vins filants. Cette maladie est très fréquente dans les vins pauvres en tanin. Les vins blancs qui sont faits avec des raisins noirs et qui n'ont pas fermenté en présence de la rafle et des pépins, ont peu de tanin et par conséquent sont très sujets à la graisse. On y remédie en ajoutant au vin de *7 à 8 gr.* de tanin par hectolitre.

Goût de fût. — Le *goût de fût* provient d'un petit végétal qui se développe dans les fûts qui, étant vides, sont laissés débouchés. Le vin mis dans ces fûts prend un goût désagréable ; on peut faire disparaître en partie ce goût en ajoutant au vin un *demi-litre* de bonne huile d'olive par hectolitre.

BIÈRE

433. Fabrication de la bière. — La *bière* est obtenue par la fermentation alcoolique d'une infusion d'orge germée, aromatisée avec le principe amer du houblon. La

fabrication de la bière comprend quatre opérations principales, savoir : le *maltage*, la *saccharification* ou *brassage*,
le *houblonnage* et la *fermentation*.

Maltage. — Le *maltage* a pour but de faire germer l'orge
afin que la diastase puisse se développer et produire la saccharification de la matière amylacée qu'il contient. Pour obtenir cette germination, on fait d'abord gonfler les grains
d'orge dans l'eau, puis on les étend en couche mince sur un
plancher. Lorsque le germe a atteint à peu près la longueur
du grain, on arrête la germination en exposant l'orge à une
température de 70°. Les grains desséchés à cette température
sont débarrassés de leurs germes et réduits en une farine
grossière que l'on appelle *malt*.

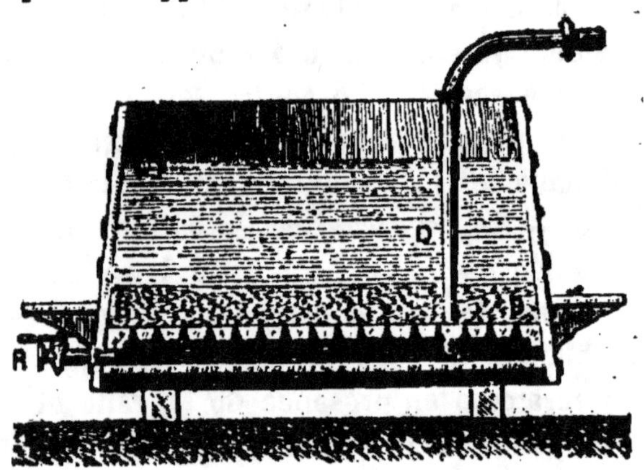

Fig. 302. — *Cuve pour la saccharification du malt.*

Saccharification. — La *saccharification* ou *brassage*
du *malt* a pour effet de convertir en glucose la matière
amylacée de l'orge. Cette opération se fait dans de grandes
cuves en bois, munies d'un double fond. On étend le malt
sur le fond supérieur, qui est percé de trous, et on fait arriver entre les deux fonds de l'eau portée à 70°. Cette eau
pénètre à travers le malt; on brasse vivement le mélange
avec des fourches et, après avoir couvert la cuve, on laisse
reposer le tout durant trois heures. Pendant ce temps, la diastase de l'orge agit sur l'amidon et le transforme en glucose,

qui se dissout dans l'eau. Le liquide prend alors le nom de *moût*. Le malt qui reste dans la cuve, n'étant pas épuisé, est soumis à une seconde infusion avec de l'eau à 85°, puis à une troisième avec de l'eau à 95°. Les moûts des deux premières infusions, mélangés ensemble, sont employés pour faire la bière ordinaire ; celui de la troisième infusion sert à fabriquer la *petite bière*.

Houblonnage. — Le *houblonnage* consiste à faire bouillir des fleurs de houblon avec le moût dans des chaudières fermées. On met habituellement de *1 à 2 kilog.* de fleurs par hectolitre de bière. Le houblon communique à la bière un principe amer et aromatique, qui lui donne un goût agréable et qui contribue à sa conservation.

Fermentation. — La *fermentation* n'est autre chose que la transformation, en alcool et en anhydride carbonique, de la glucose dissoute dans le moût. Cette transformation se fait à l'aide d'un ferment spécial, la *levure de bière*, qu'on a recueilli dans une opération précédente. Pour produire la fermentation, on verse le moût houblonné et refroidi dans de grandes cuves, et on y ajoute de *2 à 4 kilogr.* de levure de bière par *1.000 litres* de liquide. Presque aussitôt, il se forme d'abondantes écumes qui montent et débordent des cuves, que l'on a soin de tenir pleines. Après un temps qui varie de *24 à 48 heures*, on soutire le liquide dans de petits tonneaux, appelés *quarts*, où s'achève la fermentation. Les écumes qui s'échappent de l'ouverture de ces tonneaux sont recueillies et exprimées dans des sacs en toile ; elles laissent, comme résidu solide, la levure de bière, qui sera employée pour les opérations ultérieures.

CIDRE

434. — Le *cidre* est la boisson que l'on obtient avec le jus fermenté des pommes. Le procédé de fabrication du cidre est très simple. Les fruits sont écrasés soit sous une meule verticale tournant dans une auge circulaire, soit entre deux cylindres cannelés qui peuvent se rapprocher à volonté. La pulpe est mise en tas et abandonnée à elle-même durant *24 heures;* pendant ce temps, elle prend une teinte rouge brun qui donne au cidre sa couleur caractéristique. Elle est ensuite soumise à l'action du pressoir; le jus qui en découle est versé dans des tonneaux, où il fermente lentement.

Le *poiré* est obtenu avec du jus de poires. On le fabrique d'une manière analogue.

ALIMENTS D'ORIGINE ANIMALE

Les principaux aliments d'origine animale sont les *œufs,* le *beurre,* le *fromage* et la *chair des animaux.*

435. Œufs. — La plus grande partie des œufs pondus par les oiseaux de basse-cour servent à la nourriture de l'homme. Les œufs de poule sont ceux dont la consommation est la plus considérable.

L'œuf est composé de quatre parties distinctes, savoir : d'une *coquille,* formée principalement de carbonate de chaux ; d'une *pellicule* nommée *chorion,* membrane collée à l'intérieur de la coquille; du *blanc,* composé presque en totalité par de l'eau et par une matière azotée, l'*albumine;* du *jaune,* matière de consistance épaisse contenant de l'eau, des corps gras, des matières colorantes et une matière azotée nommée *vitelline.*

436. Albumine. — L'*albumine,* qui forme la presque totalité du blanc de l'œuf, se trouve aussi dans le sang, dans quelques autres liquides de l'organisme et dans certains végétaux. Elle se compose essentiellement de carbone, d'hydrogène, d'oxygène et d'azote. C'est une matière visqueuse, blanche, d'une saveur un peu salée, qui se distingue par la propriété qu'elle possède de se coaguler par l'action de la chaleur et par celle de l'alcool et des acides énergiques.

La propriété qu'a l'albumine de se coaguler est utilisée

dans l'industrie pour coller les vins, pour clarifier les sucres et divers liquides. On se sert aussi de l'albumine pour recoller la porcelaine cassée. La médecine l'emploie dans les cas d'empoisonnement par les sels de cuivre et de plomb; mélangée avec l'huile d'olive, elle guérit les brûlures.

437. Lait. — Le *lait* est formé par de l'eau tenant en dissolution ou à l'état d'émulsion, du *beurre*, de la *caséine*, une matière sucrée, nommée *lactose* ou *sucre de lait*, et divers *sels minéraux*, notamment du *phosphate de calcium*. Le lait est le type des aliments complets, car le beurre et la lactose qu'il contient constituent les aliments respiratoires, et la caséine, l'aliment plastique.

Abandonné au repos et au contact de l'air, dans un lieu frais, le lait se couvre d'une couche jaunâtre, onctueuse et épaisse, qu'on nomme *crème*. La crème se forme par l'ascension des globules butyreux, qui, moins denses que le liquide où ils se trouvent en suspension, gagnent peu à peu sa surface. Si au lait écrémé on ajoute de la *présure*, liquide que l'on extrait de l'estomac des jeunes veaux, ou si on le laisse en repos pendant un certain temps, le lait se coagule; il se forme alors une matière solide nommée *caséum* ou *caillé*, et un liquide jaunâtre appelé *sérum* ou *petit-lait*. Le caséum, formé presque en totalité par la caséine, constitue la partie essentielle du fromage.

La matière sucrée du lait ou la lactose se trouve dans le sérum. Cette substance peut éprouver la fermentation alcoolique sous l'action prolongée de l'air; c'est ainsi que les Kalmoucks préparent avec le lait de leurs juments une boisson nommée *koumiss*, dont ils retirent, par la distillation, une sorte d'eau-de-vie appelée *rack* ou *arac*.

438. Beurre. — Le *beurre* est une substance grasse de couleur citrine, plus légère que l'eau, très fusible, qui se trouve en suspension dans le lait sous la forme de globules microscopiques. Ces globules, en se rassemblant à la surface du lait, forment la crème. Par le battage de la crème, on brise l'enveloppe des globules butyreux et la matière grasse qu'ils renferment se réunit en une masse qui constitue le beurre. Le battage de la crème se fait au moyen d'instruments qui sont appelés *barattes.*

Fig. 303. — *Baratte normande.*

Lorsque le beurre est fait, on le rassemble et on le divise en pains plus ou moins gros; on fait ensuite subir à ces pains des lavages réitérés dans de l'eau fraîche, afin de les débarrasser de tout le lait de beurre qu'ils peuvent contenir; car ce liquide favorise le développement de certains ferments qui contribuent beaucoup à faire rancir le beurre.

439. Fromage. — Le *fromage* est le produit solide obtenu par la coagulation du lait sous l'action de la présure. Quand on fait coaguler le lait avant qu'il soit écrémé, on obtient des *fromages gras,* formés par un mélange de caséine et de beurre; les fromages qui sont produits par la coagulation du lait écrémé sont appelés *fromages maigres*; ils ne contiennent presque que de la caséine. La plupart des fromages sont préparés à froid; ceux qui sont préparés à chaud portent le nom de *fromages cuits,* tels sont le *gruyère* et le *parmesan.*

On fait du fromage avec du lait de vache, de chèvre ou de brebis, seul ou mélangé. Le fromage du *Mont-d'Or* est fabriqué avec du lait de chèvre, et le fromage de *Sassenage,* avec un mélange de lait de vache, de chèvre et de brebis. Le fromage de *Roquefort*, préparé avec du lait de chèvre et de brebis, doit sa qualité supérieure à la grande fraîcheur des caves où on le fabrique.

440. Chair des animaux. — La partie rouge des muscles des animaux, que l'on désigne sous le nom de *chair* ou de *viande*, est formée presque en totalité par une matière azotée nommée *musculine* ou *fibrine*.

La musculine est très nutritive ; le suc gastrique la dissout facilement et la transforme en un produit assimilable. Les *chairs rouges*, telles que celles du bœuf, du mouton, etc., et les *chairs noires*, comme celles du lièvre, du chevreuil, sont beaucoup plus riches en musculine que les *chairs blanches* des jeunes animaux et des poissons.

Lorsque la viande est mise en contact avec l'eau froide, elle lui cède une partie de son albumine et de ses autres principes solubles. En cuisant dans l'eau, elle perd une grande partie de sa saveur et de ses principes nutritifs, qui passent dans le bouillon où on la fait cuire. Quand on met la viande crue dans de l'eau bouillante, l'albumine et le sang qu'elle renferme, se coagulent presque aussitôt dans son intérieur et s'opposent à l'action dissolvante de l'eau : on obtient un bouilli meilleur, mais le bouillon est de qualité bien inférieure. La viande rôtie est plus nutritive que la viande bouillie, parce que sa composition n'est pas sensiblement altérée par la cuisson.

ALIMENTS D'ORIGINE VÉGÉTALE

441. — *Les aliments d'origine végétale* comprennent les aliments *amylacés*, les aliments *huileux* et les aliments *mucilagineux*.

Les meilleurs *aliments amylacés* proviennent des graines des céréales, et la farine qu'on en retire constitue un aliment complet. Les pommes de terre, les châtaignes et les fruits des légumineuses, tels que les pois et les haricots, sont de bons aliments amylacés.

Les *aliments huileux* sont essentiellement respiratoires. Les principaux de ces aliments sont les noix, les olives et les différentes huiles comestibles.

Les *aliments mucilagineux* sont caractérisés par un principe particulier nommé *pectose*. La plupart d'entre eux renferment aussi des matières sucrées, acides, albuminoïdes ou aromatiques. Les principaux aliments mucilagineux sont les fruits, les épinards, les bettes, les carottes, les raves, les betteraves, etc. La plupart sont plastiques et respiratoires, car, outre la pectose, ils contiennent des principes azotés auxquels on a donné les noms d'*albumine*, de *caséine* et de *fibrine végétales*.

CONSERVATION DES MATIÈRES ALIMENTAIRES

442. — Plusieurs procédés sont employés pour conserver les matières alimentaires ; les principaux sont la *dessication*, le *froid*, le *procédé Appert* et les *antiseptiques*.

Dessication. — La *dessication* est un des plus anciens procédés de conservation. Les viandes et les légumes desséchés par l'action de l'air et de la chaleur se conservent très bien, mais ils perdent un peu de leur saveur première. C'est par la dessication que l'on conserve la plupart des fruits.

Le froid. — Le *froid* est aussi un bon moyen de conservation, car les ferments de la putréfaction ne peuvent se développer qu'à une certaine température. On n'emploie guère ce procédé que pour la viande de boucherie et de poisson. Il suffit de mettre ces substances en contact avec de la glace pour les conserver pendant très longtemps.

Procédé Appert. — Le *procédé Appert* a pour but la conservation des matières alimentaires par la cuisson et par la privation d'air. Il est de beaucoup le plus employé, surtout depuis qu'il a été perfectionné par *Fastier*. Par ce procédé, on enferme d'abord les substances à conserver dans des boîtes de fer-blanc, on soude le couvercle, en lui laissant une petite ouverture, puis on plonge ces boîtes dans de l'eau bouillante, afin de faire subir aux matières alimentaires un commencement de cuisson et de chasser l'air qu'elles contiennent. Lorsque les vapeurs qui se dégagent ont expulsé tout l'air de l'intérieur des boîtes, on ferme l'ouverture de leur couvercle avec une goutte de soudure, puis on les soumet de nouveau à l'action de l'eau bouillante d'un bain-marie, pendant un temps plus ou moins long, selon la nature des substances qu'elles renferment. Par la première cuisson, tous les germes de putréfaction qui pouvaient exister dans les matières à préserver sont détruits ; par la seconde, on fait disparaître ceux qui auraient pu s'introduire au moment de la fermeture des boîtes.

Si les substances à conserver sont des viandes, elles doivent être apprêtées d'après les recettes de l'art culinaire avant d'être mises dans les boîtes; si ce sont des légumes frais, on les introduit dans les boîtes avec un peu d'eau, on place pendant quelque temps ces boîtes dans de l'eau bouillante, puis on les ferme hermétiquement.

Antiseptiques. — Au lieu de détruire les germes par la cuisson, on peut les faire périr par les antiseptiques. Les principaux antiseptiques employés pour la conservation des substances alimentaires sont le *sel marin*, la *fumée*, l'*alcool* et le *vinaigre.*

La *salaison* des viandes, du poisson et même des légumes, constitue une industrie très importante. La *fumée* agit par la *créosote* qu'elle renferme; on l'emploie surtout pour la conservation des jambons, de la viande de bœuf et des poissons. L'*alcool* est aussi un excellent antiseptique, surtout pour les fruits. Le *vinaigre* sert pour conserver les cornichons et les poivrons.

443. Conservation des œufs. — Les œufs, abandonnés à l'air, laissent évaporer peu à peu l'eau qu'ils contiennent, et cette eau est remplacée par de l'air qui apporte avec lui des germes de putréfaction. Pour conserver les œufs, il suffit donc d'empêcher l'évaporation de leur liquide en bouchant les pores que renferme la coque. A cet effet, on les enduit d'une couche d'huile de lin, qui, en séchant, forme un vernis imperméable à l'air, et on les place dans de la sciure de bois, dans du son ou dans de la cendre.

On conserve aussi un très grand nombre d'œufs en les maintenant dans de l'eau de chaux. La chaux, en pénétrant à travers les pores de la coque, forme avec l'albumine un composé qui s'oppose à l'évaporation du liquide et à l'arrivée de l'air.

444. Conservation du lait. — Il existe deux procédés principaux pour conserver du lait, le procédé de *Lignac* et le procédé de *Grimwade*.

Procédé de Lignac. — Le *procédé de Lignac* consiste à faire évaporer lentement, au moyen d'appareils spéciaux, le lait préalablement additionné de *10 pour cent* de sucre. Quand il a pris la consistance du miel, on en remplit des boîtes de fer-blanc, que l'on chauffe au bain-marie et que l'on ferme ensuite hermétiquement. Ce produit se conserve très longtemps, et lorsqu'il est dissous dans trois fois son poids d'eau, il donne un liquide très difficile à distinguer du lait sucré ordinaire.

Procédé de Grimwade. — Le *procédé de Grimwade* est appliqué surtout en Angleterre. Il consiste à faire évaporer rapidement le lait, additionné d'un peu de sucre et de carbonate de sodium, dans des bassines que l'on remue pendant tout le temps de l'opération. Lorsque le lait a pris la consistance du miel, on le porte à la température de *160°* dans des vases émaillés, et on l'y maintient jusqu'à ce que sa consistance soit celle d'une pâte ferme. Alors on le fait passer entre des cylindres de granit, qui le transforment en minces rubans. Ces rubans, pulvérisés à l'aide d'une meule, donnent une poudre qui, enfermée dans des flacons bien bouchés, se conserve très bien et produit d'excellent lait quand on la fait chauffer avec *huit fois* son poids d'eau.

445. Conservation du beurre. — On peut conserver le beurre en le faisant fondre; mais il est bien préférable de le conserver par la salaison. Pour cela, après avoir étendu le beurre sur une table, on le saupoudre de sel finement pulvérisé; on le malaxe ensuite avec un rouleau de manière à incorporer le sel dans toute sa masse, puis on l'enferme dans des pots de grès. La quantité de sel à employer est de *1 kilogr.* pour *15 kilogr.* de beurre.

RÉSUMÉ

Les *aliments* sont des substances qui servent au développement et à la réparation des tissus organiques, et qui fournissent les matériaux nécessaires à la combustion vitale.

La *panification* a pour objet de transformer la farine en *pain*. Le meilleur pain est celui qui provient de la farine de froment, parce que cette farine contient beaucoup plus de gluten que les autres. La panification comprend quatre opérations distinctes : la *mise du levain*, le *pétrissage*, la *fermentation* et la *cuisson*.

La *mise du levain* consiste à pétrir, avec une certaine quantité de farine et d'eau, de la pâte ayant déjà fermenté. Le *pétrissage* a pour but de répartir le levain dans toute la masse de la pâte et de rendre celle-ci bien homogène. Pendant la *fermentation*, une partie de la dextrine de la farine se convertit en glucose, et cette glucose, ainsi que celle que contient déjà la pâte, se transforme en alcool et en anhydride carbonique.

Le *vin* est la liqueur que l'on obtient par la fermentation du jus des raisins. La fabrication du vin comprend quatre opérations principales : le *foulage des raisins*, la *fermentation du moût*, le *décuvage* et le *pressurage*.

Le *foulage des raisins* a pour but d'extraire le jus qu'ils contiennent, de mêler ce jus avec le ferment, dont les germes se trouvent sur la pellicule des grains, et de les mettre en contact avec l'air. Pendant la *fermentation du moût*, la partie sucrée du jus des raisins se transforme en alcool et en anhydride carbonique. Le *décuvage* consiste à soutirer le vin dans des fûts, et le *pressurage*, à extraire le vin qui reste encore dans le résidu solide après le décuvage.

Les vins sont sujets à plusieurs maladies dont les principales sont l'*acidité*, la *pousse*, la *graisse* et le *goût de fût*.

La *bière* est obtenue par la fermentation alcoolique d'une infusion d'orge germée, aromatisée avec le principe amer du houblon. La fabrication de la bière comprend quatre opérations principales : le *maltage*, la *saccharification* ou *brassage*, le *houblonnage* et la *fermentation*.

Le *maltage* a pour but de produire la germination de l'orge afin de faire développer la *diastase*, qui doit produire la saccharification. La *saccharification* a pour objet de convertir en *glucose* la matière amylacée de l'orge. Le *houblonnage* consiste à faire bouillir le moût avec des fleurs de houblon. La *fermentation* est la transformation en alcool et en anhydride carbonique de la glucose dissoute dans le moût; elle se fait à l'aide d'un ferment spécial, la *levure de bière*.

On désigne sous le nom de *cidre* la boisson que l'on obtient avec le jus fermenté des pommes. Le *poiré* est fabriqué avec le jus des poires.

Les principaux aliments d'origine animale sont les *œufs*, le *lait*, le *beurre*, le *fromage* et la *chair des animaux*.

L'*œuf* est composé de quatre parties distinctes, savoir : la *coquille*, le *chorion*, le *blanc* ou *albumine* et le *jaune*.

Le *lait* est formé par de l'eau tenant en dissolution ou à l'état d'émulsion du *beurre*, de la *caséine*, de la *lactose* et des *sels minéraux*. Lorsqu'il est en repos, le lait se couvre d'une couche de *crème*, et, sous l'action de la *présure*, il se coagule; il forme alors une matière solide nommée *caséum* ou *caillé* et un liquide appelé *sérum* ou *petit-lait*.

Le *beurre* est une substance grasse qui se trouve en suspension dans le lait sous la forme de globules microscopiques. Ces globules constituent la crème. En soumettant la crème au battage, on brise les enveloppes des globules, et le beurre qu'ils renferment se prend en masses plus ou moins volumineuses.

On donne le nom de *fromage* au produit solide que l'on obtient par la coagulation du lait sous l'action de la présure. On distingue les *fromages gras*, les *fromages maigres* et les *fromages cuits*.

La *chair* ou la *viande* des animaux est formée presque en totalité par une matière azotée nommée *musculine* ou *fibrine*. La musculine est très nutritive; elle est plus abondante dans les chairs rouges et dans les chairs noires que dans les chairs blanches.

Les aliments d'origine végétale comprennent les aliments *amylacés*, les aliments *huileux* et les aliments *mucilagineux*.

Plusieurs procédés sont employés pour conserver les matières alimentaires; les principaux sont la *dessication*, le *froid*, le *procédé Appert* et les *antiseptiques*.

On conserve ordinairement les œufs en les recouvrant d'abord d'une couche d'huile de lin, puis en les plaçant dans de la sciure de bois, dans du son ou de la cendre.

Le *lait* se conserve soit par le procédé de *Lignac*, soit par le procédé de *Grimwade*. On conserve le *beurre* en le faisant fondre ou en le salant.

QUESTIONNAIRE

Qu'appelle-t-on aliments ? — Aliments plastiques ? — Aliments respiratoires ? — Quels sont les principaux aliments de l'homme ? — Quel est l'objet de la panification ? — Avec quelles farines fait-on le pain ? — Quelles sont les différentes opérations de la panification ? — Décrivez-les. — Comment se fabriquent les pâtes alimentaires ? — Qu'est-ce que le vin ? — Quelles sont les différentes opérations que comprend la fabrication du vin ? — Dites ce que vous savez sur chacune de ces opérations. — Comment se font les vins blancs ? — Les vins mousseux ? — Quelles sont les maladies des vins ? — Par quoi sont-elles produites et comment y remédie-t-on ? — Qu'est-ce que la bière ? — Quelles sont les différentes opérations que comprend sa fabrication ? — Dites ce que vous savez sur chacune de ces opérations. — Qu'est-ce que le cidre ? — Comment se fabrique-t-il ? — Quels sont les principaux aliments d'origine animale ? — Dites ce que vous savez sur les œufs. — Sur l'albumine. — Sur le lait. — Sur le beurre. — Sur le fromage. — Sur la chair des animaux. — Quels sont les aliments d'origine végétale ? — Dites ce que vous savez sur chacun d'eux. — Quels sont les principaux procédés de conservation des matières alimentaires ? — Décrivez ces procédés. — Comment conserve-t-on les œufs ? — Le lait ? — Le beurre ?

TABLE DES MATIÈRES

PHYSIQUE

	Pages.
Notions préliminaires...	5
CHAPITRE I. — Pesanteur. — Centre de gravité. — Equilibre. — Lois de la chute des corps. — Pendule...........	10
CHAPITRE II. — Leviers. — Balances. — Dynamomètre....	23
CHAPITRE III. — Presse hydraulique. — Pressions exercées par les liquides. — Vases communiquants. — Principe d'Archimède. — Corps flottants........................	33
CHAPITRE IV. — Poids spécifiques. — Aréomètres........	54
CHRPITRE V. — Pression atmosphérique. — Baromètres...	64
CHAPITRE VI. — Loi de Mariotte. — Manomètres..........	76
CHAPITRE VII. — Machine pneumatique. — Machine de compression. — Pompes. — Siphon. — Baroscope. — Aérostats...	82
CHAPITRE VIII. — Dilatation. — Thermomètres. — Pyromètres...	102
CHAPITRE IX. — Fusion. — Solidification. — Vaporisation. — Liquéfaction. — Machines à vapeur...............	119
CHAPITRE X. — Propagation de la chaleur. — Météorologie. — Sources de chaleur. — Système de chauffage.......	139
CHAPITRE XI. — Electricité statique. — Electricité atmosphérique. — Paratonnerre............................	155
CHAPITRE XII. — Aimants. — Piles. — Galvanoplastie. — Unités électriques................................	177
CHAPITRE XIII. — Galvanomètre. — Electro-aimant. — Télégraphe..	190
CHAPITRE XIV. — Courants d'induction. — Machines d'induction. — Eclairage électrique. — Transport de la force. — Téléphone....................................	212
CHAPITRE XV. — Acoustique............................	229
CHAPITRE XVI. — Optique. — Photographie.............	239

CHIMIE

I. Chimie minérale.

Pages.

Notions préliminaires... 269

CHAPITRE I. — Oxygène. — Hydrogène. — Eau........... 284

CHAPITRE II. — Azote. — Air atmosphérique. — Acide azotique. — Ammoniaque................................. 305

CHAPITRE III. — Soufre. — Anhydride sulfureux. — Acide sulfurique. — Acide sulfhydrique.......................... 321

CHAPITRE IV. — Carbone. — Oxyde de carbone. — Anhydride carbonique... 333

CHAPITRE V. — Carbures d'hydrogène. — Gaz d'éclairage. 349

CHAPITRE VI. — Phosphore. — Chlore. — Acide chlorhydrique.. 360

CHAPITRE VII. — Propriétés générales des métaux. — Alliages. — Potassium. — Sodium....................... 374

CHAPITRE VIII. — Calcium. — Aluminium. — Fer....... 387

CHAPITRE IX. — Zinc. — Étain. — Plomb. — Cuivre. — Mercure.. 404

CHAPITRE X. — Argent — Or. — Platine. — Argiles et Poteries. — Verres... 414

II. Chimie organique.

CHAPITRE I. — Acides organiques. — Fabrication des savons. — Fabrication des bougies................................. 425

CHAPITRE II. — Carbures d'hydrogène..................... 430

CHAPITRE III. — Amidon. — Sucres. — Alcool. — Cellulose. — Fabrication du papier.............................. 442

CHAPITRE IV. — Pain. — Vin. — Bière. — Cidre. — Aliments d'origine animale. — Aliments d'origine végétale. — Conservation des aliments........................ 453

Lyon. — Imprimerie Emmanuel VITTE, rue de la Quarantaine, 18.

Documents manquants (pages, cahiers...)
NF Z 43-120-13

9 782016 152928